Techniken des Sozialen

Stefan Meißner

Techniken des Sozialen

Gestaltung und Organisation des Zusammenarbeitens in Unternehmen

 Springer VS

Stefan Meißner
Weimar, Deutschland

Die vorliegende überarbeitete Publikation wurde 2015 als Dissertation der Fakultät Medien an der Bauhaus-Universität Weimar angenommen.

ISBN 978-3-658-16683-0   ISBN 978-3-658-16684-7   (eBook)
DOI 10.1007/978-3-658-16684-7

Die Deutsche Nationalbibliothek verzeichnet diese Publikation in der Deutschen Nationalbibliografie; detaillierte bibliografische Daten sind im Internet über http://dnb.d-nb.de abrufbar.

Für A. & O.

Inhalt

I. Einleitung

Der Titel der vorliegenden Studie könnte in die Irre führen. Einerseits könnte *Techniken des Sozialen* nach einer Gebrauchsanweisung klingen, wie das Soziale durch Technik, also durch eine spezifische Handhabung von kausalen Wirkzusammenhängen, geformt werden könne. Der Untertitel könnte diese affirmative Deutung noch unterstützen, da es um die Gestaltung und Organisation des Zusammenarbeitens in Unternehmen zu gehen scheint, sprich: um einen spezifischen Ausschnitt der sozialen Sphäre. Wichtigste Zielgruppen wären demnach Organisations- und Unternehmensberater.[1]

Andererseits könnte der gewählte Titel auch kritisch gelesen werden. Dann könnte vermutet werden, dass in dieser Studie aufgezeigt wird, welchen Deformationen das Soziale durch manipulierende Techniken ausgesetzt ist. Der Untertitel könnte dann als Hinweis genommen werden, dass insbesondere in Unternehmen das freie Zusammenarbeiten systematisch verhindert wird, da die Gestaltung und Organisation des Arbeitens immer hinsichtlich spezifischer Interessen wie beispielsweise Macht und Profit geschieht.

Beide aufgerufenen Deutungen werden in dieser Studie – und das ist ihr Hauptanliegen – problematisiert. Als Problematisierung arbeitet sie, mit Foucault gesprochen, »die Bedingungen heraus, unter denen mögliche Antworten gegeben werden können; sie definiert die Elemente, die das konstituieren werden, worauf die verschiedenen Lösungen sich zu antworten bemühen« (Foucault 2010, S. 267). Sie möchte demnach in erster Linie aufzeigen, auf welches Problem diese beiden Deutungen des Titels Antworten darstellen. Wie ist es möglich, dass *Techniken des Sozialen* einerseits als affirmative Handlungsanweisung und andererseits als Kritik der Gegenwart gedeutet werden können?

---

[1] An dieser Stelle wird darauf aufmerksam gemacht, dass auf eine durchgehend geschlechtsneutrale Schreibweise zugunsten der Lesbarkeit des Textes verzichtet und im Folgenden das generische Maskulinum genutzt wird.

Um diese Frage zu beantworten, muss zu beiden Deutungsweisen eine Distanz etabliert werden, ohne ihnen gegenüber in eine Polemik zu verfallen. Denn keinesfalls wurde diese Studie von einem Polemiker verfasst, der auf die Bühne tritt, »gepanzert mit Vorrechten, die er von vornherein innehat und die er niemals in Frage stellen lässt« (ebd., S. 258). Geschrieben wurde vielmehr im Modus einer Beobachtung zweiter Ordnung, die selbst über die Bedingungen der Möglichkeit einer solchen reflektiert, d. h. mit einrechnet, dass jede Beobachtung konstitutiv einen blinden Fleck besitzt, nämlich den der beobachtungsleitenden Unterscheidung (vgl. Luhmann 1997, S. 1117). Auch wenn damit der Anspruch an (immerwährende) Wahrheit aufgegeben werden muss, soll es im Folgenden dennoch um Aufklärung, genauer um eine soziologische Aufklärung hinsichtlich des Problems der *Techniken des Sozialen* gehen.

Soziologische Aufklärung – das Thema von Luhmanns Antrittsvorlesung – ist keine angewandte, sondern eine »abgeklärte Aufklärung«. Sie ist mithin »der Versuch, der Aufklärung ihre Grenzen zu gewinnen« (Luhmann 1970, S. 67). Luhmann versteht Aufklärung daher in erster Linie »als Erweiterung des menschlichen Vermögens, die Komplexität der Welt zu erfassen und zu reduzieren« (ebd.). Immer mehr Komplexität der Welt soll zunächst erfasst werden, diese sodann jedoch reduziert werden können. Mit anderen Worten: Die erfasste Komplexität soll in eine handlungsanleitende oder orientierungsstiftende Form gebracht werden. In seiner Lesart geht es also um die Frage, »wie übermäßig komplexe Informationsbestände«, die im Zuge der Aufklärung entstehen, überhaupt noch »verarbeitet werden können« (ebd., S. 72). Deswegen könne dem aufklärerischen Grundzug der Soziologie, der die »soziale Kontingenz der Welt« (ebd., S. 68) spürbar mache, nicht mit weiterer Aufklärung im Sinne eines infiniten Entlarvungsprozesses begegnet werden, sondern nur mit einer abgeklärten Aufklärung, die funktional äquivalente Alternativen für durchschaute Latenzen anbiete (vgl. ebd., S. 70).

Zwei geläufige Optionen soziologischen Forschens können, so Luhmann, ebendies nicht leisten: Weder die positivistische, empirische Sozialforschung mit ihrer Frage: Was ist der Fall? noch die kritische Soziologie mit ihrer Fragestellung: Was steckt dahinter? (vgl. Luhmann 1993a). »Der Projektbetrieb der empirischen Forschung läuft weiter unter der Voraussetzung, daß man durch die Realität entscheiden lassen kann, was wahr und was unwahr ist. [...] Die kritische Soziologie fährt fort, sich selbst für gelungen zu halten und die Gesellschaft deswegen für mißlungen.« (ebd., S. 246) Beide – sowohl der kritische Rationalismus als auch die Kritische Theorie – hätten eine »Attitüde des Besserwissens angenommen« (Luhmann 1991b, S. 148) und sorgten sich je um das Problem, wie der eigene Ausgangspunkt kritikfrei gesetzt werden könne. Im Fall der empirischen Sozialforschung werde dies mithilfe von Wissenschaftstheorie angestrebt – ihre zentrale Referenz sei somit das Wissenschaftssystem –, im Fall der kritischen Soziologie versuche man dies durch die Festsetzung der

Wertgrundlagen, die sich die Gesellschaft selbst gegeben hat – ihre zentrale Referenz sei somit das Gesellschaftssystem (vgl. Luhmann 1993a, S. 252). Soziologie als abgeklärte Aufklärung zu betreiben bedeute jedoch, die Spannung zwischen beiden Optionen aufrechtzuerhalten – Soziologie könne sich weder ihrer Wissenschaftlichkeit noch ihrer Gesellschaftlichkeit entziehen.

Daher ist das Ansinnen dieser Studie weder als eine positivistische Beschreibung und affirmative, sozialtechnische Handlungsanweisung noch als eine kritische Entlarvung und Zurschaustellung einer allgemein gewordenen sozialtechnischen Manipulation zu verstehen; vielmehr geht es um das Aufrechterhalten eines Spannungsverhältnisses zwischen diesen beiden Optionen. Die Studie ist daher am ehesten als eine analytisch-funktionale Beschreibung der Gesellschaft in der Gesellschaft zu betrachten, die ihren Sinn darin sieht, keine Metaperspektive auf die Gesellschaft anzulegen, sondern sie »mit anderen Unterscheidungen zu beschreiben und das, was den Einheimischen als notwendig und als natürlich erscheint, als kontingent und als artifiziell darzustellen« (ebd., S. 256). Eine solche Beschreibung der Gesellschaft im Modus der Beobachtung zweiter Ordnung kann lediglich »Übernahmeangebote unterbreiten« (Luhmann 1991b, S. 150) und lässt sich in ihren eigenen Beobachtungen beobachten.[2] Die getroffenen Unterscheidungen, mit denen beobachtet wird, werden daher offengelegt und zur Diskussion gestellt. Dies gilt in dieser Studie sowohl für die empirisch-methodische Anlage (vgl. Kap. III) als auch für das entwickelte theoretische Konzept (vgl. Kap. VI). Stets hätten auch andere beobachtungsleitende Unterscheidungen genutzt werden können, um das empirische Material und die analytischen Begriffe zu ordnen und zu strukturieren. Dennoch wird behauptet, dass mit den genutzten Unterscheidungen sinnvoll über die soziale Wirklichkeit aufgeklärt werden kann. Kontingenz als Eigenwert der Moderne (vgl. Luhmann 1992c und Makropoulos 1997) dient daher als Ausgangspunkt für die hier vorgelegte soziologische Analyse. Sie nutzt Kontingenz als Mittel der Distanzierung sowohl gegenüber der Wissenschaft als auch gegenüber der Gesellschaft (vgl. Luhmann 1991b, S. 150 f.). Daher hat sie weder eine abbildende noch eine repräsentierende Funktion (Luhmann 1993a, S. 258). Auch wenn die Analyse derart einen sicheren, unveränderlichen Fixpunkt aufgibt, wird sie nicht beliebig, sondern fußt vielmehr auf einem selbst konstruierten Anfang, auf den getroffenen Unterscheidungen und damit auf den gewählten Begriffen. Der entscheidende Vorteil einer solchen Anlage besteht dann in der Entbindung sowohl von Alltagsplausibilitäten als auch von den »in den Funktionssystemen eingeübten Beschränkungen« – wie beispielsweise der massenmedialen Hand-

---

2 Eine solche funktionale Betrachtungsweise überlässt es daher dem Beobachter, ob die dadurch entstandenen Beschreibungen der Gesellschaft selbst mit der Unterscheidung kritisch/affirmativ beobachtet werden (Luhmann 1997, S. 1125).

lungsschnelligkeit auf Kosten von Reflexion – und kann damit in einer Freisetzung »sich selbstdisziplinierende[r] Beobachtungsmöglichkeiten« (ebd., S. 259) gesehen werden.

In diesem Sinne soll eine Distanz gegenüber den eingangs formulierten Deutungen des Titels etabliert werden – weder ist die Studie selbst positivistische Sozialtechnik noch ist sie eine belehrende und entlarvende Gesellschaftskritik. Sie ist dennoch der Aufklärung verpflichtet, jedoch nicht im Sinne eines aufklärenden Verfahrens – entweder entlang der Frage: Was ist der Fall? oder gemäß der Frage: Was steckt dahinter? –, sondern im Sinne einer spezifischen Haltung.[3] Was könnte mit Aufklärung als Haltung gemeint sein?

Michel Foucault beschreibt die Antwort Kants auf die Frage: Was ist Aufklärung? als eine philosophische Neuerung, nämlich als Etablierung einer »Haltung der Moderne« (Foucault 1990, S. 41). Diese Haltung versteht er als eine »Reflexion auf das ›Heute‹ als Differenz in der Geschichte und als Motiv für eine bestimmte philosophische Aufgabe« (ebd.). Damit sei die Reflexion auf die Aktualität durch eine doppelte Bezugnahme bestimmt: zum einen *sachlich* als Beziehung zur Gegenwart und zum anderen *persönlich* als Beziehung zu sich selbst. Beides zusammen bestimmt für ihn *Modernität als Haltung* bzw. auch als Ethos.

Hinsichtlich der *sachlichen* Reflexion rückt Foucault entschieden sowohl von einem Moderneverständnis im Sinne einer Epochenbezeichnung als auch von Modernität im Sinne einer Mode und eines flüchtigen Ereignisses ab. Die Haltung der Moderne sei vielmehr dadurch charakterisiert, dass die Gegenwart immer auch als anders möglich vorgestellt werden könne (vgl. ebd., S. 44). Daher sei Modernität auch »eine Übung, in der die höchste Aufmerksamkeit dem Wirklichen gegenüber mit der Praxis einer Freiheit konfrontiert wird, die dieses Wirkliche gleichzeitig respektiert und verletzt« (ebd.). Diese Aussage kann als eine andere Beschreibungsmöglichkeit der Operation einer Beobachtung zweiter Ordnung gelesen werden, die dasselbe mithilfe anderer Unterscheidungen beobachtet und damit eben das Beobachtete »gleichzeitig respektiert und verletzt« (ebd.).

---

3   Fragen nach einer persönlichen Haltung soziologischen Arbeitens bleiben bei Luhmann freilich zumeist unthematisiert. Jedoch gibt die besondere Form, die er seinen Texten gibt, zumindest einige Indizien, dass er die Frage nach der Haltung nicht gering schätzt. Zunächst kann die Abstraktionslage der Theorie als gezielter Verfremdungseffekt aufgefasst werden, der es ermöglicht, von der alltagsweltlichen Bedeutung der verschiedenen Begriffe absehen zu lernen. Zudem fällt der häufig genutzte Modus der Ironie auf, der hilft, Setzungen, Tatsachen oder auch Wahrheiten auszusprechen und gleichzeitig anzuzweifeln oder gar zurückzunehmen. Dies korrespondiert mit der Wiederbelebung des Denkens in Paradoxien und damit der Tradition der klassischen Rhetorik im Kontrast zur Schrift. Auch sind die verschiedenen von ihm angeführten Beispiele zu nennen, die stets die alltagsweltlich etablierten Erwartungen irritieren und so den Leser überraschen (vgl. hierzu Luhmann 1997, S. 1128 ff.).

Hinsichtlich der *persönlichen* Reflexion erscheint Modernität als eine »permanente Kritik unseres historischen Seins« (ebd.) und damit allgemein als eine »reflexive Beziehung zur Gegenwart« (ebd., S. 47). Daher bestehe die Modernität als Haltung – Foucault spricht auch von einer »Grenzhaltung« (ebd., S. 48) – in einer »Untersuchung der Ereignisse, die uns dazu geführt haben, uns als Subjekte dessen, was wir tun, denken und sagen, zu konstituieren und anzuerkennen« (ebd.). Diese Kritik in Form einer permanenten Aufgabe lasse uns dann »in der Kontingenz, die uns zu dem gemacht hat, was wir sind, die Möglichkeit auffinden, nicht länger zu sein, zu tun oder zu denken, was wir sind, tun oder denken.« (ebd.) Daher müsse Modernität als Haltung auch stets als eine »experimentelle« (ebd.) vorgestellt werden.

Aufklärung als Haltung besteht daher in einer Analyse von Problematisierungsweisen, die auch die kritische Ontologie unserer selbst mit einschließt. Sie beobachtet – mit Luhmann formuliert – andere Beobachtungen der Gegenwart und bleibt vor den eigenen beobachtungsleitenden Unterscheidungen nicht stehen, sondern versucht, diese experimentell zu erweitern und zu verschieben. Dies darf nicht als ein Verfahren, »eine Theorie« oder »eine Doktrin betrachtet werden, auch nicht als ständiger, akkumulierender Korpus von Wissen«, vielmehr stellt es eine spezifische Haltung und damit »ein *Ethos*, ein philosophisches Leben« dar, »in dem die Kritik dessen, was wir sind, zugleich die historische Analyse der uns gegebenen Grenzen ist und ein Experiment der Möglichkeit ihrer Überschreitung« (ebd., S. 53).[4]

Soziologische Aufklärung im hier verstandenen Sinne ist damit einerseits als eine persönliche Haltung zu verstehen, andererseits ist sie in spezifischer Weise abgeklärt, da sie nicht mehr in der Attitüde des Besserwissens operiert, sondern die soziale Kontingenz des Beobachteten wie auch des Beobachters als Ausgangspunkt ihrer Analyse nimmt. Sie beschreibt damit eine bewusste Form der Distanzierung sowohl gegenüber dem Gegenstand als auch gegenüber sich selbst, wobei anzumerken ist, dass es in der Arbeit entgegen Foucaults historischer Ontologie unserer Selbst eher um eine historische Ontologie des Sozialen gehen wird. In dieser Studie wird diese aufklärende Haltung hinsichtlich zweier Problemstellungen praktiziert. Zunächst wird die im Untertitel angesprochene Frage nach den *Weisen des Zusammenarbeitens* gestellt, sodann die titelgebende Frage nach den *Techniken des Sozialen.*

---

4   Vergleiche zum Verhältnis von Foucault und Luhmann hinsichtlich der Frage der Aufklärung und der der Kritik auch Gebhard et al. (2006). Während in der vorliegenden Arbeit die Parallelen beider hinsichtlich der Möglichkeit soziologischer Aufklärung betont werden, wurden dort eher die Divergenzen beider Kritikmodi herausgestellt.

Zusammenarbeiten soll als ein Problem gefasst werden, das empirisch immer schon in verschiedener Weise gelöst wird, das aber auch theoretisch verschiedene Lösungsmöglichkeiten generiert. Das Ziel der Analyse besteht dann eben nicht im Optieren für eine bestimmte Lösungsmöglichkeit und auch nicht im kritischen Aufzeigen gegenwärtiger Verhältnisse des Zusammenarbeitens, sondern in der Konturierung dessen, worauf die verschiedenen Lösungen zielen. Insbesondere in unserer Gegenwart erscheint diese Haltung geradezu notwendig, um sich von drei verschiedenen, ja gar disparaten Perspektiven auf das Zusammenarbeiten distanzieren zu können.

Erstens kann mit Zusammenarbeit eine spezifische Dimension des menschlichen Wesens anvisiert werden. Diese Perspektive würde nicht nur im Arbeiten, sondern insbesondere in der Form des Zusammenarbeitenkönnens ein Kriterium für die Unterscheidung von Mensch und Tier, aber auch von Mensch und Maschine erblicken. Dieses Zusammenarbeitenkönnen, das in der Fähigkeit zu wechselseitiger Perspektivübernahme, zu geteilter Intentionalität, zu Kooperation und auch zu Solidarität zum Ausdruck kommt, wird zu einer Grundsignatur des Menschlichen. Zusammenarbeit kann damit als basale menschliche Eigenschaft verstanden werden, die Gesellschaft überhaupt erst ermöglicht.

Zweitens können von dieser anthropologischen Dimension ausgehend die konkreten gesellschaftlichen Verhältnisse des Zusammenarbeitens in den Blick genommen werden. Dies erfolgt in zweifacher Weise: als Kritik und als Möglichkeit der Emanzipation. So ist insbesondere das Feld der Zusammenarbeit einer *der* Schauplätze von Gesellschaftskritik, weil durch die gesellschaftlichen Verhältnisse des Zusammenarbeitens insbesondere in modernen industrialisierten und kapitalistischen Gesellschaften Entfremdung systematisch erzeugt werde. Während eine solche kritische Analyse im Industriekapitalismus relativ einfach war, wird diese im gegenwärtigen posttayloristischen Kapitalismus erschwert, da die Arbeiter bzw. Arbeitnehmer nun nicht mehr ausschließlich in ihrer Rolle als ersetz- und austauschbares Element eines größeren Wirkzusammenhangs angesprochen, sondern zunehmend als ganze Person mit ihrer Individualität in Anspruch genommen werden. Die pauschale Kritik am Industriekapitalismus, dass dieser unselbstständige Arbeitsweisen erzwinge, die zu fehlender Autonomie führten und damit Selbstverwirklichungsmöglichkeiten strukturell verhinderten, läuft für die Analyse gegenwärtiger Verhältnisse fehl, da nunmehr Autonomie und Selbstverwirklichung gerade als Motivationen für das Arbeiten und Zusammenarbeiten von den Arbeitnehmern selbst herangezogen werden. Entsprechend der dargestellten Haltung, die in dieser Studie eingenommen wird, kann es an dieser Stelle nicht darum gehen, zu entscheiden, welche Betrachtung der Verhältnisse richtig ist. Vielmehr soll kenntlich gemacht werden, dass sowohl die mögliche Kritik der gegenwärtigen Verhältnisse des Zusammenarbeitens als auch die Vorstellung, dass ebendiese als Möglichkeit der Emanzipation und Selbstverwirklichung aufgefasst werden können, lediglich zwei Perspektiven auf das virulente Problem des Zusammenarbeitens darstellen. Zusammenarbeit ist daher keine vernachlässigbare Dimension bei der Problematisierung unserer Gegenwart im Sinne einer soziologischen Aufklärung als Haltung.

Ein dritter Zugriff auf Zusammenarbeit steht quer zu den beiden erstgenannten, die eher auf die subjektkonstituierende und sozialintegrative Dimension des Zusammenarbeitens zielen. Zusammenarbeit kann nämlich auch als Koordination und gestaltbarer Wirkzusammenhang aufgefasst werden, der folglich verbessert und optimiert werden kann. Infrage stehen damit Ansätze zur Optimierung und zur Effizienzsteigerung des Zusammenarbeitens. Einerseits äußert sich diese Dimension in der Bearbeitung der Differenz von Interaktion und Organisation, andererseits scheint dies in Mensch-Maschine-Interaktionen – angefangen beim Arbeiten mit einfachen Werkzeugen über das Arbeiten mit komplexen Maschinen bis hin zur Interaktion mit Informations- und Kommunikationsapparaten – auf.

Keine dieser drei skizzierten Perspektiven konnte das Fundament für die hier geführte Auseinandersetzung mit dem Problem des Zusammenarbeitens bilden, da sie historische Antwortmöglichkeiten auf das Problem darstellen. Sowohl die Idee, dass Zusammenarbeit ein anthropologisches Merkmal wie auch eine Möglichkeit der Subjektkonstitution ist, als auch die Vorstellung der sozialintegrativen Funktion von Zusammenarbeit und ebenso die der geradezu (sozial)technischen Optimierbarkeit des Zusammenarbeitens entspringen einer spezifischen Geschichte des Denkens. Aus dieser kann freilich nicht herausgetreten werden, sie kann jedoch im Modus der Distanzierung behandelt werden. In dieser Studie wird die angestrebte Distanzierung im Sinne abgeklärter Aufklärung hinsichtlich dieser Problemstellung – der Frage nach der Zusammenarbeit – *empirisch* entfaltet. Ethnografische Beobachtungen und qualitative Befragungen in Unternehmen ermöglichen derart eine Aufklärung der gegenwärtigen Weisen des Zusammenarbeitens.

Konkret wurde deshalb das empirisch vorfindbare Phänomen des Zusammenarbeitens nicht schon im Vorfeld theoretisch zurechtgeschnitten und begrifflich eingeengt. Vielmehr wurde mit der erdenklich größten Offenheit ins Feld gegangen, um Überraschungen zu ermöglichen. Der Einstieg ins Feld erfolgte aus diesem Grund zweistufig.

Zunächst wurden in sechs – hinsichtlich Branche, Mitarbeiterzahl, Unternehmensdauer und Standort möglichst heterogenen – Unternehmen vierstündige Workshops durchgeführt. In diesen Workshops wurde mithilfe eines Storytelling-Ansatzes nach den praktizierten Formen der Zusammenarbeit gefragt. Die Mitarbeiter sollten so Gelegenheit haben, ihren Arbeitsalltag jenseits von Organigrammen oder offiziellen Unternehmensdarstellungen zur Sprache zu bringen. Diese verschiedenen Diskussionen zeigten, dass je unterschiedliche Aspekte hinsichtlich des Zusammenarbeitens präsent sind, und boten daher einen ersten Einblick in den Alltag der Mitarbeiter. Gleichzeitig ermöglichten die in dieser ersten Stufe des Feldzugangs gesammelten Informationen und Eindrücke eine Auswahl von zwei näher zu beleuchtenden Unternehmen, die nicht von allgemeinen Kennzahlen, abstrakten Statistiken oder purem Zufall geleitet war. Vielmehr konnten nun zwei hinsichtlich der Weisen des Zusammenarbeitens möglichst disparate Unternehmen ausgewählt werden. Die Wahl fiel auf die Unternehmen Bauroh und Web-icona,[5] da in der Bauroh sowohl im Erstgespräch als auch im Workshop vor allem die eingespielten Routinen des Zusammenarbeitens, die geringe Fluktuation und die Beständigkeit der sozialen Beziehungen betont wurden, während die Web-icona zum Zeitpunkt des Workshops im Begriff war, eine vollkommen neuartige Arbeitsorganisation (die agile Softwareentwicklung mit Scrum) zu implementieren. Dieser Kontrast hinsichtlich der Weisen des Zusammenarbeitens in den beiden Unternehmen wurde in der zweiten Stufe der Feldforschung produktiv gemacht.

In dieser zweiten Phase der empirischen Untersuchung wurde mit ethnografischen Mitteln und mithilfe qualitativer Experteninterviews ein detailliertes Bild der je verschiedenen Weisen des Zusammenarbeitens gezeichnet. Der Kontrast der Arbeitsweisen in beiden Unternehmen half dabei, wechselseitig die Beobachtungen zu schärfen. Zudem wurden Ethnografie und Befragungen über einen Zeitraum von mehr als einem Jahr gestreckt und jeweils punktuell durchgeführt, sodass auch Änderungen innerhalb dieses Zeitraums in die Analyse einbezogen werden konnten. Die Kombination aus ethnografischen Beobachtungen und qualitativen Interviews erwies sich als äußerst zielführend, da beobachtete Auffälligkeiten im Interview ebenso thematisiert wie Darstellungen der Interviewten durch eigene Beobachtungen hinterfragt werden konnten (vgl. hierzu auch Kap. III).

In der Darstellung der empirischen Analyse (Kap. IV) wird der Fokus bewusst auf die Web-icona gelegt; die Beobachtungen und Befragungen in der Bauroh werden vornehmlich als Kontrastfolie genutzt. Dies erscheint sinnvoll, da sich das insbesondere anhand der Web-icona herausgearbeitete empirische Schlüsselkonzept der *gestalteten dirigierenden Handlungsfestlegungen* darstellen und beschreiben lässt. Gleichwohl kann am Beispiel der Bauroh gezeigt werden, dass mithilfe dieser Beschreibungsformel nicht nur ein singulär auftretender Typus des Zusammenarbeitens erfasst wird, sondern dass diese Formel jenseits der Unterscheidungen von Hierarchie und Heterarchie oder von Formalität und Informalität zur Aufklärung gegenwärtiger Weisen des Zusammenarbeitens beizutragen vermag.

---

5 Die beiden hier als Web-icona und Bauroh bezeichneten Unternehmen sind selbstredend anonymisiert worden. Ebenso wurden sämtliche Personennamen und teilweise Ortsbezeichnungen anonymisiert.

Die zweite Problemstellung der Arbeit, die sich der Frage nach den Techniken des Sozialen widmet, schließt einerseits an die Frage des Zusammenarbeitens an, andererseits verallgemeinert und abstrahiert sie den Gesichtspunkt. Nunmehr geht es nicht nur um das – mehr oder weniger – empirisch absteckbare Feld des Zusammenarbeitens (in Unternehmen), sondern um das Verhältnis von Technik und Sozialität oder Gesellschaft überhaupt. Auch hier lassen sich wieder verschiedene bislang gegebene Antworten bzw. schon formulierte Perspektiven auf das Problem auseinanderhalten.

Zunächst kann eine Position markiert werden, die die beiden Sphären Sozialität und Technik klar trennt. Diese Vorstellung geht von zwei disparaten Sphären aus, die jedoch wechselseitige Kolonialisierungschancen bzw. -risiken bieten. Einerseits kann dann die Gesellschaft oder das Soziale als bestimmende Kraft genommen werden, die Technik in Form von Werkzeugen, Maschinen und Apparaten nutzt, um bestimmte gesellschaftliche Probleme zu lösen. Andererseits kann auch die Eigenlogik der technischen Sphäre betont werden, die auf die Gesellschaft und die sozialen Verhältnisse übergreift und diese korrumpiert. Das Verhältnis von Technik und Sozialität wird in dieser Weise als ein antagonistisches gedacht.

Zweitens gibt es die Perspektive, die von einer Gleichursprünglichkeit von Technik und dem sozialen Wesen Mensch ausgeht. Technik und insbesondere der Werkzeuggebrauch bilden nun geradezu das Kriterium der Unterscheidung von Mensch und Tier. Pointiert könnte daher gesagt werden, dass das soziale Wesen Mensch in natürlicher Weise bereits technisch sei. Diese Überlegung korrespondiert mit einer Vorstellung, die Technik als spezifische Praktiken fasst, die den Menschen, die Gesellschaft wie auch die Kultur konstituieren. Eine weitere Variante zielt auf die Herausstellung der Mischungsverhältnisse von Technik und Sozialität sowie von Mensch und Technik und zeigt die dadurch möglichen wechselseitigen Stabilisierungsleistungen auf. Hier steht nicht die Gleichursprünglichkeit, sondern eine spezifische Relationalität im Vordergrund.

Eine dritte Perspektive kann als genuin sozialtechnische charakterisiert werden. Das Soziale oder die Gesellschaft werden hier als technisch gestalt- und formbar begriffen. Das Soziale wird als Material betrachtet, das in einen technischen Wirkzusammenhang gebracht werden kann. Gesellschaft gilt demnach als ein mithilfe technischer Mittel zu steuerndes Unterfangen – zum Wohle der in ihr lebenden Individuen. Diese Perspektive denkt Gesellschaft weniger als emergentes Phänomen und fokussiert auf das Machbare.

Wiederum konnte keine dieser Antworten als Grundlage für das Problem von Technik und Sozialität in Anspruch genommen werden. Der eingenommenen Haltung abgeklärter Aufklärung entsprechend wurde in dieser Studie hinsichtlich dieser Problemstellung nun eine *theoretische* und das heißt eine begriffliche Ausarbeitung angestrebt, die in ein Konzept der *Techniken des Sozialen* mündet, das verschiedene Beobachtungen anzuleiten vermag. Das Konzept soll neue und andere Beschreibungsmittel auch für die erste Problemstellung – sprich: für die Frage nach dem Zusammenarbeiten – bereitstellen, die es ermöglichen, die empirischen Ergebnisse in einem anderen Licht darstellen zu können.

Konkret bedeutet dies, dass die herausgearbeiteten Weisen des Zusammenarbeitens mit anderen Begriffen beschrieben und daher spezifisch abstrahiert werden. Dafür wird einerseits ein spezifischer Technikbegriff in Anlehnung an Luhmanns Bestimmung von Technik als funktionierende Simplifikation formuliert; andererseits wird eine Bestimmung sozialer Praktiken vorgenommen, die es ermöglicht, soziale Praktiken mit dem herausgestellten Technikbegriff zu verknüpfen. Dadurch können nun, von empirischen Beobachtungen ausgehend, allgemeinere Aussagen zum Verhältnis von Technik und Sozialität entwickelt und zur Diskussion gestellt werden. Ergebnis wird das theoretische Konzept der *Techniken des Sozialen* sein, das nun zum einen auf die empirisch untersuchten Weisen des Zusammenarbeitens angelegt werden kann, also die Reformulierung der Ergebnisse mit anderen Mitteln ermöglicht; das aber zum anderen abstrakt genug ist, um auch andere soziale Felder soziologisch aufklären zu können.

Durch die hier gezeichnete Skizze der Entfaltung des Problems der Zusammenarbeit, die empirisch erfolgen wird, und der theoretisch zu führenden Auseinandersetzung mit dem Problem der Techniken des Sozialen wird deutlich, dass die Arbeit sich in erster Linie als *kultursoziologische* versteht. Kultursoziologie im hier verstandenen Sinn besteht aus einer Trias: Sie ist Theorie, aber keine Großtheorie der Gesellschaft, sie arbeitet empirisch, widersetzt sich jedoch dem Zwangskorsett methodischer Verfahren, und sie ist Kritik, jedoch nie eine aufs Ganze gehende Kritik, sondern eine, die vornehmlich im Aufzeigen von historisch-kultureller Kontingenz besteht (vgl. Moebius/Albrecht 2014, S. 39 ff.). Sie ist damit – wie mit Göbel (2010) formuliert werden könnte – Theoriegestalt und Interventionsform zugleich. Diese spezifische Perspektive macht sie auch in den empirischen Arbeiten sensibel für die Unterscheidungen, mit denen sie selbst operiert. Eben dadurch ist Kultursoziologie nicht als eine Bindestrichsoziologie zu verstehen, die den kulturellen Phänomenbereich der Gesellschaft untersucht, sondern als eine innersoziologische Reflexionsinstanz zu begreifen, da Kultur eine »Aspektstruktur aller Sozialität« (Rehberg 2014, S. 395) ausmacht.

Kultursoziologisches Forschen besteht demnach in einem Zweischritt: zunächst im empirischen Herausarbeiten der kulturellen Eigenlogiken und sodann in der Rückbindung dieser »Kulturtatsachen an den jeweiligen sozialen Gesamtzusammenhang« bzw. »an das Interdependenzgeflecht der jeweiligen ›Gesellschaft‹« (ebd.). Damit sind kultursoziologische Arbeiten stets durch ein Aushalten und Ausbalancieren der Spannung zwischen Kultur und Gesellschaft geprägt. Weder werden kulturelle Phänomene unidirektional auf gesellschaftliche Strukturen zurückgeführt, noch erscheinen Letztere einzig als Effekt kultureller Stabilisierung. Beide Bereiche werden vielmehr als nicht aufeinander rückführbar konzipiert.

Das in dieser Studie erarbeitete Konzept der *Techniken des Sozialen* nimmt als Ausgangspunkt die empirischen Beobachtungen im Bereich des Zusammenarbeitens in Unternehmen, die in eine Unterscheidung von gestalteten und nichtgestalteten dirigierenden Handlungsfestlegungen münden. Für die theoretische Ausformulierung des Konzepts werden dann weitere begriffliche Unterscheidungen genutzt, sodass das Konzept sowohl empirisch gesättigt als auch theoretisch konsistent ist. Dieses derart erarbeitete Konzept wird sodann im Ausblick (Kap. VII) für eine gegenwartsdiagnostische Beschreibung aktueller Phänomene digitaler Kultur herangezogen und getestet. Dabei wird auch sein kritisches Potenzial herausgestellt, das jedoch nicht in einer Position des Besserwissens besteht, sondern in der Formulierung eines aufklärenden Vorschlags der Beobachtung gegenwärtiger Phänomene wie Nudging, Solutionism oder auch People Analytics.

Auch wenn sich diese Arbeit bewusst in die kultursoziologische Tradition stellt, ist insbesondere ihr empirischer Teil auch für die Arbeits- und Industriesoziologie sowie für die Organisationssoziologie von Belang, da mit ethnografischen Verfahren und qualitativen Interviews gegenwärtige Arbeitsverhältnisse und Formen des Zusammenarbeitens in verschiedenen Unternehmen untersucht werden. Der empirische Einblick in die soziale Wirklichkeit gegenwärtig praktizierter Arbeitsweisen liefert eine genaue Analyse der eklatanten Veränderung von Organisationsprozessen infolge der Einführung von agilen Organisations- und Entwicklungsmethoden am Beispiel der Implementierung von Scrum bei der Web-icona. Diese Umstellung von relativ festen Strukturen auf ein flexibel zu adaptierendes Regelwerk, wie sie gegenwärtig in der Softwarebranche vermehrt praktiziert wird, zeigt neben den Potenzialen auch die enormen sozialen Folgen und Probleme.

Zudem könnten techniksoziologisch interessierte Leser in der Ausarbeitung des theoretischen Konzepts, vor allem im dabei konturierten Technikbegriff, sinnvolle Ansätze für eigene Forschungen sehen. Dies scheint mir umso dringlicher, als gegenwärtig durch den dominanten Einfluss der Science-and-Technology-Studies (STS) eine empirisch breite und interessante Forschung betrieben, jedoch im Gegenzug weniger Augenmerk auf eine konsistente begriffliche Ausarbeitung der techniksoziologischen Problemstellung gelegt wird. Für einen solchen Ansatz ist das insbesondere im Kap. VI beschriebene und dann im letzten Kapitel getestete Konzept der *Techniken des Sozialen* ein Vorschlag.

Weiterhin wird in der Arbeit eine detaillierte Auseinandersetzung mit der gegenwärtig prominenten Praxissoziologie geführt. Statt jedoch mithilfe der Praxissoziologie die empirische Wirklichkeit zu beobachten, wird eine distanzierte Perspektive vertreten, die strikt zwischen empirischen und analytischen Begrifflichkeiten unterscheidet. Eine solche Sichtweise erlaubt es einerseits, verschiedene theoretische Probleme der Praxissoziologie zu umschiffen, andererseits öffnet sie den Blick für eine Zurichtung und Instituierung sozialer Praktiken jenseits ihrer schlichten empirischen Wiederholbarkeit.

Zuletzt stellt der Ausblick im Kapitel VII eine Gegenwartsdiagnostik zur Diskussion, die aktuelle Phänomene digitaler Kultur für die soziologische Debatte erschließen will. Das in dieser Studie ausgearbeitete Konzept der *Techniken des Sozialen* wird an diese Phänomene angelegt und erhellt damit populäre Konzepte wie das Nudging, kann aber auch die insbesondere im Silicon Valley anzutreffende Haltung eines Solutionism kritisch beobachten, ohne in eine kulturpessimistische Klage zu verfallen. Vielmehr können so die technisierten Lebenswelten unserer Gegenwart abgeklärt aufgeklärt werden.

Nach dieser problemzentrierten Einführung in die Arbeit soll deren Gliederung noch etwas genauer vorgestellt werden. Sie beginnt im folgenden *Kapitel II* mit der Fragestellung des Zusammenarbeitens und dessen Organisation bzw. Gestaltung. Hierfür werden ausgehend von der Darstellung der gegenwärtigen Relevanz der Frage entlang verschiedener Begriffe unterschiedliche Vorarbeiten und Perspektiven auf diese Fragestellung präsentiert. Zu Beginn wird unter dem Aspekt der *Kooperation* die anthropologische Dimension mit Autoren wie Richard Sennett und Michael Tomasello beleuchtet. Danach wird entlang des Begriffs der *Koordination* nachgezeichnet, wie Zusammenarbeit – hier verstanden als Arbeitsteilung – unterschiedlich betrachtet wurde. Dabei wird eine Linie von Adam Smith über Taylor und die Human-Relations-Bewegung bis hin zur klassischen bundesrepublikanischen Arbeits- und Industriesoziologie gezogen. Darauf folgt unter dem Aspekt *Arbeit* eine Auseinandersetzung vornehmlich mit der subjektkonstitutiven Dimension des Zusammenarbeitens. Von Marx ausgehend, wird hier die Pluralisierung des Arbeitsbegriffs im Laufe des 20. Jahrhunderts bis hin zu aktuellen Forschungen der Arbeits- und Industriesoziologie beschrieben. Danach wird der Fokus auf *Kollaboration* gelegt und insbesondere der Forschungszweig der Computer Supported Cooperative Work (CSCW) beleuchtet. Wichtige Autoren sind hier Lucy Suchman, Anselm Strauss und Kjeld Schmidt. Mit *Organisation* ist der nächste Abschnitt überschrieben, der einen Einblick in die organisationssoziologische Perspektive gibt. Dieser Forschungsüberblick, der die verschiedenen Kontexte meiner Fragestellung auffächert, wird mit dem Abschnitt *Entscheidung* beschlossen. Darin wird die organisationssoziologische Differenz von formal und informell vor- und insbesondere Luhmanns Konzeption des Entscheidungsbegriffs dargestellt.

Kapitel III konzentriert sich auf die Diskussion des eigenen empirischen Vorgehens. Nach einer einleitenden methodologischen Argumentation wird der

Umgang mit der Empirie entsprechend der leitenden Problematisierungsabsicht der Arbeit im Modus einer Beobachtung zweiter Ordnung dargestellt. Danach wird konkreter das methodische Design präsentiert. Zunächst geht es um Fragen des Samplings und des Feldzugangs, sodann um die genutzten Methoden wie Workshops mit Storytelling, ethnografische Beobachtung und qualitative Experteninterviews, die im Rahmen der Grounded Theory Methodologie (GTM) analysiert werden. Statt eine abstrakte Methodendiskussion zu führen, wurde hier eine Präsentationsform gewählt, die dem Leser so nachvollziehbar wie möglich machen soll, zu welchem Zeitpunkt welche Entscheidungen hinsichtlich des eigenen Umgangs mit Empirie aus welchen Gründen getroffen wurden.

Kapitel IV ist das zentrale Analyse- und Auswertungskapitel hinsichtlich der Fragestellung nach den Weisen des Zusammenarbeitens in Unternehmen. Das erste Teilkapitel fungiert dabei als Übergangskapitel zur methodischen Auseinandersetzung und stellt die beiden ethnografisch erforschten Unternehmen Web-icona und Bauroh vor. Im nächsten Teilkapitel wird auf das Softwareentwicklungsframework Scrum eingegangen, das in der Web-icona zum Untersuchungszeitraum eingeführt wurde. Dies ist notwendig, um die Ausführungen im dritten Kapitel nachvollziehen zu können. In diesem werden zunächst die verschiedenen Rollen und Meetings behandelt, die das Zusammenarbeiten in der Web-icona in spezifischer Weise zurichten. Anschließend wird auf die mediale Infrastruktur und deren Effekte fokussiert, um abschließend die in der Web-icona beobachtbaren Praktiken mit denen in der Bauroh zu kontrastieren. Diese Kontrastanalysen helfen, die Beobachtung der durch Scrum etablierten Weisen des Zusammenarbeitens zu schärfen. Insbesondere ist der Unterschied hinsichtlich des an den Tag gelegten Veränderungswillens nützlich, um die Vielfalt der Weisen des Zusammenarbeitens im Auge zu behalten. Auch wenn – bedingt durch den exemplarischen Fall – die Gestaltung der Weisen des Zusammenarbeitens durch Scrum im Mittelpunkt der empirischen Analysen steht, wird Scrum nicht als die einzige Möglichkeit von gestalteten dirigierenden Handlungsfestlegungen begriffen. Vielmehr können durch die Kontrastierung mit der Bauroh auch ehemals gestaltete, nunmehr historisch geronnene dirigierende Handlungsfestlegungen herausgearbeitet werden.

Kapitel V kondensiert als Zwischenfazit die gewonnenen Einsichten aus der Empirie und systematisiert diese entlang der schon genannten, etwas sperrigen Formulierung von gestalteten dirigierenden Handlungsfestlegungen. Dies bildet den Ausgangspunkt für die Frage nach Technisierungsmöglichkeiten von Interaktionen und damit etwas abstrakter: nach den Techniken des Sozialen – der zweiten zentralen Frage der Arbeit.

Kapitel VI dient der begrifflichen Ausarbeitung des Konzepts der *Techniken des Sozialen*. Zu Beginn werden im ersten Teilkapitel ältere Verwendungsweisen der Termini Sozialtechnik, Soziotechnik und Social Engineering nachgezeichnet. Dabei wird gezeigt, dass bisher entweder eine positive oder eine negative Wertung mit der Rede von Sozialtechniken verbunden wurde, je nachdem, wie der Prozess der Modernisierung aufgefasst wurde. Demgegenüber setzt das nachfolgend entwickelte Konzept der *Techniken des Sozialen* auf einen Begriff von Moderne, um sich von den angeführten Begriffsprägungen zu distanzieren. Im darauffolgenden Teilkapitel wird zunächst der Technikbegriff ausgearbeitet, der den Aspekt der Gestaltung des Sozialen begrifflich fassen kann. Ausgehend von verschiedenen Begriffsfassungen, etwa von Gehlen, Freyer und Schelsky, wird mithilfe des Technisierungsverständnisses von Blumenberg und des Begriffs der zweiten Technik von Benjamin ein Technikbegriff in Anlehnung an Luhmann als kontingente, funktionierende Simplifikation konturiert. Damit sind weniger sogenannte Realtechniken gemeint, vielmehr ist an eine spezifische Beobachtungsform gedacht, die eine Differenz zwischen einem kontrollierbaren und einem unkontrollierbaren Bereich setzt. Bei Technik werden demnach heterogene Elemente auf der Seite des Kontrollierbaren in einen neuen Wirkzusammenhang gebracht, der jedoch nur durch eine Grenzziehung zum momentan Unkontrollierbaren möglich wird. Auch wenn der artifizielle Wirkzusammenhang zu einer lebensweltlichen Selbstverständlichkeit werden kann, bleibt doch die Grenzziehung selbst stets kontingent. Nach dieser Konturierung des Technikbegriffs folgt im nächsten Teilkapitel eine Auseinandersetzung mit der Praxissoziologie als einer Beschreibungsmöglichkeit des Sozialen. Dies erscheint sinnvoll, da die – im empirischen Teil herausgearbeiteten – dirigierenden Handlungsfestlegungen als soziale Praktiken gefasst werden können. In Differenz zur gegenwärtigen Praxissoziologie werden diese sozialen Praktiken nun jedoch als potenziell technisierbare Elemente des Sozialen verstanden. Soziale Praktiken können demnach auch gestaltet, d. h. in spezifischer Weise zugerichtet oder instituiert werden. Das folgende Teilkapitel beschreibt zwei Probleme gegenwärtiger praxissoziologischer Forschung, die zum einen in der Vorstellung einer Öffentlichkeit sozialer Praktiken und zum anderen in der unklaren Differenzierung von sozialen Praktiken und Praktikenkomplexen ausgemacht werden. Durch eine strikte Trennung zwischen empirischer und analytischer Verwendungsweise eines Begriffs von sozialen Praktiken können diese aufgezeigten Defizite in der Theorieanlage jedoch behoben werden. Anschließend kann im letzten Teilkapitel das Konzept der *Techniken des Sozialen* zusammenfassend formuliert werden. Das Konzept fokussiert insbesondere zwei Aspekte. Zum einen kann mit seiner Hilfe verstanden werden, dass der qua Technik etablierte artifizielle Wirkzusammenhang auch von sozialen Elementen zu einer lebensweltlichen Selbstverständlichkeit werden kann. Die Technisierung des Sozialen in Form von Sozialtechniken kann normal und selbstverständlich werden. Zum anderen bleibt jedoch im Bewusstsein, dass die technische Grenzziehung zwischen kontrollierbar und unkontrollierbar – im Sinne eines effektiven Isolierens und Herausschneidens eines kontrollierbaren Wirklichkeitsbereichs – stets kontingent bleibt, da sie selbst nicht technisch vollzogen werden kann. Die Vorstellung einer mithilfe von Sozialtechniken etablierten Technokratie wird damit konterkariert. Gleichwohl kann beobachtet werden, dass die Grenzziehung von kontrollierbar/nichtkontrollierbar selbst Teil eines technischen, d. h. artifiziellen Wirkzusammenhangs werden kann. Diese hier als reflexiv bezeichneten Sozialtechniken sind solche, die die Kontingenz der Grenzziehung nutzen, um überhaupt funktionieren zu können. Doch auch diese reflexive Form von Sozialtechniken bedarf einer neuerlichen Grenzziehung zu einem unkontrollierbaren Außen, die weiterhin kontingent bleibt, d. h. auch anders gezogen werden kann.

Im letzten Kapitel, das als tentativer Ausblick angelegt ist, wird das Konzept der *Techniken des Sozialen* und insbesondere dessen Beobachtungsmöglichkeit von einfachen wie auch von reflexiven Sozialtechniken zur Aufklärung gegenwärtiger Phänomene digitaler Kultur genutzt. Dabei wird ein neuer Orientierungsmodus herausgestellt und als Konvenienzdispositiv beschrieben. Dieser besteht in einer Verschränkung von Selbstbestimmung und Fremdorientierung mithilfe eines Testdesigns. Weder gibt es eine Orientierung an sozialisierten Normen noch eine an den anderen oder am Normalen, vielmehr wird eine soziale Form des Testdesigns etabliert, das der Orientierung dient. Dies erhöht die Flexibilität der Orientierungsleistung, da nun innerhalb der Form bzw. des etablierten Designs fortwährend neue Möglichkeiten in einer experimentellen Art und Weise ausgetestet werden können. Das Konzept der *Techniken des Sozialen* stellt damit einen neuerlichen Versuch dar, die technisierten Lebenswelten und die gegenwärtige soziale Wirklichkeit adäquat zu erfassen und zu beschreiben.

II. Gestaltung und Organisation des Zusammenarbeitens

Im Mittelpunkt der empirischen Analyse steht die Frage nach der Zusammenarbeit. Also: Wie wird in Unternehmen konkret zusammengearbeitet; wie wird miteinander, füreinander und sicher auch gegeneinander gearbeitet?

Die Weisen des Zusammenarbeitens geraten in der Gegenwart zunehmend in den Fokus, da davon ausgegangen wird, dass sich – im Gegensatz zum Industriezeitalter – Produktivitätsgewinne vornehmlich aus der Zusammenarbeit der Menschen sowie von Mensch und Maschine erzielen lassen und weniger allein durch die Anschaffung von weiteren Maschinen oder durch Automatisierungsmöglichkeiten. Zudem sinkt die Verweildauer der Menschen in den Organisationen: Einerseits werden Karrieren nicht mehr innerhalb eines Unternehmens betrieben, sondern zunehmend durch den Wechsel zwischen verschiedenen Unternehmen, andererseits scheint der Anteil an Interaktionen unter Anwesenheit durch räumliche Mobilität und die technische Kommunikationsinfrastruktur zu sinken (vgl. u. a. Waber 2013, S. 38).

Gewohnte, traditionelle Formen der Zusammenarbeit werden daher problematisiert und neue Möglichkeiten diskutiert. Dies führte in den letzten Jahren zu einer breiten und facettenreichen öffentlichen Debatte (vgl. u. a. Bergmann 2005; Johns/Gratton 2013; Barrasch et al. 2013; verdi 2012; Friebe/Lobo 2006).

Es sind verschiedene Phänomene und wahrgenommene gesellschaftliche Trends, die die breit etablierten Arbeitsweisen der Angestelltenkultur der organisierten Moderne (vgl. Reckwitz 2006, S. 336–357) zunehmend problematisch erscheinen lassen: Die verstärkte Globalisierung und die damit einhergehende globale Vernetzung und Ausbildung von Abhängigkeiten stellt ebenso wie der Einzug von neuen Technologien (Computer, Internet, kollaborative Software) die praktizierten Arbeitsweisen auf den Prüfstand. Zudem lässt sich insbesondere in der westlichen Hemisphäre eine Zunahme von wissensbasierten im Gegensatz zu körperlichen Arbeitsweisen konstatieren, wobei Erstere oft mit dem Wunsch wie auch dem Anspruch nach aktiver Mitbestimmung und Eigenverantwortung korrespondieren.

In der breit rezipierten Studie von Boltanski/Chiapello (2003) zum neuen Geist des Kapitalismus werden diese Verschiebungen als Veränderung der Legitimationsgrundlage des Kapitalismus zwischen den 1960er und 1990er Jahren verstanden. Der Anlass des Buches war die Verwunderung der Autoren über den gegenwärtigen Fatalismus hinsichtlich des Kapitalismus und der weitgehend ausbleibenden Kapitalismuskritik (ebd., S. 31). Ihre zentrale These lautet, dass der Kapitalismus aus der Krise der 1970er Jahre durch eine Einhegung und Eingemeindung der Künstler- und Sozialkritik dieser Zeit gestärkt hervorging und dass ihm deshalb zu Recht ein neuer Geist attestiert werden kann. Dieser Geist, der in Anlehnung an Webers (1963) Protestantismusthese in den lebensweltlichen Anerkennungs- und Legitimationsgründen ausgemacht wird, habe sich gewandelt von einer religiös fundierten, asketischen, auf Sparsamkeit bedachten, von der Ungewissheit des Seelenheils angetriebenen Lebensform zu einer mobilen, netzartigen, aktiven, projektförmigen, polyvalenten und flexiblen, die individuell gewollt und angestrebt werde. So wie der frühe Kapitalismus, den Weber im Blick hatte, mit der protestantisch geprägten Lebensform »wahlverwandt« erschien, so gebe es nun ein Entsprechungsverhältnis zwischen dem neuen Kapitalismus (im neoliberalen Gewand) und den projektbezogenen Lebensformen, die ihre ideologischen Wurzeln v. a. in der Künstlerkritik der späten 1960er Jahre haben. Die ehemals gegen den Kapitalismus gestellten hedonistischen Lebensformen, die Besitz problematisierten, die für mehr Autonomie und Freiheit eintraten, für eine Einebnung von Arbeit und Freizeit warben und Selbstverwirklichung als höchstes Lebensziel anvisierten, bilden nunmehr den Hauptgrund für eine Affirmation des neuen Geistes des Kapitalismus. »So sind z. B. die Eigenschaften, die in diesem neuen Geist eine Erfolgsgarantie darstellen – Autonomie, Spontaneität, Mobilität, Disponibilität, Kreativität, Plurikompetenz (im Unterschied zu der beengten Spezialisierung der älteren Arbeitsteilung), die Fähigkeit, Netzwerke zu bilden und auf andere zuzugehen, die Offenheit gegenüber Anderem und Neuem, die visionäre Gabe, das Gespür für Unterschiede, die Rücksichtnahme auf die je eigene Geschichte und die Akzeptanz der verschiedenartigen Erfahrungen, die Neigung zum Informellen und das Streben nach zwischenmenschlichem Kontakt –, direkt der Ideenwelt der 68er entliehen.« (Boltanski/Chiapello, S. 143 f.) An die Stelle der Karriereorientierung der organisierten Moderne, die in mehr oder weniger geordneten Bahnen verläuft, tritt nun eine Konzeption von vernetzter Welt, in der das Individuum sich um Verbindungen zu möglichst heterogenen Kontakten bemüht, um gemeinsam Projekte zu machen (vgl. ebd., S. 149). Um ein Bild von Deleuze (1993, S. 258) zu nutzen: Anstatt wie ein Maulwurf die immergleichen Gänge (sprich: Karrierewege) der Disziplinargesellschaft zu gehen, windet sich die Schlange in der Kontrollgesellschaft von Chance zu Chance und Projekt zu Projekt.

Eben weil der gegenwärtige Kapitalismus die alten Kritiken aufgenommen und für seine Belange transformiert habe, führe eine Kapitalismuskritik alten

Schlages am Problem vorbei. Sie könne die ungeheure Attraktivität, die der Kapitalismus für viele – nicht nur in der sogenannten Start-up-Szene – entfalte und die sie dazu motiviere, sich für ihn zu engagieren, einfach nicht erklären. Eine Affirmation des gegenwärtigen Kapitalismus sehe dagegen nicht, dass einerseits der Mensch durch die Einebnung von Privat- und Berufsleben, durch den Einbezug des gesamten Menschen – anstatt dass ihm nur eine spezialisierte Rolle zugewiesen wird – und durch die temporäre, projektförmige Arbeit verschärft ausgebeutet wird und dass andererseits die durch Gewerkschaften und Wohlfahrtsstaat mühsam etablierten Sicherheiten wieder ausgelöscht oder zumindest drastisch verringert werden.

Wenn auch Boltanski/Chiapello in erster Linie auf der Legitimations- und damit auf der Diskursebene verbleiben, da ihre Analyse vornehmlich auf Managementratgebern für Führungskräfte aus den 1960er und den 1990er Jahren beruht, beschreiben sie die jüngeren Veränderungen auch in Bezug auf die hier interessierende Frage nach der Gestaltung von Zusammenarbeit überaus erhellend. Denn vor dem Hintergrund ihrer These der Vereinnahmung der kapitalismuskritischen Motive durch den Kapitalismus selbst wird verständlich, warum Hierarchien infrage gestellt werden, warum die Trennung von Privat- und Berufsleben problematisiert wird und warum man überhaupt zu der Vorstellung gelangen kann, dass Autonomie, Freiheit, Authentizität und Selbstverwirklichung im und durch den Kapitalismus möglich sei. All diese Aspekte haben Auswirkungen auf die Formen der Zusammenarbeit und auf die Möglichkeiten der Gestaltung dieser.[1]

Geradezu paradigmatisch erscheint der neue Geist des Kapitalismus in der Beobachtung der sogenannten Kultur- und Kreativwirtschaft. Auch wenn sie mit 3,2 Prozent aller Beschäftigten und einer Bruttowertschöpfung von 2,35 Prozent am BIP (vgl. BMWi 2014, S. 7) nur einen kleinen Teil des Wirtschaftsgeschehens in Deutschland ausmacht, so stellen die sich dort etablierenden Arbeitsformen doch schon gegenwärtig eine Herausforderung für andere Organisationen dar. Denn: »Arbeit entgrenzt sich, löst sich aus festen Strukturen, in denen sie in der Industriegesellschaft gebunden war. Flexible Arbeitszeitmodelle, wech-

---

1   Diese Auswirkungen werden im empirischen Teil der Studie ausführlich zur Sprache kommen. Die begleitete Einführung des Softwareentwicklungsframeworks Scrum (vgl. Kap. IV.2) in einem der untersuchten Unternehmen (Web-icona) kann als konkrete Anpassung einer Organisationsstruktur an die projektförmige Polis (Boltanski/Chiapello 2003, S. 152 ff.) begriffen werden. Andererseits kann auch die Generalisierung der These eines neuen Geistes des Kapitalismus vor dem Hintergrund der Beobachtungen im kontrastierenden Unternehmen (Bauroh) problematisiert werden. Sowohl in den Workshops als auch in den ethnografischen Beobachtungen fanden sich vielfältige Aspekte, die eine voreilige Verallgemeinerung des neuen Geistes fragwürdig erscheinen lassen. Oft scheint es, dass der New-Management-Diskurs sich erstens nicht überall durchgesetzt und zweitens nicht notwendig auf die konkreten Arbeitspraktiken und Lebensweisen durchgeschlagen hat.

selnde Arbeitsorte, vernetzte Arbeitszusammenhänge, partizipativ-kollaborative Projektarbeit und neue Arbeitsmethoden wie Open Source, Crowdsourcing und Co-Creation gewinnen an Bedeutung und stellen bestehende Formen der Arbeit in Frage.« (Barrasch et al. 2013, S. 1) Statt die Zusammenarbeit in der Organisation über Anweisung und Kontrolle zu koordinieren, tauchen nun funktionale Äquivalente wie beispielsweise »die räumliche Gestaltung von Arbeit« (Merkel/Oppen 2013, S. 6) in Coworking Spaces auf. Die Hoffnung besteht zumeist darin, dass dadurch die Arbeit kosteneffizienter wird, weil weniger kontrolliert werden muss, und dass die Organisationen für gut ausgebildete, leistungsorientierte und selbstständig arbeiten wollende Mitarbeiter attraktiver werden.

Die Arbeitsweisen in der Kultur- und Kreativwirtschaft werden insbesondere hinsichtlich des Aspekts der Zusammenarbeit als mögliches Rollenmodell wahrgenommen. »Zusammenarbeit ist heute das wichtigste Stichwort in den Unternehmen« (IBM 2008, S. 2), heißt es beispielsweise in einem (nicht ohne Eigeninteresse publizierten) Whitepaper von IBM: »In der ›alten‹ Arbeitswelt war ein Mitarbeiter viel Wert [sic!], wenn er viel wusste. Aber in der neuen Welt ist ein Mitarbeiter viel Wert [sic!], wenn er mit anderen zusammenarbeitet und auch das Fachwissen nutzt, das ihm die anderen bieten. [...] Die Zusammenarbeit entwickelt sich, sie wird fließender und wandelt sich von privaten Unterhaltungen zu öffentlichem Gedankenaustausch« (ebd., S. 8). Gefordert und gefördert werden soll eine größere Flexibilität und mehr Eigenverantwortung, -engagement und -motivation der Mitarbeiter, um noch produktiver arbeiten zu können (vgl. auch Wiek 2015).

Im Fokus stehen demnach Aspekte der Gestaltung von Arbeitsweisen, die nicht allein durch die formale Organisation von Arbeit bearbeitet werden können. Insbesondere der Aspekt des Zusammenarbeitens wird virulent, da – wie schon Luhmann (1999, S. 372) vor einem halben Jahrhundert vermutete – »die direkten Kontakte in formalen Organisationen sich nicht mehr auf latente Funktionen tradierter Verhaltensmuster verlassen können, sondern, soweit sie nicht formal geregelt sind, eine in hohem Maße bewußte soziale Geschicklichkeit erfordern«. Er schreibt weiter – und dies dient mir als Einstiegsmoment –, dass insbesondere hinsichtlich der Zusammenarbeit »eine funktionale Analyse nicht schaden kann, sondern eher nützt; denn taktvolle Kooperation ist ungemein schwierig, und es kann nur helfen, wenn die Beteiligten auch theoretisch dafür gerüstet sind« (ebd.). Von hier ausgehend will ich im Folgenden fragen: Wie wird das Zusammenarbeiten organisiert und gestaltet?

Im weiteren Verlauf des Kapitels wird zunächst die reichhaltige Forschungsliteratur zu diesem Fragenkomplex diskutiert, um den Begriff der Zusammenarbeit zu schärfen und in den Kontext zu stellen. Danach wird in Kapitel III das methodische Vorgehen und der Umgang mit der Empirie besprochen, um die anschließende Analyse transparent und nachvollziehbar zu machen.

Die eben skizzierte Fragestellung impliziert, dass es nicht nur historisch unterschiedliche Weisen des Gestaltens von Zusammenarbeit gibt, sondern dass das Zusammenarbeiten auch gegenwärtig je verschieden praktiziert werden kann und wird. Zudem muss an dieser Stelle betont werden, dass die Vorstellung eines ahistorisch herstellbaren Optimums von Zusammenarbeit, wie es verschiedentlich Managementbücher und auch gruppenpsychologische Studien imaginieren, nicht geteilt wird. Es geht also nicht um Möglichkeiten der Verbesserung von Zusammenarbeit, sondern um die Beobachtung und Analyse gegenwärtig praktizierter Weisen des Zusammenarbeitens.

Im Folgenden wird Zusammenarbeit mithilfe verschiedener, teils divergenter Forschungsperspektiven beleuchtet, um die aufgeworfene Frage- und Problemstellung ausreichend kontextualisieren zu können. Die Diskussion erfolgt dabei entlang der Begriffe Kooperation, Koordination, Arbeit, Kollaboration, Organisation sowie Entscheidung und situiert die Fragestellung somit in der soziologischen Forschung, insbesondere in der Arbeits- und Industriesoziologie, der Organisationssoziologie, den Workplace Studies und der Computer Supported Cooperative Work (CSCW).

1 Kooperation

Dass Zusammenarbeit kein voraussetzungsloser Begriff ist, sondern bei genauer Inblicknahme zu schillern beginnt, zeigt beispielsweise das Buch von Richard Sennett (2012), das in der deutschen Übersetzung den programmatischen Titel trägt: *Zusammenarbeit. Was unsere Gesellschaft zusammenhält.* Damit ist die Fluchtlinie schon markiert, dass Zusammenarbeit nicht nur ein peripheres Phänomen in modernen, arbeitsteilig organisierten Gesellschaft darstellt, sondern dass Zusammenarbeit gar das Potenzial zur Integration der Gesellschaft besitzt.[2]

Zusammenarbeit und Kooperation werden im Buch synonym verwendet und bezeichnen einen Austausch, von dem alle Beteiligten profitieren: Man kooperiere, um etwas zu schaffen, was allein nicht geschafft werden könne (Sennett 2012, S. 17). Seine zentrale These lautet, dass die moderne Gesellschaft die soziale Fertigkeit der Kooperation geschwächt habe (ebd., S. 20) und dass dies insbesondere in der modernen Arbeitswelt deutlich werde, in der Individuen zu einem oberflächlichen Austausch, zu wenigen persönlichen Beziehungen und zu nur kurzfristigen Bindungen motiviert werden würden.

---

2   Im englischsprachigen Originaltitel *Together. The Rituals, Pleasures, and Politics of Cooperation* wird der Bezug auf die Sozialintegration durch Kooperation (nicht nur bei der Zusammenarbeit) noch deutlicher.

Deswegen würde das sogenannte soziale Dreieck, bestehend aus »verdienter Autorität, wechselseitigem Respekt und Kooperation während einer Krise« (ebd., S. 202), zerstört werden. Dieses soziale Dreieck sei noch im Industriekapitalismus der 1970er Jahre intakt gewesen und beschreibt im Allgemeinen ein patriarchalisch geprägtes Sozialverhältnis in den Organisationen: Vorgesetzte hätten sich Autorität, verstanden als legitim anerkannte Macht, gegenüber der Belegschaft verdienen müssen. Aufgrund dessen seien die sozialen Beziehungen trotz der hierarchischen Unterschiede von einem wechselseitigen Respekt und Vertrauen geprägt gewesen, was in Krisensituationen zu einer Zusammenarbeit – im Sinne eines Alle-ziehen-an-einem-Strang – geführt hätte. Im Endeffekt will Sennett damit die Wirksamkeit einer »starke[n] informelle[n] Bande« (ebd., S. 201) zwischen den – auf unterschiedlichen Hierarchiestufen angesiedelten – Arbeitnehmern beschreiben, die gegenwärtig durch Deregulierung, Flexibilität und Mobilität der Angestellten erodiere: »Projektarbeit in chamäleonartigen Institutionen wirkt wie eine Säure, die Autorität, Vertrauen und Kooperation auflöst.« (ebd., S. 221) Kooperation hätte deswegen zunehmend nur noch oberflächlichen Charakter, Teamwork sei meist nur – wie er von Gideon Kunda übernimmt – »gespielte Solidarität« (ebd., S. 228).

Dieser Begriff von Zusammenarbeit hat einen starken Fokus auf den sozialintegrativen Aspekt. Damit wird ein positiv konnotierter Begriff entwickelt, der die sozialen Aspekte von Zusammenarbeit nur einseitig in den Blick zu nehmen vermag. Die Vielfalt sozialer Praktiken des Zusammenarbeitens kann dadurch nicht beobachtet werden. So werden Formen der instrumentellen Zusammenarbeit ebenso vernachlässigt wie konfliktäre oder kompetitive Formen des Zusammenarbeitens. Da es in der empirischen Studie jedoch um das faktische Verhalten und die beobachtbaren sozialen Praktiken geht, kann hieran nicht angeschlossen werden.

Auf die sozialintegrative Funktion von Kooperation verweist nicht nur Sennett. In der gegenwärtigen Diskussion wird vor allem durch Michael Tomasello die Position vertreten, dass Kooperationsfähigkeit überhaupt eine genuin menschliche Eigenschaft sei. Insbesondere die Fähigkeit und Motivation zur geteilten Intentionalität, verstanden als »die Fähigkeit, mit anderen in kooperativen Unternehmungen gemeinsame Absichten zu verfolgen und Verpflichtungen einzugehen« (Tomasello 2010, S. 11 f.), seien nicht qua Sprache – wie in Anschluss an Mead (1973, S. 81 ff.) behauptet werden könnte – sozial erworben, sondern vielmehr bei Kleinkindern schon vor dem Spracherwerb ausgeprägt (Tomasello 2009, S. 184).[3]

---

3   Letztlich kann die Argumentation Tomasellos soziologisch nicht wirklich überzeugen, da sein zentrales Argument gegenüber der Sozialisationsthese darin besteht, dass geteilte Intentionalität schon bei Kindern vor dem Spracherwerb und das heißt für Tomasello u.a. im 18. Lebensmonat zu beobachten sei. Dies ist mindestens missverständlich for-

Mit einer Reihe von Experimenten sowohl mit Menschenaffen als auch mit Kleinkindern versucht er, seine anthropologische These zu untermauern. Diese empirischen Studien können hier im Einzelnen nicht breit ausgeführt werden. Es scheint jedoch so zu sein, dass Primaten, selbst wenn sie Gruppenaktivitäten ausführen wie das kollektive Jagen von Beutetieren oder das gegenseitige Lausen, keine gemeinsamen Intentionen ausbilden können. »Die Gruppenaktivitäten der Menschenaffen finden im ›Ich‹-Modus, nicht im ›Wir‹-Modus statt.« (Tomasello 2010, S. 57) Auch fehlt Menschenaffen die Fähigkeit zu gemeinsamer Aufmerksamkeit (ebd., S. 63). Dies wird u. a. physiologisch damit begründet, dass die Augen von Primaten relativ dunkel sind, während sich beim Menschen die Pupille vor einem vergleichsweise großen, weißen Hintergrund abhebt. Dies mache es besser möglich, die Blickrichtung des anderen zu erkennen (ebd., S. 65). Deswegen könnten Primaten keine kollektiven Ziele kreieren und keine komplementären Rollen ausbilden, sondern nur individuelle Ziele. Dabei würden sie durchaus verstehen, dass auch andere Ziele und Wahrnehmungen haben, sodass sich die individuellen Ziele zu Gruppenaktivitäten verknüpfen lassen (vgl. hierzu Tomasello 2009, S. 187 ff.), jedoch komme es nicht zu einer geteilten Intentionalität.

Ein weiteres Argument für ein angeborenes kooperatives Verhalten sei das Weitergeben von Informationen durch Zeigegesten (Tomasello 2010, S. 26): »Menschen versuchen zu helfen, indem sie auf Dinge hinweisen, die nicht für sie selbst, sondern für ihre Zuhörer relevant sind.« (ebd., S. 29) Sie würden damit im Gegensatz zu Primaten Informationen freizügig teilen.

Auch wenn damit einige Argumente für geteilte Intentionalität als anthropologische Kategorie gebracht wurden, so hebt selbstverständlich auch Tomasello auf die soziale, historische und kulturelle Variabilität und Plastizität des Menschen ab. Er versucht, diese jedoch anthropologisch zu erden. Für die hier geführte Diskussion des Begriffs der Zusammenarbeit ist damit gewonnen, dass Kooperationsfähigkeit vielleicht gar im Menschen angelegt ist und nicht erst in der gegenwärtigen arbeitsteiligen Gesellschaft als soziales Problem entsteht. Dennoch kann dieser Fokus in keiner Weise die konkreten Weisen des Zusammenarbeitens erfassen und deren Beobachtung anleiten.

---

muliert, da Kinder im Alter von eineinhalb Jahren zwar noch nicht aktiv sprechen, aber doch ihre Umwelt ausreichend auf das Vorhandensein von Sprache beobachten können. Statt der These Tomasellos, dass Sprache ein Resultat der geteilten Intentionalität darstellen würde, kann mit der Replik von Elizabeth Spelke (vgl. Tomasello 2010, S. 108–123) und den damit (indirekt) aufgerufenen Überlegungen Meads (1973, S. 81 ff.) argumentiert werden, dass es vielmehr die Sprache ist, die Kooperation im Sinne geteilter Intentionalität überhaupt erst ermöglicht. In dieser Linie argumentieren auch Vertreter gegenwärtiger kritischer Theorie wie beispielsweise Brunkhorst (2012, S. 274), der sein Argument wie folgt zusammenfasst. »Kurz: das Zustandekommen sozialer Evolution kann nicht durch Arbeit, auch nicht – wie bei Tomasello – durch helping intentions und das kooperative Wesen des Menschen erklärt werden, sondern nur durch Streit erzeugende Interaktion.«

2 Koordination

Wurde bisher Kooperation in einem eher anthropologischen und evolutionsbiologischen Sinne[4] verwendet, so wird von Kooperation in der Organisationsforschung, die auf Wissensbestände der (Organisations-)Soziologie, der (Sozial- und Gruppen-)Psychologie und der Betriebswirtschaftslehre, insbesondere der Managementforschung zugreift, in ganz anderer Weise gesprochen. Kooperation der Mitarbeiter bei Arbeitsprozessen entsteht nicht einfach so, sondern muss hergestellt und gestaltet werden. Dabei geht es um eine möglichst effiziente Koordination und Motivation der Mitarbeiter zur Zusammenarbeit im arbeitsteilig organisierten Produktionsprozess.

Die große Erzählung der Arbeitsteilung beginnt bekanntlich mit Adam Smith und dessen Stecknadelbeispiel, in dem er plausibel beschreibt, dass Arbeitsproduktivität direkt mit sinnvoller Arbeitsteilung zusammenhängt: »Ein Arbeiter [...] könnte, selbst wenn er sehr fleißig ist, täglich höchstens eine, sicherlich aber keine zwanzig Nadeln herstellen.« Durch fachliche Spezialisierung waren schon im 18. Jahrhundert »10 Arbeiter imstande, täglich etwa 48 000 Nadeln herzustellen, jeder also ungefähr 4 800 Stück« (Smith 1990, S. 9 f.).[5]

Dieser enorme Produktivitätsvorteil war mithin allgemein bekannt, wurde jedoch von Frederick Winslow Taylor ca. 100 Jahre später durch dessen Ansatz einer wissenschaftlichen Betriebsführung auf eine neue Stufe gehoben. Sein Ziel bestand im Hinterfragen der gelebten Faustregeln im Betrieb durch eine wissenschaftliche Analyse. Die Arbeitsvorgänge sollten demnach unter der

---

4　Es existiert auch noch ein weiterer wissenschaftlicher Strang, der Kooperation mit Rational-Choice-Modellen behandelt. Populär ist in diesem Zusammenhang sicher das sogenannte Gefangenendilemma: Die für beide Gefangenen erfolgreichste Strategie wäre, zu kooperieren und sich nicht gegenseitig zu verraten, jedoch bleibt die Unsicherheit bestehen, ob der andere nicht doch einen Verrat begeht, um sich selbst zu schützen. In diesem Zusammenhang sind einschlägig Axelrod (1997) und auch Henrich/Henrich (2007).

5　Dass Arbeitsteilung nicht nur Produktivitätsvorteile besitzt, sondern auch neue Formen sozialer Integration ermöglicht, zeigt Durkheim (1992, S. 335). Er beschreibt in seiner Studie einen Wechsel der gesellschaftlichen Solidaritätsformen von einer mechanischen, auf Ähnlichkeit der Mitglieder beruhenden Solidarität, wie sie v. a. in einfachen Gesellschaften vorzufinden sei, zu einer organischen, auf der individuellen Verschiedenheit beruhenden Solidarität, wie sie kennzeichnend für komplexe Gesellschaften sei. Arbeitsteilung wird von ihm nicht als Mittel zur Produktivitätssteigerung – wie es bei den Ökonomen üblich ist – verstanden, sondern als zwangsläufige soziale Folge von Wachstum und Verdichtung der Gesellschaft (Durkheim 1992, S. 321). Damit ist auch eine soziologische These gegen Tomasellos Standpunkt einer anthropologischen Fundierung von Kooperation verbunden: Statt von spezifisch menschlichen »Fähigkeiten und Motivationen zur Kooperation« (Tomasello 2010, S. 82) auszugehen, um die Entstehung von Landwirtschaft und ersten Städten zu erklären, könnte mit Durkheim argumentiert werden, dass erst die verdichteten Siedlungsformen des Menschen (zum Beispiel in Mesopotamien) zur Kooperation führten.

Maßgabe, »gleichzeitig die größte Prosperität des Arbeitgebers und des Arbeitnehmers herbeizuführen« (Taylor 1995, S. 7) verbessert werden. Damit ging es nicht um die einseitige Steigerung der Produktivität eines Betriebs zum Wohle des Unternehmers, sondern vielmehr um die Kopplung von Unternehmer- und Arbeitnehmerinteressen zum Wohle allgemeiner Produktivität.[6] Deswegen konnte das Konzept nicht nur in unternehmerfreundlichen kapitalistischen Gesellschaften, sondern ebenfalls in sozialistischen Gesellschaften bzw. bei deren Parteigängern eine ungeheure Wirkung entfachen (vgl. Maier 1980).

Dabei ging es vornehmlich um zwei Dinge: Zum einen wurde auf einer körperlichen Ebene die konkrete Tätigkeit des Arbeiters vermessen und durch Vergleich von Bewegungsabläufen und Zeiten zwischen verschiedenen Arbeitern der jeweils beste, weil effizienteste und das hieß der kürzeste, kraft- und zeitsparendste Weg herausgefunden und nunmehr als normierte Bewegung vorgeschrieben (vgl. Herrmann 2002).[7] Zum anderen ging es aber auch um Eignungstests, die ermöglichen sollten, dass der richtige Arbeiter am richtigen Arbeitsplatz eingesetzt wird (vgl. u.a. Lewin 1920). Dieser Aspekt wurde Anfang des 20. Jahrhunderts unter dem Stichwort Psychotechnik verhandelt (vgl. Schrage 2001). Zentrales Kriterium für die künstliche Herstellung dieser beiden Arten von Passungsverhältnissen war die Effizienz, die auf Unternehmerseite zu einem größeren Profit führen sollte und auf Arbeitnehmerseite zu weniger Müdigkeit, mehr Freude an der Arbeit und letztendlich auch zu einem höheren Einkommen.[8] Die wichtigste Konsequenz dieser tayloristischen Veränderung der Arbeitsorganisation bestand in der fortschreitenden Trennung von

---

6   Vergleiche zur Charakterisierung Taylors auch die ironische Pointierung Enzensbergers (1978, S. 110 f.) in Form einer Ballade über ihn: »Die höchste Prosperität muss einem jeden zum Vorsatz werden.«

7   Atteslander (1959, S. 35) konzentriert seine Beschreibung der Methoden der wissenschaftlichen Betriebsführung hierauf: »Taylor beginnt mit der Analyse der Arbeitsbewegungen durch Zeitaufnahme. Ein beliebiger Arbeitsvorgang wird in möglichst viele Teiloperationen zergliedert, deren Ablauf mit der Stoppuhr gemessen wird. An Stelle der bereits bekannten Gesamtzeitmessung führt er in dieser Weise die Teilzeitmessung ein. Er versucht damit, für jede Operation eine Normalzeit herauszuarbeiten, die sich in wiederholter Beobachtung als Durchschnitt der Addition von Elementarzeiten und sogenannten ›toten Zeiten‹ (wie Ausruhen und notwendige Pausen) ergeben. Unnötige Handbewegungen werden ausgeschaltet, und durch Experimente wird für verschiedene Arbeitsoperationen der ›einzig richtige‹, nämlich der zeitsparendste Weg gefunden.« Zur anschließenden Normsetzung vergleiche Atteslander (1959, S. 44).

8   Durch den mithilfe dieser Methoden ermöglichten immensen Produktivitätsgewinn sollte der Interessengegensatz zwischen Arbeit und Kapital überbrückt werden, da viel Rendite für den Arbeitgeber und höhere Löhne für den Arbeitnehmer für beide von Vorteil seien (vgl. auch Atteslander 1959, S. 38). Auf diesem Prinzip basiert der sogenannte Fordismus, denn die höheren Löhne sollten die Kaufkraft der Arbeiter und damit die Nachfrage nach den selbst produzierten Produkten (v.a. das Modell T) erhöhen. Damit kann verständlich werden, dass Massenproduktion überhaupt erst durch potenziellen Massenkonsum möglich wird.

Planung und Ausführung, mit dem Effekt einer immensen Steigerung von einfachen Routinetätigkeiten und der daraufhin anhebenden Kritik, dass dadurch die Arbeitsmotivation der Arbeiter leiden würde.

Dies ist der Ansatzpunkt der sogenannten Human-Relations-Bewegung in den 1930er Jahren (vgl. hierzu Walter-Busch 1989; Atteslander 1959, S. 288–303; Roethlisberger/Dickson 1939). Durch eine Konzentration auf die Motivation der Arbeiter »will man die Leistungsbereitschaft der ArbeitnehmerInnen erhöhen und sich gleichzeitig ihrer Loyalität versichern« (Raehlmann 2015, S. 74). Verschiedene Studien und Experimente unter der Federführung Elton Mayos[9] zeigten das Vorhandensein von parallel zur formalen Organisation existierenden informalen Gruppen[10] bzw. von informellen Beziehungen zwischen den Arbeitnehmern (vgl. u. a. Atteslander 1959, S. 50 ff.).[11] Diese hatten entscheidenden Anteil an der Arbeitsmotivation jenseits von Lohnverhältnissen, physischen Arbeitsbedingungen oder psychischen Arbeitsbelastungen. Ziel war es, diese Gruppen nicht zu verunmöglichen, sondern vielmehr für das Ziel des Gesamtunternehmens einzuspannen. Daraus entstammt laut Friedman (1952, S. 316) die bis weit in die Gegenwart hinein vorhandene Überzeugung, dass bei jeder Rationalisierungsbemühung, immer wenn eine »Betriebsorganisation errichtet oder verändert« wird, stets die Arbeitnehmer überzeugt werden müssen oder, wie neudeutsch formuliert werden könnte, dass die Belegschaft mitgenommen werden müsse. »Was not tut, ist, sie [die Änderung, S. M.] den Arbeitern verständlich zu machen, dieses Verständnis auszubreiten und die größtmögliche Zahl von Arbeitern daran teilnehmen zu lassen« (ebd., S. 317). Eine reale Konsequenz dieser Perspektive war die Etablierung einer funktionalen Alternative zur Mitbestimmung der Arbeitnehmer im Sinne der Gewerkschaften. In Deutschland wurde dieser »auf Kooperation angelegte Führungsstil« (Arbeit-

---

9   Elton Mayo, der Studienleiter der verschiedenen Experimente im Hawthorne-Werk, ist wissenschaftstheoretisch durch den sogenannten Hawthorne-Effekt bekannt, der die Reaktivität wissenschaftlicher Forschung, also die Veränderung der Empirie durch die wissenschaftliche Beobachtung derselben beschreibt (vgl. u. a. Diekmann 1999, S. 299).

10   Diese Einsicht führte insbesondere in den 1940er bis 1960er Jahren zu einem Aufschwung der Gruppenpsychologie, weil angenommen wurde, dass man damit im Gegensatz zur individualpsychologischen Forschung, die noch den Hintergrund der Psychotechnik bildete, die gruppendynamischen Effekte besser studieren könne. Vergleiche für zentrale Studien Leavitt (1951), der den Zusammenhang von Kommunikationsstruktur und Gruppenverhalten untersuchte, und Blau (1954), der herausfand, dass auf Individualebene Konkurrenz direkt proportional mit Produktivität verknüpft ist, während dieses Verhältnis auf Gruppenebene gegensätzlich sei. Zudem korrespondierte dies mit dem Aufkommen von Kybernetik als Steuerungsparadigma, wie u. a. an Figuren wie Kurt Lewin (1963, 1953) beobachtet werden kann (vgl. einführend Günzel 2008, S. 105 ff. und allgemein Grössle 1957; Schelsky 1955, S. 180 ff.; Graebner 1986).

11   Vergleiche zur Differenz von Formalität und Informalität vor allem aus organisationssoziologischer Perspektive den Sammelband von Groddeck/Wilz (2015a) wie auch die Ausführungen in Kapitel II.1.6.

geberverbände 1970, S. 218) als Harzburger Modell[12] bekannt: »An die Stelle der direkten Anweisung tritt das erläuternde, mit Gründen versehene Anordnen. Empfehlen, Raten und Anregen im Rahmen der festgelegten Ziele spielen eine entscheidende Rolle. Grundlage bildet die Delegation von Aufgaben, Befugnissen und Verantwortung, die dem Mitarbeiter ein eigenverantwortliches Tätigkeitsfeld schafft und damit die gewünschte Eigeninitiative und ein Mitdenken aus eigener innerer Bereitschaft heraus auslöst. [...] Kooperativ zu führen ist vor allem dort unerläßlich, wo es darum geht, neuen Ideen zum Durchbruch zu verhelfen.« (Arbeitgeberverbände 1970, S. 218)[13]

Parallel zu diesen Forschungen, die eine verbesserte Arbeitsorganisation beruhend auf der Beeinflussung der Motivation des Arbeitenden anstrebten, änderte sich die Arbeitswirklichkeit dergestalt, dass aufgrund des tayloristischen Paradigmas und des technischen (Automatisierungs-)Fortschritts neben der körperlichen Arbeit in der Fabrik vermehrt in den Bereichen der Arbeitsüberwachung, -vorbereitung und -automatisierung gearbeitet wurde. Die Verwaltungen der Unternehmen und Konzerne wurden größer, und hier war die Form von Arbeit eine andere als in den Produktionshallen. Hinzu kamen vermehrt notwendig werdende Anstrengungen, die industriell hergestellten Massenprodukte auch abzusetzen, was zu einem weiteren Anwachsen der Verwaltung in den Unternehmen wie auch zum Entstehen und Erstarken von Werbe- und Marketingagenturen im Dienstleistungsbereich für die Unternehmen führte. Mit diesem Wandel hin zu mehr kognitiver, geistiger, immaterieller, wissensbasierter oder interaktiver Arbeit wurde die Idee sinnvoller Arbeitsteilung erneut zum Problem. Auch wenn dieser Wandel sehr gegenwärtig erscheint, fand die Diskussion der zentralen Problempunkte bereits vor mehr als 50 Jahren, in den 1950er und 1960er Jahren statt.[14]

---

12 »Fasst man die Grundzüge des Harzburger Modells zusammen, so bestehen diese in der Kombination von hierarchischer Organisationsstruktur einerseits und selbst verantworteten Tätigkeitsbereichen der Führungskräfte und Mitarbeiter andererseits. [...] In der Öffentlichkeit legitimierte die Harzburger Akademie ihr Reformkonzept, das sie als ›Führung im Mitarbeiterverhältnis‹ bezeichnete, mit Hinweisen auf den mündigen Bürger.« (Saldern 2009, S. 311)
13 Die hier angesprochene Verknüpfung von Rationalisierung und Demokratisierung bzw. Partizipationssteigerung kristallisiert auch Luhmann (1978, S. 19–29) als den wichtigsten Faktor für Wachstum und Komplexitätssteigerung von Organisationen heraus. Anstelle des Optimismus der Arbeitgeberverbände herrscht dagegen bei ihm eine analytische Skepsis vor.
14 Die Arbeitswirklichkeit des Arbeiters wird beispielsweise laut Freyer (1970, S. 157) dadurch bestimmt, dass dieser zwar nicht »zum bloßen Anhängsel der Maschine geworden sei, wohl aber in dem Sinne, daß er mit all den Eigenschaften, die seine Arbeitsleistung bestimmen, wie ein feldempfindliches Teilchen in das Kraftfeld des kollektiven Arbeitsprozesses einbezogen ist. Er wird psychotechnisch auf seine Eignung und Anpassungsfähigkeit getestet. Er wird pädagogisch für seine Arbeit vorgeschult und auf sie angelernt. Er wird nach den Prinzipien des scientific management in das Arbeitsgefüge hineininte-

Im Hintergrund der damaligen Debatten (vgl. Bahrdt 1974) stand die Bürokratietheorie Max Webers (1922, S. 124 ff.). Dieser definierte eine rationale Herrschaft mit einem bürokratischen Verwaltungsstab als einen kontinuierlichen regelgebundenen »Betrieb von Amtsgeschäften« mit klaren Kompetenzen bzw. Zuständigkeiten. Dafür gilt das »Prinzip der Amtshierarchie«. Weiterhin nennt Weber die Notwendigkeit der Fachschulungen für die Beamten, die »Trennung des Verwaltungsstabes von den Verwaltungs- und Beschaffungsmitteln«, das Fehlen der »Appropriation der Amtsstelle an den Inhaber« und das »Prinzip der Aktenmäßigkeit«. Damit war die Vorstellung einer technisch effizienten Verwaltungsarbeit präsent, die ebenso arbeitsteilig und über Hierarchien organisiert war wie die körperliche Arbeit an und mit Maschinen (vgl. ebd., S. 660 f.).

Hans Paul Bahrdt (1958) entwickelte aus den beiden Perspektiven der Industriearbeit und der Bürokratietheorie ein sogenanntes Phasenverschiebungsmodell, das eine Entwicklung der Verwaltungsarbeit ähnlich der der Industriearbeit vorhersieht. Verwaltungsarbeit werde ebenso effizient und arbeitsteilig organisiert wie die Industriearbeit[15] – nur entwicklungsgeschichtlich etwas später.

Dieser Deutung widersprach Theo Pirker (1962), der über eine Unterscheidung von cartesianischer und pascalscher Technik auf eine prinzipielle Differenz zwischen beiden Formen der Arbeit hinweisen wollte. Industriearbeit sei demnach analytisch-mechanistisch und auf Effizienz angelegt. Verwaltungsarbeit würde jedoch als Arbeit mit Informationen und Daten eher einer Rechenmaschine ähneln und deshalb auf den Prinzipien der Kombinatorik beruhen (vgl. Pirker 1987, S. 32). Der entscheidende Unterschied sei die Tatsache, dass Informationen weder stapelbar noch ablegbar seien, ohne dass sie sich verändern würden – deswegen sei Verwaltungsarbeit nicht ohne Weiteres Maschinen zu übertragen (Pirker 1962, S. 55 f.). Vielmehr sei die Verwaltungsarbeit ein

---

griert. So müssen denn heute zu den Naturwissenschaften die Psychologie (einschließlich der Psychiatrie), die Pädagogik und die Soziologie – und zu den Produktionstechniken, die Sachgüter erzeugen, die Sozialtechniken und Humantechniken hinzugedacht werden, wenn man den Gehalt der gegenwärtigen Industriekultur an technischen Veranstaltungen in seinem vollen Umfang ermessen will.«

15 Diese Tendenz teilt auch Mills, der in den 1950er Jahren die modernen Angestellten untersuchte und zu einer kulturpessimistischen Deutung gelangte: »Der einzelne Arbeiter kann seine Arbeit nicht mehr frei planen und gestalten. Er ist vielmehr einer Planung unterworfen, an der er nichts ändern kann und darf. Seine Arbeit wird also weitgehend gelenkt, überwacht und beeinflußt.« (Mills 1955, S. 310) »Mit immer stärkerer Mechanisierung und zentralisierter Verwaltung werden die Menschen dann allmählich zum Automaten herabgedrückt« (ebd., S. 312). Diese Entwicklung würde vor dem neuen Büro nicht Halt machen: »Das moderne Büro ist durchrationalisiert: man verwendet Maschinen; aus Angestellten wird Bedienungspersonal; genau wie in den Fabriken wird im Kollektiv gearbeitet, nicht mehr individuell; durch Normung schafft man sich die Möglichkeit, jeden Angestellten leicht gegen einen anderen austauschen zu können.« (ebd., S. 289)

eigener Typus von Arbeit, der in den Kategorien von Industriearbeit, wie sie von Popitz, Bahrdt und anderen in den für die bundesrepublikanische Arbeits- und Industriesoziologie beispielgebenden Studien zur Hüttenindustrie (Popitz et al. 1957a, b), nicht gefasst werden könne: »Die ›echten Kooperationszusammenhänge‹, die ›Intellektualisierung der Arbeit‹ führt innerhalb des technisierten Büros zu neuen Kooperationsformen, die ein ›Mittelding von teamartiger und gefügeartiger Kooperation‹ sind.« (Pirker 1963, S. 102) Weder sei die Zusammenarbeit in der Verwaltung in den Kategorien einfacher teamartiger Kooperation zu fassen, bei der die Arbeiter nicht an feste Arbeitsplätze gebunden sind, die Arbeit selbstständig auf die verfügbaren Arbeitskräfte disponieren können, sich die Arbeit selbstständig einteilen und sich gegenseitig unterstützen können und die einzelnen Arbeitsvorgänge nicht direkt voneinander abhängig sind, noch könne sinnvoll von einer gefügeartigen Kooperation gesprochen werden, bei der die Kooperation selbst durch die technische Anlage vermittelt ist und eine feste Systematik der Arbeitsplätze sowie eine feste Aufteilung der Arbeitsfunktionen besteht, sodass die Zusammenarbeit einer strikten zeitlichen Ordnung unterliegt und eine gegenseitige Unterstützung nur noch selten möglich ist (vgl. Popitz et al. 1957b, S. 47–66 und Pöhler 1969, S. 207f.).

Willi Pöhler (1969) denkt in ebendiese Richtung und versucht, die Verwaltungsarbeit durch eine Kreuztabellierung von vier Formen der Steuerung bzw. Regelung[16] (hierarchische Steuerung, sozial-funktionale Steuerung, Arbeitsprozess-Regelung und technische Regelung) mit formalisierten Kooperationsbeziehungen respektive informellen Kooperationsprozessen, die dadurch gekennzeichnet sind, »daß die Kooperierenden von Fall zu Fall bestimmte Beziehungen eingehen, ohne daß eine formelle Definition der Beziehung vorgegeben ist« (ebd., S. 211), besser zu beschreiben. Damit kommt er auf ein Schema von acht möglichen Formen der Arbeitskoordination. Hier soll einzig die Kombination von sozial-funktioneller Steuerung und informellen Kooperationsbeziehungen herausgegriffen werden, da diese die vermeintlich so neuen, aktuellen Weisen des Zusammenarbeitens im Bereich der Kultur- und Kreativwirtschaft sehr gut zu beschreiben vermag. Dieser Fall trete immer dann auf, wenn Kooperation nicht geplant sei und von spezifischen Funktionsträgern qua Kompetenz ausgeführt werde. Wichtig seien deswegen sachliche Kompetenz und persönliche Anerkennung – mit all ihren Zurechnungsproblemen und Formalisierungshemmnissen. Dem gegenüber stehe jedoch die große Anpassungsfähigkeit des Systems, die insbesondere dort vorteilhaft sei, »wo in unübersichtlichen Situationen eine schnelle Reaktion des Systems erforderlich ist« (ebd., S. 219). Das System kann folglich schnell auf Umwelteinflüsse reagieren, ist jedoch nur

---

16 Mit Steuerung meint Pöhler (1969, S. 176), dass Impulse von außen in das System getragen werden. Regelung bezeichnet dagegen den Vorgang, dass Impulse von innerhalb des Systems kommen.

noch schwer zu überschauen und zu kontrollieren. Auch wenn dies für Pöhler nur eine systematisch mögliche Form darstellt, so kommt er doch in seiner Studie zur Verwaltungsarbeit zu dem Schluss: »Es ist zu erwarten, daß die traditionellen Formen der Steuerung und Kooperation in der Verwaltung (hierarchische Steuerung und formalisierte bzw. informelle Kooperation) an Bedeutung verlieren werden.« (ebd., S. 222) Die Zusammenarbeit in der Verwaltung sei demnach nicht in einer vorgezeichneten Fluchtlinie einer zunehmenden Bürokratisierung und Formalisierung zu verstehen.

So kann Günter Hillmann bereits 1970 in der auflagestarken Rowohlt Enzyklopädie die *Befreiung der Arbeit* (Hillmann 1970) in Aussicht stellen. Diese geschehe von zwei Seiten her, zum einen durch die »selbstbestimmte[.] Kooperation der Arbeitenden« und zum anderen durch »Maßnahmen aufgeschlossener und weitsichtiger Manager und Organisatoren« (ebd., S. 7).

Anstelle »hierarchisch-bürokratischer Herrschaftsformen« würden Formen »kooperativer Selbstorganisation« treten, die zu einer »Optimierung der Betriebsorganisation« (ebd., S. 67) führen würden. Höchste Produktivität sei nur möglich, wenn das Machtmonopol der hierarchischen Spitze wegfiele. »Selbstregelung und Selbstkontrolle an allen Punkten des Betriebes garantieren die leichteste, billigste und schnellste Behebung innerer und äußerer Störungen« (ebd.). Kooperative Selbstorganisation wird hier gegen hierarchisch-bürokratische (Fremd-)Organisation in Anschlag gebracht und positiv bewertet.

Möglich werde dies auch dadurch, da die modernen Arbeitsprozesse zunehmend von Experten abhängen würden. Experten seien weder Arbeiter noch angelernte Fachkräfte, sondern »Spezialisten mit breiter Grundausbildung, betriebsspezifischer Schulung, Verständnis für funktionale Zusammenhänge und Kooperationsfähigkeit« (ebd., S. 70), die nicht ohne Weiteres ausgewechselt werden könnten. Dadurch könnten gerade sie Garanten eines Machtanspruchs der Belegschaft gegenüber dem Unternehmer sein. Andererseits jedoch führt ihre spezifische soziale Position und Rolle zu einer hinsichtlich der Möglichkeit der Etablierung von Selbstbewusstseinschancen inversen Konsequenz, die sicher erst in der Gegenwart wirklich einsichtig wird: »Ihre Vielzahl jedoch, ihre Unvergleichbarkeit und dennoch Gleichartigkeit bzw. Gleichberechtigung, die Unsicherheit ihrer Positionen (da nicht nur ihre Beurteilung von den Inhabern der Schlüsselpositionen, sondern auch ihr Einfluß vom jeweiligen Trend abhängt), ihre beratende Tätigkeit, die sie nicht zu Schwerpunkten werden läßt – alles das unterwirft sie in besonderem Maße der Konkurrenz und dem Leistungsdruck und macht sie so zum Objekt der Manager, Funktionäre, Chefs, Bürokraten usw., die die ausgleichende Vermittler- und Schiedsrichterrolle übernehmen.« (ebd., S. 71) Damit ist zumindest angedeutet, dass trotz der Abhängigkeit der Organisationen von ihren Experten ebendiese weiterhin von den Führungskräften (Unternehmern, Managern, Chefs) abhängig sind. Weder wird Herrschaft von oben nach unten umverteilt, noch bleibt sie an der Spitze unverändert bestehen, vielmehr kommt es zu einer Ausweitung von Machtchancen von den Führungsstäben auf die Mitarbeiterebene unter allseits verschärften Leistungs- und Konkurrenzbedingungen.[17]

Damit gewinnt die Zusammenarbeit schon ab den 1960er Jahren eine entscheidende Bedeutung in der Frage nach möglichen Produktivitätssteigerungen bei etablierten Produkten und Profitsteigerungen durch innovative Wertschöpfung beispielsweise durch Kreation neuer Produkte und Dienstleistungen. Produktive Zusammenarbeit wird zum Problem, da sie sich nicht aus formaler Hierarchie oder aus dem Modell der Bürokratie eindeutig ableiten lässt. Sie lässt sich weder anweisen noch nach einem vorgefertigten Schema einführen (vgl. auch Hillmann 1966). Die Koordination der Arbeit ist seit dieser Zeit nicht mehr nach nur einem Schema (the one best way) möglich. Sie wird zum Problem und bleibt es bis in die Gegenwart. Arbeitsteilung, Kooperation der Arbeitenden und damit Zusammenarbeit können nicht mehr vom Modell der Organisation aus begriffen werden und verlieren damit auch zunehmend ihre gesellschaftsintegrierende Wirkung. Stattdessen rücken subjektivierende Effekte in den Mittelpunkt. Diese Doppelbedeutung hinsichtlich Sozialintegration und Subjektkonstitution lässt sich insbesondere am Begriff der Arbeit nachvollziehen (Makropoulos 2010, S. 207).

3 Arbeit

War in vormodernen Gesellschaften Arbeit eher negativ als zu ertragendes Leid und Mühsal gefasst, so gewinnt der Begriff (vgl. Conze 1997; Graach 1964; Hermanns 1993; Krupp 1964; Voß 2010) und das Phänomen in der Moderne einen zentralen Stellenwert, insofern es nunmehr als Quelle des Eigentums (Locke) und weiter als Quelle aller Werte (Smith) anerkannt wird.[18]

---

17 An dieser Stelle können die historisch später möglichen und sodann auch reflektierten Erfahrungen aus der Einführung von (teilautonomer) Gruppenarbeit im Zuge der Lean-Management-Philosophie der 1990er Jahre zumindest angedeutet werden. Wie verschiedene Studien (Wittel 1998; Vormbusch 1999, 2002; Gerst 2006; Kocyba/Vormbusch 2000) zeigen, führt die Ausweitung der Selbstbestimmung der Mitarbeiter durch die Gruppenarbeit zu andersartigen Kontroll- und Disziplinierungsmöglichkeiten. Macht ist auch bei »statusneutraler Kooperation« nicht verschwunden, sondern wirkt sich anders aus, da sie an Interaktionen und Personen gebunden wird. Dies könnte dann durch mikropolitische Studien weiter untersucht werden (vgl. Küpper/Ortmann 1992).

18 Bei Locke erfolgt die Ableitung folgendermaßen: »Obwohl die Erde und alle niederen Lebewesen allen Menschen gemeinsam gehören, so hat doch jeder Mensch ein Eigentum an seiner eigenen Person. Auf diese hat niemand ein Recht als nur er allein. Die Arbeit seines Körpers und das Werk seiner Hände sind, so können wir sagen, im eigentlichen Sinne sein Eigentum. Was immer er also dem Zustand entrückt, den die Natur vorgesehen und in dem sie es belassen hat, hat er mit seiner Arbeit gemischt und ihm etwas

Auf der einen Seite kann mit dieser Konzeption von Arbeit die real vorhandene Ungleichheit der im Entstehen begriffenen bürgerlichen Gesellschaft begründet werden, auf der anderen Seite kann Arbeit zu einem gegen die feudale, stratifikatorische Standesgesellschaft gerichteten Glücksversprechen (Pursuit of Happiness) und weiter gar zu einem Recht auf freie Arbeit werden. Am Wert produktiver Arbeit wird sowohl von liberaler als auch von frühsozialistischer Seite festgehalten. Im deutschen Idealismus, besonders dann bei Hegel, wird Arbeit anthropologisiert: Arbeit als zielgerichtete Tätigkeit zur Bedürfnisbefriedigung sei »wesensbestimmend für den zur Freiheit aufsteigenden Menschen schlechthin« (Conze 1997, S. 187). Und ebendiesen Gedanken der »Selbsterzeugung des Menschen als einen Prozeß«, also der Verknüpfung von Arbeit und Freiheit, übernimmt Marx und begreift damit »den gegenständlichen Menschen, wahren, weil wirklichen, Menschen, als Resultat seiner eigenen Arbeit« (Marx 2005, S. 133). Arbeit wird damit als eine zweckgerichtete, naturbeherrschende Tätigkeit konzipiert, in der sich der Mensch von der Natur emanzipiert, und in diesem Prozess verwirklicht er sich selbst. Somit ist Arbeit nicht nur Quelle allen Reichtums, sondern zugleich die wesensbestimmende Kategorie des Menschen, die in Anschlag gebracht werden kann, um die entfremdende Arbeit der kapitalistischen Gesellschaft zu kritisieren.

Diese Doppelbedeutung von Arbeit als sozialintegrative wie auch subjektkonstituierende Tätigkeit, die in der Differenz von *labour* und *work*[19] noch mitschwingt, führt im Laufe des 20. Jahrhundert zu einer Begriffsausweitung.

Eigenes hinzugefügt. Er hat es somit zu seinem Eigentum gemacht. [...] Denn da diese Arbeit das unbestreitbare Eigentum des Arbeiters ist, kann niemand außer ihm ein Recht auf etwas haben, was einmal mit seiner Arbeit verbunden ist.« (Locke 1980, S. 30, § 27).

Durch Adam Smith wird die Tauschfunktion anthropologisiert, da der Mensch immer auf »Hilfe anderer angewiesen« (Smith 1990, S. 17) sei. Tausch als natürliche Neigung des Menschen entsteht dabei jedoch nicht aus Mitgefühl, sondern aufgrund von eigenen Interessen (vgl. klassisch: Mandeville 1980). Die Wertbestimmung der durch Arbeit geschaffenen Produkte erfolgt bei Smith direkt über die dafür geleistete Arbeit (ebd., S. 28). Jedoch würde der nominale Preis der Ware durch Vergleich mit anderen Produkten bestimmt. Diese Differenz ist bekanntlich als Unterscheidung zwischen Gebrauchs- und Tauschwert wirkmächtig geworden.

19 Die Differenz von labour und work könnte auch noch thesenartig zugespitzt werden. In der Sozialdimension wird Arbeit zumeist als labour verstanden, als eine Tätigkeit, die gegen Geld getauscht werden kann. Nur diese abstrakte Tätigkeit kann arbeitsteilig organisiert werden; und es ist in erster Linie diese Tätigkeit, welche sozialintegrierend wirkt. Arbeit im Sinne von work ist demgegenüber konstitutiv nicht arbeitsteilig organisierbar, da damit eine Tätigkeit gemeint ist, die Gebrauchswerte schafft und vorwiegend qualitativ bestimmt ist. Arbeit im Horizont von Selbstverwirklichung und Emanzipation ist eben nicht arbeitsteilig zu organisieren und wirkt auch nicht sozialintegrierend. Vielmehr ermöglicht diese Valenz des Begriffs Arbeit gerade im Gegenteil sozial desintegrative, in diesem Sinne asoziale und von gesellschaftlichen Normen und Werten her gesehen extrem unwahrscheinliche Tätigkeiten (vgl. zu dieser Differenz u. a. Engels' Anmerkung, in: MEW, Bd. 23, 61 f., Fn. 16 sowie Arendt 1998; Vogl 2002; Flusser 1994, S. 147–160; Strauss 1985).

Schon Ernst Jünger (1981, S. 72) kann 1932 behaupten, dass es nichts gebe, was nicht als Arbeit begriffen werden könne: »Arbeit ist das Tempo der Faust, der Gedanken, des Herzens, das Leben bei Tage und Nacht, die Wissenschaft, die Liebe, die Kunst, der Glaube, der Kultus, der Krieg; Arbeit ist die Schwingung des Atoms und die Kraft, die Sterne und Sonnensysteme bewegt.«

In der Folge wird die Kategorie der Arbeit zunehmend entgrenzt. Dies korrespondiert mit einer gesellschaftlichen Wirklichkeit, in der erstens der Konsum immer breiterer Gesellschaftsschichten bestimmend wird und sozialintegrativ wirkt (vgl. Schrage 2009). Zweitens wird neben dem Arbeiter im Industriebetrieb insbesondere der Angestellte im Verwaltungsbereich und später im Dienstleistungssektor zu einer relevanten Figur in der Beschreibung von Erwerbsarbeit (Kracauer 1993; Whyte 1958; Mills 1955). Die Menschen in der dadurch entstehenden (später: breiten) Mittelschicht führen bei ihrer Erwerbsarbeit Tätigkeiten aus, die nur noch schwer mit einem emphatischen Begriff von körperlicher Arbeit in Deckung gebracht werden können: »Das ewige Telefonklingeln, das freundliche Gespenst mit dem Terminkalender, die Konferenzen, Sitzungen, Reisen, nicht zuletzt die noch gar nicht erforschte, mühsame und heute unentbehrliche Kontaktleistung mit dem erschöpfenden Nettigkeits-Aufwand, die Kameraderie ohne echte Voraussetzungen, gar nicht gerechnet die Überfalls-Situationen mit ihren schnellen Entscheidungen – das sind Dauerleistungen, von denen der Arbeiter nicht verfolgt wird und die nach oben hin sich verdichten.« (Gehlen 1978, S. 33) Die in der bürgerlichen, von Industriearbeit geprägten Gesellschaft etablierte Differenz von Arbeit und Nichtarbeit erscheint zunehmend als brüchig, wie Bahrdt (1983, S. 133) am Beispiel eines Kleinsiedlers, der seinen Garten wässert, erläutert:

> »Er gießt das Gemüse, die Zwiebeln, den Salat. All diese Pflanzen bedeuten ein Naturaleinkommen, das nicht unwichtig ist, da der Kleinsiedler noch sein Haus abzahlen muß. Also ist diese regelmäßige, z.T. anstrengende Tätigkeit doch wohl Arbeit. Jetzt schwenkt er die Kanne und gießt auf die Rosen, wenige Sekunden später schwenkt er zurück und begießt wieder anderes Gemüse. Kann man sagen: Jedesmal, wenn er die Rosen, die zweifellos unter Hobby zu subsumieren sind, begießt, hört die Arbeit auf. Jetzt herrscht für 5 Sekunden Freizeit. Wenn er wieder zurückschwenkt, ist es wieder Arbeit. D.h. gibt es innerhalb derselben Verrichtung, ja genau genommen innerhalb ein und derselben Körperbewegung, die ihren eigenen Schwung und eigenen Rhythmus hat, innerhalb weniger Sekunden zweimal jene wichtige Zäsur, die den Übergang von der Arbeit zur Nichtarbeit, bzw. von der Freizeit zur Arbeit markiert?«

Diese Unsicherheit hinsichtlich der Kategorie der Arbeit wird auch an den entstehenden Begriffskombinationen wie Hausarbeit, Erziehungsarbeit, Beziehungsarbeit oder Identitätsarbeit sichtbar. Bahrdt versucht die verschwimmende

Differenz von Arbeit und Nichtarbeit durch eine andere Unterscheidung zu behandeln. Neben den (industrie)modernen Arbeitsethos, der ein möglichst effizientes Abarbeiten in einem bestimmten Zeitraum, nämlich der Arbeitszeit, beschreibt, setzt er das Dienstethos. Dieses »schließt auch die Pflicht zur Arbeit ein, wenn sich solche als notwendig erweist. Von einem, der im Dienst ist, verlangt man aber nicht, daß er immer arbeitet. Es genügt, wenn er in eigener Verantwortung, d. h. unter Vergegenwärtigung eines übergreifenden Funktionszusammenhangs, darauf wartet und trotz äußerlicher Passivität darauf achtet, wann sein Eingriff nötig ist. Wenn dies der Fall ist, wird aber möglicherweise ein größerer Kräfteeinsatz verlangt, als er bei einer kontinuierlichen Arbeit zumutbar wäre.« (ebd., S. 137) Das bedeutet, dass Verantwortung für die eigene Tätigkeit übernommen wird, im Gegensatz zum Arbeitsethos, wo dieses gerade aufgrund von Fremdbestimmung suspendiert werden kann. Statt Erholung in Form von Pausen benötigt der Mensch mit Dienstethos Distanzierungsmöglichkeiten zur gegenwärtigen Situation.

Dieser von Bahrdt formulierte Mentalitätswechsel, von Menschen, »die diszipliniert ein arbeitstägliches und ganzjährig gleichbleibendes Pensum abarbeiten«, zu denjenigen, die »sich kurzfristig unter Inkaufnahme von Gefahren bis zur Grenze der seelischen und körperlichen Kräfte verausgaben, danach aber viel Zeit für Hobbys und Ruhe beanspruchen« (ebd., S. 137), beschreibt luzide die gegenwärtigen Diskussionen um die Generation Y (vgl. Parment 2013; Hurrelmann/Albrecht 2014), einer Generation, der der Mythos der Arbeit unzeitgemäß geworden ist (vgl. Bahrdt 1996).

Auf dieses Verschwimmen der vormals klar getrennten Sphären von Arbeit und Freizeit oder, wie mit Habermas formuliert werden könnte, von Arbeit und Interaktion,[20] reagierte die Arbeits- und Industriesoziologie, indem sie sich von ihrer an marxistischen Kategorien orientierten gesellschaftstheoretischen Perspektivierung verabschiedete und bis in die Gegenwart verstärkt auf der Mesoebene angesiedelte Konzepte wie beispielsweise das der »Subjektivierung von Arbeit« (vgl. schon Baethge 1991; zentral: Moldaschl/Voß 2003; und jüngst: Kleemann 2012) oder auch das der interaktiven Arbeit (Böhle/Glaser 2006; Dunkel/Weihrich 2010) setzt.[21]

---

20 Habermas (1968, S. 33) formulierte damals apodiktisch: »Eine Zurückführung der Interaktion auf Arbeit oder eine Ableitung der Arbeit aus Interaktion ist nicht möglich.«

21 Dieser Befund ist aufgrund der disziplinären Geschichte der Arbeits- und Industriesoziologie, die in ihrem Selbstverständnis oft mehr sein wollte als nur eine spezielle Soziologie (Schmiede/Schilcher 2010, S. 12), zu verstehen (Bahrdt 1982). Grob ließe sich diese Geschichte für die Bundesrepublik in drei Phasen einteilen. Zunächst wurden ab den 1950er Jahren bis in die 1970er Jahre verschiedene – mittlerweile als klassisch zu bezeichnende – Studien zur Industriearbeit durchgeführt (Popitz et al. 1957b, a; Bahrdt 1958). Ab den späten 1960er Jahren verschob sich dieser Fokus hin zu einem mehr gesellschaftstheoretischen, von Karl Marx inspirierten Verständnis von Arbeits- und Industriesoziologie, welches sich stark mit Arbeitnehmerinteressen identifizierte und so oft gewerkschafts-

Damit werden gegenwärtig insbesondere die Arbeitsweisen in den Mittelpunkt gerückt, die den Menschen nicht nur körperlich oder psychisch beanspruchen und in seiner Rolle als Arbeitnehmer festlegen, sondern die den Menschen als Person insgesamt und damit auch dessen Subjektivität fordern. Organisationen geben mehr Raum für Selbstbestimmung, haben gleichzeitig jedoch veränderte Ansprüche gegenüber den Arbeitern und Angestellten, die deswegen in der Analyse als »Arbeitskraftunternehmer« (Voß/Pongratz 1998) beschrieben werden. Zentral werden dabei die Folgen der Flexibilisierung von Arbeit für die Arbeitnehmer thematisiert (Böhle/Busch 2012), und es wird eine »Entgrenzung von Arbeit« (Minssen 2007; Minssen 2012, S. 59–78; Gottschall/ Voß 2003) konstatiert.[22]

Damit sind Phänomene gemeint wie die zeitliche Ausdehnung und Intensivierung von Arbeit über eine (Kern-)Arbeitszeit hinaus oder die geringer werdende Verortbarkeit von geleisteter Arbeit: beispielsweise im Café statt im Büro (vgl. Bartmann 2012, S. 293 ff.; Liegl 2014). Beide Themenbereiche zielen nicht selten auf Tendenzen der Überforderung des Individuums (Ehrenberg 2011), die mit Pathologien (Burnout, Boreout, Erschöpfung) in Zusammenhang gebracht werden. Andererseits können diese Tendenzen auch von einer kleineren gesellschaftlichen Gruppe als Freiheitsgewinn gedeutet werden (Friebe/Lobo 2006).

Dies alles hat Konsequenzen für den infrage stehenden Begriff der Zusammenarbeit. Denn wie schon einleitend angedeutet, wird darunter nicht nur die

---

affine Forschungen begleitete. Erst in den 1990er Jahren schwächte sich diese Orientierung ab, zum einen angesichts des Zusammenbruchs des Ostblocks und zum anderen angesichts des aufkommenden Lean-Managements. Hinzu kam die zunehmende Bedeutung des Dienstleistungssektors (vgl. hierzu auch Meißner 2013, S. 210 ff.). Diese Interpretation wird von Kühl unterstützt, der ebenfalls meint, dass sich die Arbeits- und Industriesoziologie bis in die 1980er Jahre strikt an Marx gehalten habe, in der »Hoffnung, über die Analyse von Arbeitsprozessen Aussagen nicht nur über die Verhältnisse in den Betrieben, sondern in der Gesellschaft insgesamt treffen zu können« (Kühl 2004, S. 5). Dies wurde zunehmend unplausibel, sodass gegenwärtig eine gesellschaftstheoretische Anbindung vermieden werde, zugunsten von »Theorien mittlerer Reichweite wie die Mikropolitik, die Steuerungstheorie oder den Neo-Institutionalismus« oder um den Preis, »gleich ganz auf theoretische Zugänge zu verzichten« (ebd., S. 7). Vergleiche zur Geschichte der industriesoziologischen Forschung v. a. das Handbuch Arbeitssoziologie (Böhle et al. 2010) und auch den kurzen Überblicksartikel von Schmidt (2011).

22 Diese Veränderungen in der Arbeitswelt bilden auch den Hintergrund der diskursiv sehr erfolgreichen Studie von Ulrich Bröckling (2007) zum unternehmerischen Selbst. Die gegenwärtige Arbeitswelt fördere und erzwinge eine bestimmte Subjektivierung, die weniger in einer spezifischen Disziplinierung bestehe, sondern in einer »Pflicht zur permanenten Optimierung und Selbstoptimierung« (Bröckling 2003, S. 339). Statt dem recht starren Gehorsamkeitszwang werde Macht jetzt vor allem durch eine »Unabschließbarkeit der Optimierungszwänge« (Bröckling 2007, S. 17) ausgeübt, die das Subjekt nicht mehr normiere, sondern »eine unabschließbare Dynamik der Selbstoptimierung in Gang« (ebd., S. 239) setze. Das unternehmerische Selbst unterscheidet sich damit fundamental vom Angestellten der organisierten Moderne, wie ihn beispielsweise Mills (1955) und Whyte (1958) beschreiben.

instrumentelle, formale oder fremdbestimmte Zusammenarbeit in Organisationen verstanden. In der Rede von Zusammenarbeit wird Selbstbestimmung und Eigenverantwortung zunehmend vorausgesetzt und damit in die Nähe von Interaktion gerückt.[23] Zusammenarbeit umfasst nicht nur den Arbeiter oder Angestellten in seiner professionellen Rolle, vielmehr kommt er zunehmend als ganze Person mit seinen Gefühlen, Erfahrungen und seinem Wissen, aber auch mit seinen privaten sozialen Kontakten und in der Freizeit ausgeübten Hobbys ins Spiel. Zusammenarbeit kann so einerseits positiv verstanden werden, andererseits können auch die negativen Effekte dieser Entgrenzung von Arbeit wie Dauerstress, Erschöpfung und Burnout unterstrichen werden.

Diese Perspektive von Zusammenarbeit wird auch von Annegret Bolte und Stephanie Porschen (2005, 2006) im Anschluss an die Forschungen zum erfahrungsgeleiteten, subjektivierten Arbeitshandeln eingenommen. Sie verweisen auf strukturell informelle Kooperationsweisen,[24] die in hohem Maße situativ und kontextgebunden sind (Bolte/Porschen 2006, S. 27 u. 51). Während unter Koordination zumeist »die Sicherstellung der technisch-funktionalen Abläufe [...] durch die gegenseitige Abstimmung« verstanden werde, stelle die Rede von Kooperation »die Zusammenarbeit der Akteure in den Mittelpunkt« (ebd., S. 25). Diese Art der Kooperation bleibe in der Organisationstheorie zumeist ausgespart (vgl. ebd., S. 17), weil sie nicht qua hierarchischer Weisung oder mithilfe von Verfahrensanweisungen hergestellt werden könne. Auch gegenwärtig diskutierte Formen der »institutionalisierte[n] Selbstabstimmung« beließen »die situative, mit der unmittelbaren Arbeitstätigkeit verbundene Kooperation« (ebd., S. 24) weitgehend im Dunkeln. Diese Form der Kooperation sei zwar zumeist (noch) eine unsichtbare Leistung der Arbeitenden, werde jedoch zunehmend wichtiger zur Unterfütterung der flexibel-offenen Organisationsstrukturen und zur schnellen Problemantizipation und -lösung (ebd., S. 163). Obwohl informelle Kooperation an sich nicht herzustellen und zu organisieren sei, würden vermehrt Versuche, »das Informelle organisieren zu wollen« (ebd., S. 12; vgl. zudem mit Akzent auf Wissensarbeit Wilkesmann 2005), auf den Plan treten, die zu neuen »Konfigurationen und Vermischungen von hierarchischer und selbstgesteuerter Kooperation« führen würden. Die Autoren stellen verschiedene Modelle (Bolte/Porschen 2006, S. 65 ff.) »der Unterstützung informel-

---

23 Dies war ja auch die politische Idee der Gewerkschaften, die durch Gruppen- und Teamarbeit den Arbeiter als »Anhängsel der Maschine« befreien wollten. Dass diese Emanzipationsidee in ihrer Realisierung beispielsweise in der Automobilindustrie nichtintendierte Nebenfolgen zeitigte, zeigen u. a. die Analysen von Vormbusch (2002) und Wittel (1998; vgl. für einen Überblick Bolte/Porschen 2006, S. 22 ff.) auf. Vergleiche auch Fußnote 17 auf S. 31.

24 Vergleiche zur Differenz von formaler und informaler Organisation auch den Abschnitt II.6.

ler bereichsübergreifender Kooperation« (ebd., S. 70) vor, die generell durch eine Herstellung gemeinsamer Erfahrungsräume (ebd., S. 58) gekennzeichnet sind. Mitarbeiter sollen durch Hospitation, Job Rotation, Mitarbeit in anderen Abteilungen oder spezielle Stellenbeschreibungen die Möglichkeit bekommen, andere Abteilungen und Standorte, vor- und nachgelagerte Prozesse oder bisher unbekannte Mitarbeiter kennenzulernen, um gemeinsame Erfahrungsräume zu stiften und den Perspektivwechsel zu erleichtern. Zusammenarbeit, verstanden als situative, informelle Kooperation wird so zum Zielpunkt von Gestaltungs- und Organisationsvorhaben in verschiedenen Organisationen.

Damit bleibt für die Fragestellung festzuhalten, dass Zusammenarbeit aus zwei verschiedenen Perspektiven als zunehmend relevant angesehen wird. Einerseits erblicken die Mitarbeiter, Angestellten und Arbeiter in der Zusammenarbeit Möglichkeiten individueller Selbstverwirklichung. Andererseits versuchen Organisationen, das prinzipiell nicht plan- und herstellbare Zusammenarbeiten, verstanden als informelle Kooperation, in ihrem Sinne zu fördern und zu unterstützen. Wie dies konkret geschieht, soll mithilfe der hier aufgerufenen Frage nach der Gestaltung und Organisation des Zusammenarbeitens erfasst werden.

4 Kollaboration

Zusammenarbeiten in Organisationen ist gegenwärtig jedoch nicht (mehr) ohne Einbezug der informationstechnischen Infrastrukturen zu denken. Zogen schon ab den 1950er Jahren Großrechner in die Organisationen ein und wurden schon länger andere technische Hilfsmittel – von Akten und Karteikarten bis zu Telefon und Rohrpost – zur Koordination der Arbeit eingesetzt, entsteht zumindest im Büro ein fundamentaler Wandel durch die Einführung des Desktopcomputers ab den 1980er Jahren (vgl. u. a. Zuboff 1988). Die damit erwartete Steigerung der Produktivität des einzelnen Mitarbeiters sollte zudem durch eine Vernetzung der Computer und den damit verbesserten Austausch von Informationen ebenso wie durch die Etablierung neuer Kommunikationsmöglichkeiten noch gesteigert werden (vgl. u. a. Sproull/Kiesler 1991). Auf diese Situation reagiert die wissenschaftliche Forschung u. a. mit der Etablierung des Forschungszweigs der Computer Supported Cooperative Work (CSCW) in den 1980er und 1990er Jahren (vgl. Knoblauch/Heath 1999, S. 165 ff.). Den Hintergrund dieser Forschungsrichtung bildet nun keine gesellschaftstheoretische Perspektivierung mehr, wie sie in der Arbeits- und Industriesoziologie lange Zeit zu beobachten war, vielmehr besteht dieser nun in der Psychologie, der Kognitionswissenschaft, der Ethnologie bzw. der angelsächsischen Form der Anthropologie sowie in (mikro)soziologischen Fragestellungen.

Die begriffliche Unterscheidung von Kooperation und Kollaboration ist in der Forschung nicht fest etabliert (vgl. Hornecker 2004, S. 138 ff.; Bornemann 2012, S. 77 f.), wobei unter Kooperation eher (vor)strukturierte Formen der Zusammenarbeit von mehreren Beteiligten – also der Aspekt, der oben unter Koordination diskutiert wurde – verstanden werden, während Kollaboration das interaktive und somit gemeinsame, situative Herstellen von Zusammenarbeit betont (vgl. hierzu auch Schmalz 2007, S. 9 f.). Kooperation ist somit auch additiv und sequenziell möglich, wenn beispielsweise koordinierend geklärt wird, wer welche Teile einer größeren Aufgabe übernimmt. Kollaboration zielt dagegen auf das gemeinsame, synchrone ko-konstruierende Zusammenarbeiten. Die zentrale Referenz für einen solchen Kollaborationsbegriff und damit auch für das CSCW-Forschungsfeld ist die Studie *Plans and Situated Actions* von Lucy Suchman (1985).

Ihr Buch, das bei Xerox entstand,[25] nimmt von der Vorstellung Abstand, dass Menschen im Umgang mit neuen Technologien und Geräten zunächst Pläne anfertigen und diese dann in konkreten Handlungen ausführen würden. Vielmehr sei der Umgang mit den technischen Geräten stark von den konkreten Umständen und Bedingungen abhängig.[26] Im expliziten Anschluss an die Ethnomethodologie von Garfinkel (2012) versucht sie zu verstehen, wie Menschen in konkreten Situationen[27] zu sinnvollen Handlungen bzw. zu einem kompetenten Umgang mit den Geräten und Maschinen gelangen. Wie Suchman rückblickend erläutert: »My primary concern in P&SA [Plans and Situated Actions, S.M.] was to suggest a shift in the status of plans from mental control structures that universally precede and determine actions, to discursive resources produced and used within the course of certain forms of human activity.« (Suchman 2003, S. 299) Handlungspläne werden nie in Gänze so ausgeführt, wie sie mental geplant wurden, sondern immer an die konkrete Situation angepasst, Handlun-

---

25 Eine gute Zusammenfassung über den Kontext, in dem die ursprüngliche Studie verfasst wurde, liefert der Abschnitt *Reading and Responses* in der zweiten, erweiterten Auflage mit dem veränderten Titel: *Human-Machine Reconfigurations* (Suchman 2007, S. 8–23).

26 Dieses Argument klingt in soziologisch geschulten Ohren keineswegs neu. Vielmehr gibt es diese Einsicht schon in der frühen Soziologie, insbesondere in der Auseinandersetzung von Alfred Schütz mit dem Weberschen Handlungsbegriff. Auch er differenziert zwischen Handlung und Handeln in ähnlicher Weise, wie es Suchman in Konfrontation mit dem kognitivistischen Bias der Human-Computer-Interaction-Forschung (HCI-Forschung) ihrer Zeit getan hat. Eine Handlung ist dabei immer abgeschlossen als vollendeter Handlungsplan gedacht. Das Handeln dagegen orientiert sich zwar an diesem Plan, aber die konkrete Ausführung geschieht immer in spezifischen Kontexten und unter bestimmten Bedingungen, sodass eine Variation des ursprünglichen Plans nicht nur möglich, sondern auch wahrscheinlich ist (vgl. Schütz 1974, S. 74 ff.).

27 Die Situation ist eine Basiskategorie soziologischen Denkens, da sie individuelles Handeln mit dem Kontext verbindet, in dem die Handlung ausgeführt werden soll. Für einen neuerlichen Versuch, die Situation nicht nur als empirisches Faktum anzusehen, sondern auch als theoretische Kategorie fruchtbar zu machen, siehe Ziemann (2013).

gen bleiben dadurch unendlich vielfältig. Beim Gestalten von Mensch-Maschine-Interaktionen sei es deswegen wichtig, Handlungspläne nicht als abstrakte, objektive und realisierbare Gebilde anzusehen, eher müssten sie als Landkarten betrachtet werden, die helfen, in konkreten Situationen Handlungen zu orientieren (Suchman 1985, S. 46): »For situated action, however, the vagueness of plans is not a fault but, to the contrary, is ideally suited to the fact that the detail of intent and action must be contingent on the circumstantial and interactional particulars of actual situations.« (ebd., S. 123)

Damit wurde das kognitivistische und individualistische Modell, das insbesondere Ingenieure und (Computer-)Systemdesigner favorisierten, zugunsten eines insbesondere auf ethnografischen Studien basierenden Real-World-Modells kooperativer und situativer Praktiken der im Arbeitsprozess kooperierenden Menschen aufgegeben. Auch wenn es in den einzelnen Studien des CSCW-Forschungsfeldes nicht immer explizit ist (vgl. auch Hornecker 2004, S. 124), wird – jedenfalls von Kjeld Schmidt, einer der wichtigsten Personen im Feld und Herausgeber der Zeitschrift Computer Supported Cooperative Work (Schmidt/Bannon 2013) – von einem Konzept der »articulation work« (Strauss 1985) als notwendigem Bestandteil einer jeden kooperativen Arbeitstätigkeit ausgegangen.

Dieses Konzept wurde von Anselm Strauss in der Beobachtung des Zusammenarbeitens in Krankenhäusern entwickelt. Statt von einer abstrakten Arbeitsteilung auszugehen, die Arbeit (labour) mit Personen verknüpft, versteht er Arbeit als »arc of work« (ebd., S. 4). Damit meint er die Gesamtheit sämtlicher kleinen Aufgaben und Arbeitsschritte, die gemacht werden müssen, um ein Projekt zu realisieren. Werden nun Arbeitsprozesse in dieser Perspektive beobachtet, dann fallen die vielen Tätigkeiten der Vernetzung von Handlungen, Personen, Geräten etc. auf, die nicht durch eine allgemeine Arbeitsteilung abgedeckt oder bestimmt werden und die er als »articulation work« bezeichnet: »Articulation work amounts to the following. First, the meshing of the often numerous tasks, clusters of tasks, and segments of the total arc. Second, the meshing of efforts of various unit-workers (individuals, departments, etc.). Third, the meshing of actors with their various types of work and implicated tasks.« (ebd., S. 8) Gemeint sind damit die verschiedensten koordinierenden und im Hintergrund der expliziten Arbeitsprozesse stattfindenden Mikrotätigkeiten (vgl. Kumbruck 1998) wie das Erstellen von Aufgabenlisten, Kalendereinträgen oder Besprechungseinladungen, das Aufmerksammachen auf bestimmte Sachverhalte oder Verhandlungen über Priorität, Wichtigkeit und Dringlichkeit einer konkreten Handlung und vieles andere mehr.[28]

---

28 Die Analysen von »articulation work« führen zu einigen Herausforderungen. Denn in der Regel ist diese Arbeit vor der Analyse eine unsichtbare, die erst durch die Analyse zu sichtbarer, aber damit auch zu überwachbarer oder einforderbarer Arbeit werden

Der Ausgangspunkt von Kjeld Schmidt ist nun, dass die neuen Informations- und Kommunikationstechnologien, die das Zusammenarbeiten unterstützen sollen, ebendiese notwendig zu leistende »articulation work« beachten und wenn möglich gar fördern müssen, um als Werkzeuge des Zusammenarbeitens von den Nutzern angenommen zu werden. Damit schließt zumindest der sozialwissenschaftlich sowohl hinsichtlich der Theorie als auch der Methoden informierte Strang der CSCW-Forschung an die oben dargestellte Problemlage der 1960er Jahre an und untersucht empirisch, wie kooperative Arbeit mit, durch und trotz technischer Werkzeuge und technologischer Infrastrukturen ausgeübt wird.[29]

Kooperative Arbeit heißt dabei, dass die Teilnehmer bei der Erledigung ihrer Arbeit wechselseitig voneinander abhängig sind (Schmidt 1994a, 1991). Sie arbeiten im gleichen »field of work« und sind »mutually dependent in their work in the sense that one actor depends on the quality and timeliness of the work of the others and vice versa« (Schmidt 1994b, S. 107). Hornecker (2004, S. 144) spricht in diesem Zusammenhang auch von »interdependente[r] Zusammenarbeit«. Diese wechselseitige Abhängigkeit erstreckt sich nicht nur auf die koordinierenden Tätigkeiten, sondern insbesondere auch auf die »articulation work«, welche die Beteiligten ausbilden und permanent betreiben müssen (vgl. ausführlich Schmidt/Bannon 1992). Deswegen wird kooperative Arbeit verstanden als »transient formations, emerging contingently to handle specific requirements – in response to the requirements of the current situation and the technical and human resources at hand« (Schmidt 1994b, S. 108).

Die empirischen – und das heißt zumeist ethnografischen – CSCW-Studien, die kooperative Arbeit untersuchen, legen ihren Fokus auf Detailbeschreibun-

---

kann. Insofern birgt die Beobachtung von »articulation work« eine eminent politische Komponente; einerseits kann nun Arbeit von Untergebenen beispielsweise zu deren Schutz oder aus Legitimationsabsichten sichtbar gemacht werden, andererseits kann die Sichtbarkeit ehemals unsichtbarer Tätigkeiten zu lückenloser Überwachung der Arbeitenden führen. Deswegen kann es nicht Sinn der CSCW-Studien sein, absolut für mehr Transparenz einzustehen (vgl. Star/Strauss 1999).

29   Die Vielfalt und Bandbreite der CSCW-Forschung ist immens. Mit dem gewählten Schwerpunkt auf Kjeld Schmidt wird nur eine – wenn auch prominente und für die hier geführte Diskussion wichtige – Linie der CSCW-Forschungen verfolgt. Insbesondere ist dieser Fokus auf kooperative Arbeit nicht unumkämpft (vgl. Schmidt 2011). Für einen Überblick über die wichtigsten Forschungslinien und Schwerpunkte kann das 2013 erschienene Schwerpunktheft *CSCW: The First Quarter Century* der gleichnamigen Zeitschrift empfohlen werden, insbesondere der Einleitungsartikel (Schmidt/Bannon 2013). Herausgehoben werden dabei die Bereiche Arbeiten im Gesundheitswesen, wissenschaftliche Arbeit, Design- und Architekturentwurfsarbeit sowie Arbeiten in den Koordinierungszentren moderner Infrastrukturen. Aus dem letztgenannten Feld stammen auch die wichtigsten Studien, die immer wieder zitiert und paraphrasiert werden: Heath/Luff (1992) und Hughes et al. (1992). Eine frühe deutschsprachige Publikation ist der Sammelband von Ina Wagner (1993), die selbst in diesem Forschungsfeld zu verorten ist.

gen des Arbeitsflusses und konzentrieren sich auf die Darstellung des situativen Integrierens von Techniken, Werkzeugen, Dokumenten, Handlungen und Interaktionen. Beschrieben werden so »flows of choreographed attending, prescient anticipation, mutual adjustment, and entwined action« (Barley/Kunda 2001, S. 88). Das Zusammenarbeiten wird dabei dargestellt als ein »process of continual structuring and restructuring done through, to, and with both technology and people in an unselfconsciously conscious manner« (ebd.).

Auch wenn mit dem Verweis auf die »articulation work« der (sozial)theoretische Hintergrund der CSCW-Studien ausgemacht werden kann, bleiben sie in ihrem Selbstverständnis nicht bei der Beobachtung der vielfältigen Arbeitssituationen stehen, sondern betrachten sich als »an endeavour to understand the nature and requirements of cooperative work with the objective of designing computer-based technologies for cooperative work arrangements« (Schmidt/ Bannon 1992, S. 11). Es geht also nicht nur um wissenschaftliche Beobachtung und Analyse, sondern zumeist um anwendungsbezogene Forschung, die über die empirische Analyse der konkreten Kooperationsprozesse diese zu verbessern gedenkt.[30]

Dieser hier gelegte Schwerpunkt auf die Theorie, die hinter den CSCW-Studien steht, verweist auf die sogenannten Workplace Studies, die begrifflich von Lucy Suchman geprägt wurden. Knoblauch[31] verhandelt unter diesem Stichwort verschiedene Studien aus dem CSCW-Umfeld, »empirische Untersuchungen über Arbeitsaktivitäten, die in einem Zusammenhang mit modernen Technologien stehen und in Organisationen durchgeführt werden, die die WPS [Work Place Studies, S.M.] als ›center of coordination‹, als Koordinationszentren bezeichnen« (Knoblauch 1996, S. 352). Gemeint sind damit »Flughäfen und Flugkontrollzentren, Technologie-Entwicklungszentren, Börsen, Navigationszentralen« (ebd.). Wichtig ist ihm die dort betriebene qualitative Forschung (ebd., S. 353) und dass Interaktionen »kein bloßes Beiwerk der Arbeit« darstellen, sondern wesentlich und »Teil der formalen Arbeitsaktivitäten« seien, »weil sie erst die

---

30 Ausdrücklich ist selbst beim eher theoretisch interessierten Schmidt (1994a, S. 3) zu lesen: »In order to develop computer-based system that support the articulation of cooperative work in terms of making articulation work more flexible, efficient, and effective, the very issue of how multiple users work together and coordinate and mesh their individual activities has become the focal issue«.

31 Hubert Knoblauch war einer der deutschsprachigen Promotoren dieses Forschungszweigs (vgl. Knoblauch 1996; Knoblauch/Heath 1999; Knoblauch 2000, 2004). Seine Akzentuierung basiert auf Differenzsetzungen zur an der Produktionsarbeit orientierten Arbeits- und Industriesoziologie und zu der von Habermas geprägten Unterscheidung von Interaktion (kommunikatives Handeln) und Zweckrationalität (Knoblauch 1996, S. 357f.). Zudem versucht er, sein eigenes Konzept der »Kommunikationsarbeit« damit zu verknüpfen, ohne auf das in der CSCW-Forschung einschlägige Konzept von Strauss (1985) zu referenzieren. Statt einer Bereicherung und Neuakzentuierung der verschiedenen Arbeiten im CSCW-Umfeld kann damit sein Beitrag (nur) als ein Integrationsversuch dieser Forschungsrichtung in die deutschsprachige Soziologie gelten.

Koordination der Arbeit an den verschiedenen Arbeitsplätzen« (ebd., S. 354 f.) ermöglichen würden. Wie für die CSCW-Forschung insgesamt herausgestellt wurde, geht es den Workplace Studies[32] um die Beobachtung der situativen Verwendung von Instrumenten und Technologien in Arbeitskontexten. Sie konzentrieren sich damit auf die »praktischen Umstände der Kooperation« und »auf die Praktiken und das praxisbezogene Wissen der Handelnden bei der Durchführung und gegenseitigen Abstimmungen ihrer Aktivitäten« (Knoblauch/Heath 1999, S. 168 f.). .

Dieser Hinweis, dass die CSCW-Forschung auf die situativen Praktiken des Zusammenarbeitens fokussiert,[33] führt zur gegenwärtigen praxeologischen Forschung. Zu beobachten ist auch hier, dass es in den letzten Jahren zu einer verstärkten Hinwendung zu den Themen Arbeit und Zusammenarbeit gekommen ist (vgl. u. a. Krämer 2014; Schmidt 2012; Lengersdorf 2011; Koch/Warneken 2012; Nicolini 2011, 2012). Von der Praxistheorie inspiriert, entstanden ethnografische Studien über die gegenwärtig beobachtbaren Praktiken des (Zusammen-) Arbeitens. Bei vielen dieser Untersuchungen steht die These von Reckwitz, dass die Praktiken der Arbeit, »in denen der Einzelne sich als Arbeitssubjekt trainiert« (Reckwitz 2006, S. 16), einen wichtigen Bezugspunkt bei der Produktion und Formung von Subjekten bzw. Selbstverhältnissen darstellen, zumindest im Hintergrund der Argumentation.

Parallel zu den auf den letzten Seiten referierten Diskussion konstatiert auch Reckwitz in seiner historisch und diskursanalytisch angelegten Arbeit, dass es zu einem Wandel der Arbeitspraktiken gekommen sei: »Im Gegensatz zur Kombination aus strikt arbeitsteiliger funktionaler Differenzierung von Tä-

---

32 Ein Parallelprojekt zur WPS-Integration in die deutsche Diskussion betreibt Jörg Bergmann mit den sogenannten *Studies of Work*, die sich ebenfalls auf den materialen Detailreichtum realer Arbeitsabläufe konzentrieren und eine nicht normative Perspektive etablieren wollen. Sie »zeichnen sich aus durch das Bemühen, über die genaue Erfassung, Beschreibung und Analyse von realen Arbeitsvollzügen die situativen verkörperten Praktiken zu bestimmen, in denen sich die für diese Arbeit spezifischen Kenntnisse und Fertigkeiten materialisieren« (Bergmann 2006, S. 639). Im Unterschied zu den Workplace Studies fokussiert diese Forschungsrichtung verstärkt auf die ethnomethodologische Tradition Garfinkels (2012). Im Mittelpunkt steht daher auch dessen Theorem der *Accountability* einer jeden Handlung, also der Überlegung, dass jede Handlung einen unvermeidbaren indexikalischen Charakter besitzt. Dass dieses Theorem, vermittelt über Lucy Suchmans Arbeiten (1985), zum Basiswissen der CSCW-Forschung gehört, wird dabei übergangen.

33 Vergleiche hierzu auch explizit Schmidt (2014), der in seiner historischen Herleitung des Praxiskonzepts die These formuliert, dass insbesondere im Wechsel von Industriearbeit an und mit Maschinen zu Dienstleitungsarbeit an und mit Computern der geschärfte Fokus auf den Arbeitspraktiken liegt. Waren ehemals die Maschinen mit ihren hohen Kosten der Hauptfaktor für Produktivitätssteigerungen, sodass Arbeitsweisen mit der Maschine vernachlässigt werden konnten, so seien jetzt umgekehrt in der »integration of machinery into work practices« (ebd., S. 440) die größten Produktivitätssteigerungen auszumachen, da die Anschaffungskosten von Maschinen und Software eher gering sind.

tigkeiten und einer eindeutigen, hierarchischen Koordination dieser Aktivitäten in der ›Matrix‹-Organisation« der organisierten Moderne mit ihrem Hö-
hepunkt in den 1950er und 1960er Jahren tritt gegenwärtig eine verstärkt zu
beobachtende »selbstkontrollierte Bündelung eines ganzen Tätigkeitskomple-
xes ›in einer Hand‹« zutage: »Teamförmige ›Projekte‹, oder ›intrapreneurs‹, die
als Unternehmer in der Organisation agieren, zielen auf die Kreation eines ganzen Produkts ab, während die Arbeitsgestaltung im Detail – einschließlich ihrer
zeitlichen und räumlichen Strukturierung – weitgehend in die Selbstorganisation der Einzelnen fällt.« (ebd., S. 507)

Dieser Wandel stellt die routinemäßigen Weisen des Zusammenarbeitens
und der Koordination infrage und delegitimiert traditionelle und eingeschlif-
fene Verhaltensweisen. Zusammenarbeit entsteht so immer weniger nach vorgegebenen Mustern; gleichwohl wird versucht, sie gezielt zu fördern und zu gestalten, wobei die Kriterien, nach denen (gute und gelungene) Zusammenarbeit
bewertet werden kann, abhandengekommen zu sein scheinen.

5 Organisation

Bisher wurde vornehmlich auf der Ebene der Arbeit und der Weisen des Zusammenarbeitens argumentiert. Auf beiden Ebenen wurde ein Wandel sowohl auf
begrifflicher wie auch phänomenaler Ebene konstatiert. Dass dieser beschriebene Wandel auch Konsequenzen für die Organisationsstrukturen wie auch für
die Rationalitätskonstruktionen von Organisationen hat, wurde bereits angedeutet, aber noch nicht genauer diskutiert.

Organisationssoziologisch ließe sich dieser Wandel zunächst grob als Abset-
zung und Distanzierung vom Ideal der bürokratisch-tayloristischen Organisation charakterisieren (Bartmann 2012).

Die bürokratische Organisation war bestimmt durch »Präzision, Schnellig-
keit, Eindeutigkeit, Aktenkundigkeit, Kontinuierlichkeit, Diskretion, Einheit-
lichkeit, straffe Unterordnung« wie auch durch die dadurch ermöglichten »Er-
sparnisse an Reibungen« und die geringen »sachlichen und persönlichen
Kosten« (Weber 1922, S. 660 f.). Dieser Organisationstypus kann mit einem Bild
von David Riesman (1964), der dies allerdings auf den Charakter von Menschen
bezog, als »innen-geleitet« beschrieben werden, wobei die Orientierungsfunktion eines innengeleiteten Menschen wie ein Kreiselkompass funktioniert. Die
Konzentration liegt auf dem Innen, auf der effizienten Produktion von Gütern.
Die Irritation durch die immer schon turbulente Umwelt wird dagegen gering
gehalten.

Dieser Organisationstypus geriet in der zweiten Hälfte des 20. Jahrhunderts
unter Legitimationsdruck. Zum einen wurde von Gewerkschaftsseite kritisiert,

dass er den Menschen in feste Rollen und Schemata pressen würde und ihn dadurch entfremde, zum anderen wurde von Managementseite kritisiert, dass dieser Typus zu unflexibel sei, zu langsam, nicht innovativ genug und zu wenig das Potenzial der Mitarbeiter ausschöpfe. Diese Kritik führte nicht zu einer neuen Form, jedoch zu neuen Rationalitätskonstruktionen, wie eine gute Organisation gestaltet werden sollte. *Flache Hierarchien* sollte sie haben, *dezentralisiert* und weitgehend *entfunktionalisiert* sein, *mehrere Zwecke gleichzeitig* verfolgen und sich dadurch in gewisser Weise *unvorhersehbar*, weil *permanent innovativ* weiterentwickeln können (vgl. Kühl 2002; Kühl 1998).

Hierarchie wird jedoch nicht komplett gegen Heterarchie ausgetauscht, sondern stark zurückgenommen und auf wenige Ebenen beschränkt (Kühl 2002, S. 16): »Während eine hierarchische Gesamtsteuerung des Unternehmens beibehalten wird, wird die interne Koordinierung von Arbeitseinheiten im wertschöpfenden Bereich vorwiegend über diskursive bzw. konsensuelle Abstimmungen vorgenommen. Ziel ist dabei [...], die ungewollten Nebenfolgen der Hierarchie in den Griff zu bekommen.« (ebd., S. 164)

Unter einer dezentralen Organisation wird eine solche verstanden, die aus autonomen Teileinheiten besteht (vgl. ebd., S. 131–166). Diese sind beispielsweise rechtlich und finanztechnisch autonom, werden jedoch weiterhin durch eine Zentrale koordiniert.[34] Dieser strukturelle Konflikt kann mit Stefan Kühl (ebd., S. 70–88) durch drei Paradoxien beschrieben werden: erstens das »Sei-selbständig-Paradox«, zweitens das »Entscheide-selbst-aber-nur-unter-Vorbehalt-Paradox« und drittens das »Organisier-dich-selbst-aber-nicht-so-Paradox«.[35]

Entfunktionalisierung ist eine direkte Konsequenz der Einführung von internen Märkten in den Organisationen und der Ausbildung von Profitcentern, sodass es keine zentrale Buchhaltung oder keinen zentralen Einkauf mehr gibt und die funktionalen Zuständigkeiten innerhalb der Profitcenter multipliziert werden und gegebenenfalls zueinander in Konkurrenz treten.

---

34 Dies ist unabhängig davon, ob die Teileinheiten erneut Organisationen sind oder Selbstständige, Freiberufler etc. So wird der selbstständig arbeitende Paketlieferant, der nicht nur Subunternehmer, sondern oft Sub-Sub-Sub-Unternehmer ist, trotz großer (arbeits)rechtlicher, finanzieller und organisatorischer Distanz zur Zentrale sehr eindeutig im Sinne des auftraggebenden Unternehmens koordiniert, sodass in diesem Fall von Autonomie in Wirklichkeit nur sehr wenig übrig bleibt.

35 Dies kann auch als paradoxe Anforderungen an die Mitarbeiter begriffen werden: »Einerseits sollen Mitarbeiter als ›Unternehmer im Unternehmen‹ innerhalb des Unternehmens konkurrieren, andererseits sollen sie mit anderen Mitarbeitern kooperieren können. [...] Einerseits wird von den Mitarbeiterunternehmern verlangt, dass sie ihren eigenen Weg gehen, andererseits sollen sie das Gesamtziel des Unternehmens nicht aus den Augen verlieren. [...] Einerseits sollen die Unternehmer im Unternehmen die von oben verordneten Regelwerke verletzen, andererseits die vom Unternehmen vorgegebenen Strukturen achten. [...] Einerseits soll für Querdenker mit ihrer Kreativität und Flexibilität Platz sein, andererseits sollen die Ressourcen des Unternehmens möglichst effektiv eingesetzt werden.« (Kühl 2002, S. 11 f.)

Dadurch verfolgt eine Organisation keinen obersten Zweck mehr, sondern gleichzeitig verschiedene Ziele, die sich auch gegenseitig konterkarieren können. Die Zukunft der Organisation wird zunehmend als unvorhersehbar gedacht. Statt Stabilität wird verstärkt auf Wandel gesetzt. Die Organisation konzentriert sich weniger auf das Herstellen eines stabilen Innen, sondern vielmehr auf die turbulente, sich permanent wandelnde Umwelt – oder, wie es korrekter heißen müsste, auf die eigenen Umwelt*en*. Aus dem innengeleiteten Kreiselkompass-Typus ist – wieder in Analogie zu Riesman – der außengeleitete[36] Radartypus geworden.

Diese herausgearbeiteten Rationalitätskonstruktionen und Organisationsstrukturen sind jedoch nicht eins zu eins auf die vorfindlichen Praktiken des Zusammenarbeitens übertragbar.[37] So wird anhand einer Analyse der – insbesondere in Management- und Organisationsberatungsdiskursen beobachtbaren – Rationalitätskonstruktionen sichtbar, »inwiefern sich Wahrnehmungsmuster und Zielvorstellungen in Organisationen verändern«. Dennoch bleiben diese »Rationalitätskonstruktionen [...] nur lose mit den Praktiken in Organisationen verknüpft« (Kühl 2002, S. 237).[38] Diese Differenz zwischen Praktiken und

---

36 So lautet jedenfalls die Übersetzung von Renate Rausch des »other-directed character«, der insbesondere für die Problemstellung Riesmans eher als der an anderen orientierte Mensch übertragen werden müsste, da es v. a. darum geht, ob Orientierung in der (sozialen) Welt durch »innere« Werte und in der Sozialisation erworbene Moralvorstellungen gelingt oder ob sie durch eine permanente Orientierung an anderen vollzogen wird. Einsichtig kann diese Theoriefigur spätestens in der Beobachtung der Generation Facebook werden.

37 Dies deutet auch Luhmann (1993b, S. 128) an, wenn er auf Retrointerpretationen der Organisationen hinsichtlich ihrer Operationsweise anspielt: »Wenn es gut geht, operieren Organisationen so, daß der Eindruck entsteht, sie hätten das, was gerade geschieht, von Anfang an gewollt. Retrointerpretationen und Rückwärtskorrekturen verhelfen zu der passenden Vergangenheit, und für die Zukunft kann man darauf vertrauen, daß dies auch in Zukunft möglich sein wird. Nicht zum geringen Teil ist also Fernsynchronisation wiederum Selbsthilfe im Moment, und die Strukturen werden so eingerichtet, daß dies möglich ist und möglich bleibt.«

38 Diese Rationalitätskonstruktionen gegenwärtiger Organisationen sind zentraler Gegenstand der Governmentality Studies (vgl. einführend u. a. Bröckling et al. 2000; Bröckling/ Krasmann 2010; Opitz 2004; Gertenbach 2012). Diese gehen von Michel Foucaults weitem Begriff der Regierung aus, der darunter »die Gesamtheit der Institutionen und Praktiken [versteht], mittels derer man Menschen lenkt, von der Verwaltung bis zur Erziehung« (Foucault 1996, S. 118). In der Praxis konzentriert sich die Gouvernementalitätsforschung auf programmatische Texte (Anleitungen, Ratgeber- und Managementliteratur), weil diese »Kriterien für die Zuteilung von Werten bereitstellen und somit einen Wahrnehmungs- und Beurteilungsrahmen abstecken« (Opitz 2004, S. 53). Auch wenn die dadurch entstandenen Analysen die gegenwärtigen Rationalitätskonstruktionen herausarbeiten konnten (vgl. u. a. Opitz 2004, Kapitel 7; Bröckling 2007; Rau 2010; Weiskopf 2005), kann dieser Ansatz in dreifacher Weise problematisiert werden: *Erstens* ist die Fixiertheit auf programmatische Texte (und Sprache) zu nennen, bei denen implizit unterstellt wird, dass sie auch konkrete Handlungen zumindest beeinflussen (vgl. auch Keller 2010, S. 46). Dies wird aber zumeist nicht noch empirisch überprüft. *Zweitens* wird zum großen Teil

Organisationsstrukturen kann in Analogie zu Erving Goffmans Bild der Vorder- und Hinterbühne als zwei Wirklichkeiten interpretiert werden. Zum einen gibt es die nach außen präsentierte und zum anderen die praktizierte Wirklichkeit. Während Weltz (1988) diese doppelte Wirklichkeit kritisierte und naiverweise mehr Authentizität einforderte, erkannten Meyer und Rowan (1977) in ihrer mittlerweile schon klassischen Studie die Funktion dieser Vorderbühne.[39] Mit Nils Brunsson ließe sich zudem darauf hinweisen, dass das Gerede (talk) und die getroffenen Entscheidungen (decisions) nicht mit den realen Handlungen (actions) in Organisationen verwechselt werden sollten: »Talk and decisions are important in organizations, but they should be analysed as autonomous activities« (Brunsson 1993, S. 232). Trotzdem sei diese Inkongruenz hochfunktional, da erstens externe Anforderungen nicht direkt umgesetzt werden müssten, da zweitens interne Unruhen nicht direkt zu kritischen Anfragen von außen führen müssten und da drittens dadurch in gewisser Weise experimentiert werden könne, ohne direkt rechenschaftspflichtig zu sein (vgl. auch Kühl 2002, S. 217 ff.). Auch diese Differenz wurde schon immer in und von Organisationen praktiziert, jedoch scheint es eine Veränderung gegeben zu haben. Während früher Organisationsstrukturen in erster Linie zur Optimierung der Produktion und insofern zur Steigerung des obersten Ziels des Unternehmens – der Profitabilität – führen sollten, stellen heute Organisationsstrukturen selbst ein wichtiges

---

mit nur sehr vagen, unklaren Begrifflichkeiten operiert, die sehr anschlussfähig konzipiert werden, jedoch nur noch schlecht abgrenzbar erscheinen. *Drittens* scheint eine zumindest indirekte Politisierung vorhanden zu sein, da schon vorentschieden ist, dass die gegenwärtigen, genutzten Technologien freiheitseinschränkend, inhuman und somit negativ zu bewerten sind. Diese Probleme werden teilweise auch von den Vertretern selbst gesehen und eingeräumt (vgl. u. a. Lemke 2012, S. 87 ff.; Gertenbach 2012, S. 124 ff. und allgemein Lemke 2000). Vergleiche auch zu einer kritischen Beobachtungen dieses Felds die beiden Rezensionen anlässlich der deutschen Veröffentlichung der beiden Vorlesungszyklen zur Geschichte der Gouvernementalität von Michel Foucault (Sarasin 2007; Reckwitz 2010b). Insbesondere die als dritter Kritikpunkt schon angebrachte Vorentschiedenheit vieler Autoren wird auch hier problematisiert. Eine pointierte Zusammenfassung und Problematisierung der konkreten Studien bietet Anja Weber (2011).

39 Der Aufsatz von Meyer und Rowan spielt eine entscheidende Rolle für die Ausdifferenzierung des Forschungsfelds des Neo-Institutionalismus. Zentrale These dieses Ansatzes ist ein Auseinandertreten von Legitimitäts- und Effizienzerfordernissen in modernen Organisationen. »Thus, decoupling [of structures and activities, S. M.] enables organizations to maintain standardized, legitimating, formal structures while their activities vary in response to practical considerations.« (Meyer/Rowan 1977, S. 358) Sich gesellschaftlich verändernde Legitimitätsanforderungen schlagen also nicht auf die konkreten Arbeitspraktiken durch, vielmehr wird eine »Entkopplung von der nach außen hin sichtbaren Formalstruktur (auf der man sich veränderungsbereit gibt und sich an veränderte Umwelterwartungen geradezu rituell anpasst) und der inneren Aktivitätsstruktur (auf der man hiervon unbeeindruckt ›business as usual‹ praktiziert)« (Hasse/Krücken 2005, S. 24) konstatiert. Für DiMaggio und Powell (1983) hingegen gibt es dennoch einen Einfluss der veränderten Legitimitätsbedingungen auf die sozialen Praktiken. Vergleiche in den Neoinstitutionalismus einführend Hasse/Krücken (2005) und Senge (2011).

Marketinginstrument dar. Sowohl hoch qualifizierte Arbeitnehmer sollen damit gelockt[40] als auch Kunden hinsichtlich der Wettbewerbsfähigkeit überzeugt werden.[41] Aus dieser Tendenz heraus, Organisationsstrukturen zumindest auch als eigenlogisch operierende Marketinginstrumente einzusetzen, kann immer weniger von der Organisationsstruktur auf die konkreten Arbeitsweisen geschlossen werden.[42]

Umso wichtiger erscheinen die beiden hier gestellten Fragen. Zum einen die nach den vorfindlichen Weisen des Zusammenarbeitens: Wie wird miteinander, füreinander und gegeneinander gearbeitet? Und zum anderen die Frage nach den Gestaltungsmöglichkeiten dieser Praktiken des Zusammenarbeitens: Wie wird das Zusammenarbeiten organisiert und gestaltet?

6 Entscheidung

Die Organisationsforschung, deren Gegenwart im letzten Teilkapitel schon Thema war, bestimmte sich über lange Zeit durch die Unterscheidung von Formalität und Informalität. Ausgehend von Max Webers Bürokratiemodell wurde zunächst eine Organisation formal analog einer reibungslos funktionierenden Maschine gedacht. Sehr schnell jedoch wurde bemerkt, dass sich damit nur eine Seite der Organisation – quasi die offizielle – beschreiben lässt. Im Alltag und im konkreten Vollzug organisationaler Tätigkeiten zeigen sich auch andere Praktiken und Handlungen, die nicht in das formale Schema passen und folglich als informal oder informell beschrieben wurden. Die analytische Unterscheidung formal/informal wurde zum Teil auch mit einer Präferenz versehen. Veronika Tacke (2015, S. 83) zufolge kann beispielsweise bei Taylors Scientific Management ein Vorzug der formalen Struktur gegenüber den informellen

---

40 Dies ist gegenwärtig insbesondere in Softwareunternehmen zu beobachten, die mithilfe besonderer Organisationsstrukturen Programmierer an sich binden wollen. Dabei geht es nicht in erster Linie um Gehalt und andere Incentives, sondern um Möglichkeiten, möglichst selbstbestimmt, jedoch gemeinsam mit anderen interessante Software zu programmieren. So ermöglicht beispielsweise die Computerspielfirma Valve ihren Mitarbeitern gar das selbstständige Einstellen von neuen Mitarbeitern (vgl. Valve 2012).

41 Als Beispiel ließen sich hier Automobilzulieferfirmen nennen, die bestimmte Arbeitsprozesse und Organisationsstrukturen eingeführt und meist zertifiziert haben müssen, um überhaupt als Zulieferer in eine Geschäftsbeziehung mit einem der großen Automobilkonzerne eintreten zu können.

42 »Die Organisation steht damit vor dem Dilemma, sich entweder für eine gepflegte Illusion zu entscheiden, indem sie sich einbildet, dass sie gerade im besten Sinne rational handelt, oder eine gepflegte Inkongruenz zuzulassen, wobei die Hoffnung besteht, dass durch die Entfaltung von Paradoxien, Dilemmata und Widersprüchlichkeiten eine komplexere, aber auch tendenziell Entscheidungen blockierende Weltsicht entwickelt werden kann.« (Kühl 2002, S. 275)

Praktiken ausgemacht werden, in der Human-Relations-Bewegung wurden dagegen eher informelle, gruppendynamische Prozesse präferiert. Oft wurde damit insgeheim das Informelle als menschlich konturiert und gegen das Formale, abstrakt systemische Nichtmenschliche gestellt. Diese Gegenüberstellung ist freilich soziologisch nicht haltbar: »Immerhin zählen zur organisatorischen Informalität nicht nur kollegial unterstützende oder irgendwie ›warme‹ Formen elementarer Sozialität, sondern erkennbar auch ›fiese‹ und ›eiskalt‹ berechnende Erscheinungsformen wie mikropolitische Macht- und Ränkespiele, Mobbing und andere kalkulierte Boshaftigkeiten, Betrug und Korruption.« (ebd.)

In den Organisationen scheint mithin – so auch Groddeck und Wilz (2015b, S. 9) – Formales und Informales vielfältig miteinander verknüpft zu sein. Obwohl die Unterscheidung weiterhin als empirischer Bezugspunkt ihre Relevanz hat, wird sie immer weniger als theoretische Unterscheidung genutzt. Neben gegenwartsdiagnostischen Gründen wie dem angesichts projektförmiger, temporär befristeter Arbeitszusammenhänge immer schwerer zu fasssenden Kriterium der Mitgliedschaft (vgl. ebd., S. 25)[43] verliert die Unterscheidung – wie Groddeck und Wilz (2015b, S. 11 ff.) in ihrer kurzen Skizze der Karriere dieser Unterscheidung prägnant nachzeichnen – auch theoretische Attraktivität.

Dies ergibt sich momentan nicht zuletzt durch den zunehmenden Fokus auf soziale Praktiken, die konzeptionell die Unterscheidung formal/informal unterlaufen, oder – im Zuge der Ausweitung des Gebiets des Sozialen – durch die ANT. Jedoch wurde auch schon früh, nämlich in systemtheoretischer Perspektive, die Unterscheidung nicht mehr in die Theorie eingebaut. Stattdessen bestimmte Luhmann den Moment des Entscheidens als die operative Grundlage einer Organisation.

In einem nichtsystemtheoretischen Verständnis ist der Entscheidungsbegriff zumeist sehr nah an dem der Handlung gedacht. Denn zum einen wird Entscheiden als Wahl konzipiert und zum anderen setzt Handeln stets Wahlfreiheit zwischen verschiedenen Optionen voraus. In dieser Hinsicht können dann nur besondere Bedingungen Handeln und Entscheiden unterscheidbar machen, zum Beispiel eine bestimmte Schwierigkeit der Wahl, Unsicherheit oder das Fehlen von Routinen und Programmierung (vgl. Luhmann 2000, S. 124). Diese handlungstheoretische Konzeption von Entscheiden offenbart dabei jedoch »reduzierte Zurechnungsweisen« (ebd.).

Luhmanns Ausweg ist eine beobachtungstheoretische Argumentation, die hier nur kurz skizziert werden kann (vgl. auch Luhmann 1993c). Während eine Beobachtung eine Operation der Unterscheidungssetzung ist, bei der nur eine

---

43 Für Böhle (2015) beispielsweise bleibt die Unterscheidung gerade durch die Prozesse der Dezentralisierung nicht nur weiterhin tragfähig, das Informelle gewinnt für ihn gar an Bedeutung.

Seite der Unterscheidung bezeichnet wird, ist eine Entscheidung eine spezifische Beobachtung, nämlich eine, die mit Alternativen beobachtet (vgl. Luhmann 2000, S. 132). »Alternativen sind besondere Arten von Unterscheidungen. Sie sehen, wie jede Unterscheidung, zwei Seiten vor, setzen aber voraus, dass *beide Seiten der Unterscheidung erreichbar sind, also beide Seiten bezeichnet werden können.*« (ebd., S. 133; Hervorhebung im Original) Damit wird im Gegensatz zu einer Unterscheidung die Auswahl bzw. Selektion der dargestellten Alternativen aus dem Raum der Möglichkeiten invisibilisiert, d. h., die Konstruktion von Alternativen schafft sich eine eigene Umgebung (vgl. ebd., S. 134).[44] Anders formuliert: Die Entscheidung kommt in der Form der Alternative überhaupt nicht mehr vor, sie ist im Sinne von Serres' Parasiten (1987) das eingeschlossene ausgeschlossene Dritte. Im Allgemeinen wird dies überdeckt, indem beispielsweise der Entscheidung ein Moment der Willkür attribuiert wird, sodass dann einzig auf den Entscheider zugerechnet wird (Luhmann 2000, S. 136). Damit wird »der Entscheider« zum »Parasit des Entscheidens« (ebd., S. 137). Einem Entscheider, der sich in das Mysterium der Entscheidung sehr gut einfühlen könne, werde Charisma zuerkannt (ebd.). Dennoch bleibt die Entscheidung als solche unsichtbar und kann nicht als (intendierte) Handlung verstanden werden.

Auch wenn damit Entscheidung von Handlung stärker unterschieden werden kann, stellt sich für Luhmann doch die Frage, wie das Paradox der Entscheidung, dass die Entscheidung in der Entscheidung überhaupt nicht mehr vorkommt, kommuniziert werden kann, ohne gleich die mögliche Kritik an ihr mitzuliefern. Seine Antwort lautet: durch die Autopoiesis der Entscheidungen selbst (ebd., S. 145), bei der es zu einer Unsicherheitsabsorption kommt.[45] Denn nur aufgrund von Unsicherheit – gegenüber einer ungewissen Zukunft beispielsweise – kann sich das System mithilfe einer Entscheidung selbst festlegen und so momenthaft Sicherheit verschaffen (vgl. ebd., S. 183 ff.).

Durch die autopoietisch miteinander verknüpften Entscheidungskommunikationen entstehen notwendig Strukturen. Einerseits entstehen Strukturen, die auf Entscheidungen attribuiert werden, sogenannte Entscheidungsprämis-

---

44 In einem früheren Text von Luhmann (1978, S. 8 ff.) beschreibt er eine Entscheidung noch als doppelte Einheit: zum einen als »die Relation der Differenz der Alternativen« und zum anderen als »die ausgewählte Alternative selbst« (ebd., S. 10).

45 Den Begriff der Absorption von Unsicherheit übernimmt Luhmann von March/Simon (1958, S. 164 ff.). Diese nutzen ihn – allerdings weniger generalisierend als Luhmann –, um zu beschreiben, dass die Organisation mit ihrem selbst geschaffenen Vokabular und ihren Kategorien, Schemata und Konzepten die vorhandene Wirklichkeit in spezifischer Weise notwendig zuschneidet. Unsicherheit gegenüber der Welt wird damit absorbiert. Effekt dieses notwendigen Prozesses ist jedoch, dass der Empfänger einer so geformten Kommunikation nicht mehr auf das ursprüngliche (empirische) Material dieser zurückgreifen kann und sie damit auch nicht mehr selbst bewerten kann, vielmehr muss er sich auf die Glaubwürdigkeit des Kommunizierenden verlassen. Damit generiert der Prozess der Unsicherheitsabsorption eine Fülle von Machtchancen.

sen.[46] Dies sind Voraussetzungen, »die bei ihrer Verwendung nicht mehr geprüft werden« (ebd., S. 222). Diese Prämissen ermöglichen eine doppelte Beobachtung der Entscheidungsprozesse, zum einen auf »der Ebene des beobachtbaren Verhaltens« und zum anderen »auf der Ebene der Prämissen, die möglicherweise Ursachen sind für unerwünschte Resultate« (ebd., S. 224). Damit werden künftige Entscheidungen noch nicht festgelegt, aber doch in spezifischer Weise konturiert, sodass der Entscheidungskorridor eingeschränkt wird. Luhmann unterteilt diese (entschiedenen) Entscheidungsprämissen in verschiedene Typen: erstens die Entscheidungsprogramme, die qua Zwecksetzung oder Konditionierung festlegen, wie entschieden werden soll; zweitens die Kommunikationswege, wer an wen in welcher Form berichten muss; drittens der Personaleinsatz, denn bestimmte Personen sollen qua Ausbildung, Fähigkeiten und Kompetenzzuschnitt bestimmte Entscheidungen im Sinne der Organisation treffen (vgl. auch Luhmann 1992d, S. 176 ff.).

Andererseits entstehen in der Verknüpfung von Entscheidungskommunikationen auch solche Strukturen, die nicht auf Entscheidungen der Organisation zurückgeführt werden können. Diese werden von Luhmann als Organisationskultur bezeichnet. Sie sind als Strukturen in ihrer Entstehung kontingent, werden aber im System selbst nicht als kontingent – d.h. als Entscheidungen – behandelt, »sondern als Selbstverständlichkeiten angesehen [...], die jeder versteht und akzeptiert, der mit dem System erfahren und vertraut ist« (Luhmann 2000, S. 145). Damit wird Organisationskultur zu einer »unentscheidbaren Entscheidungsprämisse« (ebd., S. 240) zugespitzt.

Die Rede von Organisationskultur – so lassen die zahlreichen Veröffentlichungen zu diesem Thema seit den 1980er Jahren vermuten – reagiert auf ebensolche Prozesse, die im vorhergehenden Teilkapitel als Enthierarchisierung, Dezentralisierung und Entfunktionalisierung der gegenwärtigen Organisationen beschrieben wurden.[47] Wenn also in Organisationen sichtbar und beobachtbar wird, dass spezifische Probleme nicht durch Entscheidungen oder Anweisungen gelöst werden können, dann wird man auf die nicht entscheidbaren Entscheidungsprämissen aufmerksam. Gemeint ist damit explizit weder eine positive Konnotation von Kultur noch eine Vorstellung von einer (im Singular!) konsistenten und von allen Mitgliedern mitgetragenen Organisationskultur.

---

46 Wie im Folgenden noch etwas präziser dargelegt wird, ersetzt der Begriff der Entscheidungsprämisse den Zweckbegriff für die Organisation und fasst diesen Aspekt dadurch weiter (vgl. Luhmann 1978, S. 17).

47 Luhmann (2000, S. 240) selbst meint, Organisationkultur reagiere auf den »Verlust von (oder Verzicht auf) zentrale Kontrollmöglichkeiten, Bevorzugung informaler Kontakte, weiche Einteilungen und Kategorisierungen, lose Kopplungen, Netzwerkbildungen, stärkere Abhängigkeit von Vertrauen, vermehrte Arbeit an und mit Computern, größere strukturelle Flexibilität, erheblich gestiegenes Tempo der organisatorischen Veränderungen, Steigerung von Unsicherheit mit Bezug auf Arbeitsplätze und Aufgaben.«

Als unentscheidbare Entscheidungsprämisse markiert Organisationskultur den Sachverhalt, von dem niemand sagen kann, wie er entstanden ist, der gleichsam eine traditionale Geltung im Sinne selbstverständlicher Gewohnheiten beansprucht (»So machen wir das halt!«). »Eine Organisationskultur entsteht wie von selbst. Die sie erzeugenden Kommunikationen sind eher dem Bereich des Klatsches und der Unterhaltung zuzurechnen.« (ebd., S. 243)

Damit ist schon angedeutet, dass Organisationskultur für interne Kommunikation unsichtbar bleiben muss, da man sich im Bemühen um eine spezifische Organisationskultur bereits verdächtig machen würde (vgl. ebd., S. 246). Der Kulturbegriff kann einzig als Vergleichskategorie mit anderen Organisationen herangezogen werden, um so ohnehin Selbstverständliches und Gewohntes nochmals zu markieren. Insofern bietet der Begriff der Organisationskultur keine Möglichkeit der Verbesserung der Organisation, der stärkeren Partizipation und Motivation der Mitglieder oder andersartige Erfolgsaussichten. Gleichwohl beschreibt er einen Aspekt, der von Organisationen mitbehandelt werden kann (vielleicht zunehmend: muss), um die sich verändernden Rationalitätsgrundlagen der eigenen entscheidbaren Entscheidungsprämissen, die sich um eine »intentional-rationale Zukunftsvorsorge bemühen« (ebd., S. 249), noch mitberücksichtigen zu können.[48] Auch wenn eine Organisation im Anschluss an Heinz von Foerster (2002b, S. 166) als nichttriviale Maschine, deren Output nicht aus dem Input errechnet werden kann, verstanden werden muss, so kann doch eine Aufmerksamkeit hinsichtlich der Organisationskultur verstehen helfen, an welchen Stellen Variationsmöglichkeiten in der Evolution von Organisationen ansetzen könnten.

Luhmann bietet mit dieser Konzeption, die Organisationen durch eine doppelte Schließung – auf operativer Ebene durch Entscheidungen und auf struktureller Ebene durch Entscheidungsprämissen – kennzeichnet, eine Möglichkeit an, sich von der gebräuchlichen Unterscheidung von formaler und informaler Organisation zu distanzieren. Dies war schon der Anspruch der – mit noch etwas anderen Unterscheidungen arbeitenden und vor allem die Mitgliedsrolle zentral setzenden – frühen Studie aus den 1960er Jahren *Funktionen und Folgen formaler Organisation* (vgl. Luhmann 1999, S. 400 ff.). Zentrales Argument war dabei stets die Vorstellung, dass die formale Organisation selbst zur Abweichung von formalen Kommunikations- und Verhaltensweisen verhilft. Informales oder gar illegales Verhalten wird durch die formale Organisation nicht verhindert und quasi nur in ihren Lücken (noch) ermöglicht, sondern sie lässt ihre Mitglieder recht frei entscheiden, welche individuellen Wege in der täglichen Arbeit eingeschlagen werden. Erst durch die Etablierung formalisierter Erwartungen (der Mitgliedschaft in der Organisation) können und müssen (!)

---

48 In einer früheren Untersuchung unterschied Luhmann (1993c, S. 304) noch zwischen der Sprache der Rationalität und der der Motivation.

die Mitglieder im organisationalen Alltag also weitgehend auf Basis informeller Erwartungsstrukturen agieren.

Die mit der Unterscheidung formal/informal zumeist implizit mitgeführte Differenz von System vs. Mensch wird damit bewusst untergraben. Oder anders ausgedrückt: Dadurch, dass der Mensch in der Umwelt von Systemen und damit auch von Organisationen positioniert ist, kann die Differenz von formaler Mitgliedschaft und persönlicher Anteilnahme schärfer voneinander unterschieden werden. »Das bedeutet [...], daß der Mensch sein Schicksal durch die Organisation keineswegs in so drastisch-unausweichlichen Begriffen zudiktiert bekommt, wie die humanistische Kritik der technischen Zivilisation es zuweilen befürchtete.« (ebd., S. 385 f.) Vielmehr können nun die immensen Freiheiten im individuellen Handeln der Mitglieder formaler Organisationen in den Blick kommen. So kann zum einen eine Strategie der Indifferenz klar die Differenz von formaler Rollenanforderung und persönlichem Interesse zur Schau stellen (ebd., S. 390 f.). Zum anderen bietet das Agieren in formalen Organisationen vielfältige Möglichkeiten der Etablierung einer persönlichen Note (ebd., S. 392). Als dritte Strategie bezeichnet Luhmann die »Expansion des persönlichen Systems auf all die Darstellungschancen, die sich in formal organisierten Sozialsystemen bieten, seien sie formal oder informal, legal oder illegal, sachbezogen oder gruppenbezogen.« (ebd.) Damit verbunden ist eine spezifische Form von Statuspflege in der Organisation, die gegenwärtig eher mit Wörtern wie Selbstmarketing umschrieben wird. In jedem Fall kann damit plausibel werden, warum der »organization man« (Whyte 1958) in unserer Gegenwart, die zunehmend durch kommunikations- und interaktionsintensive Arbeitsweisen geprägt ist, nicht mehr der vorherrschende Typus ist – trotz immenser Zunahme formaler Organisationen.

Auch wenn mit Luhmann das Entscheiden als zentraler Baustein einer Theorie der Organisation angenommen werden kann, wird in Hinsicht auf die hier interessierende Fragestellung, wie das Zusammenarbeiten organisiert und gestaltet wird, nicht viel gewonnen. Vielmehr ist es sehr wahrscheinlich, dass insbesondere gegenwärtige Formen des Zusammenarbeitens nicht ausschließlich, vielleicht sogar nur in geringem Maße durch konkrete Entscheidungen und Arbeitsanweisungen geprägt werden. Eher scheinen sowohl entschiedene Entscheidungsprämissen als auch unentschiedene – sprich: die Organisationskultur – eine wichtige Rolle spielen.

In der bisherigen Darstellung und Akzentuierung des Begriffs Zusammenarbeiten und der verschiedenen Konditionierungen in Organisationen wurde eine spezifische Festlegung von Zusammenarbeiten als Handeln, als Verhalten, als soziale Praktik oder als Kommunikation vermieden. Dies hatte seinen Grund vor allem darin, dass Zusammenarbeiten möglichst offen attribuierbar bleiben sollte. Einerseits wäre man bei einer Begriffsfassung von Zusammenarbeiten als Handeln wohl eher geneigt, dies vorwiegend auf den Handelnden und dessen Intention oder allgemeiner: dessen subjektiven Sinn zuzurechnen. Andererseits hätte die Konzeption von Zusammenarbeit als Verhalten den Fokus zu stark auf die Organisation gelegt, die vermeintlich dieses Verhalten bestimmen oder zumindest lenken kann. Ebenso verhält es sich bei einer Konzeptualisierung von Zusammenarbeiten als sozialer Praktik, die als routinierte Handlungsweise stärker von einem impliziten Sinn getragen wird als von einem explizit intendierten Sinn. Damit wäre der Fokus stark auf die organisationsunspezifischen Verhaltensweisen, die in Organisationen freilich Effekte haben, eingeschränkt. Die letzte Option, Zusammenarbeiten als Kommunikation im Sinne Luhmanns zu deuten, würde sich ebenfalls abhängig von einer systemtheoretischen Perspektivierung machen, die die hier verfolgte Frage nach der Gestaltung, Organisation und Konditionierung des Zusammenarbeitens nicht leichter beantwortbar macht.

Dennoch sollte durch die Auseinandersetzung mit der etablierten Forschung der inhaltliche Fokus der hier betriebenen empirischen Forschung hinreichend bestimmt worden sein. Zusammenarbeit geschieht in Organisationen weiterhin fremd-, aber zunehmend auch selbstbestimmt. Sie ist – wie in diesem Kapitel argumentiert wurde – jedoch weder aus einer anthropologischen Bestimmung des Menschen noch aus den konkreten Arbeitstätigkeiten, der Art der Arbeit und auch nicht aus den Arbeitszielen direkt ableitbar. Sie kann weder aus den benutzten Werkzeugen und technischen Hilfsmitteln noch aus den Organisationsstrukturen und organisationalen Rationalitätskonstruktionen abgeleitet werden. Auch aus den Entscheidungen und Entscheidungsprämissen der Organisationen ist sie nicht deduzierbar. Zusammenarbeit ist damit kein vorhersagbares Resultat, sondern wird vielmehr zu einem permanent zu bearbeitenden Problem.

III. Umgang mit Empirie

Wie in der Einleitung schon thematisiert, wurde das Problem des Zusammenarbeitens in dieser Arbeit in erster Linie methodisch entfaltet. Weder sollte der Begriff im Vorfeld durch verschiedene Theorievorgaben beschränkt werden, noch wurde Zusammenarbeit einzig positiv als zu erreichendes Ziel verstanden. Vielmehr wurde Zusammenarbeit im Sinne Blumers als »sensitizing concept« begriffen, welches weniger Beschreibungen des zu Sehenden ermöglicht, sondern vielmehr Richtungen vorschlägt, in die man während der Forschung blicken sollte (vgl. Blumer 1954, S. 7). Damit sollte einerseits mithilfe des vorstehenden Überblicks über das Forschungsfeld das Problem der Zusammenarbeit hinreichend markiert, andererseits das Resultat der Analyse nicht schon theoretisch vorweg genommen werden.

Das oberste Ziel der nun darzustellenden Auseinandersetzung mit der Empirie – entlang der formulierten Fragestellung – besteht in einer größtmöglichen Offenheit. Diese sollte weder durch eine forschungsstandbedingte begriffliche Engführung noch durch eine theoretische Zuspitzung gefährdet werden, vielmehr sollten nicht vor(her)gesehene Überraschungen zugelassen und vom Forschungsdesign her gefördert werden. Deswegen wurde auch von einer methodischen Verfahrensförmigkeit Abstand genommen. Umso mehr gilt es jedoch, das eigene Vorgehen und den eigenen Umgang mit der Empirie so nachvollziehbar wie möglich zu beschreiben.

Die Diskussion in diesem Abschnitt erfolgt in zwei Schritten: Nach einer kurzen methodologischen Perspektivierung (1) wird das konkrete Vorgehen im Forschungsprozess erläutert und es werden die dabei getroffenen methodischen Entscheidungen transparent gemacht und diskutiert (2).

1 Methodologie

Der entscheidende Vorteil soziologischer Analysen besteht in ihrer eigentümlichen, spannungsgeladenen Reflexivität, da sie sowohl in der Gesellschaft als auch in der Wissenschaft bestehen müssen. Die Soziologie »kann weder ihrer Wissenschaftlichkeit noch ihrer Gesellschaftlichkeit entrinnen« (Luhmann 1993a, S. 252). Somit geht eine soziologische Analyse einerseits im Augenmerk auf die eigene Wissenschaftlichkeit auf Distanz zur Gesellschaft,[1] andererseits bleibt sie sich ihrer Gesellschaftlichkeit stets bewusst und nutzt dies, um der Wissenschaftlichkeit eine Reflexion entgegenzustellen. So nimmt es nicht Wunder, dass schon früh in der soziologischen (Theorie-)Entwicklung die Relation von wissenschaftlich erzeugtem Wissen und sozialen Strukturen entdeckt und thematisiert wurde.[2] Zu denken ist hier vor allem an die Wissenssoziologie Karl Mannheims (1931), die explizit von erkenntnistheoretischen Fragestellungen herkommend auf die soziale Relationiertheit allen Wissens hinwies. Auch fallen Ludwik Flecks Denkstilanalysen (1994) hierunter oder sämtliche von Marx her gedachten Formen der Ideologiekritik, auch in der Weiterführung der Kritischen Theorie bzw. der Frankfurter Schule (Horkheimer 1991). All diesen Formen ist gemein, dass sie die These einer unabhängigen Erkenntnistheorie und damit einer von der Gesellschaft abgekoppelten Wissenschaft problematisieren.[3] Gleichzeitig setzen sie jedoch neue Instanzen, welche die Unabhängigkeit des (wissenschaftlichen) Wissens bewahren sollen: die (relativ) freischwebende Intelligenz (Mannheim), der Common Sense der Alltagswelt (Berger/Luckmann), die Arbeiterklasse (Marx) oder die von der Gesellschaft anerkannten Werte (Kritische Theorie).[4]

---

1   Das schließt Stammtischparolen, unhinterfragten Common Sense, aber auch Vorurteile und Stereotype mit ein. Man zweifelt an dem, was im Alltag als sicher erscheint und woran selbstverständlich geglaubt wird.

2   Diese Relationierung auf das Soziale als Apriori ist nur eine Möglichkeit. Äquivalent könnte auch auf Unbewusstes, Religiöses, Werthaftes, Geschichtliches oder Politisches relationiert werden und darin dann der a priori gesetzte Ausgangspunkt gesehen werden (vgl. Luhmann 2008, S. 184 f.).

3   Diese Differenz ist am Beispiel des Positivismusstreits zwischen Popper und Albert auf der einen sowie Adorno, Horkheimer und Habermas auf der anderen Seite sehr gut nachvollziehbar (Adorno et al. 1969). Auch die gegenwärtig vorzufindende Differenz zwischen den Disziplinen Kommunikationswissenschaft und Medienwissenschaft ließe sich mit diesem Streit beschreiben: Dabei sieht sich die Kommunikationswissenschaft auf der Seite von Popper und ist entsprechend theoriearm und methodisch exaltiert. Die Medienwissenschaft ist demgegenüber als kulturwissenschaftlich orientiert, methodisch unaufgeregt und theorieaffin zu beschreiben.

4   Die Aufzählung ließe sich auch mit technikdeterministischen oder spezifisch medientheoretischen Argumentationen fortführen, die imaginieren, dass Sozialität ausschließlich ein Effekt der technischen Arrangements oder der medialen Konstellationen sei. Diese Einsichten sind instruktiv, da sie die Aufmerksamkeit auf die medialen und tech-

Gegenwärtig scheint sich die soziologische Einsicht in die Kontingenz (bzw. Gesellschaftlichkeit) wissenschaftlichen Wissens (inklusive der zugehörigen Verfahren wie Experimente oder Methoden sowie der Apparate, Techniken etc.)[5] insofern durchzusetzen, als auf das historisch-soziale Gewordensein von Wirklichkeit aufmerksam gemacht und von einer Pluralisierung von Wirklichkeiten gesprochen wird. Wissen bleibt unhintergehbar historisch und sozial gebunden, und bleibt damit fortwährend variabel und veränderbar. Statt einer (ahistorischen und nicht sozial relationierten) »objektiven« Erkenntnis besteht das Ziel (sozial)wissenschaftlicher Erkenntnis dementsprechend nunmehr darin, die kontingenten Wirklichkeiten, in denen wir leben, aufzuspüren und zu rekonstruieren.[6]

Die in dieser Arbeit praktizierte methodologische Einstellung ließe sich als eine systematische »Wendung des Blicks« (vgl. Schrage 1999, S. 65ff.) bzw. als eine Haltung permanenter Distanzierung charakterisieren. Vorrangiges Ziel ist es, Selbstverständlichkeiten, Plausibilitäten und Denkgewohnheiten zu problematisieren und zu hinterfragen (vgl. Gehring 2009, S. 376). Diese Problematisierung des Selbstverständlichen (vgl. Opitz 2004, S. 62) »arbeitet [...] die Bedingungen heraus, unter denen mögliche Antworten gegeben werden können; sie definiert die Elemente, die das konstituieren werden, worauf die verschiedenen Lösungen sich zu antworten bemühen« (Foucault 2010, S. 267).[7]

Diese methodologische Vorstellung lässt die Analyse weder auf einem methodischen, verfahrenstechnischen Fundament noch auf einem erkenntnistheoretisch sicheren Grund aufliegen. Vielmehr kann es keine garantiert sichere,

---

nischen Bedingungen der Möglichkeit von Sozialität lenken. Übertreibungen jedoch, die mit dem Anspruch des Determinismus auftreten, sprechen einem Letztgrund das Wort und zollen damit dem die eigene Perspektive konstituierenden blinden Fleck nicht genügend Tribut (vgl. Meißner 2014).

5   Hieran nicht ganz unschuldig sind sicher auch die vielfältigen wissenschaftshistorischen Forschungen von Bruno Latour (2002) und anderen Vertretern der ANT oder auch von Karin Knorr-Cetina (1991).

6   Die hier eingenommene methodologische Haltung ist in weiten Teilen von Luhmann und Foucault inspiriert, könnte aber auch von Bourdieu (1987, S. 97) mitgetragen werden: »Die Theorie der Praxis als Praxis erinnert gegen den positivistischen Materialismus daran, dass Objekte der Erkenntnis konstruiert und nicht passiv registriert werden, und gegen den intellektualistischen Idealismus, dass diese Konstruktion auf dem System von strukturierten und strukturierenden Dispositionen beruht, das in der Praxis gebildet wird und stets auf praktische Funktionen ausgerichtet ist.« Um der Gefahr eines Theorie- oder Methodendogmatismus auszuweichen, ist es wichtig, dass die hier praktizierte Haltung einer abgeklärten Aufklärung nicht von einer konkreten Theorie angeleitet wird.

7   Diese Problematisierung des Selbstverständlichen lässt sich natürlich auch konkret auf die Ethnografie beziehen, die das »weitgehend Vertraute [...] betrachtet, als sei es fremd« (Amann/Hirschauer 1997, S. 12). Wie diese Haltung der Distanzierung konkret zur künstlichen Be- und auch Verfremdung des Gegenstands eingesetzt wurde, wird in einem späteren Abschnitt (vgl. Kap. III.2.4.1) erläutert.

unbezweifelbare Startposition geben.[8] Sicherheit kann nur im Prozess selbst gewonnen werden, »darin, daß man sich vorbehält, die Ausgangspositionen aller Schritte (auch der ›ersten‹!) jederzeit revidieren zu können, wenn der Prozeß dazu Anlaß gibt« (Luhmann 1992b, S. 418). Dieses methodologische Verständnis[9] eines permanenten »Praktizieren[s] von Vorgriffen und Rückgriffen« (ebd.) prägt diese Arbeit.[10]

Der sichere Startpunkt wissenschaftlicher Forschung, der vormals im Ideal einer beobachterunabhängigen Realität gesehen wurde, ist abhanden gekommen. Realität ist ausschließlich beobachterabhängig zu haben.[11] Beobachterab-

---

8 Dies könnte auch von Michel Foucault her gedacht werden. In einem der zahlreichen Interviews, in denen sich Foucault zu seinem methodischen Vorgehen äußert, meint er: »Im Allgemeinen hat man entweder eine feste Methode für ein Objekt, das man nicht kennt, oder das Objekt existiert bereits und man weiß, dass es da ist, aber man meint, dass es noch nicht in angemessener Weise analysiert worden ist, und entwickelt darum eine Methode, um dieses bereits existierende und bekannte Objekt zu analysieren. Das sind die beiden einzig vernünftigen Vorgehensweisen. Mein Vorgehen ist dagegen vollkommen unvernünftig und außerdem anmaßend, wenn auch unter dem Deckmantel der Bescheidenheit. Aber es ist dennoch eine Anmaßung, Hochmut, ein nahezu wahnhafter Hochmut im Hegelschen Sinne, über ein unbekanntes Objekt mit einer nicht definierten Methode sprechen zu wollen. Da kann ich nur Asche auf mein Haupt streuen und sagen: So bin ich nun einmal ...« (Foucault 2003, S. 522). Doch dann erklärt er genauer: »Ich versuche meine Instrumente über die Objekte zu korrigieren, die ich damit zu entdecken glaube, und dann zeigt das korrigierte Instrument, dass die von mir definierten Objekte nicht ganz so sind, wie ich gedacht hatte. So taste ich mich voran oder stolpere von Buch zu Buch« (ebd.).

9 Petra Gehring (2009, S. 381 f.) beschreibt dies – mit Referenz auf Michel Foucault – als ein »Vorgehen, das nicht [...] auf vorweg angebbaren Regeln beruht, sondern sich – allein faktisch, technisch oder praktisch kunstvoll – den wichtigeren Teil seiner Regeln erst unterwegs erfindet, gleichwohl aber aus Erfahrung um sein schlussendliches Gelingen weiß«.

10 Insofern sollte es einleuchten, dass das hier verschriftlichte Ergebnis weder im Vorhinein schon feststand noch sich auf dem Wege einfach glücklich fügte. Die unzähligen Sackgassen, die eingeschlagenen, dann aber zu engen Pfade oder die zu stark befahrenen und deswegen staugefährdeten Denkbahnen, welche im Laufe des Verfertigens dieser Arbeit beschritten und sodann verworfen wurden, sind zwar (außer in dieser andeutenden Fußnote) nicht dargestellt, bilden jedoch den Denkhintergrund und die Möglichkeitsbedingungen für das, was beschrieben wurde. Um die Lesbarkeit und Nachvollziehbarkeit zu erhöhen, wurden einzig die ausgeschlossenen Möglichkeiten thematisiert, die für den Gesamtplot dieser Studie wichtig erschienen.

11 Dies darf nicht als weiterer Einspruch der Gesellschaftlichkeit soziologischer Analysen gegenüber ihrer Wissenschaftlichkeit missverstanden werden. Eher wird mit dem konstruktivistischen Postulat einer Beobachterabhängigkeit jeglicher Wirklichkeit die Gesellschaftlichkeit und damit auch die alltägliche Selbstverständlichkeit auf Distanz gehalten. Dies schreibt Luhmann (2001, S. 37) v. a. den Methoden zu: »Von einer konstruktivistischen Position aus gesehen kann die Funktion der Methodik nicht allein darin liegen, sicherzustellen, dass man die Realität richtig (und nicht irrig) beschreibt. Eher dürfte es um raffinierte Formen der systeminternen Erzeugung und Bearbeitung von Information gehen. Das heißt: Methoden ermöglichen es der wissenschaftlichen Forschung, sich selbst zu überraschen. Dazu bedarf es einer Unterbrechung des unmittel-

hängige Erkenntnis bedeutet jedoch nicht beliebige Erkenntnis, sondern meint, dass diese von den »Operationen des Beobachtens und des Aufzeichnens von Beobachtungen (Beschreibungen)« (Luhmann 1988, S. 14 f.)[12] abhängig ist. Insofern ist wissenschaftliche Erkenntnis immer abhängig von den angewandten Methoden, der theoretischen Perspektivierung sowie dem konkreten Beobachter (und insbesonders bei ethnografischer Forschung auch der kognitiven, körperlichen und emotionalen Ausstattung). Jeder Zugriff auf Empirie konstituiert diese mit, und somit sind alle Methoden – auch die hier genutzten – am Produzieren einer spezifischen Realität durch die Beobachtung dergleichen beteiligt. Der Anspruch an Wissenschaftlichkeit besteht darin, diese Herstellung von Wirklichkeit mit in den Blick zu nehmen und dadurch zu kontrollieren.[13] Damit kann das wissenschaftliche Gütekriterium jedoch nicht mehr in der Reproduzierbarkeit der Ergebnisse bestehen, sondern einzig in der Nachvollziehbarkeit der vorgenommenen und transparent gemachten Schritte, die zum jeweiligen Resultat geführt haben.

Die wissenschaftliche Überprüfbarkeit der Ergebnisse (trotz des Postulats, dass die Beobachtung das Beobachtete immer mitkonstituiert[14]) wird dadurch zu erreichen versucht, dass die getroffenen Entscheidungen ausführlich dar-

---

baren Kontinuums von Realität und Kenntnis, von dem die Gesellschaft zunächst ausgeht«. Diese Einsicht findet sich auch in der empirischen Forschung, wie beispielsweise bei Hirschauer (2008, S. 184), der sich gegen ein normatives Methodenverständnis ausspricht, da »die qualitative Forschung [...] viel weniger von der Strenge« brauche, »die mit dem Methodenbegriff assoziiert ist, und mehr von der Kreativität, die man der Theoriebildung zuschreibt«.

12 Beobachtung in systemtheoretischem Sinne meint allgemein, eine beobachtungsleitende Unterscheidung zu treffen; Beobachtung bleibt damit eine systemrelative Operation. Diese Systemrelationalität aller Beobachtung lässt auch Luhmann zu dem Schluss kommen, dass wissenschaftliche Erkenntnis Folge von systemrelationalen Beobachtungen verschiedener (!) Systeme (psychischer Systeme, des Wissenschaftssystems) ist (Luhmann 1988). Vergleiche für einen möglichen Anschluss von qualitativer Sozialforschung an die Systemtheorie die Ausführungen in einem Standardwerk (Bohnsack 2000b, S. 207 ff.) und die explizite Auseinandersetzung in Bohnsack (2010).

13 Dass auch dies keineswegs eine neue Einsicht ist, lässt sich u. a. bei Kracauer (1993) zeigen. Seine Angestelltenstudie versteht er als eine zu konstruierende Wirklichkeit, als ein Mosaik aus einzelnen (fotografischen) Beobachtungen. Auch Einführungen in die Methoden der empirischen Sozialforschung schreck(t)en davor nicht zurück. So ist bei Atteslander (1989, S. 287) zu lesen: »Ebenso hat sich die Erkenntnis durchgesetzt, daß durch empirische Sozialforschung der Untersuchungsgegenstand selbst sich verändert. Verzerrungen sind nicht auszumerzen, sondern die Wissenschaftlichkeit liegt allenfalls darin, die Vorgänge systematischer Kontrolle offenzulegen«.

14 Dies ließe sich vielleicht mit einem Bild von Niklas Luhmann pointieren. Die traditionelle Erkenntnistheorie geht von einer (!) Eule der Erkenntnis aus und sieht in einer konstruktivistischen Position dann nur noch Beliebigkeit und sämtliche Probleme gleich grau. Man könnte sich jedoch auch vorstellen, dass »Minerva [...] mehr als nur eine Eule fliegen [lässt], und jeder Beobachter lässt sich beobachten als Konstrukteur einer Welt, die nur ihm so erscheint, als ob sie das sei, als was es am Ende erscheint« (Luhmann 2002, S. 468).

gestellt werden (vgl. auch Gebhard/Schröter 2007, S. 64). Entscheidungen sind dabei vor allem auf zwei Ebenen[15] sichtbar zu machen: erstens die Anfangsentscheidungen, mit der eine Analyse begonnen wird, und zweitens die »strategischen Entscheidungen« (Schrage 1999, S. 67), mit denen die Analyse begrenzt werden kann.

Entgegen der üblichen Trennung von abstrakter Methodenvorstellung und -diskussion einerseits und konkreter Applikation auf die eigene Forschung andererseits sollen im Folgenden beide Aspekte miteinander verknüpft präsentiert werden. Der Vorteil besteht meines Erachtens in der möglichst anschaulichen Darstellung des eigenen Vorgehens und der Diskussion der dabei je getroffenen Entscheidungen.

2 Vorgehen und Methodendiskussion

Sozialwissenschaftliche Methoden sind im Allgemeinen konkrete Verfahren, die möglichst gegenstandsunabhängig funktionieren sollen. Dabei wird zwischen datenerhebenden Methoden, wie Befragung, Beobachtung oder Inhaltsanalyse, und datenauswertenden Verfahren, wie statistischen Anwendungen oder aber auch hermeneutischen Anleitungen (sozialwissenschaftliche oder objektive Hermeneutik), unterschieden. Zudem wird – trotz des immer öfter zu hörenden Rufs nach deren Kombination – zumeist zwischen quantitativen und qualitativen Methoden differenziert (Diekmann 1999).

Quantitative Verfahren operationalisieren eine Fragestellung, indem ein empirisches Phänomen zu numerischen, das heißt mess- und zählbaren, Merkmalen umgewandelt wird (Datenerhebung). Die Verhältnisse zwischen den erhobenen Merkmalsausprägungen werden dann mithilfe statistischer Verfahren untersucht, um Aussagen über wahrscheinliche Zusammenhänge und Korrelationen formulieren zu können. Mit einem experimentellen Design sollen gar Aussagen über einen Kausalzusammenhang getroffen werden können.

Qualitative Verfahren kritisieren diese Form der Operationalisierung als zu rigide, um Aussagen über den subjektiven Sinn der Akteure treffen zu können. Darum votieren sie für Erhebungsmethoden (bspw. narrative Interviews), die den Akteur in der Sinnstrukturierung möglichst wenig einschränken, und

---

15 Man könnte auch auch noch einen dritten Entscheidungsbereich hinzufügen, nämlich alles, was die Form der Darstellung betrifft. Dies beginnt mit der genutzten Sprache, den verwendeten Begriffen, geht über die Selektivität und (lineare) Anordnungsweise der Ergebnisse und erstreckt sich bis hin zur konkreten Visualisierung und Nutzung von Schemata. Dass diese poietische Dimension des Wissens keineswegs nur »schmückendes Beiwerk« ist, zeigen eindrucksvoll Joseph Vogl (1999, 2011) und, eher methodologisch orientiert, Hirschauer (2001).

nutzen zumeist hermeneutische Auswertungsverfahren, mit denen die transkribierten Aussagen möglichst kontrolliert interpretiert werden können (Flick et al. 2000).

Wie aus den bisherigen methodologischen Überlegungen hervorgegangen sein sollte, kann hieran nicht ohne Weiteres angeschlossen werden. Auch wenn Offenheit bei qualitativer Forschung prinzipiell gewährleistet ist, so wird diese durch eine übertrieben praktizierte Methodisierung im Sinne von Anleitungen zum »richtigen« Forschen arg eingeschränkt. Immer öfter wird versucht, qualitative Methoden zu standardisieren, indem eine formale Operationalisierung vorgenommen oder eine bestimmte Verfahrenslogik etabliert wird, an die sich der Forscher unabhängig vom Gegenstandsbereich halten sollte, um mit seiner Forschung im akademischen Feld anerkannt zu werden.[16] Statt der gebräuchlichen Unterscheidung zwischen quantitativen und qualitativen Methoden bzw. zwischen Erklären und Verstehen ist die für dieses Projekt wichtige Differenz diejenige zwischen einerseits Verfahren, die einen möglichst »richtigen« Zugriff auf »die« Realität postulieren, und andererseits empirischen Analysen mit größtmöglicher Offenheit, die den beobachterrelationalen Zugriff und damit die Konstruktion verschiedener Wirklichkeiten in den Blick nehmen.[17] Wenig überraschend orientiert sich das gewählte Vorgehen an Letztgenanntem.

In diesem Sinne wird auch in dieser Arbeit die Grounded Theory Methodologie (GTM) verstanden. Sie wird nicht als konkretes handlungsleitendes Verfahren begriffen,[18] sondern als »ein Forschungsstil« oder »eine Forschungshaltung« (Mey/Mruck 2011, S. 22). Diesem Verständnis entsprechend wurden einige Einsichten aus der mittlerweile erkennbar gewordenen Vielfalt der GTM[19] herausgegriffen, um das konkrete Vorgehen zu strukturieren. Die vielfältigen Ak-

---

16 Diese These ist am besten bei der »Eingemeindung« (oder doch »Vereinnahmung«?) der Diskursanalyse im Sinne von Michel Foucault in den qualitativen Methodenkanon beobachtbar (Kocyba 2006; Keller 2005). Statt der Haltung eines systematischen Wendens des Blicks und der Frage, was die gemeinsame Bedingung der Möglichkeit für verschiedene Diskurspositionen darstellt, wird ein Verfahren etabliert, welches mit einem Kochrezept vergleichbar möglichst jeden dazu befähigen soll, Diskurse zu analysieren. Dass jedoch die Distanz zur Rezeptförmigkeit eine entscheidende Attraktivität von Diskursanalyse ausmacht, wird dann nicht mehr gesehen. Vergleiche zu einem Kartierungsversuch dieser heterogenen Positionen Schrage (2013). Ähnliche Versuche der methodischen Systematisierung scheinen auch im Feld der Ethnografie zu geschehen (vgl. Hegner 2013; Wittel 2012, S. 63 u. 75 f.).

17 Vergleiche zu dieser Differenz auch Amman und Hirschauer (1997, S. 24) und meine Überlegungen hinsichtlich der Herausforderung qualitativer Sozialforschung durch Internettechnologien (Meißner 2015).

18 Diese Vorstellung von der GTM als Kochrezept wird leider durch die Gliederung, How-to-Tipps und dem Stil in verschiedenen Einführungsbüchern zur Methode (vgl. z. B. Strauss/Corbin 1992) unterstützt. Dies fördert freilich nicht die Qualität der in dieser Weise durchgeführten Studien (vgl. Truschkat et al. 2011).

19 So unterscheidet Udo Kelle (1996) drei Varianten der GTM: Erstens die relativ allgemeine Version von Glaser/Strauss, die im 1967 erschienenen *Discovery*-Buch beschrieben wur-

zentsetzungen innerhalb der GTM können hier nicht en détail nachgezeichnet werden (vgl. hierzu ausführlich Kelle 2005; Kelle 1996; Mey/Mruck 2011). Vielmehr sollen die Aspekte präsentiert werden, die für das eigene Vorgehen wichtig erschienen. Die GTM wird damit auf meine Forschungsfrage bezogen und explizit angepasst (vgl. Mey/Mruck 2011, S. 42).

Zunächst erscheint die Rolle des (theoretischen) Vorwissens wichtig. Während insbesondere Glaser auf eine Emergenz der Theorie aus den erhobenen Daten abhebt und dies gegen das Vorgehen von Strauss/Corbin in Anschlag bringt,[20] wird hier von einer Notwendigkeit theoretischen Vorwissens für die Analyse ausgegangen.[21] Notwendig ist es in doppelter Hinsicht: zum einen, weil ohne theoretisches Vorwissen keine Eingrenzung der Datenerhebung und keine Verdichtung der Daten möglich scheint, und zum anderen, weil kein Forscher eine intellektuelle Tabula rasa, also ein intendiertes Vergessen von theoretischen Konzepten und Einsichten, betreiben kann.

Diese Notwendigkeit von theoretischem Vorwissen für die Analyse nach der GTM meint jedoch zudem, dass diese Konzepte durch die Konfrontation mit der Empirie infrage gestellt werden können. Der Forschungsprozess ist also so zu gestalten, dass der Forscher sich durch die Empirie überraschen lassen

---

de, zweitens die Variante von Glaser in seinem Buch *Theoretical Sensitivity* von 1978 und drittens die Variante von Strauss/Corbin in ihrem Buch von 1990, das insbesondere im deutschsprachigen Raum – u. a. aufgrund der recht schnellen Verfügbarkeit einer deutschen Übersetzung – prominent wurde.

20   Glaser hebt auf Emergenzphänomene durch die Datenanalyse ab und will dies durch die Verwendung von sogenannten Kodierfamilien unterstützen. Kodierfamilien sind allgemeine abstrakte Konzepte und Begriffe wie etwa die Ausmaße einer Merkmalsausprägung, das Verhältnis zwischen Elementen oder die Selbstkonzepte der Akteure (vgl. Kelle 1996, S. 34). Strauss und Corbin sprechen sich demgegenüber für das sogenannte axiale Kodieren – Kelle (1996, S. 36) übersetzt dies mit »Dimensionalisierung« – aus, bei dem empirisch vorfindliche Merkmalsausprägungen auf einer Karte bzw. Achse von theoretisch und logisch möglichen Merkmalsausprägungen abgetragen und kodiert werden. Die polemische Kritik von Glaser bezieht sich auf dieses Verfahren, welches er als »forcing« beschreibt, womit gemeint ist, dass dadurch der Empirie Kategorien aufgezwungen werden würden und die Emergenz der Theorie aus den Daten systematisch verhindert werde (vgl. Kelle 2005). Auch wenn diese Kritik überzogen scheint, ist doch ein gewisser Bias hinsichtlich mikrosoziologisch-handlungstheoretischer Fragestellungen bei Strauss/Corbin auszumachen (Kelle 1996, S. 45), da sie insbesondere theoriegenerierende W-Fragen (Wer, was, wie, warum, wozu?) an die Daten anlegen, um diese zum Sprechen zu bringen. Mit anderen theoretischen Hintergründen könnten andere Fragen gestellt werden. Dies meint auch Kelle, der die GTM mit anderen, möglichst divergenten theoretischen Konzepten kombiniert sehen will, wobei systematisch nach fehlschlagenden Passungen von Theorie und Empirie und Gegenbeweisen der sich entfaltenden Theorie gesucht werden solle (Kelle 2005, S. 44).

21   Dies wird auch von anderen so gesehen. Als ein Beispiel unter vielen: »Furthermore the insight must be stressed that any scientific discovery requires the integration of previous knowledge and new empirical observations and that researchers always have to draw on previous theoretical knowledge which provides categorical frameworks necessary for the interpretation, description, and explanation of the empirical world.« (Kelle 2005, S. 51)

kann. Dies intendiert auch die Rede von theoretischer Sensibilität bzw. der Beschreibung des Problems des Zusammenarbeitens als ein »sensitizing concept« (Blumer 1954, S. 7). Als solches ermöglicht es erstens eine spezifische Perspektive auf die Daten (vgl. auch allgemeiner zur Theoriegeladenheit von Empirie Hirschauer 2008) und zweitens eine »Identifizierung theoretisch relevanter Phänomene im Datenmaterial« (Kelle 1996, S. 32).[22] Dieses Verständnis liegt auf einer Linie mit dem konstruktivistischen Verständnis der GTM von Charmaz (2006, S. 17; Hervorhebung im Original): »In short, sensitizing concepts and disciplinary perspectives provide a place to *start*, not to *end*. Grounded theorists use sensitizing concepts as tentative tools for developing their ideas about processes that they define in their data. If particular sensitizing concepts prove to be irrelevant, then we dispense with them.«

Ein anderer wichtiger Aspekt der GTM ist der permanente »Wechsel zwischen Handeln (Datenerhebung) und Reflexion (Datenanalyse und Theoriebildung)« (Mey/Mruck 2011, S. 23), der auch in dieser Arbeit praktiziert wurde.[23] Das meint konkret, dass nicht schon im Vorfeld meiner Analyse fixiert wurde, welche Unternehmen, Personen, Handlungen, Ereignisse, Kommunikationsweisen oder Artefakte in die eigentliche Untersuchung mit aufgenommen werden. Darüber wurde vielmehr erst im Verlauf der Untersuchung, die als offener Prozess gefasst wurde, am Gegenstand entschieden. Insofern blieben im Vorfeld der Analyse die konkret zu untersuchenden Fälle noch im Vagen. Doch irgendwo muss angefangen werden.

2.1 Eingrenzung von Zusammenarbeiten

Am Anfang der Analyse stand das Problem des Zusammenarbeitens (mit-, gegen- und füreinander) unter den zugespitzt kontingenzförmigen Bedingungen der Gegenwartsgesellschaft. Wie wird das Zusammenarbeiten organisiert und gestaltet?

Die erste wichtige Grenzziehung und damit Entscheidung bestand in der Auswahl der Kontexte, in denen die Weisen des Zusammenarbeitens beobachtet werden sollten. Die Arten der Gestaltung und Organisation von Arbeits- und Kommunikationsweisen sollten *in Unternehmen* und nicht in Vereinen, Parteien, Stiftungen, Universitäten, Clubs oder Familien analysiert werden. Damit

---

22 Trotz aller anders klingenden Rhetorik war dies selbst in den Anfängen der GTM der Fall. So konnte Kelle rekonstruieren, dass Glaser und Strauss insbesondere bei ihrer gemeinsamen Studie zum Tod die Kategorien, nach denen das Material kodiert wurde, nicht ad hoc im Material gefunden haben oder dass diese daraus emergiert wären, sondern: »Tatsächlich haben Glaser und Strauss [...] selbst zuerst theoretische Konzepte entwickelt und erst anschließend hierzu empirische Daten gesammelt.« (Kelle 1996, S. 30)

23 Dies wird später in der Darstellung des Vorgehens noch weiter konkretisiert werden.

wurden auch projektförmige, kurzfristige Formen der Zusammenarbeit beispielsweise für konkrete (politische) Aktionen, Stadtteilfeste oder das Elternengagement etc. aus der Analyse ausgeschlossen.

Mit dieser forschungspragmatischen Beschränkung auf Unternehmen als spezifische Wirtschaftsorganisationen (vgl. hierzu Kette 2012, bes. S. 25–35) war es nicht getan, sodass die Untersuchung auf den mit 99,3 Prozent größten Anteil an Unternehmen in Deutschland (2009)[24] – die sogenannten kleinen und mittleren Unternehmen (KMU) – eingegrenzt wurde. Im Blick waren nunmehr ausschließlich Unternehmen, die weniger als 250 Mitarbeiter und weniger als 50 Mio. Euro Jahresumsatz haben. Größere Unternehmen wurden nicht berücksichtigt. Ein Grund lag schlicht in der größenbedingten Komplexität; ein anderer darin, dass die Probleme hinsichtlich der Gestaltung von Arbeitsweisen in Großkonzernen andere sind als im Mittelstand.[25] Zudem arbeitet mit 60,7 Prozent die Mehrheit der Erwerbstätigen (2009) in KMUs.

Die Auswahl konkreter Unternehmen erfolgte anhand verschiedener Kriterien, die eine möglichst große Bandbreite von Unternehmenstypen und Arbeits und Kommunikationsweisen ermöglichen sollten. Das erste Kriterium dabei war die Branchenzugehörigkeit. Dabei wurden drei Branchen ausgewählt,[26] die nunmehr als Rahmen für die Unternehmensauswahl dienten:

1) *Verarbeitendes Gewerbe,* also Unternehmen der Lebensmittelverarbeitungsbranche sowie Unternehmen, die Produkte, Geräte und Maschinen herstellen (Bundesamt 2008, S. 74 ff.),
2) *Dienstleistungen,*[27] worunter alle Formen von Dienstleistungen, angefangen von Finanz- und Versicherungsdienstleistungen über Unternehmens- und

---

24 Sämtliche Daten stammen vom Statistischen Bundesamt Deutschland (https://www.de statis.de/DE/ZahlenFakten/GesamtwirtschaftUmwelt/UnternehmenHandwerk/Kleine MittlereUnternehmenMittelstand/Tabellen/Insgesamt.html?nn=50670, abgerufen am 10.5.2012).

25 Kleinstunternehmen, Selbstständige (Unternehmer) und Freelancer wurden ebenfalls im Vorfeld ausgeschlossen. Auch sollte ein Fokus auf die neuen Arbeitsweisen in sogenannten Start-ups vermieden werden, da sie zwar in den öffentlichen Diskussionen (zum Beispiel im Zusammenhang mit Coworking Spaces) relativ prominent sind, jedoch in der sozialen Wirklichkeit der meisten Arbeitnehmer nicht vorkommen.

26 Die Branchen wurden aus der Einteilung des Statistischen Bundesamts (2008) übernommen. Diese drei Branchen sollten durch möglichst heterogene Weisen des Zusammenarbeitens geprägt sein. So sind in Unternehmen des verarbeitenden Gewerbes gewöhnlich Arbeitssituationen und -weisen ohne Computerarbeitsplätze anzutreffen. Unternehmen der Informations- und Kommunikationsbranche sind demgegenüber stark durch Computerarbeit und zunehmend durch mobile Endgeräte (Smartphones, Tablets, Laptops) geprägt.

27 Hier wurden die drei Branchen »Erbringung von freiberuflichen, wissenschaftlichen und technischen Dienstleistungen«, »Erbringung von Finanz- und Versicherungsdienstleistungen« und »Erbringung von sonstigen wirtschaftlichen Dienstleistungen« zusammengefasst.

Rechtsberatungen bis hin zu Ingenieurbüros, Marktforschung sowie Vermietungs- und Vermittlungsleistungen fallen (ebd., S. 128–130, 132–135 und 136–140),

3) *Information und Kommunikation* – zu dieser Kategorie gehören vor allem Verlage, Werbeagenturen, Softwareentwicklungsunternehmen, Telekommunikationsunternehmen und Unternehmen für Datenverarbeitung (ebd., S. 124 ff.).

Das zweite Kriterium war die Mitarbeiteranzahl. Auch wenn mit der Konzentration auf KMUs schon eine Einschränkung vorgenommen wurde, so sollte die Auswahl sowohl Kleinst- (bis 9 Mitarbeiter), Klein- (bis 50 Mitarbeiter) als auch Mittelständische Unternehmen (bis 250 Mitarbeiter) umfassen und damit die Binnenvielfalt der KMUs abbilden. Im Hintergrund stand hierbei die Vermutung, dass sich die Arbeitsweisen je nach Mitarbeiteranzahl und den damit einhergehenden Hierarchiestufen unterscheiden würden.[28]

Als drittes Kriterium diente die Dauer der Existenz des Unternehmens, d. h. die Anzahl der Jahre seit der Gründung. Auch hier sollte ein möglichst großes Spektrum abgedeckt werden, da vermutet wurde, dass davon auch die Gestaltung von Arbeitsweisen beeinflusst wird. Es wurde davon ausgegangen, dass diese in den ersten Jahren nach der Gründung vermutlich andere sein werden als später und in Traditionsunternehmen noch einmal andere.

Als viertes Kriterium wurde der Ort der Unternehmung berücksichtigt. So sollten beispielsweise nicht ausschließlich Unternehmen in der Nähe meines Arbeitsplatzes in Thüringen berücksichtigt werden, vielmehr ging es darum, eine gewisse, wenn auch auf Deutschland beschränkte Streubreite zu erreichen.

Im Gegensatz zum schrittweisen Verfahren des Theoretical Samplings wurde mit dieser Vorabfestlegung der Samplestruktur (Flick 2007, S. 155 ff.) die Grundgesamtheit möglicher Unternehmen zunächst eingeschränkt und anhand der vier Kriterien vorstrukturiert, mit dem Ziel, am Ende nicht von sehr ähnlichen, sondern hinsichtlich dieser Kriterien eher verschiedenartigen Unternehmen einen Feldzugang zu erbitten (vgl. auch Kleining 1982, S. 234 ff.).

2.2 Feldzugang

Mein Forschungsdesign war zweistufig angelegt. In der ersten Stufe wurden verschiedene Unternehmen angesprochen, mit dem Ziel, einen halbtägigen Workshop zum Thema Zusammenarbeit mit bis zu 15 Mitarbeitern abzuhalten. Diese Workshops sollten auditiv aufgezeichnet werden und mithilfe einer ers-

---

28 Ungeachtet dieser Überlegung wurden, wie später noch genauer zu sehen sein wird, zwei ähnlich große Organisationseinheiten ethnografisch untersucht.

ten Grobanalyse zu einer Auswahl von möglichst zwei kontrastierenden, hinsichtlich meiner Fragestellung interessanten Unternehmen führen. Diese beiden Unternehmen wurden dann in der zweiten Stufe mithilfe ethnografischer Methoden genauer untersucht. Zudem wurden mit verschiedenen Mitarbeitern qualitative Interviews geführt, um so ein detailreiches der Zusammenarbeit in diesen beiden Unternehmen zeichnen zu können.

Für die Auswahl in der ersten Stufe sollten keine Unternehmen aus dem Unternehmensregister via Zufall gezogen werden. Vielmehr war geplant, über eigene Kontakte zu Mitarbeitern in Unternehmen Zugang zu anderen Unternehmen zu erhalten.[29] Dieser geplante zweistufige Prozess funktionierte jedoch bis auf einen Fall (Betaplus, siehe Tabelle 1 auf S. 68) nicht,[30] sodass weitere Möglichkeiten einer möglichst vermittelten Kontaktaufnahme zu Unternehmen in Betracht gezogen werden mussten.[31] Neben dem weiteren Streuen meines Anliegens im Bekanntenkreis, woraus sich ein Kontakt zu einem weiteren Unternehmen ergab (Bauroh, siehe Tabelle 1 auf S. 68), führte ich verschiedene Ad-hoc-Gespräche auf einer Karrieremesse an der Bauhaus-Universität Weimar (15.5.2013), die zu einem dritten Unternehmen führten (Web-icona, siehe Tabelle 1 auf S. 68). Zentrales Mittel der ersten Kontaktanbahnung war jedoch eine entsprechend meinen aufgestellten Kriterien gefilterte Liste von allen Unternehmen, die Anfang 2013 in Kooperation (über Forschungsprojekte, Drittmittel, Auftragnehmer etc.) mit der Bauhaus-Universität Weimar standen. Aus dieser Liste entsprachen 35 Unternehmen den Kriterien. Diese wurden sämtlich im April 2013 brieflich kontaktiert, und es wurde mehrmals telefonisch nachgefasst, bis eine konkrete Ablehnung bzw. Zusage erfolgte oder ein Wiedervorlagetermin vereinbart werden konnte.[32]

---

29 Dieses Vorhaben schien durch eine mehrjährige Tätigkeit in einem Unternehmen (und nicht der Universität) und aufgrund der dadurch entstandenen Kontakte begünstigt zu sein.

30 Entgegen meiner Erwartung waren die vorhandenen Kontakte nicht in der Lage, mir andere Unternehmen, die meinen Kriterien entsprachen, zu nennen oder andere von meinem Forschungsprojekt zu überzeugen.

31 Es fanden auch Gespräche mit einem Wissenschaftler statt, der in einer Arbeitsgruppe im Kontext von Computer Supported Cooperative Work (CSCW) forschte und nach eigenen Aussagen eine Vielzahl von Interviews geführt hatte. Trotz mehrmaligem mündlichen wie auch schriftlichen Beschreibens meines offenen Forschungsvorhabens wurden mir die Daten nicht zur Verfügung gestellt, da meine Fragestellung, was denn unter Zusammenarbeiten mithilfe medialer Infrastrukturen zu verstehen sei, überhaupt nicht verstanden wurde. Die Forschungsrichtung basiert geradezu auf der Annahme, dass Zusammenarbeit durch Technik verbessert werden könne. In diesem speziellen Fall wurden die Bedingungen der Prämisse, CSCW als angewandte Forschung zu konzipieren, nicht reflektiert und meine offene Fragestellung geradezu als Affront aufgefasst und so eine Kooperation verweigert.

32 Dieses Vorgehen ist typisch für Vertriebsprozesse und m.E. in der sozialwissenschaftlichen Forschung eher ungewöhnlich. Weder konnte (und wollte) ich für das Unternehmen auf den ersten Blick wertvolle Untersuchungen anstellen (Auftragsforschung) noch

In einem einseitigen Brief teilte ich offen meine Fragestellung mit: »Mich interessieren für meine Forschungen an der Bauhaus-Universität Weimar die konkreten Weisen des Zusammenarbeitens, genauer: Wie arbeiten Ihre Mitarbeiter miteinander, füreinander und manchmal sicher auch gegeneinander?« Zudem gab ich schon einen groben Einblick in meinen zweistufigen Forschungsprozess. Letztendlich konnte ich dadurch die Unterstützung von drei weiteren Unternehmen gewinnen (Matensis, WZG und Zerfeld, siehe Tabelle 1 auf S. 68).

Nach dem Brief und einem ersten Nachtelefonieren kam es in vier Fällen zu einem persönlichen Erstgespräch beim Unternehmen,[33] in zwei Fällen (Matensis und Zerfeld, siehe Tabelle 1 auf S. 68) wurde ein Workshoptermin einzig telefonisch vereinbart. In den Erstgesprächen stellte ich mich kurz vor und mein Forschungsvorhaben dar, um dann anhand der vorher geschickten Forschungsvereinbarung die konkreten Schritte zu besprechen. Neben der Unterzeichnung der Forschungsvereinbarung wurde zumeist ein konkreter Termin vereinbart bzw. ein Prozess besprochen, wie eine schnelle Terminfindung erfolgen könnte. Auffällig war in diesen Gesprächen die Akzeptanz meines qualitativ geprägten Vorgehens. Das in der Organisationsforschung zunehmend etablierte Verständnis von Organisationen »als Sozialsysteme mit prinzipiell nicht-planbaren, dennoch aber spezifischen Interaktionen und zwischenmenschlichen Beziehungsformen« (Kühl et al. 2009, S. 17), das mit einer Abwertung rein quantitativer Verfahren (Kennzahlen, Scorecard, Indizes etc.) einhergeht, wurde also auch von den Unternehmen selbst nachvollzogen.

Letztendlich konnten folgende sechs Unternehmen[34] für eine Forschungskooperation gewonnen werden:

> wollte ich mich auf den (insbesondere wenn Organisationen und nicht Personen im Fokus stehen) langwierigen Prozess eines schrittweise vorgehenden Theoretical Samplings qualitativer Forschung einlassen. Zudem sollten damit die professionalisierten Zugangskontrollen von Unternehmen überwunden werden (Wolff 2000, S. 338).

33 Dieses Erstgespräch sollte den Grundstein für eine möglichst vertrauensvolle Beziehung legen. Auf der einen Seite hielt ich das konkrete Forschungsvorhaben etwas im Vagen, zum Teil, um nicht sofort instrumentalisiert zu werden, zum größeren Teil jedoch, weil ich noch gar nicht sagen konnte, was mich konkret im Unternehmen interessieren werden würde. Diese Offenheit versuchte ich durch eine transparente Forschungsvereinbarung zu kompensieren, sodass am Ende des Gesprächs die vielen Gründe für eine Ablehnung meines Vorhaben (Aufwand, Unsicherheit, fehlende Kontrolle, kein bzw. kaum Ertrag) in den Hintergrund rücken konnten. Auch war mir bewusst, dass ein möglicher Zugang auch mit einem trivialen Motiv der Erforschten zusammenhängt, nämlich: »dass sie ihn [den Feldforscher!, S. M.] nett finden« (Bachmann 2009, S. 253). Vergleiche hierzu auch Novak (1993, S. 174).

34 Sämtliche Eigennamen (Personen und Unternehmen) wurden anonymisiert, dies wurde jedoch nicht extra kenntlich gemacht. Teilweise wurden Ortsangaben, wenn dadurch die Anonymisierung gefährdet war, auch verändert. In einem Fall wurde deswegen auch das Geschlecht geändert. Organisationsextern ist damit vollständige Anonymität gesichert, organisationsintern kann freilich aufgrund beibehaltener Positionsbezeichnun-

	Branche	Mitarbeiter-anzahl	Dauer der Existenz des Unternehmens[i]	Region
Bauroh[ii]	Dienstleistungen	51–250	erste Generation + DDR[iii]	Sachsen, Zweigstellen deutschlandweit
Betaplus	Internet und Kommunikation	10–50	erste Generation	Niedersachsen, Zweigstellen deutschlandweit
Matensis	Dienstleistungen	1–9	erste Generation	Thüringen
Web-icona	Internet und Kommunikation	51–250	erste Generation	Norddeutschland[iv], Zweigstellen weltweit
WZG	Verarbeitendes Gewerbe	51–250	zweite Generation + DDR	Thüringen
Zerfeld	Verarbeitendes Gewerbe	10–50	zweite Generation	Rheinland-Pfalz

i Die Generationenfolge bezieht sich auf die Geschäftsführung. »Erste Generation« meint dementsprechend, dass der Unternehmensgründer weiterhin zumindest Mitglied in der Geschäftsführung ist. »Zweite« Generation meint in den genannten Fällen nicht nur die rechtliche Nachfolge, sondern es handelt sich auch um den familiären Nachkommen.

ii Bauroh ist der einzige Fall, in dem nicht das gesamte Unternehmen, sondern nur eine Abteilung eines Unternehmens untersucht wurde. Diese Abteilung agiert als Profitcenter jedoch recht autonom, sodass die Mitarbeiter in den qualitativen Interviews durchweg meinten, dass ihr Chef der Abteilungsleiter sei. Der Geschäftsführer des Gesamtunternehmens sei zu weit weg und für das tägliche Geschäft unwichtig. Deswegen bezieht sich »erste Generation« in diesem Fall auch auf den Leiter der Abteilung (Büroleiter), in der ich den Workshop durchführte.

iii Das Kürzel DDR meint, dass eine Vorgängerorganisation bereits in der DDR existierte.

iv Die ungenaue Angabe resultiert aus Anonymisierungsgründen.

Tabelle 1   Unternehmen, in denen Workshops stattfanden

Der erste Workshop fand am 19. 3. 2013 bei Betaplus statt, einem Unternehmen, das aus meinem eigenen Kontaktkreis rekrutiert wurde. Dieser Workshop diente zugleich als Pretest für die Workshop-Gestaltung, die Elemente der Gruppendiskussion mit dem des Storytellings verband. Während der Rekrutierung weiterer Unternehmen wurde dieser Pretest bereits ausgewertet, sodass getestet werden konnte, ob der gestaltete Rahmen prinzipiell zu sinnvollen Ergebnissen für das weitere Vorhaben führen kann. Die anderen Workshops wurden dann in Abstimmung mit den Unternehmen in der vorlesungsfreien Zeit im (Spät-) Sommer 2013 (10. 7. Web-icona; 15. 8. Matensis; 21. 8. Bauroh; 4. 9. Zerfeld und 10. 9. WZG) durchgeführt.

gen (CTO, Geschäftsführer und Büroleiter) zumindest teilweise auf die hierarchischen Spitzen als konkrete Personen geschlossen werden. Die später erwähnte Masterarbeit (Dienstag 2014) wurde ebenfalls anonymisiert.

2.3 Workshops mit Storytelling

Der Zugang zum Feld erfolgte in allen Fällen von »oben«, also durch die Geschäftsführung bzw. durch den operativen Leiter eines Standorts oder einer eigenständigen Abteilung. Dies war insbesondere für meinen ersten Schritt, die Gestaltung eines halbtägigen Workshops mit Mitarbeitern zum Thema Weisen der Zusammenarbeit notwendig, um die dafür nötigen Ressourcen[35] zu erhalten.

Meine Vorgaben für den Workshop waren bewusst unscharf. So stand es dem Unternehmen frei, die Anzahl der Teilnehmer (5 bis max. 15 Personen), die Rekrutierungsform und die Tätigkeitsprofile der Mitarbeiter festzulegen. Auch gab ich keine Vorgaben, wie der Workshop intern kommuniziert werden sollte. Im Erstgespräch erklärte ich jedoch, dass möglichst geringe hierarchische Abstufungen präsent sein sollten, dass also in jedem Fall die Geschäftsführung außen vor bleiben sollte.

Der Workshop wurde von mir so präsentiert, dass er sowohl für die Geschäftsleitung als auch für die daran Beteiligten eine Möglichkeit eröffnete, die eigenen Arbeitsweisen zu thematisieren und mögliche Probleme der Zusammenarbeit zu reflektieren, um gegebenenfalls erste Ansätze für eine Optimierung dieser zu identifizieren. Damit wurde der Workshop in einer spezifischen Weise geframt: Nicht ging es um eine Gefälligkeit für die Wissenschaft oder explizit um die Unterstützung einer wissenschaftlichen Qualifikationsarbeit, sondern darum, die eigenen Arbeitsweisen zu besprechen, Probleme aufzudecken und diese möglichst zu verbessern. Die Ähnlichkeit einer solchen Anlage zu einer Unternehmensberatung war bewusst gewählt, um als Moderator auftreten zu können und so für möglichst geringe Unsicherheiten seitens der Teilnehmer zu sorgen. Die Hintergrundthese war, dass ein auftauchender Wissenschaftler für mehr Verhaltensunsicherheit sorgen würde als ein von der Geschäftsführung bestellter Moderator von einer Unternehmensberatung.[36]

---

35 Neben der Arbeitszeit der Mitarbeiter sollte auch ein Raum und eine technische Ausrüstung (Beamer, Flipchart und/oder Whiteboard) zur Verfügung gestellt werden. Zudem sollten entsprechend der Forschungsvereinbarung meine Reise- und ggf. Übernachtungskosten vom Unternehmen getragen werden. Insbesondere damit sollte den Unternehmen ein Mindestmaß an Interesse und damit Verpflichtung mir gegenüber abverlangt werden. Mit dieser professionalisierten Positionierung gegenüber der Geschäftsleitung sollte auch den Problemen eines »research up« und den dabei möglicherweise auftretenden Ängsten vor dem Feld entgegengetreten werden (vgl. Wittel/Warneken 1997).

36 Damit soll nicht behauptet werden, dass so eine irgendwie authentischere Wirklichkeit beobachtet werden konnte. So barg die Rolle durchaus auch die Gefahr, dass bei einigen Mitarbeitern Ängste vor einer möglichen »Rationalisierung« entstehen. Dies wurde jedoch offen thematisiert und im Gegenzug Anonymität zugesichert. Mit der angenommenen Rolle sollten beobachtungsleitende Unterscheidungen besser kontrolliert werden, denn der Workshop erschien mir nicht dahin gehend interessant, wie in ihm beispielsweise soziale Ordnung hergestellt wird oder wie sich kollektiv Meinungen bilden. Viel-

Im Workshop selbst stellte ich mich dann als wissenschaftlicher Mitarbeiter und Doktorand vor, erklärte damit die auditive Aufzeichnung und sicherte Anonymität (insbesondere auch gegenüber der Geschäftsleitung) zu. Trotz dieser Offenlegung versuchte ich, durch mein Auftreten[37] und die Art und Weise der Moderation eine zielgerichtete Atmosphäre eines Workshops zu erzeugen. Die Agenda des Workshops bestand in einem Dreischritt. Die erste Stunde wurde als Einleitung und Aufwärmphase konzipiert. Nach meiner Vorstellung und der Präsentation der Agenda erfolgte eine Kurzvorstellung der Teilnehmer. Anschließend wurden mithilfe von zwei Moderationstechniken sowohl die Erwartungen an den Workshop[38] als auch Interessen hinsichtlich des Workshops[39] erfragt. Danach wurden die Ziele des Workshops präsentiert[40] und ein kurzer Input in das Thema Zusammenarbeiten[41] gegeben. Dann wurden die

---

mehr ging es um die Herstellung einer Materialgrundlage (Spurendaten), die nicht intentional zur Beantwortung einer konkreten Frage hergestellt wurden. Deswegen war es auch nicht wichtig, dass ich diese Workshops gestaltete, es hätte auch jemand anderes sein können; entscheidend waren ausschließlich die daraus resultierenden Materialien. Ebenso wie sich eine Diskursanalyse auf einen Textkorpus als materiale Basis der Untersuchung stützt, der nicht extra für die Diskursanalyse produziert wurde, nutzte die im Anschluss durchgeführte Analyse die aus dem Workshop resultierenden Materialien, die einzig deswegen hergestellt werden mussten, da es keine Materialien hinsichtlich der Frage nach der Organisation und Gestaltung der Arbeitsweisen im Unternehmen gab. Es ging also um die Generierung nichtreaktiver Verhaltensdaten, die insofern Daten sind, als sie gegeben sind und später in der Analyse vom Forscher zu Fakten entsprechend der Fragestellung gemacht werden (vgl. Rheinberger 2007). Man könnte es mit Georg Simmels (1992, S. 764 ff.) kleiner Studie zum Fremden auch noch einmal anders ausdrücken: Die größere soziale Beweglichkeit des Fremden (in einem Forschungsfeld) wird beobachtet werden und gerade deshalb zur Distanz der im Feld befindlichen Personen führen. Durch die Selbstbindung als Berater wurde diese Bewegungsfreiheit zwar eingeschränkt, trotzdem bleibt auch der Berater ein Fremder, jedoch ein für die Teilnehmer besser positionierbarer und insofern unproblematischerer Fremder (vgl. Amann/ Hirschauer 1997, S. 26).

37 Damit ist auch gemeint, dass ich im dunklen Anzug mit weißem Hemd erschien.

38 Dies geschah mit einer Tabelle mit zwei Spalten: »Ich hoffe, dass …« und »Ich befürchte, dass …«, die per Zuruf gefüllt wurde.

39 Dies wurde mit der Kärtchenmethode praktiziert. Jeder Teilnehmer sollte ein, zwei Interessen aufschreiben. Diese wurden dann am Whiteboard präsentiert, geclustert und blieben die gesamte Zeit im Raum sichtbar.

40 Dabei wurde für die Teilnehmer vor allem die Sensibilisierung für das Thema Zusammenarbeit stark gemacht und dass man lernen könne, welche Aspekte in diesem Zusammenhang den Kollegen wichtig erscheinen. Zudem wurde von meiner Seite darauf hingewiesen, dass ich Material für die Dissertation erhalte und neue, andere Perspektiven auf das Thema.

41 Dieser Input bestand aus einem ca. fünfminütigen, leicht verständlichen Kurzreferat. Dabei wurde das Wort »Zusammenarbeit« auseinandergenommen und erklärt, dass »zusammen« für mich als Soziologen nicht nur positiv konnotiert ist, sondern dass es neben dem Miteinander und Füreinander auch ein Gegeneinander geben könne. Hinsichtlich des Bestandteils »Arbeit« wies ich darauf hin, dass neben der körperlichen Arbeit zuneh-

Teilnehmer gebeten, sich an eine zum Thema Zusammenarbeit passende, selbst im Unternehmen erlebte Geschichte zu erinnern. Jeder Teilnehmer sollte diese seinem Sitznachbarn erzählen – wofür jeweils ca. fünf Minuten eingeplant waren –, bevor dann jeder reihum seine Geschichte vor allen präsentierte.[42] Gemeinsam wurde sodann ein Titel der Geschichte gesucht. Darauffolgend sollten die Teilnehmer eine Geschichte auswählen, die nun konkreter besprochen und diskutiert werden sollte. Zentrales Auswahlkriterium stellte die Repräsentativität der Geschichte für das Zusammenarbeiten im Unternehmen dar.

Nach dieser Aufwärmphase wurde für ca. zweieinhalb Stunden diese eine Geschichte diskutiert. Ausgangspunkt war das nochmalige Erzählen der Geschichte. Diesmal schrieb ich jedoch als Moderator in Stichpunkten (in einer Outline-Software) mit. Diese waren für alle Teilnehmenden durch Beamerpräsentation sichtbar, sodass sich in der darauf einsetzenden Diskussion alle auf sie beziehen konnten. Die ersten Nachfragen meinerseits zielten auf Unverständlichkeiten, die sich für einen von außen Kommenden ergaben. Weiter wurden allgemein formulierte Passagen der Geschichte durch Nachfragen konkretisiert, dabei halfen sich die Teilnehmer untereinander, um mir die Details und die daraus entstehenden wahrgenommenen Probleme und Unklarheiten zu erklären. Die Diskussion wurde offen entlang der jeweiligen Geschichte geführt. Gesprächsgenerierend wurde dabei je nach Situation von mir versucht, Perspektiven zu vermehren, die Lage zu verfremden oder neue Worte/Begriffe einzubringen.[43]

Nach dieser Erörterung und Vertiefung der Geschichte fasste ich die Geschichte und das für mich Augenfällige sowie das über das Unternehmen und die darin praktizierte Zusammenarbeit Gelernte ad hoc zusammen. Dies konnte in einer letzten Runde noch einmal kommentiert werden. Zudem wurde von

---

mend – insbesondere bei Zusammenarbeit – kognitive, interaktive und emotionale Aspekte eine Rolle spielen würden. Ziel dieses Inputs bestand darin, dass die Workshopteilnehmer Zusammenarbeit nicht ausschließlich positiv im Sinne »guter Zusammenarbeit« interpretierten.

42 Der Sinn des Voraberzählens bestand darin, dass mögliche Inkonsistenzen, Schwächen oder Fehlstellen beim erstmaligen Erzählen durch Nachfragen ausgeglichen werden konnten, sodass danach in der Runde eine für andere verständliche Geschichte präsentiert werden konnte. Auch konnte dadurch der Erzähldruck, einfach mal so eine Geschichte zu erzählen, gemindert werden.

43 Konkret hatte ich einen Fragezettel dabei, der dabei half, in entstehenden Pausen neue Impulse zu setzen oder andere Perspektiven auf das Erzählte zu erhalten. Einige typische Fragen waren: Wie würde die Geschichte vor bzw. in 20 Jahren erzählt werden? Hätte jeder der Anwesenden die Geschichte erzählen können? Welche Werte spielen dabei eine Rolle? Kennt das Management diese Geschichte? Was müsste passieren, dass diese Geschichte nicht mehr repräsentativ für das Unternehmen wäre? Wie würde der Einsatz technischer Hilfsmittel (wenn ja, welcher?) die Geschichte verändern? Welche Muster von Sozialität (Herrschaft, Macht, Dankbarkeit, Fürsorge, Tausch, Konflikt, Höflichkeit etc.) spielen eine Rolle?

den Teilnehmern ein Feedback eingeholt, das sich weniger auf die Form des Workshops, sondern auf dessen gefühlten Nutzen bezog.[44]

Für die nachfolgende wissenschaftliche Analyse ergab sich daraus eine große Menge verschiedener Materialien. Die Workshops wurden komplett auditiv aufgezeichnet und die Zettel bzw. Whiteboards mit den thematisierten Erwartungen und Interessen fotografiert. Des Weiteren ließ sich allein durch den unternehmensinternen Umgang mit dem Workshop sehr viel über das Unternehmen und dessen Gestaltung von Arbeitsweisen lernen: Waren die Teilnehmer freiwillig beim Workshop oder wurden sie zu diesem beordert? Wie haben sie von dem Workshop erfahren, wie wurde dieser intern kommuniziert? Wie war der Umgang der Teilnehmer untereinander? Wurde sich geduzt? Kannte man sich länger? Gab es Besonderheiten hinsichtlich Kleidung, Geschlechter- oder Altersverteilung? Wie wurde diskutiert? Welche Erwartungen wurden kommuniziert? Die Antworten auf diese Fragen wurden von mir in einem gedächtnisstützenden Memo direkt nach dem Workshop notiert, um zu einem späteren Zeitpunkt darauf als Material zurückgreifen zu können.

Dieser erste Zugriff auf die Unternehmen durch einen Workshop verband verschiedene methodische Verfahrensweisen, veränderte sie jedoch für die Problemstellung. Ein zentrales Element des Workshops bestand in der Gruppendiskussion. So war der Workshopablauf daran orientiert: Nach einer »Explikation des (formalen) Vorgehens« fand eine »kurze Vorstellungsrunde« statt. Die »eigentliche Diskussion beginnt mit einem Diskussionsanreiz« (Flick 2007, S. 255), wobei hier jedoch keine provokante These in den Raum gestellt wurde, sondern eine erzählte Geschichte im Mittelpunkt stand.

Die Gruppendiskussion hatte weder zum Ziel, latente Meinungen durch ein Gespräch oder eine Diskussion zutage zu fördern,[45] noch war sie als Focus Group konzipiert, bei der einzig für die Marktforschung sinnvolle Ergebnisse produziert werden. Vielmehr ging es um einen ersten Zugang zum Unternehmen, zu dessen Kultur und Hierarchie und zu den von den Teilnehmern thematisierten Problemen. Deswegen wurde die Gruppenzusammensetzung auch nicht vorgegeben. Da es also nicht um (politisch) kontrovers zu diskutierende Themen gehen sollte, sondern um einen ersten konzentrierten Einblick in das Feld, lag die erkenntnistheoretische Orientierung an den Group Discussions nahe, wie sie im Kontext der Cultural Studies durchgeführt wurden: »Unsere elementare Methode [...] war eine freie und allgemeine Form der Ethnographie, die sich

---

44 Es wurde jedoch – anders als u. a. von Liebig/Nentwig-Gesemann (2009, S. 107) empfohlen – kein Kurzfragebogen zu den soziodemografischen Merkmalen der Teilnehmer erhoben. Dies geschah auch nicht bei den qualitativen Experteninterviews, weil es mir grundsätzlich nicht um Personen ging, sondern um das Zusammenarbeiten.

45 Dies war das Anliegen einiger Vertreter der Frankfurter Schule (Pollock), die das Verfahren der Gruppendiskussion gegen die individuell und isolierend vorgehende Umfrage- und Meinungsforschung profilieren wollten (vgl. Bohnsack 2000a, S. 370).

vor allem der aufgezeichneten Gruppendiskussion bediente.« (Willis 1991, S. 17) Während jedoch in diesen Forschungen die Subkulturen, verstanden als Milieus oder Klassen, zur Sprache kommen und ihre kulturellen Muster (re)präsentieren sollten, hatte ich es mit einzelnen Mitarbeitern eines Unternehmens zu tun, deren – zumindest vordergründige – Gemeinsamkeit allein darin lag, Mitglieder dieser Organisation zu sein.[46] Diese Rolle wurde mithilfe des Storytelling-Ansatzes unterstrichen. Denn es sollten nicht irgendwelche Geschichten aus der Biografie der jeweiligen Person erzählt werden, sondern Geschichten aus dem Alltag des Unternehmens, die sie vielleicht auch am Abendbrottisch zu Hause erzählen würden oder gar schon erzählt hatten.

Dieses freie Erzählen einer Geschichte zum Thema wurde bisher vor allem in der Familienforschung als Methode eingesetzt (vgl. Hildenbrand/Jahn 1988), mit der sämtliche Familienmitglieder angeregt werden sollen, ihre gemeinsame Geschichte, als »gemeinsame soziale Konstruktion von Wirklichkeit« (Flick 2007, S. 265), zu erzählen. Mir ging es darum, dass zunächst eine Vielzahl von Geschichten zur Sprache kommen, dann eine als für das Unternehmen repräsentative von allen ausgewählt und diese gemeinsam diskutiert wird. Der entscheidende Vorteil dieses mittels Erzählungen agierenden Vorgehens war, dass ich als Moderator immer wieder auf Details eingehen konnte, was bei abstrakten Berichten über den Organisationsalltag schwierig gewesen wäre. Immer wenn das Gefühl entstand, dass von den Teilnehmern beim Erzählen der Geschichte von der konkreten Situation abstrahiert wurde, konnte so der Fokus auf die konkreten Arbeitsweisen gelenkt werden. Damit entstanden detailreiche Einblicke in das alltägliche Zusammenarbeiten im jeweiligen Unternehmen:

Bauroh ist ein Unternehmen, das verschiedene Bauvorhaben plant und projektiert. Aufgrund einer ausgeprägten Profitcenter-Kultur und der Gesamtgröße des Unternehmens wurde ausschließlich eine Abteilung in die Analyse einbezogen. Am Workshop konnten einige vorher ausgewählte Teilnehmer aufgrund von Arbeitsbelastung nicht teilnehmen, sodass letztlich nur vier Personen anwesend waren. Aus der erzählten Geschichte und dem Grundtenor der Diskussion ergab sich: Die bestehenden Organisationsstrukturen und die Unterstützung informeller Kommunikation haben sich bewährt und müssen deswegen auch bei der in absehbarer Zeit anstehenden Pensionierung der Führungsspitze bewahrt werden.

---

46 Dies korrespondiert auch mit Bohnsacks Vorstellungen, der die Gruppendiskussion als Möglichkeit konzipiert, auf den »konjunktiven Erfahrungsraum« (Mannheim), verstanden als »Sinnstrukturen jenseits des wörtlichen oder referenziellen Sinngehalts, aber auch jenseits der kommunikativen Absichten der Beteiligten« (Bohnsack 2000a, S. 378), zugreifen zu können. Ziel einer Gruppendiskussion ist es, »Zugang zu kollektiven, situationsunabhängigen Orientierungsmustern zu finden, die auf der Ebene von Milieus angesiedelt sind« (Liebig/Nentwig-Gesemann 2009, S. 105).

Betaplus ist ein Unternehmen, das sich auf Beratung hinsichtlich der Nutzerfreundlichkeit v. a. von Webanwendungen spezialisiert hat. Als Dienstleistungsunternehmen im Business-to-Business-Bereich (B2B) stand das Schnittstellenmanagement mit den Kunden im Fokus. Der Workshop fand in der Zentrale des Unternehmens mit vier Teilnehmern statt. Zentrales Thema der diskutierten Geschichte war: Die Unterscheidung von Prozessabläufen bei größeren und kleineren Projekten gelingt in der täglichen Praxis nicht und sorgt für Handlungsunsicherheit.

Matensis ist ein Unternehmen, das im Bereich Mess- und Analysetechnik tätig ist. Neben dem Vertrieb von eigenen Produkten werden auch komplexe und beratungsintensive Produkte in Gebäuden von anderen Unternehmen installiert. Der Workshop musste in einem Werkstattraum mit nur drei Teilnehmern improvisiert werden, da die Geschäftsführung nur den vereinbarten Termin weitergab, die besprochenen Ressourcen jedoch nicht organisierte.[47] Die präsentierte Geschichte offenbarte die Vorstellung: Alles muss stabsmäßig nach Plan ablaufen, ohne diesen wäre die Firma nicht wettbewerbsfähig. In der Realität geraten diese Pläne jedoch in Gefahr.

Web-icona ist ein Unternehmen, das eine eigene Software entwickelt und vertreibt. Mit Schwerpunkt auf Deutschland wird diese Software europaweit entwickelt und weltweit vertrieben. Der Workshop fand mit neun Personen aus verschiedenen Abteilungen des Unternehmens, jedoch von nur einem Standort statt.[48] In der Diskussion der Geschichte zeigte sich: Die standortübergreifende Zusammenarbeit ist schwach und wird durch Entscheidungsschwächen in der Managementstruktur nicht gefördert. Die Einführung von Scrum als neues Softwareentwicklungsframework soll all diese Probleme lösen.

WZG ist ein Unternehmen, das sich auf Stahlbau für verschiedene Bereiche (Industrie- und Wohnbau, Infrastruktur) spezialisiert hat. Das Unternehmen deckt den gesamten Prozess von der Projektierung über die Fertigung bis zur Montage ab. Im Workshop waren sieben Mitarbeiter aus jeder Prozessstufe anwesend. In der Geschichte kam zum Ausdruck: Der kürzlich vollzogene Wechsel der Unternehmensführung spielt keine Rolle, verbessert werden kann jedoch das Feedback und die Kommunikation zwischen Baustelle/Montage und Büro/Konstruktion.

---

47 Es war vor allem deswegen improvisiert, da der Geschäftsführer davon ausging, dass ich einzelne Interviews mit verschiedenen Mitarbeitern durchführen wollte. Im Konferenzraum fand zeitgleich ein wichtiger Kundentermin statt. Da der Termin schon einmal kurzfristig verschoben werden musste, sollte der geplante Workshop trotzdem stattfinden.

48 Die ethnografische Forschung fand nur am Standort Erfurt statt. Dort kam ich jedoch mit verschiedenen Mitarbeitern aus Madrid und Bremen in Kontakt – entweder direkt, da diese persönlich angereist kamen, oder via Webkonferenzen.

Zerfeld ist ein Unternehmen, das weltweit Stahlbauteile vertreibt und für den Ingenieur- und Anlagenbau individuelle Anfertigungen herstellt. Der Workshop musste ebenfalls improvisiert werden und fand mit vier Personen statt.[49] In der Geschichte wurde eine Wertvorstellung aufgrund einer geplanten Neuerung kontrovers diskutiert: Pragmatische Flexibilität wird als eine branchenbedingte, notwendige Eigenschaft der Firma dargestellt. Infrage stand, ob dies durch die geplante Einführung eines Warenwirtschaftssystems nicht konterkariert werde.

Aus der Analyse der Workshops[50] wird die methodische Offenheit sichtbar. So wurden sehr vielfältige Themen in gruppendynamisch heterogener Weise besprochen.[51] Auch waren die einzelnen Workshops von der Geschäftsleitung sehr unterschiedlich geframt worden. Waren die Workshops bei Betaplus, Webicona und WZG professionell von der Geschäftsführung vorbereitet, so mussten insbesondere die Workshops bei Zerfeld und Matensis improvisiert werden, da die Mitarbeiter erst am Tag des Workshops erfuhren, dass sie jetzt einige Stunden in einem Workshop sitzen werden, der irgendetwas mit Zusammenarbeit zu tun hat.

Dadurch waren die Erwartungen der Teilnehmer an den Workshop durchaus verschieden. So wurde versucht, mich als Experten zu konkreten innerbetrieblichen Fragestellungen zurate zu ziehen (Matensis) oder mich als Störer des Arbeitsalltags möglichst schnell wieder loszuwerden (Zerfeld). In einem Fall sollte ich das Ergebnis explizit an die Geschäftsleitung zurückspielen (Web-

---

49 Da eine An- und Abreise am gleichen Tag nicht möglich war, wurde eine Übernachtung vor dem Workshoptag vereinbart. Beim gemeinsamen Abendessen mit dem Geschäftsführer und dem Vertriebsleiter war man über meine Nachfrage, wie viele Mitarbeiter denn am morgigen Workshop teilnehmen würden, sehr überrascht. Es stellte sich heraus, dass wie bei Matensis von verschiedenen Einzelinterviews mit Mitarbeitern ausgegangen und dass die Forschungsvereinbarung nicht gelesen wurde. Matensis und Zerfeld waren auch die beiden Firmen, bei denen das Erstgespräch ausschließlich telefonisch geführt werden konnte.

50 Die Workshops wurden nicht komplett transkribiert. Wie von Liebig/Nentwig-Gesemann (2009, S. 107) empfohlen, wurde zunächst eine thematische Übersicht mit Zeitmarken erstellt. Sodann wurden einzelne Passagen, die sich durch eine hohe Interaktionsdichte oder Kontroversen auszeichneten, komplett transkribiert. Die formulierten Paraphrasen entstanden nach der Durcharbeitung des Mitschnitts und des Memos, das direkt im Anschluss erstellt wurde.

51 Ein Beispiel ist der Workshop bei Zerfeld, in dem lebhaft diskutiert wurde, ob die Einführung eines Warenwirtschaftssystems dem Unternehmen helfen oder die gelebte Flexibilität viel eher behindern würde. Auf Nachfrage, was denn konkret unter Flexibilität verstanden wird, wurde mir eine Geschichte erzählt, dass aufgrund eines marktweiten Ressourcenmangels über eine befreundete Firma bei der eigenen Konkurrenz bestellt wurde, um weiterhin die eigenen Kunden – wenn auch mit viel geringerer Marge – beliefern zu können. Dieses bauernschlaue Um-die-Ecke-Denken wurde mit Flexibilität assoziiert. Deswegen erschien ein Warenwirtschaftssystem zumindest einigen Mitarbeitern als Gefahr.

icona), in anderen Fällen wurde der Workshop als Mittel genutzt, um sich über Optimierungspotenziale konkreter Arbeitsabläufe zu verständigen (Betaplus, WZG); oder aber er wurde mehr oder weniger desinteressiert ertragen (Bauroh).

Zudem taten sich die Teilnehmer in den Unternehmen unterschiedlich schwer, eigene Geschichten zu erinnern und zu präsentieren. Durch die von den Teilnehmern getroffene Auswahl einer Geschichte konnte dies jedoch aufgewogen werden, weil es insbesondere denjenigen, die Schwierigkeiten mit einer eigenen Geschichte hatten, in der Regel leicht fiel, die Geschichten anderer zu hinterfragen, zu ergänzen oder zu kontrastieren.

Auch der Umgang der Geschäftsleitung mit den Resultaten aus dem Workshop war – überraschend für mich – sehr unterschiedlich. Angeboten hatte ich in der Forschungsvereinbarung eine Zusammenfassung der Ergebnisse in Form einer anonymisierten Präsentation. Dies wurde jedoch nur von der Web-icona in Anspruch genommen. WZG und Betaplus erhielten eine schriftliche Zusammenfassung der Ergebnisse. Die restlichen drei Unternehmen wollten keine explizite Zusammenfassung oder sprachen mich einfach nicht mehr darauf an.

Die Workshops waren letztendlich nicht als isolierte und einzige empirische Materialquelle konzipiert, sondern jeweils als eine Art Trojanisches Pferd, um einen ersten Einblick in die Arbeitsweisen, Routinen und Probleme in den jeweiligen Unternehmen zu erhalten. Statt eines abstrakten Berichts, wie Prozesse im Unternehmen ablaufen, sollte anhand der präsentierten Geschichten eine erste Vorstellung der konkret vorfindlichen Weisen des Zusammenarbeitens gewonnen werden, um dadurch zwei möglichst kontrastierende Fälle auswählen zu können.

Diese Entscheidung sollte weder theoretisch anhand von abstrakten Merkmalen wie Unternehmensgröße, Branche etc. gefällt werden, da insbesondere die Weisen des Zusammenarbeitens nicht notwendigerweise damit korrespondieren müssen,[52] noch standen die Vergleichskriterien schon im Vorfeld der Analyse der Workshops fest. Vielmehr wurden sie aus den Workshops selbst heraus gewonnen. So konnten Unternehmen mit einer prinzipiell hochgradigen Strukturierung von Arbeitsweisen (bspw. Betaplus, WZG), solche mit projektspezifischen Strukturierungen (Matensis) und solche mit geringer Prozessorientierung (Zerfeld) ausgemacht werden. Auch konnten sehr stark medial vermittelte Arbeitsweisen (Web-icona) von solchen, die vor allem durch Interaktionen unter Anwesenheit (Bauroh) geprägt waren, unterschieden werden. Ebenfalls gab es Unterschiede, ob in einer (Vor-)Montagehalle physisch zusammengearbeitet wurde (WZG, Zerfeld) oder ob dies vornehmlich kommunikativ mittels Computer und Telefon geschah (Betaplus, Web-icona).

---

52 So sind beispielsweise Zerfeld und WZG strukturell sehr ähnlich (Branche, Mitarbeiteranzahl etc.), jedoch hinsichtlich der in den Erzählungen dargestellten Arbeitsweisen höchst divergent.

Letztlich wurden aus forschungspraktischen Gründen zwei Unternehmen gewählt, die sich in erster Linie hinsichtlich der Veränderungsakzeptanz der Weisen des Zusammenarbeitens stark unterschieden. Bauroh wurde mir im Workshop und im Erstgespräch mit dem Abteilungsleiter als strukturkonservativ präsentiert. Die etablierten Strukturen hätten sich bewährt und sollten deswegen nicht geändert werden. Web-icona hatte sich demgegenüber gerade zu einem tiefgreifenden Strukturwandel entschlossen und befand sich zum Zeitpunkt des Workshops in den letzten Vorbereitungen dafür. Dieser Strukturwandel basierte auf der Einführung des Softwareentwicklungsframeworks Scrum, die zu einer agilen Organisationsstruktur führen sollte.[53]

Zu diesem Aspekt der sehr verschiedenen Veränderungsakzeptanz kamen noch weitere Differenzen. Zunächst ist die unterschiedliche Prägung der Zusammenarbeit durch (technische) Medien zu nennen. Obwohl beide Firmen durch Computerarbeitsplätze geprägt sind, wurden bei der Web-icona im Workshop verschiedene Tools der computervermittelten Zusammenarbeit (Wikis, Ticketsystem, Chatprogramme, Intranet etc.) angesprochen, während bei der Bauroh lediglich von einer Arbeitsgruppe gesprochen wurde, die sich damit beschäftigt, eine einheitliche Ordnerstruktur in Netzlaufwerken einzuführen. Ein zweiter Unterschied besteht in der verschiedenen Branchenzugehörigkeit. Ein dritter Aspekt war die schon beim Erstkontakt spürbare Differenz beim durchschnittlichen Alter der Angestellten. Waren die meisten Angestellten bei Web-icona eher jung (geschätzt 20 bis 40 Jahre), so waren sie bei der Bauroh eher älter (geschätzt 40 bis 65).[54] Ein vierter Unterschied konnte zunächst nur erahnt werden und besteht in der sehr verschiedenen räumlichen Strukturierung. Sind es bei der Web-icona vornehmlich vom Gang einsehbare Großraumbüros mit bis zu 12 Schreibtischen, so herrschen bei der Bauroh uneinsehbare und zumeist durch geschlossene Türen getrennte Zwei-Mann-Büros vor. Fünftens schließlich wurde ich bereits im Erstgespräch mit der Bauroh auf die politisch-gesellschaftliche Wende 1989/1990 als entscheidende und wichtige Phase des Unternehmens verwiesen, während diese bei der Web-icona keinerlei Rolle spielte.

Trotz dieser herausgestellten Differenzen sind beide Unternehmen strukturell äußerst ähnlich hinsichtlich der Anzahl der Mitarbeiter, dem Vorhandensein verschiedener Standorte[55] und der Abwesenheit von körperlicher Arbeit.

---

53 Da ich vor einigen Jahren selbst in einer Softwareentwicklungsfirma beschäftigt war und beim Aufbau eines neuen Produkts ebenfalls Elemente von Scrum in die Organisationsstruktur eingeführt hatte, bestand schon ein ausreichendes Vorwissen, um abschätzen zu können, dass dadurch ein sehr tiefgreifender Wandel stattfinden wird.

54 Im Zuge der ethnografischen Untersuchungen konnte auch ein überaus starker Unterschied hinsichtlich des Geschlechterverhältnisses festgestellt werden. Dies wurde durch die Zusammensetzung der Workshopteilnehmer jedoch nicht ersichtlich.

55 Die Bauroh besitzt auch verschiedene Standorte, das Büro Uhlram, das ethnografisch erforscht wurde, war jedoch nur an einem Standort, sodass die Problematik verschiede-

Dieser Aspekt struktureller Ähnlichkeit und gleichzeitiger wahrgenommener Divergenz sprach für die Auswahl dieser beiden kontrastierenden Unternehmen.

2.4 Zwei einander kontrastierende Unternehmen

Nach der Auswahl von Web-icona und Bauroh als zwei Unternehmen, die sich voraussichtlich hinsichtlich der Gestaltung und Organisation des Zusammenarbeitens unterscheiden, begann die eigentliche empirische Untersuchung. Diese zweite Stufe kann in das Feld der Fallstudienforschung eingeordnet werden. Wie Pongratz und Trinczek (2010) erläutern, ist die Fallstudienforschung insbesondere in der Arbeits- und Industriesoziologie ein bewährtes Forschungsdesign.[56] Als wesentliche Merkmale werden »Kontextbezug, Multiperspektivität, Methodenkombination und Offenheit« (Pflüger et al. 2010b, S. 6) genannt. Die dadurch mögliche Vielfalt von Fallstudien wird von den Autoren in vier Typen (Gestaltung, Vertiefung, Vielfalt, Verallgemeinerung) eingeteilt. Das in dieser zweiten Phase praktizierte Vorgehen entspricht einer »Vertiefung« (ebd., S. 7), in der die Komplexität der sozialen Prozesse durch eine detaillierte Analyse von Einzelfällen erfasst werden soll.

Beide Fälle wurden im Folgenden mit möglichst offenen Methoden untersucht. Für die Analyse der Weisen des Zusammenarbeitens bot sich insbesondere ein ethnografisches Vorgehen an. Die Kontexte jedoch, in denen zusammengearbeitet wird, können nur schlecht durch teilnehmende oder teilhabende Beobachtung erschlossen werden. Deswegen wurden offene, leitfadengestützte Experteninterviews mit verschiedenen Mitarbeitern der beiden Unternehmen[57] geführt. Durch die Interviews, durch eine bei der Web-icona angefertigte Masterarbeit (Dienstag 2014),[58] aber auch durch im Feld vorfindliche Materialien

---

ner Standorte hier nicht zum Tragen kam. Die Web-icona besitzt hinsichtlich der Software-Entwicklung drei Standorte: Bremen, Erfurt und Madrid. Ist in Bremen vor allem das Marketing, die Produktentwicklung und die Geschäftsleitung ansässig, so wird die Software v. a. am Standort Erfurt programmiert. Zusätzliche Programmierer gibt es in Madrid.

56 Zusammen mit Jessica Pflüger definieren sie in der Einleitung die Fallstudie als »eine Forschungsstrategie, welche durch die Kombination verschiedener sozialwissenschaftlicher Erhebungs- und Auswertungsverfahren bei der Analyse eines sozialen Prozesses [...] dessen Kontext systematisch zu berücksichtigen in der Lage ist« (Pflüger et al. 2010a, S. 30).

57 Zusätzlich zu einigen Mitarbeitern der Web-icona wurde auch noch ein externer Berater, der bei der Einführung von Scrum half, interviewt. Bei der Bauroh wurde der Geschäftsführer des Gesamtunternehmens mehrmals interviewt, um ebenfalls eine weitere Außenperspektive – in dem Fall auf die Abteilung – zu generieren.

58 Die Masterarbeit (Dienstag 2014) im Bereich Informatik wurde parallel zu meinen Beobachtungen im Unternehmen zur Einführung von Scrum geschrieben. Diese Arbeit dient mir als Material, wie Scrum allgemein, jenseits der beobachteten Praktiken begriffen wird.

(z. B. Pinnwände, Whiteboards, Broschüren etc.) konnte so eine Bedeutungsebe-
ne erschlossen werden, die die beobachtbaren Weisen des Zusammenarbeitens
zu kontextualisieren und einzubetten half.[59]

2.4.1 Ethnografie – mit Fokus

Ethnografie wird in dieser Studie als »eine Haltung und Forschungsstrategie
[verstanden; S. M.], sich einem sozialen Phänomen empirisch so zu nähern,
dass es sich dem Beobachter in seiner Vielfältigkeit, Vielschichtigkeit und Wi-
dersprüchlichkeit zeigen kann« (Breidenstein et al. 2013, S. 8 f.). Ethnografie in
diesem Sinne ist deswegen nur bedingt methodisierbar – ein »Set von Regeln
und Vorgaben existiert nicht« (Dellwing/Prus 2012, S. 11).[60] Sie hilft dem Forscher vielmehr, offen und flexibel auf die Anforderungen des Feldes reagieren
zu können (Breidenstein et al. 2013, S. 9). Deswegen bedeutet ethnografisches
Forschen, »immer wieder zwischen Beobachtungsphasen zu wechseln sowie
Fragestellungen und das theoretische Gerüst zu überarbeiten und zu korrigieren« (ebd.).[61]

Trotz aller Offenheit macht selbstverständlich auch die Ethnografie einige
Grundannahmen, und sie hat spezifische Merkmale. Wenn auch die Ethnografie keine Methode im Sinne einer technischen Verfahrensregel ist, so schließt
sie doch – womit ein erstes Merkmal benannt ist – verschiedene Datenerhe-
bungsmöglichkeiten ein, die sich jedoch an den konkreten Situationen und Zielen der Forschung orientieren und nicht an einem vorgefertigten Methoden-
korsett. Insofern ist die »Kombination der Beobachtung von menschlichem
Handeln, der eigenen Erfahrung der erforschten Praxis, der Teilhabe an sozialen Situationen sowie der Nachfrage von Bedeutungen, subjektiven Sichtweisen

---

59 Dass damit eine Methodentriangulation vorgenommen wurde, d. h. mehrere Methoden
    und Vorgehensweisen auf ein Forschungsinteresse ausgerichtet wurden, soll einzig in
    dieser Fußnote erwähnt werden. Aufgrund der im methodologischen Teil dargestellten
    Haltung erscheint ein Forschungsprozess, der ohne Methodentriangulation auszukom-
    men denkt, überhaupt unplausibel, da den Verfahren zu viel Bedeutung zugemessen
    wird.

60 Dass die Ethnografie »keine kanonisierbare und anwendbare ›Methode‹, sondern eine
    opportunistische und feldspezifische Erkenntnisstrategie« ist, betonen auch Amann und
    Hirschauer (1997, S. 20). Ebenso spricht Lengersdorf (2011, S. 93) von einem recht offenen
    Vorgehen, »um ›Ein-Sicht‹ in die soziale Praxis des Feldes zu erlangen«.

61 Geradezu apodiktisch formulieren dies Prus und Dellwing (2012, S. 12) in ihrer Einfüh-
    rung: »Was wir anbieten, wird nicht unumstritten sein: Wir vertreten in einer Zeit zu-
    nehmender methodologischer Schließung, in der Forschung immer ökonomischer, com-
    putergestützter wird und mehr und mehr festen Auswertungsschemata ausgesetzt ist,
    eine maximal offene Forschung. Wir sind […]überzeugt, dass Ethnografie eine Kunstform
    ist, die nicht in erster Linie Methoden oder Interpretationsprogramme, sondern Neugier,
    soziologische Vorstellungskraft und Kreativität erfordert.«

und Hintergründen in Gesprächen, Interviews oder Gruppensituationen« (Bachmann/Wittel 2006, S. 207) ein herausstechendes Merkmal. Durch die Methodenkombination und einen »feldspezifischen Opportunismus« (Breidenstein et al. 2013, S. 34) werden verschiedene Datentypen erzeugt: »Protokolle, Tagebücher, Interviewtranskripte, Konversationsmitschnitte« (ebd.), aber auch Fotografien, Videosequenzen oder einfach im Feld gefundenes Material, das mitgenommen wurde.

Das zweite Merkmal ist sicher das geläufigste: Ethnografie basiert auf Feldforschung und damit auf einer andauernden, unmittelbaren Erfahrung (ebd., S. 33). Andauernd meint dabei zumeist einen Aufenthalt von Monaten, wenn nicht gar Jahren (Dellwing/Prus 2012, S. 141), und unmittelbar beschreibt die »sinnliche Unmittelbarkeit« (Breidenstein et al. 2013, S. 33), dass der Forscher mit eigenen Augen, Ohren und Nase, zum Teil auch haptisch Daten erhebt und dabei emotional, affektiv – mit seiner gesamten Person (und dem eigenen Körper) – involviert ist.

Das dritte Merkmal besteht im erforschten Gegenstand: den sozialen Praktiken (ebd., S. 31f.). Statt eine gesamte Kultur (Ethnie) zu untersuchen, liegt der Fokus gegenwärtiger ethnografischer Forschung entweder auf den im Feld vorfindlichen sozialen Interaktionen (Dellwing/Prus 2012) oder auf den sozialen Praktiken[62] (Breidenstein et al. 2013).

Als letztes Merkmal sei an die vornehmliche Tätigkeit des Ethnografen erinnert: Schreiben (ebd., S. 35f.).[63] Dieses Merkmal hat oft die Kritik auf sich gezogen, dass mit der Übersetzung von nichtsprachlichen Aktivitäten in Sprache etwas geschaffen werde, das im Feld so überhaupt nicht anzutreffen sei. Die Kritik einer Versprachlichung des (stummen) Sozialen ist freilich auf (fast) sämtliche sozialwissenschaftliche Methoden übertragbar, wurde aber besonders bei der Ethnografie bemerkt, da sich bei ihr der Forscher nicht hinter einem Methodenkonstrukt, sei es qualitativer oder quantitativer Art, verstecken kann. Statt einer pauschalen Ablehnung des ethnografischen Vorgehens erscheint mir eine verstärkte Sensibilität gegenüber diesen medialen Effekten notwendig (vgl. auch Hirschauer 2001). Dies umso mehr, als nicht nur Sichtbares, Anfassbares und unthematisiert Selbstverständliches durch den Forscher sprachlich verfasst wird, vielmehr forscht er ja auch nicht nur mit seinem eigenen Körper (und Wahrnehmungsapparat), sondern auch mithilfe verschiedener technischer Medien (Videoaufnahme, Fotografie, Audioaufnahme).[64]

---

62   Umgekehrt findet sich unisono, dass die Ethnografie *die* Hausmethode der Praxissoziologen ist (vgl. Reckwitz 2003, S. 298; Hillebrandt 2014, S. 95; Schmidt 2008, S. 285).
63   Immer wieder gern zitiert – deswegen auch hier nicht zu unterschlagen: »›Was macht der Ethnograf?‹ Antwort: er schreibt.« (Geertz 1987, S. 28)
64   Hinsichtlich des Visuellen als Gegenstand *und* als Methode soziologischen Forschens macht Schindler (2012) darauf aufmerksam macht, dass die Ethnografie selbst aus ver-

Ethnografie ermöglicht damit ein Vorgehen, das zum einen reflexiv genug ist, um die methodologischen Prämissen einzulösen, und das zum anderen methodisch offen genug ist, um konkrete soziale Praktiken und nicht nur Diskurse oder Repräsentationen von Praktiken zu beobachten. Trotz dieses augenscheinlichen Passungsverhältnisses sollen im Folgenden vier Problematisierungen der Ethnografie, die von Andreas Wittel (2012) formuliert wurden, genutzt werden, um meinen konkreten Umgang mit der Ethnografie weiter zu verdeutlichen.

Zunächst ist der Feldbegriff zu problematisieren. Früher (v. a. in der ethnologischen Forschung des 20. Jahrhunderts) war das Feld der Feldforschung üblicherweise eine entlegene Kultur (möglichst auf einer Insel) oder ein Stammesdorf. Wurde diese Vorstellung in den 1980er Jahren schon durch die parallele Existenz verschiedener Kulturen problematisiert (Marcus/Fischer 1986), ist es insbesondere für eine soziologische Erforschung der Gegenwart nur schwer möglich, das untersuchte Feld abzugrenzen (vgl. auch Beck/Wittel 2000). Denn selbstverständlich kann der konkrete Ort der Untersuchung (das Gebäude), insbesondere bei Unternehmen mit mehreren Standorten, nicht mehr das Feld sein. Ebenso ist eine Felddefinition durch Organisationsgrenzen erschwert, da dann die außerorganisatorischen Kontexte (Wettbewerber, Branche, Stadt, Region, Technologien, politisch-rechtliche Rahmenbedingungen etc.) nicht berücksichtigt werden könnten. Feldforschung bedeutete deshalb für meine Arbeit, nicht nur in dem Unternehmen »rumzuhängen« (»hanging around«) und zu schauen, was mir so widerfährt, sondern dass ich entsprechend meines »sensitizing concepts« (Blumer 1954, S. 7) bestimmte Aspekte und Situationen beobachtete. Dieser Ansatz, den Wittel als »Intensivierung der Erforschung von Netzen« (Wittel 2012, S. 66)[65] bezeichnet, führte einerseits dazu, dass ich teilweise nur für konkrete Meetings anreiste oder dass ich dem Coach folgte, der ohnehin in der Firma war, und diesen in Mittagspausen und Skype-Gesprächen außerhalb des Unternehmens befragte. Andererseits nahm ich an Fußballturnieren (leider nur als Zuschauer) teil oder tauchte überraschend auf – mal vor dem normalen Beginn der Arbeit, mal spät am Tag etc.

Damit ist auch schon die zweite Problematisierung angedeutet, nämlich der starke Fokus der Ethnografie auf teilnehmende und kopräsente Beobachtung.

---

schiedenen Praktiken und Ethnomethoden besteht. Vergleiche zu diesem Argument auch schon Schindler/Boll (2011).

65 Dieses Vorgehen setzt nicht so sehr darauf, dass man eine sehr lange Zeit im Feld einfach nur dabei ist, um dadurch verborgene Einsichten in dessen Funktionieren zu erlangen. Vielmehr wird von der permanenten Konstruktion des Feldes durch den Forscher wie auch durch den Beforschten ausgegangen. Dies führt zu einer stetigen Offenheit bezüglich dessen, was das Feld auszumachen scheint. Ähnlich ist das Vorgehen von Vertretern der ANT, das darin besteht, dass man ethnografisch immer den Akteuren (und Aktanten) folgt, um die verschiedenen Orte, »wo die action ist«, in die Analyse einbeziehen zu können.

Gerade im Hinblick auf die Frage nach der Gestaltung des Zusammenarbeitens
(in Unternehmen von heute) sind zwei Aspekte wichtig: Zum einen stellt sich
die Frage, ob Zusammenarbeit – wenn beispielsweise als immaterielle Arbeit
verstanden – durch die kopräsente Beobachtung tiefenscharf analysierbar ist.
Zum anderen ist zu fragen, ob mit dem Fokus auf Kopräsenz die Medialisierung
von Zusammenarbeit sinnvoll erfasst werden kann. So war es durchaus problematisch, die Videokonferenzen, die zudem noch Screensharing-Anteile enthiel-
ten, ausschließlich durch teilnehmende Beobachtung zu erfassen. Ebenso war
es eine fortwährende Herausforderung, aus der Beobachtung von Programmier-
arbeit die Anteile bzw. Facetten von Zusammenarbeit herauszukristallisieren.
Oft musste auf eigene Erfahrungen zurückgegriffen, und es mussten vielfältige
Gespräche (auch außerhalb des konkret untersuchten Unternehmens) mit Programmierern geführt werden.

Die dritte von Wittel (2012, S. 70 ff.) in die Diskussion eingeführte Problematisierung betrifft den Forschungsfokus auf soziale Interaktion, auf die Beziehung der Menschen. Er sieht die Gefahr, dass dabei »die politischen und
ökonomischen Kontexte, die soziale Interaktionen zumindest teilweise strukturieren, aus dem Blickwinkel« (ebd., S. 70) geraten könnten. Er führt dies u. a.
auf Goffmans Studien zurück, welche die Interaktionen »weitgehend dekon-
textualisierten« (ebd., S. 71). Für die eigene Forschung wurden deshalb in die
Analyse immer Fragen nach Feldeigenschaften (im Sinne von Bourdieu) oder
mögliche Zurechenbarkeiten auf Funktionssysteme mitgedacht. Dies hatte den
Vorteil, dass ein und dieselbe Beobachtung mehrmals relationiert wurde: auf
die Person, auf die (Interaktions-)Situation, aber auch auf den Kontext (Wirtschaft, Politik, Erziehung etc.) oder auf die Organisation.[66] Weiterhin wurde das
Zuhandensein und Mitwirken der Dinge und Artefakte sowie der Körperlichkeit
stets mitthematisiert.

Die vierte und letzte Problematisierung betrifft die Konzentration auf Kultur. Zum einen kann die analytische Brauchbarkeit des Kulturbegriffs bezwei-
felt werden (vgl. Luhmann 1995), zum anderen können auch die politischen
Implikationen des Begriffs (Stichwort: Postkolonialismus) in den Mittelpunkt
gerückt werden. Für Wittel (2012, S. 74) ist dagegen die fehlende Relevanz aus-
schlaggebend: Statt Kultur ist für ihn der Informationsbegriff zentral. Für meine eigene Untersuchung ist diese Problematisierung nur insofern relevant, als
es mir eben nicht um die Erforschung einer (fremden) Kultur geht, sondern

---

66 So kann beispielsweise die Einführung von Scrum nicht allein mit der Beobachtung von
     Praktiken in Unternehmen begründet werden. Weder kommen die Teilnehmer einfach
     so auf die Idee, noch wird das Konzept automatisch umgesetzt. Vielmehr bilden ver-
     schiedene Kontexte, Begründungen und Metaphern den Hintergrund (und wie im em-
     pirischen Teil gezeigt werden wird, die durchaus heterogenen Gründe), der eine Einfüh-
     rung von Scrum überhaupt erst plausibel erscheinen lässt. Wer das nicht berücksichtigt,
     sieht zu kurz.

vielmehr um die Beobachtung und Analyse des Organisierens und Gestaltens von Zusammenarbeit.

Aus all diesen Problematisierungen heraus folgte eine Anpassung des ethnografischen Vorgehens an meine Fragestellung und theoretische Zielrichtung. Im Endeffekt war ich deutlich kürzer im Feld, meine reine Anwesenheitszeit betrug pro Unternehmen jeweils nur 14 Tage. Dafür führte ich zahlreiche Interviews zu unterschiedlichen Zeitpunkten und mit Personen, die sehr verschiedene Rollen im Unternehmen spielten bzw. die einem konkreten unternehmensspezifischen Beobachtungsinteresse entsprachen. Meine Konzentration während der Feldphasen galt insbesondere den konkreten Praktiken, Handlungen und Kommunikationen und nicht einer – wie auch immer spezifizierten – Kultur. Letztlich legte ich mein Augenmerk nicht ausschließlich auf die sozialen Interaktionen, sondern analysierte auch die verschiedenen Kontexte und die zuhandenen Dinge und Artefakte.[67]

Diese Zurichtung und Anpassung der Ethnografie an die hier zentrale Frage- und Problemstellung kann durchaus mit Hubert Knoblauch (2001) als »fokussierte Ethnografie« begriffen werden.[68] Auch er plädiert für kürzere Feldphasen, intensivierte Datenanalysephasen und die Aufzeichnung von Gesprächen und Situationen. Beachtet werden muss jedoch ein Aspekt, auf den Breidenstein und Hirschauer (2002) in ihrer Aufsatzreplik aufmerksam machen: Erstens ist die »›Kontaktfläche‹ zur Erfahrungswirklichkeit anderer« (ebd., S. 126) nicht durch (Video- oder Audio-)Aufzeichnungen zu ersetzen; und zweitens müssen die medialen Bedingungen der Aufzeichnung[69] mit berücksichtigt werden. Die

---

67 Der informierte Leser mag sich an dieser Stelle fragen, wie sich das bisher Formulierte zum Technografie-Ansatz (Rammert/Schubert 2006; Rammert 2008) verhält. Die Technografie begreift »den praktischen Umgang mit Techniken, das kreative Machen und das adaptive Nutzen als einen genuin sozialen Prozess« und »beschreibt, wie sich soziales Handeln aus der Verteilung von Aktivitäten und Attributionen, auf menschliche, physische und symbolische Träger in hybriden Konstellationen konstituiert« (Rammert/Schubert 2006, S. 13). Es geht also dabei um die ethnografisch inspirierte Beobachtung von soziotechnischen Konstellationen in verteilter Handlungsträgerschaft. Im Kontrast dazu beschränke ich mich auf die Beobachtung von technisch zugerichteten sozialen Praktiken und Handlungen. Diese können im Verbund mit Artefakten und materialen Techniken auftreten, müssen es aber nicht. Damit unterscheidet sich der hier vorgenommene Fokus sowohl von einer Ethnografie, die sich auf die Kultur des Feldes konzentriert, als auch von der Technografie, die sich auf die verteilten Handlungen von Akteuren und Techniken konzentriert.

68 Vergleiche neben diesem zentralen Artikel auch noch weitere Darstellungen von ihm zur gleichen Problematik (Knoblauch 2000, 2005). Für einen Überblick der Differenzen siehe besonders die Tabelle in Knoblauch (2001, S. 129).

69 Zu denken wäre beispielsweise an den Bildausschnitt, die Perspektive auf das Geschehen, die Tonqualität, die Tiefenschärfe etc. Wie dies in die Analyse mit »eingerechnet« werden kann, zeigen – die gesamte Debatte um Videosequenzen in der qualitativen Sozialforschung umfassend und trotzdem pointiert zusammenfassend – Larissa Schindler und Michael Liegl (2013).

Gefahr, dass eine fokussierte Ethnografie billig, oberflächlich und »quick and dirty« werde,[70] kann jedoch mit einer erhöhten Intensität in drei Bereichen bekämpft werden: erstens während des konkreten Feldaufenthalts, zweitens durch theoretische Strukturierungen und drittens durch die intensivierte Analyse des Materials am Schreibtisch (Pink/Morgan 2013, bes. S. 359). Deswegen konzentrierte ich mich erstens auf die Fragestellung nach den Weisen des Zusammenarbeitens. Entsprechend dieser wurden – zweitens – im Vorfeld des eigentlichen Feldaufenthalts die oben dargestellten Workshops (vgl. Kap. III.2.3) zum Thema Zusammenarbeit in den verschiedenen Unternehmen durchgeführt, um einen thematischen Fokus festzulegen und schon erste Vergleichsansätze zwischen den verschiedenen Unternehmen zu generieren. Der Feldaufenthalt selbst erstreckte sich dann auch nicht über zwei aufeinanderfolgende Wochen, sondern fand über einen Zeitraum von über einem Jahr (September 2013 bis September 2014), gestreut zu unterschiedlichen Zeitpunkten und in verschiedenen Situationen statt. Drittens wurden parallel zur teilnehmenden Beobachtung und wieder über einen mehrmonatigen Zeitraum verteilt verschiedene Interviews geführt. Diese Konzeption ermöglichte eine Kontaktphase mit den Unternehmen von mehr als einem Jahr,[71] jedoch mit beträchtlichen Schwankungen in der Intensität der Feldforschung. Dadurch konnte zudem die methodologische Prämisse eingelöst werden, die in der zirkulären Anlage der Forschung, im beständigen Praktizieren von Vor- und Rückgriffen bestand. Insofern kann mein Vorgehen als ein »Jonglieren mit blinden Flecken« (Dellwing/Prus 2012, S. 189) gekennzeichnet werden: »Man sieht nicht alles, merkt nicht alles, und muss mit dem umgehen, was man hat und daraus neue ›sehende Flecken‹ generieren, mit denen wieder mehr von dem gesehen wird, was man gebrauchen kann« (ebd.).

---

70 Diese Gefahr wird erhöht, da die Ethnografie verstärkt Einzug in die angewandte (Wirtschafts-)Forschung hält. So ist sie im Bereich Human-Computer-Interaction und der User-Experience-Forschung immer weiter verbreitet, jedoch zumeist mit dem Fokus, dass es nicht zu lange dauern darf, weil es sonst zu teuer (im Verhältnis zum Output!) wird. Ein Beispiel für ein Methodenbuch in diesem Kontext ist *Fieldwork for Design* (Randall et al. 2007), das m. E. wissenschaftlichen Standards nicht genügend Rechnung trägt, jedoch für den Praktiker in den Unternehmen und Organisationen sinnvolle Anregungen gibt, sich überhaupt einmal mit dem Nutzer und dessen Umgang mit Software, Artefakten etc. auseinanderzusetzen.

71 Das Erstgespräch mit Web-icona fand am 19. 06. 2013, das mit Bauroh am 17. 07. 2013 statt. Der letzte mit in diese Untersuchung eingehende Kontakt in Form von Kurzpräsentationen verschiedener empirischer Ergebnisse vor dem Management fand im Januar 2016 statt.

2.4.2 Offene, leitfadengestützte Interviews

Wie schon angesprochen, erschien es mir sinnvoll, ergänzend und kontrastierend zu dem ethnografischen Vorgehen auch qualitative Interviews zu führen. Mit der Entscheidung, offene und qualitative Interviews (vgl. hierzu einführend Hopf 2000) zu führen, war es jedoch nicht getan, weil das Führen der Interviews an das Forschungsvorhaben angepasst werden musste.

Für meine Zielstellung war ein vollkommen offenes, narratives Vorgehen vor allem aus zwei Gründen nicht adäquat. Erstens interessierte mich für meine Forschung nicht die gesamte Person und ihre Biografie, sondern vornehmlich ihre Rolle als Arbeitnehmer bzw. -geber. Zweitens konnte nicht davon ausgegangen werden, dass die Interviewten für ein offenes Vorgehen zur Verfügung gestanden hätten. Wahrscheinlich hätte kein Mitarbeiter einem zeitlich offenen Ende des Interviews während der Arbeitszeit zugestimmt. Insofern erschien eine etwas strukturiertere Form angebracht.

Die durchgeführten Interviews lassen sich letztlich am besten als offene, jedoch leitfadengestützte Experteninterviews begreifen (vgl. Flick 2007, S. 194 ff.; Liebold/Trinczek 2009). Experteninterviews waren sie deshalb, weil zumeist nur eine Rolle des Interviewten – als Arbeitnehmer bzw. -geber – angesprochen wurde (Meuser/Nagel 2009, S. 469).[72] Als Experte wurde ein Interviewpartner nicht durch formale Kriterien (beispielsweise Hierarchiestufe) angesehen, sondern als Experte wurden all diejenigen betrachtet, die ein Wissen von den im Unternehmen vorfindlichen Weisen des Zusammenarbeitens erworben hatten.[73] Dies waren sämtliche Mitarbeiter, so sie mindestens einige Monate angestellt waren. Denn sie alle konnten in dieser Zeit ein Wissen über die Art und Weise der praktizierten Zusammenarbeit im Unternehmen erwerben und wurden damit in dieser Hinsicht zu Experten und waren nicht mehr Laien (vgl. ebd., S. 466 ff.).

Da sich kein einheitliches methodisches Verständnis von Experteninterviews finden ließ (vgl. Rosenthal 2011, S. 148), orientierte ich mich weiter an meinem Forschungsziel. Daraus resultierte der Wunsch nach größtmöglicher Offenheit bei notwendiger Begrenzung. So war die zeitliche Begrenzung und Fixierung des Interviews die einzige im Organisationskontext plausible Form.

---

72 Auch wenn ich mich in den Interviews auf die Rolle des Arbeitnehmers bzw. -gebers konzentrierte, so ließ ich doch Raum für biografisch-narrative Entfaltungen. Insbesondere in der Bauroh wurde sehr oft auf die Geschichte des Unternehmens und konkrete Wendeerfahrungen rekurriert (vgl. hierzu auch Meuser/Nagel 2009, S. 469).

73 Dieses Wissen über die Weisen des Zusammenarbeitens ist selbstverständlich nicht komplett bewusst und explizit. Vielmehr ging ich davon aus, dass es nur zum Teil reflexiv verfügbar ist, da es als Prozesswissen vor allem ein »praktisches Erfahrungswissen« ist, das »sich in vielfach wiederholenden Handlungsabläufen und Interaktionsroutinen sedimentiert« (Meuser/Nagel 2009, S. 470).

Konkret bedeutete dies, dass im Vorfeld mit den betreffenden Personen einstündige Termine ausgemacht wurden. Unterstützt wurde diese Praktik des »timeboxings«, wie dies bei der Web-icona im Zuge der Umstellung auf Scrum genannt wurde, durch einen Leitfaden. Dieser war jedoch eher ein Stichpunktzettel, der für mich die Funktion erfüllte, verschiedene Aspekte, die entweder allgemein oder insbesondere für das jeweilige Interview wichtig waren, zu erinnern.[74] Die Gefahr, einer »Leitfadenbürokratie« (Hopf 1978, S. 101) zu verfallen, wurde damit weit umschifft.[75] Im Zweifelsfall ließ ich einige Fragen weg und konzentrierte mich auf vom Interviewten vorgebrachte Aspekte. Auch war mir die Reihenfolge der Fragen in keiner Weise wichtig, da es mir in der Auswertung nicht um einen konsistenten Vergleich der Antworten auf die verschiedenen Fragen ging, sondern um einzelne Puzzlesteine des Kontextes, in dem die beobachteten sozialen Praktiken verortet waren. Deswegen kamen auch verschiedene Leitfäden zum Einsatz, da sie aus der Analyse des Workshops und aus den ersten Erfahrungen und Besonderheiten durch die ethnografische Beobachtung entstanden. Ich nutzte die Interviews zum Teil, um gezielte Nachfragen zu stellen, aber auch, um zurückliegende oder noch zu machende Beobachtungen zu strukturieren bzw. zu fokussieren.[76] Insgesamt konzentrierte ich mich auf einen möglichst »natürlichen« Gesprächsfluss (vgl. auch ebd., S. 107) und orientierte mich »an den Sprachcodes der Interviewten und am Gesprächsverlauf« (Rosenthal 2011, S. 142), sodass der Interviewte »eine aktive Rolle im Gesprächsablauf« (ebd., S. 140) einnehmen konnte.

---

74 Entsprechend dieser Funktion wurde der Leitfaden entweder vor dem Gespräch handschriftlich auf ein DIN-A4-Blatt notiert, oder ein Ausdruck wurde mit zusätzlichen Fragen annotiert. In jedem Fall hatte der Leitfaden auch für den Interviewten keinen »offiziösen« Charakter. Während des Gesprächs nutzte ich das Papier, um relevante Aspekte zu notieren, auf die ich im Interview noch einmal zurückkommen wollte oder um Fragen abzuhaken oder durchzustreichen.

75 Dieses Problem sehen auch Meuser und Nagel (2009, S. 474) und plädieren für »eine flexible, unbürokratische Handhabung des Leitfadens, die diesen nicht im Sinne eines standardisierten Ablaufschemas, sondern eines thematischen Tableaus verwendet. Die Relevanzstrukturen der Befragten sollen zur Geltung kommen, nicht die eigenen.«

76 So fiel mir im Laufe meiner Beobachtungen bei der Bauroh die zentrale Stellung des Kopiergeräts in der Büroleitung auf, das gleichzeitig als Drucker und Scanner genutzt wurde. Diesem Aspekt folgend, beobachtete ich gezielt, wie in anderen Unterabteilungen die Kopierer genutzt wurden, und stellte dabei fest, dass es unterschiedliche Leasingfirmen gab. Nun hätte dies ein wichtiges Zeichen für eine mögliche Konfrontation verschiedener Unterabteilungen sein können. Allein durch Beobachtung konnte dies jedoch nicht bestätigt werden, sodass ich im Interview mit einem Abteilungsleiter konkret meine Beobachtung schilderte und nach den Gründen fragte. Die Antwort war deutlich: »Das würde mich jetzt auch wundern, wobei ich jetzt gleich sagen kann: Mit dem Thema beschäftige ich mich nicht. [...] Also ich hab den Anspruch, in dem Moment, wo mir, sagen wir mal, da auch ein angemessenes Personal im Haus haben: Ich muss da meine Ergebnisse bringen und dazu will ich ausgerüstet sein, die Technik muss funktionieren und mit wem da was... Ob's Handy jetzt hier, ob wir jetzt dort mit dem Partner ein Ver-

Die Einstiegsfrage[77] wurde jedoch bewusst (je Unternehmen) konstant, aber offen und möglichst erzählgenerierend gehalten. Sie lautete bei der Web-icona:

»Du[78] hast nun ca. 100 Tage[79] Erfahrung mit Scrum. Wenn du dir den gesamten Prozess von der ersten Diskussion über die Rollenzuweisungen, die Trainings, die ersten Sprints und Reviews bis zum heutigen Tag vor dein inneres Auge holst, welche Episoden, Aspekte oder Situationen sind dir besonders präsent und eindrücklich?«[80]

Damit konnte der Interviewte weitgehend selbst bestimmen, worauf er sich in der Antwort beziehen wollte; gesetzt wurde nur die Eingrenzung, dass es um die Einführung von Scrum ging. Da bei der Bauroh keine Umstrukturierung, sondern eine organisationsstrukturelle Konstanz vorzufinden war, lautete die Einstiegsfrage hier:

---

trag haben oder mit dem, muss ich jetzt mal sagen, ist mir egal, weil ich darauf vertraue, dass die Kollegen, die da die Verantwortung haben, dort die richtigen Entscheidungen treffen. Also insofern ... ich wüsste jetzt gar nicht, Herr Meißner, dass das so ist. Wenn sie mich jetzt gefragt hätten, hätte ich gesagt, nö, wir haben jetzt einen hier ...« (Herr Wenisch, Abs. 85).

77 Vor der Einstiegsfrage war selbstverständlich ein kurz gehaltenes Vorgespräch platziert, in dem ich nochmals mein Forschungsprojekt skizzierte. Dabei erklärte ich, dass das Interview eine Stunde dauern wird und dass ich es aufzeichnen will, um mich auf das Gespräch konzentrieren zu können. Die Anonymität, insbesondere auch organisationsintern, wurde bei den Angestellten zugesichert. Einzelne Führungspositionen (beispielsweise der Büroleiter oder der CTO) konnten freilich nicht vollständig organisationsintern anonymisiert werden. Das erste Interview wurde noch mit einem Diktiergerät aufgezeichnet, jedoch entspannte mich dieses auf dem Tisch liegende Gerät nicht unbedingt, sodass ich ab dem zweiten Interview dazu überging, mein Smartphone zur Aufzeichnung zu benutzen. Dieses wechselte ca. 2 Minuten nach dem Start der Aufzeichnung in den »Schlafmodus« und war nun nur noch als ein auf dem Tisch liegendes Handy zu identifizieren. Damit konnte der Fokus – auch mein eigener – noch stärker auf das Gespräch und nicht auf die stattfindende Aufzeichnung gerichtet werden.

78 Da sich bei der Web-icona jeder duzte, habe ich dies auch so gehandhabt. Insbesondere bei den Interviewpartnern, mit denen ich während der Beobachtungsphase schon engeren Kontakt hatte, war dies selbstverständlich. Bei Interviewpartnern vom anderen Standort oder solchen, die ich noch nicht persönlich kennengelernt hatte, bin ich nach kurzer Nachfrage im Vorgespräch auch zum Du übergewechselt. Einzige Ausnahme bildete der CTO, mit dem ich im Erstgespräch ein Siez-Verhältnis etablierte. Dieses Verhältnis hielt ich von meiner Seite durch, da es mir als unhöflich erschien, von meiner Seite das Du anzubieten. In Interaktionen im Feld hätte ein weiterer Beobachter jedoch eine gewisse Unsicherheit diesbezüglich auf beiden Seiten feststellen können, die sich dadurch äußerte, dass im Gespräch sprachliche Wendungen zum Einsatz kamen, die die explizite Verwendung von Sie/Ihnen bzw. Du/Dein vermieden.

79 Diese Zeitangabe wurde selbstverständlich je nach Interviewzeitpunkt angepasst.

80 Für das Interview mit dem Coach der Firma wurde die Frage etwas abgewandelt und lautete: »Wenn du jetzt die bisherige Zusammenarbeit mit der Web-icona so vor dein inneres Auge holst, welche Episoden, Aspekte oder Situationen sind dir jetzt noch besonders präsent und eindrücklich?«

»Wenn Sie[81] jetzt einmal Ihre persönliche Geschichte/Ihre eigene Vergangenheit im Büro Uhlram[82] vor Ihr inneres Auge holen, welche Episoden, Situationen oder Aspekte sind Ihnen noch besonders eindrücklich in Erinnerung?«

Im Interview-Gespräch wurden entsprechend der Relevanzsetzung verschiedene Fragen zur Vertiefung des Erzählten genutzt. Bei der Web-icona gab es zumeist drei Themenblöcke: Ein Block umfasste Fragen zu Scrum: Wie und von wem wurde Scrum eingeführt? Wie waren die Trainings/der Coach? Was hat sich verändert, was ist gleich geblieben? Ist Scrum ein Erfolg? etc. Ein zweiter thematischer Block fragte nach allgemeinen Konsequenzen aus der Scrum-Einführung: Wie verändern sich Mitarbeiterverhältnisse aufgrund neuer Teamstrukturen? Wie hat sich das Verhältnis zu anderen Standorten verändert? Wie werden die Videokonferenzen eingeschätzt? Wie hat sich das Verhältnis zu Vorgesetzten (CTO, CEO, Leiter Produktmanagement) geändert? etc. Der dritte Themenbereich enthielt Fragen zum Unternehmen: Wie ist die Kultur? Welche Rituale werden gepflegt? Welche Werte und Eigenschaften gibt es? Wie ist die Geschichte der Firma? etc.[83]

Die Fragen bei der Bauroh lauteten dagegen zum Beispiel: Wie wird das Büro organisiert? Welche Eigenschaften hat das Büro? Welche Rituale, Gepflogenheiten sind im Büro wichtig? Worauf wird Wert gelegt? Wie war die Geschichte des Büros? Wie war das Büro, als Sie hier angefangen haben, was hat sich seither geändert? Was ist gleich geblieben? Wie waren die Veränderungen im Vergleich zur DDR-Zeit und welche Wendeerfahrungen sind wichtig? Wie ist das Verhältnis der Mitarbeiter untereinander? Was wird sich ändern, wenn jemand anderes als Herr Uhlram das Ruder übernimmt?[84]

---

81 In der Bauroh wurde sich in der Regel gesiezt, selbst wenn schon länger, teilweise über Jahre hinweg zusammengearbeitet wurde. Deswegen etablierte ich in sämtlichen Fällen ein Siez-Verhältnis.

82 Die Bezeichnung Büro Uhlram wurde aus dem Feld übernommen. Damit wird die als Profitcenter agierende Struktureinheit bezeichnet, in der ich die ethnografische Untersuchung durchführte. Bauroh bezeichnet dagegen das Gesamtunternehmen.

83 Die Fragen, die ich dem Coach stellte, unterschieden sich davon. Hier ging es mir mehr um allgemeine Aspekte zu Scrum und die konkrete Umsetzung bei der Web-icona. Fragen waren dann zum Beispiel: Was ist für dich Scrum? Was sind die größten Potenziale von Scrum? Was sind die wichtigsten Herausforderungen? Welche Praktiken und Routinen müssen bei der Einführung von Scrum geändert werden? Warum? Was unterscheidet Web-icona von anderen Kunden? etc.

84 Diese Frage wurde aus der Feldbeobachtung gewonnen. Denn zu Beginn der Beobachtungen stand die Nachfolgeregelung des Büroleiters noch aus. Niemand wusste, wer es werden würde. Anhand der offen geführten Spekulationen war ersichtlich, dass es ein wichtiges Thema unter den Angestellten war. Im Frühjahr 2014 wurde mir vom Geschäftsführer der Bauroh im Interview vertraulich mitgeteilt, wer es werden würde. Zum Zeitpunkt des später geführten Interviews mit dem designierten Nachfolger war die Nachricht bereits offiziell über das Intranet verbreitet worden.

Beendet wurde das Interview stets mit der gleichen Frage: Welche Frage hätte ich stellen müssen, habe ich aber nicht gestellt? Dies hatte die Funktion, dass die Interviewten sich abschließend zur Interviewsituation reflexiv verhalten mussten. Oft wurde diese letzte Frage als die schwierigste empfunden, manchmal konnte auch nicht darauf geantwortet werden. In der Regel nutzten jedoch die Interviewten die Frage, um das Gespräch vor ihrem inneren Auge nochmals ablaufen zu lassen und zu prüfen, ob bestimmte Aspekte, die ihnen wichtig waren, überhaupt nicht oder nur ungenügend thematisiert wurden. War dies der Fall, stiegen sie nochmals in das Gespräch ein und konnten diese Dinge formulieren (vgl. Gläser/Laudel 2010, S. 149). Danach bedankte ich mich für das Gespräch und beendete die Aufnahme. Teilweise nutzten die Interviewten diese Situation, um nochmals auf mein Forschungsprojekt zu sprechen zu kommen oder ihrer Unsicherheit, ob sie mir überhaupt helfen konnten, Ausdruck zu verleihen. Ich antwortete stets, dass es mir auf die Präsentation ihrer ganz individuellen Perspektive ankam. Oft fragte ich auch nach, mit wem ich noch sprechen müsste, um weitere Perspektiven zu erhalten.[85]

Auch wenn ich die Interviews erst nach den ersten Beobachtungen geführt habe, erstreckte sich der Zeitraum der Interviewtermine über mehrere Monate. Dies hatte den Vorteil, dass verschiedene Veränderungen, insbesondere im Organisationsstrukturtransformationsprozess bei der Web-icona, auch in den Interviews reflektiert werden konnten. Nachteilig war es zum Teil für die Vergleichbarkeit, weil sich bestimmte Aussagen auf verschiedene Ereignishorizonte bezogen. Da jedoch auch verschiedene neue Beobachtungen und erste theoretische Konzepte v. a. in die später geführten Interviews einbezogen werden konnten, erwies sich dieses Vorgehen als äußerst ertragreich.[86]

---

85 Die Auswahl der Interviewten erfolgte also nicht nach einem vorher festgelegten Schema, sondern theoretisch orientiert nach einem Schneeballsystem. Konkret führte ich die ersten Gespräche mit den Personen, mit denen ich bei den Beobachtungen den meisten Kontakt hatte. Bei der Web-icona waren es zwei ScrumMaster, da einer von beiden mein Ansprechpartner im Unternehmen war. Bei der Bauroh sprach ich zuerst mit dem Büroleiter. Nach diesen Gesprächen wurden mir weitere mögliche Interviewpartner genannt. Ich achtete darauf, dass ich in diesem Prozess des Theoretical Samplings eine möglichst große Anzahl unterschiedlicher Perspektiven erhielt, da »die Maximierung von Differenzen durch die Erhebung von Kontrastfällen den systematischen Einbezug weiterer Kategorien und eine Auffaltung der sich entwickelnden Theorie ermöglichen« (Mey/Mruck 2011, S. 28). Das Prinzip des Theoretical Samplings in Bezug auf die Auswahl der Interviewpartner konnte aus forschungsorganisatorischen Gründen nicht bis zur theoretischen Sättigung weitergeführt werden, sondern musste pragmatisch zum Zeitpunkt ausreichender Sättigung abgebrochen werden.

86 Bei der Web-icona wurden die ersten Interviews im Dezember 2013, die letzten im März 2014 geführt. Bei der Bauroh fanden die ersten Interviews im November 2013 und die letzten ebenfalls im März 2014 statt.

2.4.3 Materialübersicht und Auswertung

Insgesamt konnte so über einen relativen langen Zeitraum hinweg eine enorme Materialfülle gewonnen werden, wodurch außergewöhnliche Situationen sowohl in der Beobachtung als auch in verschiedenen Interviewpassagen relativiert und gegenseitig austariert werden konnten.

Neben den sechs Workshopaufzeichnungen und partiellen Transkriptionen standen am Ende elf ca. einstündige Interviews bei der Bauroh und zehn bei der Web-icona zur Verfügung. Diese wurden komplett transkribiert.[87] Bei der Bauroh wurden der Geschäftsführer des Gesamtunternehmens zweimal, der Büroleiter, der kaufmännische Leiter, ein Betriebsratsmitglied, zwei Abteilungsleiter, die Bürosekretärin, eine Angestellte im Rechnungswesen und zwei unterschiedlich lang im Unternehmen arbeitende Ingenieure interviewt. Bei der Web-icona fanden Gespräche mit dem CTO, zwei sogenannten Scrum-Mastern, zwei so bezeichneten ProductOwnern (PO), dem externen Coach, drei Programmierern und einem Masterstudenten statt. Weiterhin wurden Memos, die direkt nach den Workshops und Erstgesprächen auditiv aufgezeichnet wurden, stichpunktartig verschriftlicht.

Zudem sammelte sich eine Vielzahl von Feldnotizen und -beobachtungen in unterschiedlichen Ausarbeitungsstufen an. Zu Beginn der Beobachtungen verschaffte ich mir meist einen Überblick über die Räumlichkeiten des Unternehmens. Bei der Web-icona war mein erster Beobachtungstag stark von einem Meeting geprägt, das den ganzen Tag über stattfand. Bei der Bauroh begann ich meine Beobachtungen im räumlich relativ offen gehaltenen Sekretariat. In der Regel war ich in den Unternehmen mit Laptop[88] unterwegs und setzte mich in Besprechungen dazu oder saß einfach mit im Raum.[89] Dadurch konnte ich

---

87 Die Transkription erfolgte in einer relativ groben Auflösung, da es bei den Interviews nicht um Mikroanalysen des Erzählten ging, sondern der inhaltlich-thematische Fokus überwog. Im Gegensatz zum Normalfall der nur partiellen Transkription von Experteninterviews (Meuser/Nagel 2009, S. 476) wurden jedoch die Interviews komplett verschriftlicht.

88 Für die Feldbeobachtungen nutzte ich eine Offline-Variante von Evernote. Dies bot einige Vorteile hinsichtlich des schnellen Schreibens und Skizzierens. Zudem wurden automatisch Metainformationen (Datum, Uhrzeit) gespeichert. Weiterhin konnte ich sämtliche E-Mails, Websites und andere Materialien (in PDF-Format) dort als Notiz quasi unbearbeitet und roh hinterlegen. Auch konnte ich Audionotizen direkt anfertigen und speichern. Evernote war für mich damit ein digitales Äquivalent zum Feldforscher-Schuhkarton für die handschriftlichen Notizen, Memos, Zettel und sonstigen Feldmitbringsel.

89 Das direkte Notieren in den Laptop war sicher bei der Web-icona weit weniger problematisch als bei der Bauroh. Erstens war es bei der Web-icona eher normal, dass Leute mit Laptops herumliefen, auch waren in jedem Raum verschiedene Sitzbälle verteilt, die als temporäre Sitzgelegenheiten genutzt wurden. Vom Habitus, Alter, Geschlecht und Erfahrungshintergrund passte ich bei der Web-icona ziemlich gut ins Bild, sodass ich teilweise auch als Kollege von einem anderen Standort wahrgenommen wurde. Dies war bei der

in den meisten Fällen direkt mitschreiben, räumliche Arrangements skizzieren und erste Auffälligkeiten notieren. Diese Beobachtungen wurden meist schon direkt im Unternehmen, an einem ruhigen Ort, gelesen, strukturiert und teilweise mit Hypothesen und theoretischen Ideen angereichert. Nach der Feldbeobachtung wurden am eigenen Arbeitsplatz in der Universität die Feldnotizen und die angereicherten Ideen zu ausformulierten Beobachtungsskizzen[90] verdichtet. Fragen, Unklarheiten oder sichtbar werdende Probleme nahm ich dann wieder mit ins Feld oder dann auch in die Interviews. Da ich beide Unternehmen parallel beobachtete, entstanden aus den Einsichten im einen Feld auch wieder Fragen für das andere und umgekehrt.[91] Dieses Ping-Pong-Spiel über verschiedene Banden erfolgte ein halbes Jahr (Oktober 2013 bis März 2014) lang. Gegen Ende dieses Zeitraums nahm die Arbeit am heimischen Arbeitsplatz zu, da die Interviews transkribiert und die Feldnotizen weiter verdichtet werden mussten. Im Sommer 2014 verschob ich den Fokus der Pendelbewegung vom Hin und Her zwischen verschiedenen empirischen Materialien zu einem Wechselspiel zwischen Empirie und Theorie. In dieser Zeit erarbeitete ich das Konzept der *Techniken des Sozialen*[92] (siehe Kapitel VI.) und kodierte meine gesamten Materialien.[93]

Baroh in keinem Fall so. Die Mitarbeiter waren älter, kannten sich untereinander sehr gut und waren zumeist weiblich. Außerdem ging niemand mit einem Laptop durch den Flur oder setzte sich in ein Büro. Deswegen war die Barriere des Hinzutretens viel größer. Ich musste mich oft vorstellen und erklären, warum ich da bin. Trotz meiner Erklärungen war meine Anwesenheit zumeist eine auffällige Störung im Alltag, mit der jedoch unterschiedlich umgegangen wurde. In der Baroh war der aufgeklappte Laptop auch eine Art Schutzschild – ich machte etwas; was genau, blieb den anderen verborgen.

90   Auch wenn in der Forschung zumeist von Beobachtungsprotokollen die Rede ist, habe ich mich bewusst gegen eine solche Bezeichnung entschieden, um schon sprachlich Abstand von der Vorstellung zu nehmen, dass das Geschriebene eine getreue Wiedergabe des Wahrgenommenen darstellen könnte. Denn selbstverständlich sind sämtliche Beobachtungsskizzen »Texte von Autoren, die mit ihnen zur Verfügung stehenden sprachlichen Mitteln ihre ›Beobachtungen‹ und Erinnerungen nachträglich sinnhaft verdichten, in Zusammenhänge einordnen und textförmig in nachvollziehbare Protokolle gießen« (Lüders 2000, S. 396).

91   So wurde mir bewusst, nachdem ich den zentralen Stellenwert des Kopierers in der Büroleitung der Baroh bemerkte, dass ich gar nicht wusste, ob es bei der Web-icona überhaupt einen Kopierer gibt bzw. wo dieser steht.

92   Diese Erarbeitung erfolgte in nicht unerheblichem Maße im gleichnamigen Seminar für Master-Studierende an der Bauhaus-Universität Weimar. Die Diskussionen dort, insbesondere das Hinterfragen meiner ersten Ideen und das produktive Nachfragen halfen mir sehr, das Konzept zu entwickeln und zu formulieren. Besonderer Dank diesbezüglich gilt Ekkehard Knopke und Sebastian van Vugt.

93   Zur Unterstützung der Kodierung nutzte ich MAXQDA für den Mac. Neben den üblichen Vorteilen des einfachen Durchsuchens und konsistenten Kodierens der Daten konnte im Nachhinein ein zentraler Vorzug darin ausgemacht werden, dass sämtliche Materialien an einem »Ort« versammelt waren. So konnten Memos, Feldbeobachtungen, Transkripte der Interviews und Workshops ebenso wie die im Feld gemachten Fotos in einem Projekt verwaltet werden. Die dafür notwendige Aufbereitung und Strukturierung (der un-

Beim Kodieren lehnte ich mich wiederum an die Grounded Theory Methodologie (GTM) an, jedoch legte ich unterschiedliche Schwerpunkte, da es in der Auswertung nicht ausschließlich um ein induktives Vorgehen der Theoriebildung ging. Das Ziel der Auswertung der gesammelten Daten bestand also nicht primär in der Theoriegenerierung, sondern vielmehr in einer beständigen Konfrontation der Theoriearbeit mit empirischen Analyse und umgekehrt einer Konfrontation der empirischen Auswertungsarbeit mit theoretischen Versatzstücken. Damit kann der Prozess weder als eine allgemein deduktive noch als rein induktive Vorgehensweise beschrieben werden. Vielmehr sollte die abstrakte Theoriearbeit, in Form der geführten Auseinandersetzung mit den Großbegriffen der Technik und der technischen Gestaltung des Sozialen, die empirische Analyse inspirieren, jedoch nicht deduktiv anleiten. Das empirische Material wiederum sollte »Einspruch« gegenüber theoretischen Konzepten erheben können, sodass auch in der Auswertung die angestrebte Offenheit zum Tragen kommen konnte. Beide Bereiche sollten so miteinander verschränkt werden, dass sie sich gegenseitig systematisch überraschen und so aufhellen konnten. Damit wurde die GTM als »Methode des ständigen Vergleichens« (Mey/ Mruck 2011, S. 27) ernst genommen, und dieses Vergleichen wurde zusätzlich potenziert, da nicht nur verschiedene empirische Aussagen, Kodes und Kategorien einem permanenten Vergleich ausgesetzt wurden; vielmehr wurden auch verschiedene empirische Materialien, insbesondere aus der ethnografischen Beobachtung und aus den qualitativen Interviews, in einen kontrastierenden Vergleich gesetzt. Zudem wurde der Vergleich auf Theorie-, und das heißt vor allem auf begrifflicher Ebene intensiviert.[94]

In einem ersten Schritt wurde das gesamte Material, das heißt auch die Memos, Beobachtungsskizzen, Interviewtranskripte und Fotos, offen kodiert: »Offenes Kodieren zielt darauf ab, Daten und Phänomene in Begriffe zu fassen.« (Flick 2007, S. 388) Dies wird in der Methodenliteratur unterschiedlich stark fokussiert. Einige Autoren unterscheiden zwischen zentralen und weniger relevanten Passagen, um bei den wichtigsten Passagen eine Analyse auf Wort- bzw. Wortgruppenebene durchzuführen (Mey/Mruck 2011, S. 25), andere plädieren

---

geordneten Evernote-Materialsammlung) half enorm, die Übersicht zu wahren und das Material miteinander zu kontrastieren.

94 Um ein Beispiel zu geben: Die dem Material entstammende Kategorie der Technik wurde mit unterschiedlichen theoretischen Fassungen des Begriffs der Technik kontrastiert. Es wurden also nicht aus dem Material verschiedene mögliche Begriffsfassungen von Technik herausdestilliert, sondern es wurden in der Theorie vorfindliche Begriffe von Technik mit den im Material auffindbaren Sinnkonstruktionen verglichen. Dieser Prozess des Vergleichs wurde analog zwischen den verschiedenen empirischen Materialien betrieben, sodass u. a. ethnografisch beobachtete Praktiken von Scrum, wie beispielsweise das tägliche Standup-Meeting (Daily Scrum), bei dem lokal entfernte Mitarbeiter via Monitor hinzugeschaltet wurden, mit den Aussagen der Interviewten über die konkrete Umsetzung von Scrum in einem Unternehmen mit mehreren Standorten verglichen wurden.

für ein Kodieren Zeile für Zeile (vgl. Charmaz 2006). Es kann jedoch auch satz- oder absatzweise durchgeführt werden. Da es mir nicht um eine detaillierte (biografieorientierte) Sinnrekonstruktion der Aussagen ging und da es sich um Experteninterviews handelte, entschied ich mich für die letzte Form des Kodierens. Trotzdem entstand dabei zunächst eine Vielzahl verschiedener Kodes. Diese Heterogenität und Pluralität wurde in einem zweiten Durchgang strukturiert, indem die Kodes zu (Ober-)Kategorien zusammengefasst wurden. Diese wurden v. a. hinsichtlich der Fragestellung erstellt.

In der GTM ist der induktive Schluss zentral, sodass dieses Vorgehen als theoriegenerierend vorgestellt wird: »Mit fortschreitender Theorieentwicklung werden dann nicht nur Textstellen mit Kodes versehen, sondern die Kodes selbst werden miteinander verknüpft und zu übergeordneten Kategorien zusammengefasst, die schließlich mittels einer im Kodierprozess zu generierenden Schlüsselkategorie in eine Theorie integriert werden.« (Mey/Mruck 2011, S. 25) Wie schon angedeutet, wurde diese »fortschreitende Theorieentwicklung« von mir nicht empirieimmanent betrieben. Man kann diese zweite Stufe der Kodierung auch als theoriegesättigtes oder fokussiertes Kodieren beschreiben.[95] Die Nutzung von Theorieelementen sollte die Abduktion (vgl. Reichertz 2003; Reichertz 2011) fördern und steht in einer Linie mit einem konstruktivistischen Verständnis von Grounded Theory (Charmaz 2011, S. 191).

Mit dieser sehr ausführlichen Beschreibung des eigenen Vorgehens, der dabei getroffenen Entscheidungen und der dafür notwendigen method(olog)ischen Reflexionen sollte die Erhebung und Analyse der empirischen Daten weitgehend transparent und nachvollziehbar gemacht worden sein. Ob sich das Design bewährt hat, können freilich nur die nachstehenden Ergebnisse der Analyse beantworten.

---

95 Damit verzichtete mein Vorgehen auf zwei Analyseschritte, die im induktiven Vorgehen
    bei der GTM relevant sind, um aus der empirischen Vielfalt eine Theorie zu entwickeln.
    Die Rede ist vom axialen und dem selektiven Kodieren. Werden beim axialen Kodieren
    aus den im offenen Kodierprozess gebildeten Kategorien diejenigen ausgewählt, »deren
    Ausarbeitung am vielversprechendsten erscheint« (Flick 2007, S. 393), so arbeitet man
    beim selektiven Kodieren eine Kernkategorie aus dem Material heraus, »um die herum
    sich die anderen entwickelten Kategorien gruppieren lassen und durch die sie integriert
    werden« (Flick 2007, S. 396 f.).

IV. Analyse und Ergebnisse

Die in diesem Kapitel dargestellten empirischen Analysen[1] sind hinsichtlich der Fragestellung weitgehend zugespitzt. Die Beschreibung der Ergebnisse legt deshalb keinen Wert auf eine quantitative Ausgewogenheit hinsichtlich der beiden kontrastierten Unternehmen.[2] So nehmen die Beschreibungen der Weisen des Zusammenarbeitens bei der Web-icona einen größeren Raum ein, da sich im Prozess des Beobachtens und der Analyse herausstellte, dass der durch die Einführung des Softwareentwicklungsframeworks Scrum entstandene Wandel die gegenwärtigen Gestaltungs- und Organisationsmöglichkeiten der Weisen des Zusammenarbeitens besser zum Vorschein brachte als die lang etablierten, wenngleich zum Teil ehemals gestalteten Weisen des Zusammenarbeitens bei der Bauroh. Trotz des textlichen Ungleichgewichts sind jedoch die dort gemachten Beobachtungen insbesondere als Kontrastfolie notwendig, um die Analysen bezüglich der Web-icona zu schärfen.

Die Ergebnispräsentation ist in vier Teile untergliedert, die sich aufgrund der Beobachtung ergaben. Begonnen wird mit einer einleitenden Analyse des Feldzugangs und den dabei gewonnenen ersten Eindrücken, da diese helfen, beide Unternehmen – insbesondere deren Organisationskultur, also die nichtentschiedenen Entscheidungsprämissen im Sinne Luhmanns – näher zu cha-

---

1   Die Zitate aus den Interviews werden folgendermaßen zitiert: (Name, Abs. Ziffer). Entsprechend der unterschiedlichen Duz- und Siez-Verhältnisse wurden hinsichtlich der Web-icona Vor- und Nachname anonymisiert, hinsichtlicher der Bauroh nur die Nachnamen, Vornamen werden hier nicht genannt, außer bei Namensgleichheit. Teilweise wurden Ziffern, beispielsweise Herr Bünge2, genutzt, um verschiedene Audiodateien und damit auch Transkripte eindeutig markieren zu können. Dies war bei mehrmaligen Gesprächen, bei Unterbrechungen oder technischen Defekten notwendig.

2   Auch wurden einige Beobachtungen und Themen, die im Vorfeld der Ethnografie als interessant erschienen, aus der Darstellung der Analyse gestrichen. So spielte der sich anbahnende Wechsel der Büroleitung bei der Bauroh letztlich keine Rolle. Zudem war die anfangs als wichtig erachtete, vom Büroleiter der Bauroh eingebrachte Traditionslinie bis in die DDR-Vergangenheit für die hier vorliegende Arbeit nicht relevant.

rakterisieren. Im zweiten Kapitel wird Scrum näher vorgestellt und erläutert, um sodann dessen konkrete Einführung bei der Web-icona zu beschreiben. Das dritte Kapitel fokussiert auf die Effekte dieser Einführung, die vor allem in einem spezifischen Umgang mit Meetings und der dafür aufgebauten medialen Infrastruktur bestehen. Diese Folgen für die Strukturierung und spezifische Formung des Zusammenarbeitens werden am Ende des Abschnitts mit der Bauroh kontrastiert. Das letzte Teilkapitel kondensiert den Umgang mit den Weisen des Zusammenarbeitens in den beiden Unternehmen mithilfe der Unterscheidung von ehemals gestalteten, nunmehr historisch geronnenen dirigierenden Handlungsfestlegungen und aktuell gestalteten, dirigierenden Handlungsfestlegungen. Diese Differenzsetzung anhand des empirischen Materials stellt sodann den Ausgangspunkt für die Konturierung des Konzepts der *Techniken des Sozialen* im folgenden Kapitel dar.

1 Empfang und Begrüßung

Die beiden ethnografisch erforschten Unternehmen wurden im methodisch-reflektierenden Kapitel schon etwas beschrieben, dabei blieb jedoch der konkrete Feldzugang im Dunkeln. Ziel dieses in die empirische Beobachtung einführenden Kapitels ist es zu beschreiben, wie ich im Feld aufgenommen, welche Rolle mir zugewiesen und wie das Forschungsanliegen aufgefasst wurde. Weniger handelt es sich dabei um eine Selbstvergewisserung und Reflexion des eigenen Vorgehens, sondern um die bei Erstkontakt, Begrüßung und Empfang festgestellten Spezifika und Besonderheiten der beiden im Fokus stehenden Unternehmen.

Die erste Kontaktaufnahme zur Bauroh erfolgte über einen Bekannten, der geschäftlich mit der Unternehmenskommunikation (UK) der Firma verbunden war. Nach einem dort erfolgten Erstgespräch wurde ein Termin mit dem Büroleiter Uhlram vereinbart. Zu diesem Termin sollte ich eine Viertelstunde eher kommen, um mich mit der Leiterin der UK inhaltlich abzustimmen. Ich kam pünktlich in das Bürogebäude und stellte mich am Empfang vor. Nach einem Telefonat mit meiner Ansprechpartnerin wurde ich auf eine Sitzecke zum Warten verwiesen. Obwohl ich den Weg schon kannte, sollte ich abgeholt werden. Nach kurzer Wartezeit in einem hellen, jedoch relativ steril gehaltenen und dadurch kühl wirkenden Flur mit großen Fensterflächen wurde ich abgeholt, jedoch einen anderen Weg als bei meinem ersten Besuch zum Büro geführt, da mir die Leiterin der UK nicht ohne Stolz noch den kürzlich angeschafften Kicker zeigen wollte. Dieser war in einem Raum neben der Kantine platziert. Schlüssel und Bälle verwahrt die Leiterin in ihrem Büro auf. Diese könnten jedoch, so die Auskunft, jederzeit geholt werden. Erwartbarerweise habe ich im Laufe der kommenden Monate niemanden je kickern gesehen. Während wir durch das Gebäude zu ihrem Büro gehen, plaudern wir; die Abstimmung der Argumentation wird eher locker gehandhabt. Dabei erklärt sie mir, dass das Proficenter Büro Uhlram im Guten wie im Schlechten patriarchisch, in jedem Fall nicht modern geführt werde, jedoch damit durchaus erfolgreich sei und darauf auch stolz. Beim Hochfahren in den sechsten Stock zum Termin frage ich mich, warum ihr diese Feststellung so wichtig war. Ich überlege, dass der Spaziergang am Kicker vorbei vielleicht auch eine Form der Unternehmenskommunikation war, um mir zu zeigen, dass der nun zu besuchende Patriarch nicht *pars pro toto* für die gesamte Bauroh stehen würde. Ehe ich weiterdenken kann, kommen wir schon oben an, gehen einen Gang entlang, der sich zu einem offenen Sekretariatsvorraum ausweitet, und werden in das Büro von Herrn Uhlram gebeten. Es gibt den obligatorischen Kaffee, der von der Sekretärin ein paar Minuten nach Gesprächsbeginn gereicht wird. In diesem ersten Gespräch erlebe ich Herrn Uhlram als älteren Menschen, der ungefragt von seinen Erfahrungen zu erzählen weiß und der mit einem Funkeln in den Augen von seinem Büro, dessen Strukturierung und von seiner Art und Weise der Führung berichtet; auch darüber, worauf er Wert legen würde. Am Ende des Gesprächs schlage ich einen Workshoptermin an einem Freitagnachmittag vor. Diesen Termin akzeptiert er nicht, um seine Mitarbeiter vor einem möglicherweise verspäteten Start in das Wochenende zu schützen. Eine Visitenkarte bekomme ich im Tausch zu meiner nicht, sondern werde auf die Sekretärin verwiesen, mit der ich alles Organisatorische und das weitere Vorgehen regeln solle.

Mit diesem Gespräch war die Sekretärin bis zum Ende der Feldforschung meine erste Ansprechpartnerin. Mit ihr vereinbarte ich Termine, sie stellte mich vor und integrierte mich auch in der Folge in das Büro. Da sie auch im initialen Workshop anwesend war, wusste sie im Groben, was mich beschäftigt, und wies mir in der Folge – auch vor anderen – die Rolle eines Hospitanten zu, der sich anschaue, wie im Büro zusammengearbeitet werde, und der die Bauroh als Praxispartner für seine Dissertation nutze. Dieser Zuschreibung entzog ich mich nicht, sondern verwendete sie fortan, wenn ich im Unternehmen erklären musste, warum ich anwesend sei und was ich machen würde. Dies war nahezu immer notwendig, wenn ich zum ersten Mal in ein Bürozimmer eintrat und mit fragenden Blicken oder irritierten Kommentaren begrüßt wurde. In der Bauroh wurde ich zunächst als Fremdkörper wahrgenommen[3] und konnte nur

---

3   Bei meinen ersten Erkundungen der zwei Etagen sehe ich eine Frau auf dem Gang und teile ihr mit, dass ich sie direkt in ihr Büro begleiten werde, um ein paar Beobachtungen zu machen. Sie ist verdutzt, aber wehrt mich nicht ab. Als ich dann im Raum bin, erkläre ich den beiden im Zimmer sitzenden Frauen und dem im angeschlossenen Nachbarraum sitzenden Mann mein Anliegen etwas ausführlicher. Alle drei kennen mich nicht und haben auch noch nichts von mir gehört. Sie erlauben mir aber dennoch, mich in eine Ecke zu setzen. Während ich mich setze, erklären sie mir, dass sie mir nicht viel bie-

im Laufe der Zeit mit einigen Mitarbeitern – vor allem in der Büroleitung – ein Vertrauensverhältnis aufbauen. Dies besserte sich jedoch, nachdem ich die ersten Interviews geführt hatte, sodass davon auszugehen ist, dass ich im Buschfunk zunehmend als nicht zugehöriger, aber dennoch harmloser Beobachter bewertet wurde.[4] Insbesondere die räumliche Struktur unterstützte die zumeist klar abgegrenzten Arbeitsroutinen der Mitarbeiter. Zumeist saßen die Mitarbeiter in ihren auf zwei Etagen verteilten Einzel- oder Zweierbüros allein vor ihren Rechnern.

Allein hinsichtlich der räumlichen Aufteilung ist dies ein großer Kontrast zur Web-icona. Dort sind es fast ausschließlich Großraumbüros, selbst in kleineren Räumen arbeiten mindestens drei Personen. Auch hier sind die Büros auf zwei Etagen verteilt. Nicht nur für einen externen Beobachter ist die Existenz von mit Glasflächen durchbrochenen Wänden und Türen zwischen Gang und Büro von Vorteil, da sich so schon von außen erkennen lässt, in welcher Situation sich die Mitarbeiter im jeweiligen Büro befinden. Deswegen wird auch vor Eintritt durch die – in der Regel geschlossen gehaltene – Tür nicht geklopft, wie es bei der Bauroh unvermeidlich ist, sondern man tritt einfach ein. Doch bevor das Büro erstmals von innen gesehen wird, muss auch hier die Hürde des Empfangs im Bürohaus genommen werden. Bei meinem Erstgespräch, das telefonisch mit der Personalreferentin vereinbart wurde, die ich auf der Karrieremesse in Weimar angesprochen hatte, ist der vom Empfang getätigte obligatorische Ankündungsanruf ergebnislos: Niemand hebt ab. Nach dem zweiten fehlgeschlagenen Anrufversuch wird mir die Etage genannt, und ich kann selbstständig den Fahrstuhl nehmen.[5] Aus diesem heraustretend, befinde ich

---

ten könnten, da sie eigentlich gar nicht zusammenarbeiten würden. Nach einigen Minuten verlässt die zweite im Raum befindliche Frau kurz den Raum. Als sie wieder hereinkommt, wird sie von der verbliebenen Frau, die ich auf dem Gang angesprochen hatte, mit dem Worten empfangen: »Na, da habe ich uns ja was eingefangen.« Daraufhin erkläre ich nochmals mein Vorhaben – auch gerade den mir wichtigen Kontrast zu einem sich jugendlich und dynamisch gebenden Kreativunternehmen. Dies wird anscheinend besser verstanden, sodass ich in der Folge in diesem Raum zumindest weniger beobachtet werde, als dass ich selbst beobachten kann.

4   Dies hatte wahrscheinlich auch Auswirkungen auf die gemachten Beobachtungen. Der Beobachtereffekt hätte sicher reduziert werden können, wenn ich ein konkretes Projekt oder einen Auftrag begleitet hätte. Um jedoch eine Vorstellung vom Zusammenarbeiten im gesamten Büro zu erhalten, zog ich es vor, mehrmals und zumeist unangekündigt in verschiedenen Büros aufzutauchen.

5   Während ich ab dem zweiten Besuch bei der Bauroh am Empfang bekannt bin und direkt durchgelassen werde, muss ich mich bei der Web-icona stets wieder vorstellen und auf den Ankündigungsanruf warten. Nachdem der CTO dies erfährt, will er mir einen Besucherausweis geben. Da jedoch der zuständige Mitarbeiter nicht am Platz ist, meint er, dass ich unten einfach vorbeigehen und oben klingeln soll, dann werde mir schon aufgemacht. In der Folge beherzige ich den Ratschlag in der Regel. Nur wenn der Empfang unten viel Zeit hat und mich beim Betreten des Gebäudes beobachten und fixieren kann, werde ich genötigt mitzuteilen, wen ich denn besuchen will.

mich in einem Flur, der an den beiden Längsseiten ausschließlich mit anderen Fahrstuhltüren versehen ist und an den kurzen Seiten je eine Glastür besitzt, die beide als Eingang in Betracht kommen. Da ich telefonisch nicht angekündigt wurde, holt mich niemand ab. Ich schaue zunächst zur rechten Tür. Diese ist verschlossen, dahinter ein Gang, aber kein Mitarbeiter. Auf der linken Seite ist es ebenso. Etwas unsicher, fahnde ich nach einer Klingel. Nach einigem Suchen finde ich einen kleinen unscheinbaren Knopf, den ich als eine solche identifiziere.[6] Noch bevor ich die Klingel betätigen kann, wird mir die Tür von einem mittelalten, sportlichen Mann in kurzen Hosen geöffnet, der anscheinend bemerkt hatte, wie ich eine Möglichkeit suchte, eingelassen zu werden. Als ich mich vorstelle, meint er, dass er der CTO und ich mit ihm verabredet sei, weil die Personalreferentin nach Bremen gefahren sei.[7] Er leitet mich, barfuß vor mir hergehend, zu einem Besprechungsraum und entschuldigt sich, um noch die anderen Gesprächspartner zu rufen. Diese sind, wie ich den mir zur Begrüßung übergebenen Visitenkarten entnehmen kann, zwei andere Abteilungsleiter, die ebenfalls überaus zwanglos gekleidet dem sommerlich-warmen Tag begegnen.

Alle drei fragen mich aus, was ich mit dem Projekt bezwecke und vor allem, was sie von der Forschung hätten. Die Fragen sind jedoch eher rhetorischer Art, da sie die unterschriebene Forschungsvereinbarung vor sich auf dem Tisch liegen haben. Die Zusage hatte mir die Personalreferentin vorab auch schon übermittelt. Jedoch zeigen sie klar, dass sie – ganz im Gegensatz zur Bauroh – an dem angebotenen anonymisierten Feedback aus dem Workshop interessiert sind. Wir vereinbaren dann innerhalb einer Viertelstunde die Koordination des

---

6 Von Schwierigkeiten, den Eingang und Einlass zu finden, berichtete auch der Coach bei seinem Erstgespräch am anderen Unternehmensstandort in Bremen. Anscheinend ist das Unternehmen nicht sonderlich an Außenpräsenz interessiert und scheint auch nicht sehr viel physischen Kunden- oder Geschäftspartnerkontakt in den Geschäftsräumen zu haben, sodass auf repräsentative Eingänge und Zugangsrituale verzichtet wird.

7 Im Besprechungszimmer wartend, empfand ich es als unhöflich, dass mich meine Ansprechpartnerin nicht informiert hatte, dass sie überhaupt nicht anwesend sein wird. Im Nachhinein und damit in der zusammenschauenden Reflexion zeigt es aber auch einen interessanten Umgang mit mir als Beobachter. Denn im Gegensatz zur Bauroh, wo die Sekretärin der klar definierte Ansprechpartner war, changierten die möglichen Ansprechpartner bei der Web-icona. Ich hatte in der Folge meine Anwesenheit betreffend Kontakt mit der Personalreferentin. Hinsichtlich des Workshops sollte erst der CTO mein Ansprechpartner sein; die Umsetzung erfolgte dann jedoch wieder durch die Personalreferentin. In der Feldforschungsphase wurde dann ein ScrumMaster zu meinem impliziten Ansprechpartner, weil er wusste, wann welche Meetings stattfanden. Niemand war jedoch wirklich für mich zuständig oder fühlte sich dazu verpflichtet, sodass ich nach den ersten Beobachtungstagen individuell entschied, wann ich vor Ort war und wann nicht, mit wem ich Interviews führte etc. Dies führte einerseits zu viel Freiheit während der Feldforschung. Andererseits passt dieser Umgang mit mir in das Bild eines auf Selbstorganisation setzenden Unternehmens, das hierarchische Weisungen und klare Kommunikationswege eher vermeidet.

Workshops, der CTO wird mir als Ansprechpartner genannt. Von diesem erhalte ich zwei Tage später eine Liste der Workshopteilnehmer und Terminvorschläge.

Dieser professionelle Umgang in der Koordination des Workshops wirkte sich auch auf die erlebte Atmosphäre bei seiner Durchführung insofern aus, als die Mitarbeiter eine ungefähre Vorstellung vom Ziel des Workshops hatten und diesen auch für sich zum Austausch von Perspektiven nutzten. Am Ende des Workshops wurde mir gar aufgetragen, dass ich die Ergebnisse unbedingt dem Management zurückspielen müsse. Beide Seiten versuchten mithin, mich etwas zu instrumentalisieren: Das Management wollte mehr über die wahrgenommenen Probleme hinsichtlich der Zusammenarbeit erfahren; und die Mitarbeiter wollten, dass ihre Perspektive auch beim Management gehört wird. Beiden Versuchen begegnete ich mit wissenschaftlicher Distanziertheit. Die schriftliche Auswertung, die ich im Nachgang mit dem Management diskutierte, beschrieb zunächst den konkreten Ablauf des Workshops und konzentrierte sich sodann auf die stark thematisierte Differenz zwischen den verschiedenen Standorten der Firma und auf die als Lösung präsentierte Umstellung auf Scrum. Die von mir geäußerten Bedenken bestanden vor allem darin, dass viele Mitarbeiter Scrum als Lösung aller existierenden Probleme sahen und dass diese Erwartung notwendig enttäuscht werden müsse. Aufgrund dieser Einsicht vereinbarte ich mit dem Management die längere teilnehmende Beobachtung der Einführung von Scrum im Unternehmen. Diese Zurechnung als Beobachter der Einführung, insbesondere unter Berücksichtigung der Kommunikationsstrukturen und Weisen des Zusammenarbeitens, war dann auch meine Rolle im Feld. Diese Rollenzuweisung geschah auch hier informell über Buschfunk und Flurgespräche, nicht offiziell bei einem Meeting oder via Hauspost. Der Effekt für mich war jedoch, dass ich, ohne Aufmerksamkeit zu erwecken, an Sitzungen und Meetings teilnehmen konnte. Ich wurde auf dem Gang oder beim Sitzen in der halboffenen Teeküche von allen gegrüßt und kam mit verschiedenen Mitarbeitern ins Gespräch. Von Vorteil war sicher, dass ich ähnlich alt war wie die meisten Mitarbeiter und so – selbst bei Unkenntnis hinsichtlich meiner Rolle – auch als neuer Mitarbeiter, Praktikant oder Kollege von einem anderen Standort hätte wahrgenommen werden können. Die Vielfalt der beobachteten Einblicke war damit bei der Web-icona größer als bei der Bauroh.[8]

In diesen Gesprächen wurde ich durchweg geduzt – wie es bei der Web-icona allgemein auch gegenüber Vorgesetzten üblich ist –, nur mit den drei Abteilungsleitern und der Personalreferentin behielt ich das anfangs etablierte Siez-

---

[8] Diese Diskrepanz könnte methodisch problematisiert werden, wenn ich ausschließlich einen Vergleich der Arbeitsweisen der beiden Unternehmen angestrebt hätte. Da ich jedoch entsprechend meines sensitizing concepts der Techniken des Sozialen auch an anderen Phänomenen interessiert war, nahm ich diesen Unterschied billigend in Kauf. Ich akzeptierte damit die im und vom Feld vorgenommenen Zuschreibungen und reflektierte diese wechselseitig.

Verhältnis bei.[9] Dies führte des Öfteren zu Situationen der Unsicherheit hinsichtlich der adäquaten Ansprache, wodurch implizit fortwährend meine Rolle als teilnehmender Beobachter thematisiert wurde. Ich blieb trotz aller zunehmender Vertrautheit mit den Orten und Personen der wandernde Fremde, der »heute kommt und morgen geht« (Simmel 1992, S. 764). Damit konnte die besondere Haltung des Fremden, der heute kommt und morgen bleibt, bestehend »aus Ferne und Nähe, Gleichgiltigkeit [sic!] und Engagiertheit« (Simmel 1992, S. 766 f.) nicht etabliert werden. Dennoch ermöglichte mir gerade diese Position, dass die im Feld befindlichen Personen mir als Wanderer Geschichten erzählten und mir Zusammenhänge erklärten, gerade weil ich nicht potenziell morgen blieb.[10]

In beiden Unternehmen war ich trotz der leicht verschiedenen Rollenzuweisungen im Modus des »shallow cover« (Fine 1993, S. 276) unterwegs. Weder wusste das Feld über sämtliche Forschungsziele, noch operierte ich vollkommen verdeckt. Diejenigen, mit denen ich im Feld interagierte, waren schon oder wurden von mir informiert, dass ich eine soziologische Qualifikationsarbeit schreibe, in der es um die Beobachtung der verschiedenen Arten und Weisen des Zusammenarbeitens geht.

Bei der Web-icona erfolgte diese Mitteilung meist in informellen Begegnungen in der Teeküche oder beim Kickern. Auch hier steht der Kicker in einem speziellen Raum, der jedoch immer frei zugänglich und mit Sofa und Webkonferenzmöglichkeit ausgestattet ist. Dort wird oft, in verschiedensten Konstellationen und zu allen möglichen Uhrzeiten gespielt, was wahrscheinlich zu dem anonymen Zettel führte, der an die Wand über den Kicker gepinnt ist. Darauf steht: »Der Tisch-Kicker soll der *kurzzeitigen* Entspannung und Ablenkung von der konzentrierten Arbeit dienen. Vor diesem Hintergrund ist eine Nutzung vor 9 Uhr zumindest fragwürdig!« (Hervorhebung im Original) Die Formulierung kann maximal als hochironische Arbeitsanweisung interpretiert werden, eher wirkt sie als informeller Fingerzeig und steht damit im krassen Kontrast zum Umgang mit dem Kickerspiel in der Bauroh.

---

9   In der Bauroh wurde ein permanentes, unhinterfragtes Siez-Verhältnis gepflegt. Unter den Mitarbeitern bestehende Duz-Verhältnisse wurden in der Regel erst nach längeren Zeiträumen der Zusammenarbeit etabliert, sodass auch bei sukzessive steigender Bekanntheit mit einzelnen Personen im Feld keine Änderung der Anrede in Betracht gezogen werden musste.

10   So wurde mir beispielsweise bei einem Gespräch in der Teeküche von der Existenz des sogenannten »Mett-Wochs« bei der Web-icona berichtet. Wie ich später beobachten konnte und wie mir auch in einem Interview erzählt wurde (vgl. Sven Eisecke, Abs. 198 ff.), werden immer mittwochs von einem Mitarbeiter mehrere Pfund Mett (thüringisch für rohes Hackfleisch, auch als Hackepeter bezeichnet) gekauft. Gemeinsam im Team werden Brötchen geschmiert und diese mit Zwiebeln garniert. All das wird in der Mittagszeit in der offenen Teeküche regelrecht zelebriert.

Dieser spielerische, informelle Umgang der Mitarbeiter untereinander, inklusive des Managements, zeigt sich in den informellen Gesprächen wie auch in den beobachteten Meetings und Arbeitssitzungen. Aufkleber, witzige Sprüche auf Post-its oder Whiteboards, Schilder, Spielzeug, Sitz- und andere Bälle wie auch unterschiedlichste Gadgets bis hin zu Spielzeugpistolen mit Saugnapf-Gummipfeilen, die durch die Büros geschossen werden, sind in sämtlichen Büros der Web-icona anzutreffen. In einem Büro gibt es gar einen Mateflaschenkühlschrank mit Sichtfenster. Die Computer sind allesamt Notebooks, die meist über Dockingstations mit Bildschirm, Tastatur und sonstigen Kabeln verbunden werden. In der Regel werden die Rechner am Feierabend im Büro gelassen. Die Telefonate werden oft mithilfe von Headsets geführt – eine Praxis, die in der Bauroh nie beobachtet werden konnte.

Dort sind die Räume persönlich, aber nüchtern gestaltet. Man findet Kinderzeichnungen, kleine Radios und verschiedene persönliche Dinge. Oft hängen über den Schreibtischstühlen noch Strickjacken oder dünne Pullover zum Überziehen für kühlere Tage, auf den Tischen stehen in der Regel kleine Ventilatoren für wärmere Tage. Die Mitarbeiter sind leger für den Büroalltag gekleidet. In einigen Büros sind Pokale und Urkunden der sportlichen Wettkämpfe im Unternehmen zur Schau gestellt. In jedem Raum hängt mindestens ein Wandkalender. Neben dem häufig anzutreffenden Bauroh-Jahreskalender, der gern für das Markieren von Urlaubstagen genutzt wird, scheinen jedoch die monatlichen Wandkalender mit verschiebbarem Tagesanzeiger am beliebtesten zu sein. Diese Werbegeschenke anderer Firmen werden nur zu ca. einem Drittel aktuell gehalten, hängen aber in fast jedem Büro an den nüchtern weißen, rauhfasertapezierten Wänden. Kontrastiert wird dies zumeist durch verschiedenste Pflanzen, die besonders häufig auf dem durch den Wegfall großer Röhrenmonitore freigewordenen Platz zwischen den nun im Einsatz befindlichen Flachbildschirmen der Desktoprechner positioniert werden. Allgemein wirken die Büros unaufgeregt und aufgeräumt. Insbesondere die Teeküchen werden sehr sauber und ordentlich verlassen. In einer gibt es gar zwei mit einem Aufkleber versehene Haken für unterschiedliche Lappen zum Spülen, einer nur für Kaffeekannen und einer für den Rest.

Während ich bei der Web-icona erst nach dem Standort eines Kopierers fahnden musste, steht der Kopierer hier im offenen Sekretariat und damit im Mittelpunkt des Geschehens. Er wird eher selten für Kopier-, Scan- oder Faxaufträge genutzt, dafür regelmäßig für das Drucken von zumeist nur einzelnen Seiten. Da er von der gesamten Büroleitung genutzt wird, ist er häufig frequentiert. Kommt ein Druckauftrag an, ist zuerst ein leicht lauter werdender Lüfter zu hören, gefolgt von dem Papierstapel im Inneren, der mit einem relativ lauten Geräusch hochgefahren wird. Danach erfolgt der eigentliche, kaum hörbare Druckvorgang. Abgeschlossen wird das Drucken durch das leichte Hochfahren einer Ablage der Papierausgabe, sodass es scheint, als ob der Kopierer

»spricht«, da sich dadurch der Abstand zwischen den beiden Papierablagen verändert. Bei mehreren Blättern wird der humanoide Eindruck noch verstärkt, da sich die Papierablage immer auf und ab bewegt und durch das Blinken von ein, zwei Lampen flankiert wird. Ist alles gedruckt, fährt der Papierstapel mit lautem Geräusch wieder nach unten, und das Betriebsgeräusch verstummt. Ein Mitarbeiter holt sich nun seinen Ausdruck, und schon bald beginnt das Spiel von vorn.

Nur ganz früh am Morgen, kurz nach Sonnenaufgang, ist es trotz der Anwesenheit schon einiger Mitarbeiter – wie anhand der benutzten Zimmerbeleuchtung beim Gang durch die Flure zu bemerken ist – wirklich ruhig im Sekretariat mit der Sitzgruppe für wartende Gäste. Punkt acht Uhr kommt der Büroleiter Uhlram, er sieht mich sitzen und gibt mir die Hand, dann geht er zu den anderen schon anwesenden Mitarbeitern der Büroleitung, um auch diese mit Handschlag zu begrüßen. Gleichermaßen handhaben es die anderen Mitarbeiter, wie auch die zehn Minuten später eintreffende Sekretärin, deren erster Gang in die Teeküche führt. Kurz vor halb neun geht sie wieder von Raum zu Raum, um mitzuteilen, dass der Kaffee fertig sei. Die Kollegen kommen nun und setzen sich in den Konferenzraum, um bei Kaffee und Keksen in den Tag zu starten. Dies dauert stets eine halbe Stunde. Am Ende des Tages verabschiedet man sich in der Regel wieder per Handschlag von allen in der Büroleitung. Man geht früh, weil man morgens auch zeitig kommt.

Bei der Web-icona beobachte ich zu keiner Zeit einen Handschlag zwischen den Mitarbeitern, auch bereitet sich jeder Kaffee oder Tee selbst in der Küche an einem Espressoautomaten zu. Dies geschieht nicht zu einer bestimmten Zeit, sondern permanent. Zumeist wird dann auch noch ein Stück Obst, das in der Küche täglich frisch für die Belegschaft vorrätig ist, mit an den eigenen Arbeitsplatz genommen. Getrunken wird bei der Arbeit am Computer oder bei Besprechungen, nur zur Mittagszeit können hin und wieder Mitarbeiter beobachtet werden, die in der halboffenen Teeküche auf Barhockern um einen Tisch sitzen und gemeinsam trinken, essen und miteinander schwatzen. Die Gespräche sind nicht auf einen Ort und eine Zeit festgelegt, sondern finden pausenlos statt – in den Büros, beim Kickern, auf dem Flur oder beim Mittagessen, das zumeist außerhalb in verschiedenen Lokalitäten eingenommen wird, die die ausgegebenen Essensgutscheine akzeptieren.

Gezeigt wurde durch diese kontrastierende Präsentation meines ersten Eindrucks, der Räumlichkeiten und der darin herrschenden Atmosphäre, dass Unternehmen, deren Wertschöpfung vornehmlich durch Arbeit an Computerarbeitsplätzen in Büros geschieht, sehr unterschiedlich sein können. Diese aufgezeigten Diskrepanzen machen zum einen die je verschiedenen unternehmenskulturellen Eigenlogiken der beiden untersuchten Unternehmen deutlich.

Zum anderen bietet die möglichst plastische Darstellung der empfundenen Atmosphäre wie auch meiner Rollenzuweisung eine Hintergrundbeschreibung
der nun folgenden Analyse der Weisen des Zusammenarbeitens in den beiden
Unternehmen.

2 Scrum

Meinem Anliegen, ethnografisch in der Bauroh forschen zu wollen, entgegnete
der Büroleiter Herr Uhlram mit der Aussage, dass er eigentlich gar nichts Ne-
gatives zu bieten hätte, keine Missstimmung, keine Entlassungen, jedoch eine
sehr gut funktionierende zweite Reihe, auf die er großen Wert legen würde. Damit erklärte er mir gleich zu Beginn, dass die Stabilität des Büros mit seiner
Organisationsstruktur – dem Abteilungsleitersystem – zusammenhänge. Im
Verlauf der Beobachtungen und Gespräche begegnete mir dies nahezu als Glau-
benssatz. Die treffendste und meinen Beobachtungen am meisten entsprechen-
de Beschreibung dieser Organisationsstruktur lautet wie folgt:

> »Na, es gibt eine Abteilungsleiterstruktur. Das ist nicht überall im Hause so. Also es
> gibt den Chef, der Herr Uhlram, der hat das letzte Wort. Und wenn der es nicht hat,
> hat's der Herr Bünge, der Vorstand. Aber prinzipiell ist der Herr Uhlram der Chef.
> Und es wird gesprungen, wenn er sagt, es muss losgehn, das wird auch gemacht.
> Dann gibt's die vier Abteilungsleiter für Wasser, für Straße, für konstruktiven Inge-
> nieurbau und für Überwachung, und die haben auch einen sehr hohen Autoritäts-
> posten. In der Regel läuft alles über die Abteilungsleiter. Und wenn der Abteilungs-
> leiter nicht mehr weiter weiß, wenn es Probleme außerhalb gibt, wo der Büroleiter
> mal in seiner Position erscheinen soll, weil er einfach mehr Autorität, mehr Kom-
> petenz, mehr Ansehen hat. Erst dann wird der eingeschaltet, sodass er dann ziem-
> lich entspannt ist.« (Frau Lekannt, Abs. 12)

Es gibt im Büro vier Abteilungen, die nach sachlichen Gesichtspunkten differenziert sind: Verkehrsbau, Wasserwirtschaft, konstruktiver Ingenieurbau und
Kostenplanung/Bauüberwachung. Die jeweiligen Abteilungsleiter »sind verantwortlich für die Qualität, für die ganzen technischen Abläufe, für die Termine.
Also die sind im Grunde genommen, wenn man's so will, sagen wir mal, in sich
eigentlich wie Büros. Wenn man 18, 20 Mann hat; wir haben viele Niederlassun-
gen, da sind sechs, acht Leute oder fünfe. Also. Das muss man schon sagen, da
sind solche Abteilungen, wie sie hier in dem Büro sind, sind eigentlich, wenn
man nach draußen guckt, Büros.« (Herr D. Uhlram1, Abs. 76) Die Abteilungsleiter »haben ihren gewissen Rahmen«, insbesondere »wie viele Stunden« auf die
Projekte abgerechnet werden können (Frau Lekannt, Abs. 14). Diese »Kompe-

tenzgrenzen« sind aber ziemlich weit gefasst, sodass sie »ziemlich viel Verantwortung« (Frau Lekannt, Abs. 80) haben.[11]

Mit dieser im Prinzip klassischen, wie mir jedoch Herr Uhlram versicherte, aus »DDR-Zeiten« übernommenen und »in die neue Zeit« übersetzten Struktur[12] (Herr D. Uhlram1, Abs. 16) reagiert der Büroleiter auf die zeitaufwendige Entscheidungskonzentration an der Spitze einer Hierarchie: »Also in dem Moment, wo ein Betrieb wächst oder ein Büro wächst, dann kannst du nicht das Büro weiterführen, als wenn du, sag ma mal, 15 Mann bist, sondern dann bist du der Flaschenhals, wenn alles bei dir zusammenläuft. Und das wirste ni schaffen [...]. Die Probleme häufen sich, dann bist du am Ende als Büroleiter die absolute Schaltstation, musst alles entscheiden und gehst damit kaputt – unweigerlich.« (Herr D. Uhlram1, Abs. 26–28) Die bekannte Lösung ist dann der Einzug einer zweiten Ebene (hier die der Abteilungsleiter), die mit konkreter Entscheidungskompetenz ausgestattet wird, sodass auftauchende Probleme und zu treffende Entscheidungen automatisch an diese Ebene delegiert werden.[13] Diese Strukturetablierung bedarf sicher einer gewissen Zeit, in der sich »der Abteilungsleiter entwickeln« und »profilieren« und dadurch »Sicherheit« »mit seinen ja, dann untergegebenen [äh ...] Schäfchen«[14] (Herr D. Uhlram1, Abs. 20) gewinnen kann.

---

11   Es gibt jedoch keine Budgethoheit, diese besitzt der kaufmännische Leiter des Büros, und auch keine wirkliche Personalverantwortung, das heißt, Mitarbeitergespräche werden vom Abteilungsleiter geführt, über Einstellung bzw. Entlassung entscheidet jedoch der Büroleiter. Zudem darf nicht vergessen werden, dass verschiedene Querschnittsfunktionen wie IT, Telefon, Kopierer, Fuhrpark, Unternehmenskommunikation etc. von der Bauroh übernommen werden. Insofern ist es eben faktisch nicht so, dass die Abteilungen wie kleine Büros agieren (können).

12   Interessanterweise beschreibt sich ein interviewter Abteilungsleiter aufgrund der begrifflichen Nähe der Bezeichnung Abteilungsleiter zur DDR selbst als Teamleiter (vgl. Herr Wenisch, Abs. 31).

13   Diese Organisationsstruktur gilt laut Aussage des Vorstands – entgegen der oben zitierten Aussage von Frau Lekannt – für die Bauroh insgesamt: »Das ist die Führungsstruktur der Bauroh, mal unabhängig davon, wie wir uns in den Projekten zu organisieren haben, aber es gibt einen Büroleiter, es gibt bei größeren Büros Abteilungsleiter und wenn es ganz große Abteilung sind, von mir aus noch Teamleiter, Punkt aus. Und damit kann ich als Zeichner sagen: Das ist mein Chef und nicht der oder der und morgen ist es der oder ich weiß es einfach gar nicht.« (Herr Büngel, Abs. 40) Parallel zur klar hierarchischen Führungsstruktur gibt es sowohl im Büro Uhlram als auch in der Bauroh Projektleiterstrukturen, die jedoch je nach Projektumfang und -dauer dynamisch angelegt sind.

14   Die Kombination von hierarchischer und pastoraler Semantik, die sich in der Formulierung von den »untergebenen Schäfchen« zeigt, wird von Herr Wenisch ergänzt, der erklärt, dass die Abteilungs- bzw. Teamleiter »ihre Mannschaften, ihre Teams, ihre Truppenteile da nun auch im Griff haben« (Herr Wenisch, Abs. 73) müssen. Damit kommen auch noch sportliche und militärische Bedeutungsaspekte in den Blick. Dies alles beschreibt das insgesamt recht patriarchalische Verständnis von Mitarbeiterführung im Büro Uhlram. Das heißt, »wenn mal ein Fehler vorgekommen« sei, habe der Büroleiter »immer seine Hände über die Mitarbeiter gehalten und hat das alles irgendwie so geregelt, dass jeder trotzdem sein Gesicht wahren konnte und also ... eine ganz wunderbare Art« (Frau Bimskatz, Abs. 9). Er wird als »väterlich« (Frau Lekannt, Abs. 68) be-

Doch einmal etabliert, kann sich der Büroleiter auch »voll auf diese Abteilungsleiter abstützen«, wenn er gleichwohl damit leben muss, »dass dann auch paar negative Dinge vielleicht mal entstehen hier und da« (Herr D. Uhlram1, Abs. 20). Diese Machtbasis wird selbstverständlich auch auf der Ebene der Abteilungsleiter selbst beobachtet. So beschreibt Herr Güldentaler, dass sich die Abteilungsleiterstruktur bewährt habe, jedoch »natürlich auf unseren Rücken, weil wir quasi die, ich sag's mal überheblich, wichtigsten Leute sind« (Herr Güldentaler, Abs. 25). Im gesamten Büro ist sehr wohl bekannt, dass das operative Geschäft, die täglichen Entscheidungen von den Abteilungsleitern getroffen werden (vgl. auch Frau Meurer, Abs. 79–81).

Insgesamt kann die Organisationsstruktur im Büro Uhlram als klassisch hierarchisch beschrieben werden, die jedem Mitarbeiter und auch allen von außen Kommenden recht schnell einsichtig wird: »Na gut, es gibt halt den Büroleiter, dann gibt es die Abteilungsleiter, [...] und dann die Projektleiter. So sehe ich die Organisation« (Herr Barren, Abs. 8).

Eine ebensolche Organisationsstruktur besaß die Web-icona *vor* der Einführung von Scrum, mit dem eine komplett neue Struktur mit neuen Rollen, neuen Hierarchieverhältnissen, neuen Verantwortlichkeiten und anderen Abläufen implementiert werden sollte. Die Firma war ebenfalls in sachlogische Abteilungen differenziert. Die zentrale Entwicklungsabteilung R&D (Research & Development) wurde zudem in verschiedene Teams unterteilt. So gab es das Frontendteam, das sich mit dem gesamten für den Nutzer sichtbaren Teil der hergestellten Software beschäftigte. Den (zumeist) nicht sichtbaren Bereich der Software entwickelte das Backend-Team, und die Qualität sicherte das QA-Team. Auf der Ebene von R&D gab und gibt es weiterhin noch andere Abteilungen. Eine ist für die Maintenance (Application Management [AM]) zuständig, eine andere ist für Beratung und Softwareentwicklungen jenseits des Standardprodukts verantwortlich (Consulting).[15] Insofern barg die gewählte Organisationsstruktur die gleichen Vorteile der Übersichtlichkeit und Klarheit hinsichtlich der Zuständigkeiten wie in der Bauroh, dennoch veränderte die Web-icona ihre Struktur insbesondere für die technischen Abteilungen komplett.[16]

---

schrieben: »Über alles in seinem Büro hält er schützend die Hand und sagt immer spaßeshalber: das Büro Familie Uhlram. Und wer einmal in den Genuss des Schutzes vom Detlef gekommen ist, der genießt das und der kann sich damit auch in großer Sicherheit wähnen.« (Herr Bünge1, Abs. 22) Die Hierarchie läuft hier nicht nur formal, sondern wird patriarchalisch unterfüttert und plausibilisiert. Damit sind, wie an den verschiedenen Semantiken deutlich wird, demokratische oder partizipatorische Aspekte unterbelichtet.

15 Diese Aufzählung beschränkt sich auf die technischen Abteilungen und ist daher nicht vollständig. Selbstverständlich gibt es noch weitere Abteilungen wie Human Resources (HR), Produktmanagement, Support etc.

16 Auf die Frage, was sich durch Scrum verändert habe und was gleich geblieben sei, antwortete der CTO: »Naja, also der gesamte Entwicklungsprozess, also außer dass die Leute

In diesem Kapitel soll beschrieben und erläutert werden, warum dieser Schritt den verschiedenen Beteiligten wichtig und notwendig erschien. Auf welches wahrgenommene Problem sollte mit Scrum reagiert werden? Was bedeutet Scrum als Organisationsstruktur, und wie erfolgte die Einführung konkret?

2.1 Was ist Scrum?

Scrum als Organisationsstruktur bzw. als Prozess ist seit einigen Jahren insbesondere in der Softwareentwicklung bekannt (vgl. auch Manuel Winz, Abs. 56). Es wird branchenintern darüber geredet, Erfahrungen werden ausgetauscht. Neben Praktikern und »Evangelisten«, die Scrum zu verbreiten versuchen, hat sich weltweit und auch in Deutschland eine vielfältige Beratungslandschaft mit Coaches, Workshops, Zertifizierungen, mit Büchern und Vorträgen etabliert. Für einen Beobachter überraschend ist auf den ersten Blick, dass diese Frage der Organisation nicht nur vom Management und Unternehmensberatern diskutiert wird, sondern dass sie anscheinend auch ein Problem für die Entwickler und Programmierer selbst ist.

> »Scrum ist für mich 'ne Chance für diese Firma, dass sich endlich mal was tut, ansonsten gehen wir unter. Also, wenn wir das weiter gemacht hätten wie bisher, dann wäre die Firma in zehn Jahren schön langsam, dann wäre die Firma in zehn Jahren zugrunde gegangen. Wir wären irgendwann weg gewesen, weil ein Ozeandampfer, der sich nicht ändert, findet irgendwann einen Eisberg ...
>
> Interviewer: Ja, ja. ok.
>
> Befragter: Und deswegen fand ich diese Idee, deswegen war ich auch sofort Feuer und Flamme dafür, weil endlich ändert sich mal was. Wir haben schon so lange in diesen alten Strukturen gearbeitet und ständig nur an ganz kleinen Schrauben gedreht, aber das eigentliche, die eigentlichen Probleme, die wir haben, haben wir nie angegangen.« (Felix Kurz, Abs. 309–311)

In dieser Beschreibung eines aktuellen ScrumMasters und ehemaligen Projektleiters wird Scrum gar mit der Existenz der Firma verbunden. Einerseits erscheint die Firma nur noch wettbewerbsfähig, wenn sie sich grundlegend ändert, andererseits wird dieser Änderungsprozess emotional begrüßt. Die Scrum-Einführung war demnach nicht ausschließlich ein top-down durchgesetzter Wan-

---

natürlich vorm Rechner sitzen und Code schreiben in der Regel, hat sich verändert: also von der Vorbereitung bis zur, bis zum Abliefern sozusagen hat sich einfach alles verändert« (Manuel Winz, Abs. 176).

del, sondern zumindest zum Teil auch ein bottom-up initiierter Prozess. Bei der
Web-icona war der Geschäftsführer zunächst gar gegen eine Einführung von
Scrum. »Dann hatte er aber selbst mal ein paar Firmen eben besucht und hatte sich eben die mal, die nach Scrum arbeiten, und hatte sich eben mit denen
unterhalten, wie das Ganze geht und dann war er davon überzeugt. [...] War ja
eh klar, dass wir mal nach Scrum umstellen. Da mussten wir dann so tun, als
wäre das seine Idee gewesen war und gut.« (Manuel Winz, Abs. 60–64) Die trei-
bende Kraft war nicht das Management, sondern die Idee, auf Scrum umzustellen »schwirrte, glaub ich, fast schon ein Jahr beim Produktmanagement rum«
(Felix Kurz, Abs. 176). Erst später kam dann die Entscheidung vom CEO: »Leute, wir stellen auf Scrum um, Punkt. Es gibt kein Zurück, wir stellen auf Scrum
um, deswegen, aus den Gründen.. Also seine Gründe sind für die meisten Leute hier völlig schwachsinnig, weil er halt sagt: Der Rest der Welt macht es auch,
deswegen machen wir es jetzt. Aber er ist halt Geschäftsführer, so argumentiert
er.« (Felix Kurz, Abs. 178)

Die Gründe, warum Scrum bei der Web-icona eingeführt werden sollte, sind
sehr verschieden. Schon beschrieben wurde der Druck, der dadurch entsteht,
dass andere Unternehmen und Wettbewerber zumindest dem Anschein nach
erfolgreich damit arbeiten. Erfolgreich arbeiten kann in dieser Branche jedoch
nur, wer ein attraktiver Arbeitgeber ist, der die guten bis sehr guten Entwickler anziehen und langfristig binden kann. Dies sieht auch der CTO von Web-
icona so. Neben anderen Vorteilen, dem herzustellenden Produkt und der Entlohnung spiele auch die »Methodik« eine wichtige Rolle, »mit der man sich als
Arbeitgeber, als moderner Arbeitergeber auch attraktiv präsentieren kann und
dazu gehört Scrum eben auch. Und, ja diese, einerseits diese Kleinteiligkeit,
dass man relativ schnell Ergebnisse sieht, dass man dem Kunden relativ zügig
etwas präsentieren kann und ein Feature anbieten kann und so weiter und so
fort. Und eben auch die, ja, der Eindruck, dass das eben modern ist, dass Mitarbeiter also darauf, sag ich mal, abfahren, dass man also mit so einer Methode arbeitet, das hat sozusagen dann den Ausschlag gegeben.« (Manuel Winz,
Abs. 60)

Der Coach, der half, Scrum bei der Web-icona einzuführen, meinte gar,
dass Scrum kein besonderer Wettbewerbsvorteil mehr wäre: »[I]nzwischen
musst du es, also wenn du ernsthaft Entwickler an Bord kriegen willst, motiviert, kannst du kaum noch sagen, ich mach hier eine klassische muffi-
ge Wasserfallumgebung,[17] ne? Das glaub ich schon, dass man das mittlerweile

---

17 Mit der Metapher des Wasserfalls wird der geläufige – aus Scrum-Sicht jedoch veraltete –
    Planungsprozess beschrieben. Zunächst gibt es eine Grobplanung, Kostenschätzung und
    Angebotserstellung, danach folgt das Pflichtenheft, dann die Programmierung der Soft-
    ware, dann das Testen und zuletzt die Auslieferung an den Kunden. Dies wird als Was-
    serfall imaginiert, weil es keine – um im Bild zu bleiben – Rückflüsse von Informatio-

braucht, wenn man da gut dastehen will.« (Nils Miksen, Abs. 39–40) Diese Aussagen werden von verschiedenen Arbeitnehmern unterstützt: »Und ich glaube, wenn wir Scrum nicht einführen würden, wären die Flure hier leerer. Also mein Stuhl wäre auch schon leer, also wäre ich woanders hingegangen, weil ich einfach in 'ner Firma, wo ich einfach keine Perspektive habe, was Neues zu machen, weiterzukommen, mich weiterzubilden, was will ich denn da. In der Branche gibt es genug andere Firmen [lachen ...]« (Felix Kurz, Abs. 313).

Scrum machen also alle und Scrum ist sehr attraktiv für Arbeitnehmer, sodass es für die Arbeitgeber fast schon zu einer Notwendigkeit wird. Doch wird Scrum nicht vorrangig als Mitarbeiterbindungsinstrument eingeführt, im Hintergrund stehen auch betriebswirtschaftliche Erwägungen, die der Coach wie folgt zusammenfasst:

»Also oft geht es wirklich drum, wirklich schneller liefern zu können, das ist Nummer eins. Weil einfach dieses Jährliche nicht mehr reicht oder ähnliches. Und Nummer zwei ist wirklich aber auch, flexibler reagieren zu können auf Veränderungen. Also das sind so die beiden Hauptsachen. Und tatsächlich oft, dann doch vielleicht noch vor der Veränderung sogar, der Wunsch, auch billiger zu werden, ne? Also effizienter und da ist oft dann auch die Krux, ob das nämlich wirklich so das? Das ist an sich nicht so die Grundidee bei Scrum. Es kann mit passieren, das ist eigentlich nicht so der Kern.« (Nils Miksen, Abs. 28)

Neben der Mitarbeiterattraktivität soll Scrum zur schnelleren Auslieferung von Software führen, das heißt in erster Linie, dass Verbesserungen, Updates und neue Features in kürzeren Abständen zum Kunden gebracht werden können. In zweiter Linie soll mit Scrum ermöglicht werden, kurzfristiger auf Trends, Marktentwicklungen und Kundenbedürfnisse reagieren zu können, da die Planungshorizonte extrem reduziert werden. Mit den möglichen Kostenersparnissen zusammen scheint Scrum in der Tat eine perfekte Win-win-Situation zu ergeben.[18]

Mit Scrum wird jedoch keine neue, perfekte Organisationsstruktur gefunden, die alle bestehenden Probleme optimal löst, sondern mit Scrum wird etwas etabliert, das in erster Linie in spezifischer Hinsicht motivieren soll. So meint auch der Coach: »Na gut, das Hauptpotenzial, was man anzapft, ist ja

---

nen, Erkenntnissen oder veränderten Anforderungen gibt. Scrum als agile Methode legt demgegenüber besonderen Wert auf das Feedback und konzipiert den Softwareentwicklungsprozess mit vielen iterativen Schleifen.

18 In einer Onlineumfrage (Ambysoft 2008) wurde insbesondere nach den Veränderungen bei Produktivität, Qualität, Stakeholder-Zufriedenheit und Kosten durch die Einführung von Scrum gefragt. Dies deckt sich weitgehend mit den Kriterien, die in den Interviews und sonstigen Gesprächen bei Web-icona zur Sprache kamen.

eigentlich, wenn man es richtig macht, die Motivation der Mitarbeiter.« (Nils Miksen, Abs. 34) Attraktiv ist Scrum, weil es die Mitarbeiter motiviert und deren Motivation für das Unternehmen nutzbar macht. Nicht unbedingt wird durch Scrum alles effizienter, vielmehr soll es effektiver werden. Dies ist in einem doppelten Sinne zu verstehen. Zum einen meint effektiver, dass sich die Wirksamkeit der Arbeitsleistungen erhöht. Dies ist die Unternehmensperspektive und interessiert deswegen vor allem die Arbeitgeberseite. Zum anderen aber gibt es auch die Mitarbeiterperspektive. Hier bedeutet effektiver zu werden, dass die Mitarbeiter die Effekte ihrer konkreten Tätigkeiten besser wahrnehmen können. Das Augenmerk von Scrum liegt also nicht auf der ökonomischen Effizienzsteigerung, sondern auf einer höheren Effektivierung.

Insofern erscheint Scrum als etwas Umfassenderes als eine Organisationsstruktur oder eine Softwareentwicklungsmethodik. Scrum wird nicht genutzt, sondern – so die im Feld verbreitete Vorstellung – muss gelebt werden. So wird erklärt, dass ein Mitarbeiter »zwar die Rolle« des sogenannten ScrumMasters habe, »aber er hat gar nicht die Kraft und die Zeit das zu leben. Und deswegen funktioniert möglicherweise auch Team Rot nicht so, wie es könnte ...« (Paul Behnert, Abs. 110). Eine Abteilungsleiterstruktur muss man nicht leben, die braucht man, um arbeitsteilige Prozesse zu organisieren. In der Rede von Scrum werden jedoch Erwartungen und Werte angeführt, mit denen man sich in gewisser Weise identifizieren muss. So erscheinen beispielsweise Offenheit und Gleichheit im Team als wichtig. »Das muss man leben, ja. Manche denken, Moment, ich bin schon länger hier, das machen wir nicht, das machen wir schon immer so. Vielleicht ist es schon immer falsch. Diese Offenheit und das ... das ist auch ein Erziehungsprozess für viele hier.« (Paul Behnert, Abs. 118)

Dieser Identifikationszwang wird zumeist nicht als solcher artikuliert, vielmehr scheint das Identifizierenkönnen mit der eigenen täglichen Arbeit geradezu als ein Kriterium für einen guten Job angesehen zu werden. Dies kommt nur sehr indirekt zum Ausdruck, im untersuchten Fall konnte dies jedoch im Umfeld von Kündigungen[19] beobachtet werden. So beschrieb mir im Interview ein Mitarbeiter sein Kündigungsmotiv: »Zum ersten Mal seit drei Jahren stehe ich morgens nicht mehr gern auf. Das liegt daran, dass mir mein Tätigkeitsfeld nicht gefällt und dass ich nichts mehr von dem mache, wofür ich eigentlich eingestellt wurde und wofür ich brenn irgendwie, dass ich auch Fähigkeiten verliere und mich nicht weiter entwickeln kann und so.« (Christian Ahorn1, Abs. 49) Auch wenn sich dieser Mitarbeiter durch die Umstellung auf Scrum und dem damit veränderten Tätigkeitsfeld genötigt sieht, sich einen anderen Job zu suchen, ist er von Scrum überzeugt und »auch ein absoluter Verfechter gewe-

---

19 Sämtliche Kündigungen bei der Web-icona im beobachteten Zeitraum gingen von den Angestellten aus.

sen«, da nur durch die agile Entwicklung mit Scrum die Möglichkeit gegeben sei, »Feedback rechtzeitig zu bekommen«, um es anschließend wieder in das Produkt »einfließen zu lassen« (Christian Ahorn1, Abs. 34). Es scheint ein zentraler Wunsch der Mitarbeiter zu sein, die Effekte des eigenen Arbeitens zu bemerken und als »Feedback« zurückgespielt zu bekommen.

Dies konkretisiert derselbe Mitarbeiter später: Wenn die eigene Software kontinuierlich ausgeliefert werden kann und somit die agile Entwicklung wirklich beim Kunden ankommt, »dann hast du irgendwann wirklich den Beweis und das Aha-Erlebnis, dass du sagst: Das haben wir jetzt innerhalb von vier Wochen entschieden, gemacht und ausgeliefert und jetzt haben wir die Kunden zufriedengestellt. Früher hätten wir dafür ein Jahr gebraucht. Wenn der Kunde dann zufrieden ist mit dem, was man gemacht hat, dann ist es auf jeden Fall ein Erfolg.« (Christian Ahorn2, Abs. 97)

Im Zitat ist vor allem das Kundenfeedback im Blick, jedoch spielt – wie noch zu zeigen sein wird (vgl. Kap. IV.3) – auch das interne Feedback von anderen Programmierern und anderen Mitarbeitern eine zentrale Rolle bei Scrum.[20] Zudem kann nun wieder die andere Dimension von Effektivierung betont werden. Denn es ist nicht nur ein persönlicher Erfolg, sondern kann auch einer des Unternehmens sein. Schnellere Produktzyklen, die besser an gegenwärtig artikulierte Kundenbedürfnisse angepasst sind, werden einem Unternehmenserfolg zumindest nicht im Wege stehen.

Bevor nun endlich beschrieben wird, was Scrum konkret ist, sollte deutlich geworden sein, dass damit von verschiedenen Akteuren sehr Unterschiedliches verbunden wird. Neben den konkreten Verfahrensregeln hat Scrum auch immer eine symbolische Dimension. Es erscheint als modern, als effizient, als attraktiv und effektiv. Es erzeugt und bindet verschiedenste Motivationen. Dies macht eine Beobachtung der eingeführten sozialen Praktiken umso wichtiger,

---

20 Eine mögliche Erklärung für die Akzeptanz von Scrum auch bei den Mitarbeitern bietet die Unterscheidung von Persönlichkeitstypen nach Riesman (1964). Der inner-directed character beschreibt den Typus des nach seinen Überzeugungen und Prinzipien Handelnden. Der other-directed character meint dagegen einen Typus, der sein Handeln an den ihn umgebenden anderen ausrichtet. Findet die Orientierung des ersten Typus wie an einem – um bei dem weiter oben schon kurz eingeführten Riesman'schen Vergleich zu bleiben – Kreiselkompass statt, der immer in ein und dieselbe Richtung zeigt, so lässt sich der andere Typus als Radartypus mit wechselnden Orientierungsmöglichkeiten beschreiben. Zu überprüfen wäre nun die These, dass Scrum insbesondere auf den Radartypus abzielt, da es diesen Menschen vielfältige Möglichkeiten des Feedbacks zu ihrer eigenen Person und ihren Tätigkeiten bietet. Einer Kritik an Scrum (vgl. Schmidt 2012, S. 189), die vor dem impliziten Ideal eines inner-directed characters operiert, bleibt diese Idee freilich verborgen, weil sie nicht sehen kann, welche Funktion Scrum für den other-directed character haben kann. Da diese Arbeit in erster Linie Praktiken und keine Persönlichkeitstypen zum Gegenstand und diese deshalb auch nicht erhoben hat, bleibt es freilich nur eine These in einer Fußnote.

da gerade in den Differenzen zwischen den artikulierten Überzeugungen und den ausgeführten Praktiken die »wirklichen« Effekte einer Scrum-Einführung zum Vorschein kommen.[21]

Bisher wurde Scrum als Organisationsstruktur, aber auch als Prozess und Methodik beschrieben. In einer Masterarbeit (Dienstag 2014) zur Einführung von Scrum bei Web-icona kommen noch Begriffe wie »agile Entwicklungspraktik«, »Philosophie« oder »Ansatz« hinzu. Für den Coach ist Scrum dagegen »ein Rahmenwerk, mit dem du es schaffst, in einem komplexen Umfeld wirklich innovative Produkte zu schaffen, zu entwickeln. Das ist eigentlich die Idee dahinter und sehr leichtgewichtig und lässt dir eben sehr viele Freiheiten, wie du genau dann das ausfüllst. Es ist halt keine Methode, sondern eigentlich nur so ein Rahmen.« (Nils Miksen, Abs. 20) Diese Bandbreite von Einordnungsversuchen unterstreicht die oben herausgestellte Vielfalt von Erwartungsverknüpfungen mit Scrum.[22] Dies bleibt auch bei der Prozessbeschreibung konstitutiv. Mehrere Personen versuchten mir im Interview, »Scrum auf'm Bierdeckel« zu erklären: »Du hast halt verschiedene Böxchen, also Zeitscheiben, in denen du halt arbeitest, und danach machst du halt wieder das nächste. Du planst halt nicht weit voraus und machst immer eins Stück für Stück.« (Felix Kurz, Abs. 305) Dadurch wird der Prozess leider nicht verständlicher.[23] Die Masterarbeit (Dienstag 2014, S. 7) nutzt deswegen zur Visualisierung eine von vielen Grafiken aus dem Internet.[24]

---

21 Neben dem vor allem durch die Interviews und zusätzliche Scrum-Materialien erhobenen Repräsentationen und den durch die Ethnografie erhobenen Praktiken basieren die folgenden Abschnitte sehr stark auf zwei weiteren Materialien. Zum einen habe ich mich an den Coach »angehängt«, dass heißt, ich habe beobachtet, wie der Coach die Einführung von Scrum bei der Web-icona beobachtet, welche Fragen er stellt, wie er diese mit dem Team, aber auch mit den ScrumMastern und schließlich auch mit mir als anderem Beobachter diskutiert. Zum anderen wurde parallel zu meiner Forschung auch eine Masterarbeit zur Einführung von Scrum im besagten Unternehmen erstellt (Dienstag 2014). Diese geht anderen Fragen nach, bietet jedoch auch eine Vielzahl von Beobachtungen. Insbesondere die Masterarbeit wurde als Material für die Darstellung von Scrum herangezogen. Ich führte sowohl mit dem Coach (Nils Miksen) als auch mit dem Masterstudenten (Marcel Dienstag) ein Interview, die in die Auswertung einflossen.

22 Scrum besitzt damit oft die Funktion eines Symbols oder eines leeren Signifikanten (vgl. Laclau/Mouffe 1991), der eine Vielzahl an Anschlüssen erlaubt und widersprüchliche Erwartungen zu verdecken vermag.

23 Der gewählte Einstieg in das Kapitel, der eine Definition und Prozessbeschreibung von Scrum zunächst vermied, sollte ebendiese Funktion von Scrum als Symbol auch für den Leser nachvollziehbar machen: Alle reden von etwas, dass ziemlich vage und unklar bleibt, aber verbinden dennoch damit unzählige Erwartungen.

24 Interessanterweise wählte Dienstag eine Grafik aus, die sehr an ein Fließband erinnert (vgl. auch Abb. 1). Große Aufgaben werden in kleine Tasks heruntergebrochen, sodann bearbeitet und sind am Ende fertig zum »Verschicken«. Eine andere Analogie nutzt eine

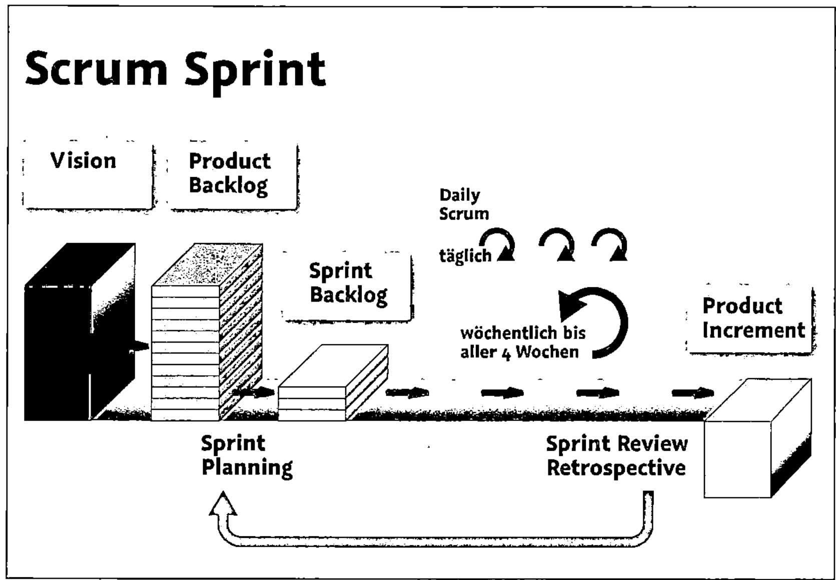

Abbildung 1   Scrum-Prozess (eigene Darstellung)

Abbildung 1 zeigt den Scrum-Prozess: Entsprechend einer groben Produktidee (Vision) werden einzelne Stories[25] und Aufgaben gebildet, die den sogenannten Product Backlog bilden. Dies ist eine priorisierte Liste von Feature-Ideen, An-

---

Broschüre von *it agile* (2012). Hier wird der Arbeitsprozess mit einem Druckprozess verglichen: »Der Drucker stellte eine Seite nach der anderen fertig und zog gleichzeitig immer wieder neue Blätter ein. Das war ein schön gleichmäßiger Prozess [...] ›Das sieht wie Flow aus‹« (ebd., S. 4). Niemand würde auf die Idee kommen, mehr Papier reinzustopfen, damit schneller gedruckt werde. Ebenso solle mit einem Entwicklungsteam umgegangen werden. Man soll die »Kapazität, oder besser: Leistungsfähigkeit« (ebd., S. 5) messen und dann Sorge tragen, dass diese nicht überschritten werde, da sonst Ineffizienz und Qualitätseinbußen drohen würden. In beiden Fällen werden die Vorteile des Prozesses mit einer Maschinen-Analogie verständlich gemacht. Ein anderes Bild prägte der Coach, der mehrmals die rhetorische Frage stellte: »Was ist eine hundertprozentige Auslastung der Autobahn? Stau!« Insgesamt geht es in diesen Bildern und Analogien um den Schutz eines Arbeitsprozesses vor Überlastung. Fließband, Drucker und Autobahn haben nur eine bestimmte Kapazität. Die muss erkannt und sodann vor Eingriffen geschützt werden. Eine ähnliche Darstellung, wie die hier verwendete, nutzt die nur 120 Sekunden lange Vorstellung von Scrum in einem der zahlreichen Videos zum Thema im Web (vgl. http://www.youtube.com/watch?v=WxiuE-1ujCM; Zugegriffen: 16.3.2015).

25 User Stories beschreiben ein »Bedürfnis aus Sicht des Anwenders« (Dienstag 2014, S. 8). Sie sollten voneinander unabhängig realisierbar, relativ klein, der Arbeitsaufwand für ihre Erstellung sollte gut abzuschätzen und und sie sollten testbar sein. Zudem sollte der

passungen, Aufgaben etc. Jedes Entwicklerteam schätzt dann in einem Sprint Planning genannten Meeting ab, wie viele Aufgaben es im sogenannten nächsten Sprint schaffen kann. Ein Sprint ist ein fester Zeitrahmen[26] – bei Web-icona waren es immer 14 Tage. Die Aufgaben, die in dem nächsten Sprint vom gesamten Team erledigt werden sollen, werden dann in den Sprint Backlog verschoben. Danach arbeitet das Team während des gesamten Sprints an diesen Aufgaben und darf dabei nicht gestört werden. Weder dürfen neue Aufgaben dazu kommen, noch können Prioritäten geändert werden. Das Team verpflichtet sich auf die Erledigung dieser Aufgaben; und alle anderen verpflichten sich, das Team während des Sprints in Ruhe arbeiten zu lassen. In diesem Zeitraum gibt es jedoch ein tägliches, zumeist im Kreis stehend abgehaltenes Meeting von einer Viertelstunde, der Daily Scrum oder kurz: das Daily. Am Ende eines jeden Sprints gibt es zwei weitere Meetings. Zunächst das Sprint Review, in dem die entwickelten Features und die fertiggestellten Aufgaben präsentiert und intern vom sogenannten ProductOwner abgenommen werden. Danach folgt die Sprint Retrospective (kurz: Retro), in der eine Art Evaluation des letzten Sprints vorgenommen wird. Das Team schildert dem ScrumMaster Hemmnisse und positive Erfahrungen, dieser kümmert sich in der Folge insbesondere um eine mögliche Beseitigung der Hemmnisse.[27] Danach beginnt der Sprintzyklus mit der nächsten Planning-Sitzung von Neuem.

Letztlich sollen durch diese Prozessgestaltung schneller Produktteile und -features erstellt und an den Nutzer übergeben werden (alle 14 Tage). Der Planungshorizont beträgt nur noch zwei Wochen, sodass sich schnell auf neue Prioritäten reagieren lässt und andere Ideen oder zusätzliche Aufgaben in die Teams gegeben werden können.

Hierfür ist der ProductOwner zuständig. Dieser bildet die Schnittstelle zwischen Team und Kunden.[28] Er muss die anstehenden Aufgaben und Stories prio-

---

Kundennutzen erkennbar sein. Auch sollten Stories noch einen gewissen Gestaltungsspielraum besitzen und nicht wie Pflichtenhefte bis in das kleinste Detail durchdefiniert sein.

26 Dieser Zeitrahmen variiert von Unternehmen zu Unternehmen von mindestens einer bis zu vier Wochen.

27 Diese Hemmnisse sind äußerst unterschiedlich. Das beginnt bei technischen Restriktionen und Problemen wie einer langsamen Internetverbindung oder schlecht konfigurierten virtuellen Maschinen (VMs). Auch können ein Fehlverhalten des Managements, beispielsweise Sonderaufgaben während des Sprints, oder Störungen durch andere Teams thematisiert werden. Zudem werden fehlende Kompetenzen einzelner Teammitglieder sichtbar gemacht. Letztlich können aber durchaus auch private Dinge, die zu fehlender Konzentration oder geringerer Leistungsfähigkeit führten, angesprochen werden.

28 Zumeist ist es der konkrete Auftraggeber, der seine Anforderungen dem ProductOwner gibt. Im Business-to-Consumer-Geschäft wird der Endkunde durch das Produktmanagement oder den Geschäftsführer des Unternehmens ersetzt. Dieser gibt vor, was die Software können soll. Dies kann freilich mit Mitteln der Marktforschung noch an die Kundenbedürfnisse angepasst werden.

risieren, dem Team verständlich machen und dann die fertige Software abnehmen. Die Rolle des Prozessverantwortlichen hat dagegen der schon erwähnte ScrumMaster inne. Er schützt in erster Linie das Team, beseitigt Hindernisse und moderiert die zentralen Meetings. Das Team an sich besteht aus ca. fünf Mitgliedern und ist crossfunktional besetzt, sodass es gemeinsam in der Lage ist, Stories zu lösen. Bei der Web-icona waren zumeist Frontendprogrammierer, Backendprogrammierer, QA-Experten und zum Teil Designer in einem Team zusammengefasst. Diese entscheiden gemeinsam, welche User Stories sie im nächsten Sprint schaffen können und verpflichten sich darauf. Sie sind als Team allein für die Umsetzung verantwortlich und organisieren sich selbst. Damit werden die Entscheidungen, die vormals die Projektleitung durch das Erstellen detaillierter Spezifikationen traf, hinsichtlich der Fragen, wie, mit welchen Mitteln und zu welcher Zeit eine Aufgabe konkret umgesetzt werden soll, komplett auf die Teams übertragen. Die Entscheidungsinstanz wird dadurch entpersonalisiert und die Entscheidung zu einer Gruppenangelegenheit.

Die Etablierung neuer Rollen führt zunächst zu Unsicherheiten sowohl in der Rollenausübung als auch gegenüber den Rollenausführenden. Der Abbau dieser Verhaltensunsicherheiten sollte durch ein Scrum-Training, das jeder Angestellte besuchte, und durch den die Einführung begleitenden Coach gelingen. Auch wurde insbesondere von den ScrumMastern ein Vielzahl von (Beratungs-) Büchern angeschafft und sich im täglichen Arbeiten darauf bezogen. Für diese Personengruppe war es möglich, sich auf ein neues Rollenvorbild zu beziehen, doch insbesondere für diejenigen, die in der alten Struktur Leitungs- und Führungsaufgaben übernommen hatten, war dies ungleich schwerer. Bei Web-icona wurden Letztere zu einfachen und damit gleichrangigen Teammitgliedern; oder sie verblieben in ihrer Managementrolle, hatten jedoch viel geringere Durchgriffs- und Entscheidungsbefugnisse, oder sie wurden zu sogenannten Experten und damit außerhalb des Scrum-Prozesses positioniert. Dies führte zu verschiedenen Rollenkonflikten, die je unterschiedlich zum Tragen kamen (vgl. Kap. IV.3.1).

Da Scrum nur wenig konkrete Verhaltensanweisungen im Sinne von Verfahrensregeln beinhaltet, wurde neben der Beratung über einen Rekurs auf sogenannte agile Werte versucht, Verhaltenssicherheit und -plausibilität zu etablieren. Diese agilen Werte wurden bereits 2001 in einem Manifest genannten Kurzdokument veröffentlicht. Darin heißt es: »Individuals and interactions over processes and tools. Working software over comprehensive documentation. Customer collaboration over contract negotiation. Responding to change over following a plan« (Beck/Beedle 2001). Diese Werte bleiben unscharf, wenn auch die Tendenz hin zu kleinteiligen, individuelleren, sich verändernden Prozessen sichtbar wird. In der Masterarbeit (Dienstag 2014, S. 28 ff.) werden für Scrum noch weitere Werte wie Rückkopplung (Feedback), Offenheit/Transparenz, Kommunikation, Einfachheit, Mut, Respekt, Commitment und Fokus aufgezählt. Obwohl diese Werte als Richtmaß für das eigene Verhalten und das Verhalten anderer im Scrum-Prozess dienen sollen, können sie je unterschiedlich interpretiert werden. So besteht beispielsweise für den Masterstudenten Respekt darin, nicht in alte Gewohnheiten zu verfallen (vgl. Marcel Dienstag, Abs. 29). Die Beschreibung der Werte Feedback, Respekt und Mut verweist auf eine zentrale Bedeutung von Kommunikation. Statt etablierte Prozesse einfach abzuspulen, Anweisungen blind zu befolgen und am Ende Software zu produzieren, die am Kunden(interesse) vorbeigeht, soll mit dem Kunden in einen Dialog getreten und ein langfristiger Plan vermieden werden, und funktionierende Software(teile) sollen schnell ausgeliefert sowie genutzt werden. Aber auch intern soll mehr, offen und respektvoll miteinander kommuniziert werden. Die Idee besteht darin, dass möglichst jeder ermutigt werden soll, seine Perspektive und Meinung in den Softwareentwicklungsprozess einzubringen.

Die Hoffnung ist dann eine doppelte: Die Software wird einerseits besser und dadurch für den Kunden attraktiver, andererseits werden die Mitarbeiter stärker einbezogen und können sich besser mit ihrer Tätigkeit identifizieren. Das kann freilich nur vor dem Hintergrund einer vermuteten weitgehenden Interessenkongruenz überhaupt plausibel werden, also nur, wenn angenommen wird, dass sowohl das Unternehmen und die darin angestellten Mitarbeiter als auch die Kunden im Grunde dasselbe wollen: großartige Software. Das Unternehmen will großartige Software, um Profit zu machen; die angestellten Mitarbeiter wollen dies, um einer inspirierenden, sinnvollen Tätigkeit nachzugehen, und die Kunden, um ihre konkreten Probleme (vom Onlinekauf über Adress- und Terminverwaltung bis hin zu Onlinebanking u. v. m.) besser zu lösen. Dass sich dahinter jedoch prinzipielle Interessengegensätze verbergen, wird gleichsam invisibilisiert. Am einfachsten ist dies auf monetärer Ebene zu zeigen: Während das Unternehmen seinen Profit maximieren will, wollen die Angestellten ihren Lohn maximieren; gleichzeitig wollen die Kunden den zu bezahlenden Preis minimieren.

Auch wenn die aufgezählten agilen Werte nicht die prinzipiell bestehenden Interessengegensätze aufzulösen vermögen, erscheinen sie sowohl dem Management und den Angestellten als auch den Kunden[29] dennoch als außerordentlich attraktiv. Damit kann nun die Frage gestellt werden, auf welches Problem Scrum überhaupt reagiert oder anders: Warum erscheint Scrum als *die* Lösung für die bei der vormaligen Software-Entwicklung im sogenannten Wasserfallmodus wahrgenommenen Probleme?

---

29 Dies wird umso plausibler, wenn nicht an eine Masse von Konsumenten (Endverbrauchern) gedacht wird, sondern wenn konkrete andere Unternehmen bzw. gar die Mitarbeiter, die mit der zu entwickelnden Software dann arbeiten müssen, frühzeitig in den Entwicklungsprozess integriert werden oder ihre Wünsche für zukünftige Erweiterungen nicht nur äußern können, sondern diese auch zeitnah umgesetzt bekommen.

Man kann versuchsweise und zunächst sehr abstrakt sagen: Scrum reagiert auf eine verstärkt wahrgenommene Komplexität.[30] Das heißt in erster Linie, dass Software aufgrund der äußerst geringen Investitionskosten von sehr vielen Personen und weltweit programmiert werden kann – auch am heimischen Küchentisch auf einem alten Computer. Zweitens ist der erreichbare Markt dank Internet und spezialisierter Marktplätze (wie beispielsweise Apples App Store, Android Market Place oder auch Steam von Valve für Computerspiele) ein für nahezu jeden erreichbarer weltweiter Markt.[31] Damit kommt es zu einer verschärften Konkurrenz und verstärkten Transparenz, die durchschnittliche und damit minderkomplexe Produkte benachteiligt. Während in vorrangig lokal agierenden Märkten oder in Märkten mit höheren Investitionskosten[32] (Kunden-)Beziehungen weiterhin eine entscheidende Rolle spielen, ist dies bei Software nur selten (meist in speziellen Nischen) der Fall. Selbst der Preis spielt oft eine geringere Rolle, weil es einen sich stetig vergrößernden Open-Source-Markt gibt, sodass Software oft gar kostenlos zur Verfügung steht. Diese branchenspezifischen Bedingungen führen zu einer notwendig gesteigerten Komplexität: einerseits auf Produktebene, das heißt, Software muss immer mehr leisten und immer mehr Funktionen beinhalten, um am Markt eine Chance zu haben; andererseits auch auf Unternehmensebene, so zum Beispiel hinsichtlich des Geschäftsmodells. Hinzu kommt die schwerer werdende Mitarbeiterbindung, der mit verschiedensten Maßnahmen[33] begegnet wird, und auch die Kundenbindung, die eher schwach ausgebildet und kurzfristig ist.[34]

Hohe Komplexität, wie sie u. a. in der Produktion von Software anzutreffen ist, führt strukturell zu mehr Macht bei den angestellten Mitarbeitern. Das heißt, dass nicht nur der Geschäftsführer nicht mehr in der Lage ist zu verstehen, was seine angestellten Mitarbeiter machen, sondern dass auch die unteren Hierarchieebenen wie Abteilungs- oder Teamleiter immer seltener wissen, wie ihre Mitarbeiter die konkreten Probleme am besten lösen könnten.

Luhmann (2003, S. 108) spricht aufgrund der begrenzten »Aufnahmefähigkeit für Komplexität beim Vorgesetzten« von einer zunehmenden »Machtquelle« bei den einzelnen Mitarbeitern. Deswegen »müßte es Tendenzen geben, die

---

30 Dieses Argument ist keine ausschließlich wissenschaftliche Beobachtung, auch Unternehmensberatungen beschreiben Agilität als Konsequenz von sich verändernden, komplexen Wirtschaftsumfeldern (vgl. Abegglen Management Consultants AG 2011, S. 7). Vergleiche hierzu auch allgemein Boltanski/Chiapello (2003, S. 155), die in der Aktivität (statt Arbeit) ein entscheidendes Signum des neuen Geistes des Kapitalismus erblicken.
31 Dies ist in anderen Branchen wie Automobilbau, Energiewirtschaft, Bauwirtschaft oder auch Handel nur mithilfe von immensen Investitionskosten (für Infrastruktur, Produktion, Marketing und Vertrieb) möglich.
32 Im Bereich von Business-to-Business-Software ist dies ebenfalls zu beobachten.
33 Vergleiche beispielsweise für Google Levy (2011).
34 Dies insbesondere im Vergleich zu kostenintensiveren Produkten wie Maschinen, Immobilien oder Autos.

Macht der Untergebenen zu kollektivieren, zu systematisieren, zu domestizieren, zu legitimieren« (Luhmann 2003, S. 109). Diese Tendenz ist bei Scrum Wirklichkeit geworden, denn sehr wohl besitzt es durch den starken Fokus auf die Teams ebendiese Kollektivierungsfunktion. Scrum wäre damit der vorerst letzte »Trick des Managements [...]. Unter Vorgabe eines Machtausgleichs wird aber nur die Macht reorganisiert, die die Untergebenen im großen und ganzen schon haben.« (Luhmann 2003, S. 109)[35] Der Effekt wäre dann, dass die zunehmende Macht der einzelnen Mitarbeiter durch eine Kollektivmacht domestiziert wird. Pointiert formuliert: Nicht der Chef entscheidet und schränkt damit den Spielraum der Mitarbeiter im Sinne des Unternehmens ein, sondern die Tatsache, dass die anderen Teammitglieder mitentscheiden, wirkt machtbeschränkend. Dies kann dann von den Einzelnen unterschiedlich wahrgenommen werden: Auf der einen Seite als verstärkter Druck zu sozialer Konformität oder Zwang zu anderen Aushandlungsprozessen, um bestimmte Aspekte zu entscheiden, zu legitimieren und dementsprechend zu handeln; auf der anderen Seite kann es auch als Entlastung interpretiert werden, wie es beispielsweise ein Mitarbeiter formuliert, der über mehrere Jahre einen Spezialaspekt der Software größtenteils allein vorangetrieben und programmiert hat: »Was ich auch wichtig finde [an Scrum, S.M.], dass die Teammitglieder einen auch ein Stück weit mit zurückholen, wenn man halt jetzt zu große Ideen und sagt, das muss hier und dort gemacht werden und das und das und das. Dann gibt's halt auch Stimmen, die sagen: Das muss nicht sein. Bis dahin reicht's und das brauchen wir erstmal nicht, das können wir irgendwann mal machen und diese Priorisierung von gewissen Themen, das ist auf jeden Fall hilfreich.« (Roman Greifrau, Abs. 46) Aus dieser Doppellage heraus wird es verständlich, dass »die als Kollektiv formal organisierte Macht der Untergebenen deren informale Macht gar nicht absorbieren, aber auch nicht verstärken kann, sondern unabhängig von ihr unter völlig anderen Bedingungen [...] praktiziert werden muß.« (Luhmann 2003, S. 109)

Mit dieser bei Scrum anzutreffenden Kollektivierung der Macht der Mitarbeiter im Team werden also nicht informelle Beziehungen gegen die formale Hierarchie gestellt, sondern es gibt nunmehr drei Dimensionen von Machtbeziehungen: erstens die weiterhin bestehenden formalen Beziehungen vor allem hinsichtlich der Personalverantwortung (insbesondere Lohnfragen und Kündigung), zweitens eine kollektiv formale Macht innerhalb der Aushandlungs- und Entscheidungsprozesse im Team und drittens die vielfältigen informellen Beziehungen der Mitarbeiter untereinander. Luhmann (ebd., S. 113) interpretiert nun eine »solche Entwicklung als ein[en] weitgehende[n] Verzicht auf die Technizität von Macht«. Hier dagegen wird die These vertreten, dass spezifische Handlungsfestlegungen gerade dadurch, dass sie bei Mediationsproblemen

---

35 Luhmann spricht allgemein von »Emanzipation« als letztem Trick des Managements und schießt damit zumindest indirekt einen ironiegetränkten Pfeil gen Habermas.

von formal Gleichen helfen, vor allem auf der zweiten Dimension von Macht-beziehungen als funktionales Äquivalent zu formaler Hierarchie zum Einsatz kommen. Statt in der Formel einer Technizität der Macht nur die Hierarchie zu betrachten, müssen auch diese Handlungsfestlegungen in den Blick genom-men werden, um die konkreten Prozesse jenseits von formalen und informel-len Machtbeziehungen beschreiben zu können.

Auf der Diskursebene erscheint Scrum als Abschaffung der Macht- und In-teressenkonflikte und wird als Win-win-win-Situation[36] konzipiert: Statt for-maler Hierarchie soll das bessere Argument gewinnen. Die Mitarbeiter sollen als Personen und nicht nur in ihrer Rolle wahrgenommen werden. Mehr, viel-fältige und nonkonforme, d. h. kreative Meinungen sollen zugelassen werden, um eine höhere Innovationsfähigkeit zu ermöglichen. Wie ein konkretes Fea-ture entwickelt wird, entscheidet nicht die Position in der Hierarchie, sondern das Team allein. Diese Entscheidungshoheit wird mit Selbstorganisation gekop-pelt. Das bedeutet auch, dass weder Chef, Projektleiter, ScrumMaster oder Pro-ductOwner entscheiden, wie viel in den Sprints abgearbeitet wird, sondern das Team. Der ProductOwner verfügt einzig über den Backlog als priorisierte Liste mit Aufgaben und User Stories, kann aber nicht bestimmen, welche vom Team für die Bearbeitung ausgewählt werden. Die Zielsetzung ist damit allgemein dadurch bestimmt, nicht möglichst viel mit geringer Qualität und mäßigem Mehrwert zu produzieren, sondern weniger, dies aber dafür qualitativ hochwer-tig. Statt den Arbeitsdruck zu erhöhen, wird die Verantwortung auf das Team übertragen; denn dieses wiederum verpflichtet sich darauf, die Aufgaben, die es wählt, auch innerhalb des Sprints zu erledigen.[37]

Auf der Ebene beobachtbarer Praktiken sind noch weitere Effekte erwartbar. In erster Linie ist zu vermuten, dass Scrum zu einer Änderung von Sichtbar-keiten und auch Kommunizierbarkeiten führt. Insbesondere in den Scrumdar-stellungen wird dagegen etwas voreilig von einer Steigerung der Transparenz gesprochen, so auch ein ScrumMaster: »Also, ich finde, der Vorteil von Scrum ist, dass man die [Probleme, S.M.] jetzt sieht oder dass die halt richtig schep-pern und vorher hast du sie eigentlich ignoriert« (Felix Kurz, Abs. 38). Auch die Masterarbeit (Dienstag 2014, S. 33) reproduziert diese Ansicht, wenn geschrieben wird, dass Scrum »kein Allheilbringer« sei, sondern dass es »lediglich Probleme

---

36 Denn sowohl das Unternehmen und die Mitarbeiter als auch die Kunden gewinnen.

37 Selbstredend besteht die Hoffnung, dass sich das Team trotzdem jeweils herausfordern-de Ziele steckt. Allein in der Semantik vom »Sprint« steckt diese Aufforderung, schnell, effektiv und auf das Ziel fokussiert zu sein. Der Druck kann damit auch erhöht werden. Denn konnte in der sogenannten Wasserfall-Umgebung teilweise monatelang vom Ma-nagement weitgehend ungestört an einer Aufgabe gearbeitet werden, gibt es jetzt zu-mindest die Beobachtung der anderen Teammitglieder. Prinzipiell kann das Team in Scrum aber auch sagen: Nein, wir machen in diesem Sprint nur zwei kleine Aufgaben, weil wir uns sonst weiterbilden wollen, voneinander lernen etc.

offen[legt]«, die dann im Weiteren zu bearbeiten seien. Statt jedoch von einer erhöhten Transparenz im Allgemeinen auszugehen, ist es viel wahrscheinlicher, dass bestimmte Dinge, Probleme, Sachverhalte nun sichtbarer werden, andere dagegen weniger sichtbar. Durch Scrum kommt es zu einer Aufmerksamkeitsverschiebung. Im konkreten Fall wurde beispielsweise eine erstaunlich hohe Zahl von offenen Bugs ins Bewusstsein aller gerückt, obwohl die Bugs auch vorher vorhanden und dokumentiert waren.[38] Aufgrund der Teamentscheidungen über die konkrete Umsetzung der nun nicht im Vorfeld en détail spezifizierten Aufgaben werden an der Programmierung beteiligte Personen mehr über Abhängigkeiten und Konsequenzen von Entscheidungen erfahren, als es vorher der Fall war, als die Projektleiter ebendiese Aufgabe weitestgehend übernahmen. Zudem müssen die Programmierer nun durch Scrum – insbesondere in den verschiedenen Meetings – verstärkt über ihre Tätigkeiten sprechen. Sie müssen intern ihre Ergebnisse vorstellen und diese aller zwei Wochen dem ProductOwner präsentieren. Programmierleistungen, die zumeist für andere unsichtbar sind, müssen gezielt für andere sichtbar gemacht und kommuniziert werden. So wird beispielsweise im Daily reihum erzählt, was gemacht wurde, was für Probleme auftraten und was man bis zum nächsten Daily getan haben will. Durch Scrum müssen nicht nur die eigenen Leistungen dargestellt werden, es muss auch gelernt werden, darüber zu kommunizieren. Man könnte es auch mit ethnomethodologischem Vokabular so formulieren, dass die Programmierpraktiken durch Scrum verstärkt »accountable« (Garfinkel 2012, S. vii) gemacht werden müssen. Die Praktiken sollen für sich und auch für andere (Teammitglieder, ScrumMaster, ProductOwner) dargestellt oder zunächst überhaupt erst darstellbar gemacht werden. Mit all den damit verbundenen Konsequenzen wie »höhere[r] Transparenz, geringere[r] Elastizität, höhere[r] Konflikthaftigkeit, höhere[r] externe[r] Beeinflussbarkeit« (Luhmann 2003, S. 109), aber auch den dadurch vermehrten Möglichkeiten der Anerkennung der eigenen Arbeit durch andere und durch eine Identifikation mit dieser.

Nach der Darstellung dieser eher allgemein und abstrakt gehaltenen Erwartungen bezüglich sich verändernder Weisen des Zusammenarbeitens sollen diese im Folgenden nun konkret untersucht werden. Dabei ist selbstverständlich nicht davon auszugehen, dass diese Beobachtungen auf sämtliche Scrum-Einführungen übertragen werden könnten. Dennoch erscheint es zumindest nicht unplausibel, dass ähnliche Verschiebungen auch in anderen Unternehmen in Erscheinung treten könnten.

---

38 »Was gut ist an agiler Entwicklung ist das, als wir angefangen haben, gesehen haben, dass eigentlich fast alles liegen geblieben ist. Die liegen dann auf einmal, ich erfinde jetzt eine Zahl, 800 ungeschlossene Bugs, wo keiner weiß, ist das Ding jetzt gelöst oder nicht. Das darf natürlich nicht passieren, so ein Zustand. Das heißt also, es ist schon vorher schon schief gegangen. Das war bloß unsichtbar.« (Christian Ahorn2, Abs. 7)

2.2 Einführung von Scrum bei Web-icona

Die Einführung von Scrum wurde – wenn auch nur punktuell und nicht kontinuierlich – über einen Zeitraum von mehr als einem Jahr (Juli 2013 bis September 2014) beobachtet. Die Interviews fanden zudem zu verschiedenen Zeitpunkten statt. Je später der Zeitpunkt, desto mehr wurden auch informelle Gespräche mit unterschiedlichen Mitarbeitern geführt, die in den Feldnotizen ihren Niederschlag fanden. Zudem wird für die Beschreibung der Einführung wieder auf die Masterarbeit zurückgegriffen, die diese bis zum Frühjahr 2014 betrachtet. Marcel Dienstag (2014, S. 51) unterteilt darin vier Phasen: Pilot, Etablierung, Strukturierung und Adaptierung. In der Pilotphase fanden zwei Projekte statt, die in der ersten Hälfte 2013 – vor der eigentlichen Etablierung – versuchsweise schon in Scrum-Manier durchgeführt wurden. Die Phase der Etablierung im Sommer 2013 wurde in verschiedenen Interviews als wild und selbstbestimmt beschrieben (vgl. Paul Behnert, Abs. 6). Die Mitarbeiter hätten nach dem Scrum-Training auf »heißen Kohlen« (Felix Kurz, Abs. 84) gesessen, deswegen habe man Scrum quasi schon mal »auf eigene Faust« (Felix Kurz, Abs. 80) begonnen. Anfang September zur Firmenvollversammlung erfolgte dann der offizielle Startschuss mit einem Vortrag der Beraterfirma, die auch die neu zusammengestellten Teams präsentierte.[39] Bis Anfang 2014 wurde dann in der dritten Phase, die Dienstag als Strukturierung bezeichnet, gearbeitet. Diese Phase war zunehmend von Frustration und Problematisierung geprägt: »Dezember war ein Graus« (Paul Behnert, Abs. 208). Dies ist auch den in diesem Zeitraum geführten Interviews zu entnehmen. Insbesondere durch ein für die Gesamtfirma sehr wichtiges Projekt, das vor der Einführung von Scrum nicht zu antizipieren war, wurde die Etablierung behindert. Jedoch kam es auch zu Kündigungen durch die veränderten Rollenanforderungen, insbesondere bei den aus dem Produktmanagement stammenden ProductOwnern. Im Februar 2014 kam es deswegen zu einer erneuten Umstrukturierung der Teams, der Auflösung der Expertenrollen und einer Neuinterpretation der Rolle der POs – die Phase der Adaptierung. Sowohl in der Masterarbeit als auch in den Ende März geführten Interviews wurde diese erneute Anpassung als sehr positiv bewertet und kann deshalb als erneuter Aufbruch bewertet werden.[40] Ein halbes Jahr später, im September 2014 ist von dieser Euphorie nicht mehr viel

---

39 Dieser Vortrag und die Teampräsentation sind vielen nicht unbedingt positiv im Gedächtnis geblieben, da die neue standortübergreifende Teamzusammenstellung nur kurz auf einer Powerpointfolie vermerkt wurde. Die Mitarbeiter eines Standorts wurden davon komplett überrascht, bei einem anderen Standort wurden die schon autonom gebildeten Teams neu zusammengewürfelt (Felix Kurz, Abs. 88 ff.; Sven Eisecke, Abs. 6; Paul Behnert, Abs. 4 ff.).

40 So sagt zum Beispiel ein Mitarbeiter: »Wo stehen wir jetzt? Ich glaube das erste Mal seit […] kommt das in Bahnen, das heißt tatsächlich, jetzt wird's effektiv, die Teams leisten

zu spüren. Es kam zu weiteren Kündigungen und zu offiziellen Ankündigungen, sich anderweitig umsehen zu wollen. Die Erwartungen, die mit der Scrum-Einführung einhergingen, wurden nicht wirklich erfüllt. Hinter vorgehaltener Hand wird davon gesprochen, dass aufgrund der Angst des Managements nun »Wasserfall in Teams, aber kein Scrum« gemacht werde. Die Atmosphäre ist etwas gedrückt.

Wenn auch in den Interviews zu keinem Zeitpunkt Scrum als klarer Erfolg beschrieben wird, wünscht sich gleichwohl niemand das Wasserfallmodell zurück. Unabhängig von der Frage nach dem Erfolg der Etablierung von Scrum soll nun der Fokus auf die in diesem Zuge etablierten und spezifisch geformten Weisen des Zusammenarbeitens in den durchaus heterogenen Phasen der Einführung gelegt werden.

Eine zentrale Veränderung von Scrum war es, dass das Team entscheiden soll, oder wie es ein ProductOwner formuliert: »Die Leute müssen sich damit abfinden, dass sie tatsächlich jetzt auch Macht haben damit. Scrum heißt ja die Macht und die Verantwortung in die Teams zu geben und bis jetzt war es so, also davor war es so: Naja, irgendein Chef entscheidet das mal, irgendjemand und dann machen wir das so und jetzt: Sollen es die Teams entscheiden und sich den besten Weg zum Ziel vorlegen, aber die warten noch auf eine Entscheidung, aber das denk' ich oder hoff' ich, dass sie das jetzt gerade begreifen, dass das Team das entscheidet, was tatsächlich jetzt zu tun ist.« (Paul Behnert, Abs. 16) Diese Verantwortungsübernahme bedeutet gleichzeitig eine größere Machtposition im Unternehmen. Dies wurde bei der Einführung von Scrum auf der Vollversammlung unterstrichen, indem erklärt wurde, dass die Teams auch den Mut besitzen müssen, »einfach mal Nein zu sagen. Also wenn das vierte Prio-1-Projekt kommt, dann muss ich eben sagen: Nein, ich habe schon drei, ich kann das jetzt nicht in den Sprint nehmen.« (Marcel Dienstag, Abs. 27) Dieses Nein-Sagen-Können der Teams wird insbesondere von den ScrumMastern als wichtiges Element für die Etablierung von Scrum betrachtet und deshalb auch unterstützt. Im Resultat wurde dadurch jedoch auch die Zusammenarbeit über Teamgrenzen hinweg reduziert, wie das folgende Zitat verdeutlicht:

> »Die Zusammenarbeit ist halt relativ rapide abgegangen, also wenn man jetzt mal jemanden gebraucht hat, war das früher halt relativ einfach, man ist einfach hingegangen und dann hat der sich Zeit genommen und momentan ist es halt so, dass sich die Teams halt so – also bis zur Umstellung jetzt//
>
> Interviewer: //ja, ja.//

wieder was, so in den letzten vier Wochen, habe ich den Eindruck und die Sache kommt in Fahrt. Das heißt, wir haben tatsächlich ein halbes Jahr gebraucht, um's anzufangen richtig zu praktizieren … ja.« (Paul Behnert, Abs. 14)

Befragter: //dass die sich ein bisschen abgeschottet haben, also die Meinung oder die Bereitschaft zu helfen, ist halt schon ein bisschen in den Keller gegangen. Da wird sich halt strikt auch an diese Vorgaben gehalten, die Scrum halt.

Interviewer: Also welche Vorgaben waren das?

Befragter: Also dass man halt auch mal Nein sagen soll oder sowas.« (Roman Greifrau, Abs. 14–18)

Auch wenn das Nein-Sagen negative Folgen für andere im Unternehmen haben kann, weil denen nicht mehr geholfen wird, so hat es keine formalen Konsequenzen, weil Scrum die Verantwortungsübernahme durch die Teams so vorsieht. Weder der ScrumMaster oder der ProductOwner können dies unterbinden noch das Management, wenn es denn die Einführung von Scrum durch die Selbstbindung eigenen Verhaltens unterstützen will. Dies führte verschiedentlich zum Austesten und Ausreizen dieser neuen Machtressourcen.

So konnte beispielsweise bei einer Retro eines Teams beobachtet werden, wie sich das Teammitglied Sören vollkommen herausnahm, desinteressiert zeigte und, anders als die anderen im Kreis, an seinem Arbeitsplatz und seinem Rechner sitzen blieb. Später wurde er vom ScrumMaster ermahnt und aufgefordert, am Meeting teilzunehmen, jedoch ließ er sich davon nicht sonderlich beeindrucken. Die Situation hatte keinerlei Konsequenzen. In einer Diskussion Monate nach dieser Beobachtung erklärte Sören in einem Meeting des Teams mit dem Coach sein Verhalten damit, dass er ziemlich viele Spezialthemen habe und trotz Scrum genau dasselbe machen müsse, was er vorher schon gemacht habe. Deswegen bräuchte er auch die ganzen Meetings nicht, weil er sowieso wisse, welche Aufgaben an ihm letztlich hängenbleiben würden. Die Hoffnung des Mitarbeiters, dass er durch die Teamarbeit bei Scrum von einer ungeliebten Spezialaufgabe entlastet wird, hatte sich anscheinend nicht bestätigt. Er reagiert darauf mit einem Verhalten, das einer »Arbeitsverweigerung« (Roman Greifrau, Abs. 80) gleicht.[41] Beobachtet man diesen Fall weiter, so zeigt sich, dass es nicht nur um ein Austesten von Machtmöglichkeiten der Mitarbeiter untereinander ging, sondern dass darin ein nicht offen formulierter Machtkampf zwischen Management und Entwicklern sichtbar wird. Denn die Spezialaufgaben von Sören konnten deswegen nicht im Team geteilt werden, da die anderen in diesem Bereich nicht versiert genug waren und der von Scrum proklamier-

---

41 Eine ähnlich konsequenzlose Weigerung gab es bei der Übernahme eines Sprints, in dem ausschließlich Bugs gelöst werden sollten (vgl. Manuel Winz, Abs. 28). Auch wurde eine passive Weigerung praktiziert, die darin bestand, dass eine Aufgabe, die vor Scrum im eigenen Verantwortungsbereich lag, nun durch bewusste Nichtbearbeitung zum Problem für andere wurde.

te Wissensaustausch innerhalb des Teams aufgrund von Deadlines, die das Management vorgab, verunmöglicht wurde.

Deshalb sprechen sich weder das Team noch die ScrumMaster als Prozessverantwortliche offen gegen Sören aus. Vielmehr wird das Nein-Sagen von den ScrumMastern sogar eingefordert, um direkte Zugriffe des Managements auf einzelne Programmierer zu verhindern. Mitarbeiter sollten direkte Aufgaben vom Management oder von den ehemaligen Chefs nicht mehr annehmen und Verstöße dem jeweiligen ScrumMaster melden, damit diese den Prozess schützen können: »Wir hatten letztens eine Situation, wo er [ein Manager, S.M.] mein Team mitten im Sprint gestört hat und 'ne zusätzliche Aufgabe reingedrückt hat. Wo ich ihm dann quasi sagen musste: Nee, ist nicht. Ich weiß, dass es wichtig ist und dass es gemacht werden muss, aber bitte frage vorher den PO. So ist der Workflow hier, und das hat er halt nicht so richtig eingesehen, und ich kann's ihm nicht sagen: Mach das, weil es ist ja immer noch mein Chef.« (Sven Eisecke, Abs. 56)

Aus dieser Unsicherheit heraus, dass es neben der Produktverantwortung der Teams immer auch noch eine Personalverantwortung der Manager des Unternehmens gibt,[42] wurden im Endeffekt zwei nebeneinander stehende Strukturen geschaffen: einerseits die durch Scrum etablierte Struktur der Eigenverantwortung der Teams und andererseits die durch Deadlines, Projektverpflichtungen und Personalverantwortung prolongierten Managementstrukturen. Die Zurichtung und Herstellung von eigenverantwortlichen Arbeitsweisen gelang in diesem Fall nicht. Sie konnten in den meisten Fällen nicht zu selbstverständlich ausgeführten Routinen werden, weil parallel weiterhin die zweite Struktur präsent ist. Letztere hebelt die Eigenverantwortung der Teams aus, da es immer eine Ausnahmesituation geben kann, über die letztlich das Management entscheidet. Von der energiegeladenen Atmosphäre des Sommers 2013 ist zum letzten Beobachtungszeitpunkt nicht mehr viel zu spüren. Der Hintergrund der Aussage, dass man eigentlich nicht mehr Scrum mache, sondern nur einen »Wasserfall in Teams«, wird nun verständlicher. Damit gleicht die Organisationsstruktur trotz der Einführung von Scrum weiterhin einer hierarchischen Struktur. Das Management entscheidet letztlich über die Richtung, die ProductOwner sind die Mediatoren, die diese Wünsche dem Team ver-

---

42   Freilich kann dies auch auf Personen attribuiert werden: »[I]ch hab manchmal das Gefühl, das höre ich auch von einigen Leuten im Team, dass der Prozess arg daran hapert, dass das Management das Scrum nicht will. Das ist zumindest der Eindruck, den man manchmal hier kriegt. Das liegt ja auch daran, dass sich das Management und auch Manuel manchmal über diesen Prozess hinwegsetzt. So quasi, wenn irgendwo was in Flammen steht, dann vergessen wir alle Prozesse und dann machen wir es halt, machen wir es halt mit dem alten Weg, sozusagen. Und das sind zwar nur Einzelfälle, aber das kommt bei den Leuten natürlich sofort an. Da sehen die sofort, der Prozess ist nicht viel Wert, weil sobald es darauf ankommt, ist es egal.« (Felix Kurz, Abs. 112)

mitteln, und die Entwickler setzen diese Aufgaben um. Statt einer selbstverantwortlichen Organisation des Teams werden Aufgaben aus dem Backlog gezogen und mehr oder weniger direkt einzelnen Teammitgliedern zur Erledigung zugewiesen.

Trotz dieses Nichtgelingens der kompletten Umstrukturierung bisheriger Macht- und Verantwortungsstrukturen kommt es zur Etablierung anderer, neuer Praktiken – vor allem solcher des Sichtbar-, Zählbar- und Kommunizierbarmachens.

Ein erstes kleineres Beispiel stellt die Strukturierung der Retro-Meetings durch die ScrumMaster dar. Diese nutzen für die Moderation der Meetings verschiedene Ratgeberbücher, die helfen sollen, innerhalb des einstündigen Zeitfensters von den Teammitgliedern eine Bewertung des letzten Sprints zu erhalten. Die dabei zur Sprache kommenden Punkte sollen weiterhin nicht nur diskutiert, sondern auch systematisiert, priorisiert und letztendlich so kontextualisiert und operationalisiert werden, dass sie als Aufgabe im nächsten Sprint abgearbeitet werden können. Die Retro ist deswegen kein Plausch beim Kaffee über aufgekommene Probleme, es ist auch kein Abarbeiten einer Checkliste im Sinne einer Projektevaluation, sondern eine spezifische Kommunikationsstrukturierung.

Zu Beginn – als »set the stage« bezeichnet – wird stets eine Aufwärmfrage gestellt, damit jedes Teammitglied schon einmal etwas gesagt hat. Diese Funktion bleibt den Teammitgliedern nicht verborgen, sodass diese Phase oft ironisch kommentiert wird. In der zweiten Phase – »gather data« – setzt der ScrumMaster verschiedene Themen, die von jedem je individuell hinsichtlich seiner Fertigkeiten eingeschätzt werden sollen. Durch Abtragen auf einem Koordinatensystem werden die Fähigkeiten des Teams sichtbar, was der ScrumMaster nutzt, um einzelne Aspekte herauszugreifen und diskutieren zu lassen (Phase 3: »generate insights«). Das Ziel dieser Diskussion besteht darin, abarbeitbare Aufgaben zu formulieren (vierte Phase: »decide what to do«). Zuletzt (»close the retrospective«) wird die Evaluation selbst evaluiert. Wurde effektiv diskutiert? Hat sie dem Team geholfen, Probleme und Hindernisse zu ermitteln?

Die Strukturierung wird stets beibehalten, die Methoden in den einzelnen Phasen werden jedoch variiert. Dadurch kann jenseits von Autorität oder formaler Entscheidungshoheit der Kommunikationsfluss kanalisiert werden. Weder reden alle durcheinander noch wird eine Diskussion ergebnislos abgebrochen und vertagt. Die Moderationstechniken kontrollieren den Ablauf und strukturieren die Kommunikation.[43] Obwohl es »so'n bisschen künstlich wirkt« (Lisa-

---

43 Diese Beobachtung ist freilich keineswegs innovativ. Gegenwärtig scheinen der berühmte Moderationskoffer und die verschiedenen Methoden zum alltäglichen Repertoire aktueller Arbeits- und Diskussionsstrukturierung zu gehören. Fast ist man schon verwundert,

Susann Softau, Abs. 11), wird doch in der Regel die Funktion dieses Meetings verstanden und unterstützt, weil es die Möglichkeit bietet, nicht nur über das *Was*, sondern auch über das *Wie* zu sprechen. Damit wird der Fokus auf die Kontingenz der konkret angewandten Methoden und Arbeitsweisen gelegt. Kontinuierlich wird so ein vor den alltäglichen Aufgaben geschützter Raum etabliert, in dem nach Verbesserungen des Arbeitsablaufs geforscht werden kann. Es wird so versucht, eine Beobachtung zweiter Ordnung zu etablieren, die Arbeitsstrukturen flexibel hält und damit stets als anders machbar im Bewusstsein verankert. Die Praktiken der moderierten Diskussion führen dazu, althergebrachte Verfahren und Routinen zumindest auf den Prüfstand zu heben. Das bedeutet nicht, dass stets alles verändert wird, jedoch dass sich Nichtveränderung nun verstärkt rechtfertigen muss. War es früher so, dass aufgrund der Wirkmacht des Faktischen (das haben wir schon immer so gemacht) neue Routinen und Verfahren beweisen mussten, welche Vorteile durch sie entstehen, so wird durch das vierzehntägige Retro-Format die Beweislast zugunsten des Anders-Machens umgekehrt. Aus diesem Grund strukturieren nicht nur die spezifischen Moderationstechniken, sondern auch das Meetingformat an sich die Arbeitsweisen bei der Web-icona anders als vor der Einführung von Scrum.

Eine weitere Veränderung in den Arbeitsabläufen entsteht durch die Einführung und Orientierung an der sogenannten Definition of Done (DoD). Dabei handelt es sich eigentlich um eine profane Checkliste, die der Mitarbeiter durchgeht, um zu prüfen, ob die Aufgabe wirklich erledigt ist: Wurde der Programmier-Code in richtiger Weise zur Verfügung gestellt und mit den anderen Teilen des Codes verknüpft? Wurde er ausreichend dokumentiert? Wurde die Aufgabe für andere sichtbar als beendet markiert? Solche und ähnliche Fragen helfen – wie jeder weiß – bei der strukturierten Abarbeitung von Aufgaben. Diese DoD ist prinzipiell unabhängig von Scrum, wurde jedoch im Unternehmen interessanterweise generell auf Scrum zugerechnet. Denn das Ziel von Scrum sei, »dass da halt gefälligst wirklich funktionierende Software steht nach dem Sprint« (Nils Miksen, Abs. 92). So erklärt beispielsweise ein Scrum-Master, dass die neuen Prozessstrukturen erst sichtbar machen würden, was »für Leichen« sie in der Entwicklungsabteilung »noch im Keller haben« (Felix Kurz, Abs. 259). »Sachen, die vorher ignoriert wurden, war zum Beispiel, dass die alte QA-Abteilung in ihrem [äh …] wenn die ein Patchpaket fertig gebaut haben, dann gab's halt irgendwann den Code-freeze-Termin und den Release-Ter-

---

wenn diese Moderationstechniken nicht zum Einsatz kommen, sondern Besprechungen ohne Karten, Bälle, Flipcharts und Pinnwände stattfinden. Dass diese Moderationstechniken stark strukturierend wirken, ohne inhaltlich zu offensichtlich zu beeinflussen, scheint ihr Erfolgsgarant zu sein. Da sie das Diskutieren, Argumentieren, Überzeugen und Streiten in spezifischer Weise zurichten, sind diese Moderationstechniken sehr wohl als Sozialtechniken zu begreifen (vgl. Kap. VI).

min für das Päckchen, was sie gerade gemacht haben und wenn die dann mit dem Testen nicht fertig geworden sind, dann sind sie nicht fertig geworden – der Termin wurde gehalten. Es waren meistens noch 40, 50 Sachen offen, die zu testen waren und die haben sie nicht getestet. Das ist quasi als ungetestete Softwareteil live gegangen, rausgegangen.« (Felix Kurz, Abs. 257) Statt getestete und funktionierende Software zu entwickeln, wurde die Software in dem Zustand ausgeliefert, bis zu dem sie zu einem bestimmten Termin gediehen war. Die Checkliste der DoD ist nun quasi ein funktionales Äquivalent zum festgelegten Termin. War es früher die Zeit, die definierte, wann etwas fertig war, sind es nun die verschiedenen Kriterien in der Sachdimension, die dies definieren sollen. Damit soll das Entwicklungsteam vor Managementübergriffen, welche die Arbeit durch Zeitdruck zu intensivieren versuchen, geschützt werden. Obwohl die Anwendung von Checklisten und eine verstärkte Aufmerksamkeit gegenüber der Qualität nicht notwendig Scrum bedarf, kann Scrum einen hilfreichen Kontext bieten, um Entwicklerteams gegen Managementansprüche, die meist über Fristen fungieren, zu schützen.

Durch Scrum werden insgesamt gesehen die Programmierpraktiken in einer Weise zugerichtet, dass sie nunmehr sichtbarer und für andere besser dargestellt werden. In den Retrospektiven wird strukturiert abgefragt, welche Probleme wahrgenommen wurden; und diese werden so bearbeitet, dass für alle sichtbare Aufgaben entstehen. Auch die Orientierung an der DoD erschwert es, Qualitätsaspekte der Software zu ignorieren. Hinzu kommen die Präsentationen der eigenen Arbeit in den Meetings, insbesondere in den Reviews. Diese Meetings haben die Funktion, die funktionierende Software an den ProductOwner zu übergeben. Dabei mussten die Entwickler überhaupt erst einmal wieder lernen, auf der Oberfläche der Software wie der Endnutzer zu agieren, um auch anderen verständlich zu machen, was sie warum und wie gelöst hatten. Wenig überraschend lief dies zunächst nicht optimal. So wurde das firmenweite Review-Meeting wieder abgeschafft, »weil die Präsentationen letztes Mal nicht so, da gab es Probleme mit Team Ocean und so, dass die sich nicht so vorbereitet haben« (Roman Greifrau, Abs. 132). Indirekt wird deutlich, dass durch Scrum auch die Präsentation vor anderen und für andere als zum Programmierprozess gehörig konzipiert wird (vgl. auch Paul Behnert, Abs. 160).

Programmieren von Code ist, ähnlich dem Schreiben von wissenschaftlichen Texten, eine sehr einsame Arbeit. Das Feedback von anderen ist während der Tätigkeit nicht nur gering, sondern oft gar störend. Nur wenn man wirklich nicht weiterkommt, können andere kontaktiert werden, um Fragen zu stellen, Hindernisse zu beseitigen oder um einfach mal auf andere Gedanken zu kommen, die dann indirekt bei der Lösung des Problems helfen. Scrum versucht, diese Vorstellung aufzubrechen, indem es die Tätigkeit verstärkt für andere sichtbar und verständlich machen will. Insofern hilft Scrum bei der Darstellung von eigenen Handlungen und Leistungen. Programmieren kann so der Zu-

sammenarbeit überhaupt erst einmal zugänglich gemacht werden. Nicht nur
soll dadurch Wissen intern geteilt werden, sondern es sollen auch Vertreter aufgebaut werden:

> »Also was jetzt als nächstes vorbereitet sind, sind halt Präsentationen zum Thema.
> Hinter mir habe ich auch eine riesige Tafel, wo ich die ganze Patch-Datenbank auf-
> gezeichnet hab' und Ziel ist es halt, dass ich so'n Backup aufbau' für mich, der dann
> meine Reviews übernimmt, weil das ist momentan auch ein ziemliches Problem,
> weil ich als Experte, kann halt, hab halt niemanden, dem ich wirklich Reviews ge-
> ben kann, also weil sich wirklich niemand mit dem Thema wirklich hundertpro-
> zentig auskennt. Und [äh ...] Ja das ist mein persönliches Ziel, ich will das halt so
> verständlich wie möglich machen.« (Roman Greifrau, Abs. 32)

Prinzipiell wäre dieser Aufbau einer Vertretung auch schon vorher möglich,
vielleicht gar notwendig gewesen. Doch arbeitete der Mitarbeiter fünf, sechs
Jahre allein an diesem Spezialthema und kommunizierte mit anderen einzig
bezüglich der notwendigen Schnittstellen. Auch die Möglichkeit des Wissens-
austauschs beispielsweise durch Pair Programming, bei dem zwei Programmierer zusammen vor einem Bildschirm sitzen und gemeinsam einen Softwareab-
schnitt programmieren, wird in den verschiedenen Meetings immer wieder
hervorgehoben. Scrum stärkt dadurch die Darstellbarkeit der eigenen Tätigkeit
für andere.[44]
Jedoch auch in viel abstrakterer Weise werden die Tätigkeiten in der Firma
sichtbar gemacht – durch das sogenannte Scrumboard. Dies ist eine Tafel mit
(zumeist) vier Spalten: To-do, Doing, Testing, Done. Jedes Team besitzt ein solches Board, auf dem sämtliche Aufgaben oder Stories des Sprints vermerkt sind.
Oft und auch vom Coach empfohlen werden die Aufgaben einfach auf Post-Its
geschrieben und wandern dann an der Tafel von links nach rechts. Bei der Web-
icona wurde aufgrund der standortübergreifenden Teams auf diese haptisch-
anschauliche Variante zugunsten einer digitalen verzichtet. Zum Teil wurde jedoch dieses virtuelle Board im Team-Raum physisch dupliziert, sodass wirklich
auf einen Blick, ohne Öffnen der Applikation, gesehen werden konnte, wie der
aktuelle Stand im Sprint ist. Der Fortschritt der Software, der vorher einzig für
die Projektleiter – wenn auch nur in begrenztem Maße – sichtbar war, wird so
für alle visualisiert. Alle sehen nun, ob noch Aufgaben im Team offen sind, und

---

44 Dies beobachtet auch Vormbusch (2002, S. 191 f.) in seiner Studie zur Einführung von
    Gruppenarbeit bei einem Automobilhersteller: »Visualisierung zielt zum einen auf die
    Kontrolle der Standards durch die betrieblichen Vorgesetzten, zum anderen auch darauf,
    den jeweiligen Standard für alle Beteiligten sichtbar werden zu lassen. Dies ist Voraus-
    setzung dafür, dass sich alle Beschäftigten [...] überhaupt erst diskursiv-analytisch auf
    ihn beziehen können, und gleichzeitig die Voraussetzung für die kollektive Verbindlich-
    keit und damit die betriebliche Durchsetzung des Standards.«

sollen dadurch motiviert werden, sich gegenseitig bei der Abarbeitung innerhalb des Sprints zu helfen.

Damit dies funktionieren kann, muss das Team von der Sinnhaftigkeit der Story oder Aufgabe überzeugt werden und benötigt dafür mehr Einblick in die Vision des Produkts bzw. des Unternehmens. Dies war in der dritten Phase (September 2013 bis Anfang 2014) und damit beim eigentlichen Beginn der Einführung von Scrum bei der Web-icona ein Problem. Denn die POs waren zwar ehemalige Produktmanager, hatten aber einfach keinerlei Ressourcen mehr, sich um ihren neuen Aufgabenbereich zu kümmern:

> »[I]ch muss immer verfügbar sein, ich habe immer Meetings, ich muss immer erreichbar sein und ich will das auch. Also, solange ich PO sein muss, will ich für das Team verfügbar sein, weil sonst werden die total allein gelassen, die haben dann keine Priorisierung, den fehlt nach zwei Wochen sofort die Idee, was sie jetzt tun müssen. Die machen dann zwar irgendwas, aber halt nicht das richtige. Und bei Fragen würden sie sich allein gelassen fühlen, das heißt man ist unglaublich stark in dieser Schuld, sozusagen für die Leute verfügbar zu sein, die richtigen Antworten geben zu können. Das ist ein sehr dynamisches Arbeiten, man kann sich sehr schlecht fokussieren bei der Produktentwicklung, habe ich halt auch das Gefühl, weil dadurch, dass so viele kleine Entscheidungen zu treffen sind und man sich in so viele unterschiedliche Themen eindenken muss, [...] dass ich an einem Tag in Paypal reindenken muss und am nächsten Tag in Datenbanksicherheit und am anderen Tag irgendwelche Designgeschichten von einer storefront und dazwischen sind halt auch noch viele andere Dinge. Dann heißt es ok: Wie soll ich das machen? Ich weiß jetzt nicht, wie es weiter geht, ich brauche jetzt eine Entscheidung. Dann hat man vielleicht noch mal eine halbe Stunde Zeit, einen Kollegen zu fragen, aber man kann sich nicht, also was wir vorher gemacht haben, wir haben uns auch mal fünf bis zehn Wettbewerber angeguckt, das war halt einfach der Prozess, Entscheidungen zu treffen – dafür blieb einfach mehr Zeit.« (Christian Ahorn, Abs. 69, vgl. auch zudem Abs. 40, 45)

Viel mehr als im Wasserfallmodell, bei dem jeder nur an seinem abgegrenzten, geplanten Teil arbeitete, ist das Team bei Scrum auf eine Produktvision angewiesen, um sinnvolle Entscheidungen bei der Realisierung der nur grob skizzierten Stories treffen zu können. Wenn diese Vision nicht sichtbar gemacht werden kann, werden die Teams »unsicher« (Christian Ahorn, Abs. 18). Diese Sichtbarmachung als Effekt von Scrum wird von vielen Befragten selbst geäußert: »Aus meiner heutigen Sicht hat SCRUM nicht viele Probleme gelöst, aber sichtbar gemacht« (Paul Behnert; E-Mail 6.10.2014). Dabei geht es nicht nur um Formen der Überwachung und Kontrolle durch Sichtbarmachung, sondern auch um die Aufhellung eines breiteren Kontexts, um die einzelnen Mitarbeiter in die Lage zu versetzen, sinnvolle Entscheidungen treffen zu können. Wenn die Mitarbeiter beispielsweise nicht wissen, wer die prototypischen Nutzer der Software sind und wie diese konkret genutzt werden wird, werden sie sich bei konzeptionellen Entscheidungen, beispielsweise bei einer neuen Funktion, sowohl auf grafischer als auch auf programmiertechnischer Ebene schwer tun. Insofern ist Sichtbarmachung stets ambivalent: Sie erhellt vorher invisibilisierte Kontexte von und für Entscheidungen, macht dadurch aber auch ehemals latente und für andere prinzipiell unsichtbare Tätigkeiten, wie beispielsweise das Programmieren, sichtbarer und dadurch auch überwachbarer.

Damit kommt das Zählbarmachen von Aktivitäten als eine Steigerung dieser Sichtbarmachung in den Blick. Die Zurichtung von Arbeitsweisen, um sie zählbar zu machen, ist insbesondere für die Analyse von Arbeitsaktivitäten keineswegs neu. Schon für manuelle Tätigkeiten wurden vor mehr als 100 Jahren Zeitstudien durchgeführt, die qualitative Arbeiten zu quantifizieren erlaubten. Dies wurde dann bekanntlich normiert und wenn möglich in eine industrielle Struktur – das Fließband – eingebettet, um das reibungslose Ineinandergreifen der verschiedenen Produktionsschritte gewährleisten zu können. Diese Übersetzung von Arbeitspraktiken in Zeit wird immer problematischer, je mehr diese geistig-kognitive Formen annehmen. Der Zeitaufwand für einen Verwaltungsakt oder gar für eine neue Idee ist eben nicht gut kalkulierbar und individuell verschieden.

Hinsichtlich der Programmiertätigkeiten ist dies ähnlich, sodass auch keine Normensammlung existiert, wie lang beispielsweise das Programmieren einer Standardprozedur dauert.[45] Normalerweise wird deshalb der Programmierer selbst nach einer Aufwandsschätzung gefragt. Diese Schätzungen werden in einem Plan zusammengetragen und scheitern trotzdem in der Regel in der Realität. Scrum – so wie es von der Web-icona eingeführt wurde – versucht, diesem Problem durch eine andere Art der Quantifizierung zu begegnen: Nicht die Zeit, sondern die Komplexität einer Aufgabe solle geschätzt werden. Dies geschieht zunächst in Form eines sogenannten Planning Pokers. Diese Methode ist ein Schätzverfahren, das in der Sozialwissenschaft als Delphi-Befragung (vgl. Häder 2013) bekannt ist. Das Team bekommt die Aufgabe präsentiert und soll die Komplexität dieser schätzen. Dafür gibt jedes Teammitglied separat mithilfe eines Kartensets[46] anhand eines definierten Referenzwertes eine Schätzung der Komplexität ab. Bei all zu gravierender Diskrepanz zwischen den Schät-

---

45 Auch wird allgemein anerkannt, dass die Anzahl der programmierten Zeilen Code nur ein schlechtes Maß für die Leistung eines Mitarbeiters darstellen.

46 Dieses Kartenset ist an die Fibonacci-Reihe angelehnt und enthält folgende Werte: 0, 0.5, 1, 2, 3, 5, 8, 13, 20, 40, 100 und ?. Bei einem späteren Besuch wurde nicht mehr mit den Karten, sondern mit der Reihe: S, M, L, XL (2, 5, 10, 20) geschätzt. Die Granularität wurde also reduziert. Schätzungen mit diesen Skalen tragen der Tatsache Rechnung, dass Schätzungen von größeren Stories ungleich unschärfer ausfallen (müssen) als die Schätzung von kleinen überschaubaren Aufgaben.

zungen müssen diejenigen, die die jeweiligen Extremwerte geschätzt haben, jeweils die Hintergründe für ihre Schätzung vor allen erklären. Damit werden Unstimmigkeiten hinsichtlich des angenommenen Komplexitätsniveaus artikuliert und diskutiert.

Interessant ist nun vor allem der Umgang mit der so gewonnenen Komplexitätszahl. Im Vergleich zur Aufwandsschätzung in Stunden und Tagen soll das Planning Poker bessere Schätzungen ermöglichen, da diese nicht mehr personenspezifisch sind. Die Komplexität einer Aufgabe – so die dahinterstehende Vermutung – wird sich nicht verändern, wenn eine andere Person sie bearbeitet (vgl. auch Fußnote 24 auf S. 112 f.). Die Programmierer unterscheiden sich jedoch dahin gehend, wie schnell sie wie viel Komplexität bearbeiten können. Deswegen soll sich im Verlauf von einigen Sprints ein teamspezifisches Komplexitätsniveau herausbilden, das vom Team pro Sprint abgearbeitet werden kann. Mit diesen Komplexitätsniveaus kann sodann geplant werden. So kann jeder Manager oder ProductOwner anhand der priorisierten und schon vorgeschätzten Aufgaben im Backlog ausrechnen, wann voraussichtlich eine bestimmte Aufgabe realisiert werden wird. Diese Information kann dann wieder in die Planung einfließen. So kann es beispielsweise ein Unterschied machen, wenn festgestellt wird, dass ein bestimmtes Feature für die Adventszeit bei derzeitiger Priorisierung erst nach Weihnachten fertiggestellt werden wird. Entweder muss es höher priorisiert werden oder es kann komplett gestrichen werden. Dies alles war selbstverständlich auch im Wasserfallmodell möglich, nur dass die Zeitschätzungen stärker auf Personen und Einzelaufgaben zugeschnitten waren, sodass Personenwechsel und nicht bedachte Schnittstellenprobleme zwischen den Einzelaufgaben zu erheblichen Fehlkalkulationen führen konnten.

Im konkreten Fall wurden bei der Web-icona jedoch spätestens nach einem Jahr in den Sprint Plannings wieder Aufwandseinschätzungen nach Zeit gemacht. Zum Teil, weil man es so gewohnt war, und zum Teil, weil die Nichtverplanung von Zeitressourcen einzelner Mitarbeiter im Sprint aufgrund von einzuhaltenden Deadlines und einem für alle sichtbaren langfristigen Produktivitätsabfall immer weniger zu rechtfertigen war. Dabei war die Überlegung jedoch weniger die, wie lange ein Mitarbeiter für die Aufgabe X benötigen wird, sondern wie viele Aufgaben in dem Sprint von den zur Verfügung stehenden Mitarbeitern bearbeitet werden können. Insofern wurde aus halbjährlicher starrer Planung keine agile und flexible Anpassung, vielmehr wurde lediglich der Planungszyklus auf zwei Wochen reduziert.

Nicht durch Scrum, sondern durch dieses Kapitel über Scrum ist erstens sichtbar geworden, dass die Einführung von Scrum nicht als neuartiges Herrschaftsinstrument des Managements zu betrachten ist (vgl. Schmidt 2012, S. 189 ff.), da bei der Web-icona die Einführung dieser agilen Softwareentwicklungsmethodik als Reaktion auf die wahrgenommene Komplexität von sehr unterschiedlichen Personengruppen begrüßt wird, sodass die Zurechnung eines Willens kaum möglich und seiner Durchsetzung gegen andere kaum zu fassen ist. Als Ergebnis von Scrum wurde zweitens eine doppelte Effektivierung beschrieben – einerseits als gesteigerte Wirksamkeit der Arbeitsleistungen und andererseits als verstärkte Feedbackmöglichkeit für den Arbeitnehmer. Diese bildet den Hintergrund des Sichtbar- und Zählbarmachens verschiedener Arbeitsweisen. Drittens wurde die Diskrepanz zwischen der Hoffnung, wie sie sich vornehmlich in den Interviews zeigte, und den konkret eingeführten Praktiken beleuchtet. So ist die Produktivität ein Jahr nach der Einführung noch niedriger als davor, Softwareteile sind nicht schneller fertig als vorher, und die Motivation ist nicht so hoch wie erhofft.[47]

Sichtbar wurde dadurch, dass die Etablierung oder Zurichtung sozialer Praktiken auch misslingen kann. Die Etablierung sozialer Praktiken kann – wie bei der Komplexitätsschätzung gesehen – getestet werden; diese können sich dann aber – hier gegenüber der zeitlichen Aufwandsschätzung – nicht durchsetzen. Gleichwohl können die für die Herstellung und Zurichtung sozialer Praktiken genutzten spezifischen Handlungsfestlegungen als Etablierung einer Ebene zwischen formaler Hierarchie und informellen, punktuellen Aushandlungsprozessen beschrieben werden. So ist beispielsweise die Funktion der Retro jenseits dieser beiden Dimensionen angesiedelt. Weder ist es eine formale Entscheidung von oben, die erklärt, was wie zu optimieren ist, noch handelt es sich dabei um die vielen kleinen, informell ausgehandelten Verbesserungen, die tagtäglich entstehen und ebenso schnell wieder verschwinden können. Mithilfe einer Moderation werden Entscheidungen im Team getroffen und auf Dauer gestellt, ohne dass das Management selbst wiederum darüber entscheiden könnte,[48] es bindet sich gleichsam selbst an die dort getroffenen Entscheidungen. Diese Handlungsfestlegungen können damit als ein funktionales Äquivalent zu formalen Entscheidungen betrachtet werden oder – wie auch formuliert werden könnte – sie ermöglichen Unsicherheitsabsorption und Entscheidungen, ohne notwendig auf Hierarchie setzen zu müssen.[49]

---

47 Auch wenn sich die Gründe von Unternehmen zu Unternehmen sicher unterscheiden werden, so ist es allein durch die Anlage von Scrum wahrscheinlich, dass Scrum nirgends in Reinform umgesetzt werden kann.

48 Bei der Web-icona wurde diese Dimension letztlich nicht auf der Produktebene zugelassen, da die Stories meist zu konkret und oft mit Deadlines versehen waren. Die mit Scrum denkbare Möglichkeit, dass formale Hierarchie einzig über Ein- und Austrittsbedingungen und Entlohnung entscheidet, jedoch das operative Geschäft des Unternehmens (die Produktentwicklung) nicht betrifft, wurde jedenfalls bei der Web-icona nicht realisiert.

49 Dass Handlungsfestlegungen auch zusammen mit formaler Hierarchie auftreten können, lässt sich am Kontrastbeispiel Bauroh zeigen. Da dort Hierarchie von den Mitar-

3 Meetings, Videokonferenzen und Zusammenkünfte

Es ist ein beliebiger Wochentag vormittags und es ist mein erster Besuch bei *Web-icona,* an dem ich ausschließlich beobachten will und nicht den Feldaufenthalt organisiere oder einen Workshop durchführe. Ich soll an diesem Tag zu keiner spezifischen Uhrzeit erscheinen, da das sogenannte ScrumMaster-Meeting den ganzen Tag stattfindet. Das verwundert mich, aber in der E-Mail zur Vorabsprache mit Felix Kurz stand nur: »Ganzer Tag wenn Zeit ist: Scrum-Master Treffen mit Sven, Fernando, Steffen und mir. 13:00–14:00 Uhr: Backlog Grooming des Green-Teams mit Sven und per Skype mit dem ProductOwner Christian. 14:00–16:00 Uhr: Sprint Review und Retrospektive des Yellow-Teams mit mir und dem ProductOwner Lars« (E-Mail vom 24.9.2013). Als ich 10 Uhr ankomme, werde ich von Felix direkt in Empfang genommen. Dieser erklärt mir, dass sie schon einmal angefangen hätten und führt mich in sein Büro, welches für fünf Personen mit jeweils zwei sich gegenüberstehenden und einem Ersatz-Schreibtisch eingerichtet ist. Bei meiner Ankunft sitzen jedoch sechs Personen im Raum: Identifizieren kann ich beim Betreten Manuel Winz, den CTO, da er mit mir das Erstgespräch führte, und Sven, den ich schon im Workshop kennengelernt hatte. Da im Büro die Diskussion schon im Gange ist, will ich nicht groß stören und husche in eine Ecke des Raums auf einen dort befindlichen Sitzball, packe meinen Laptop aus, konzentriere mich zunächst auf ihn und versuche, direkten Blickkontakt vorerst zu vermeiden. Einzig mit Sven tausche ich ein Lächeln des Wiedererkennens aus. In einer Gesprächspause werde ich dann kurz von Felix als Mitarbeiter der Bauhaus-Universität vorgestellt, der die Einführung von Scrum begleiten würde. Alle nicken mir kurz zu, aber beachten mich in der Folge überhaupt nicht und scheinen sich für mich auch nicht weiter zu interessieren. Die gesamte Diskussion findet in englischer Sprache statt, wobei anhand von Akzenten schnell zu bemerken ist, dass einzig Fernando – wie sich später herausstellen wird, der ScrumMaster aus Madrid – nicht deutsch spricht. Alle anderen sind deutsche Muttersprachler. Die Personen im Raum sind im Schnitt Anfang 30, außer Manuel Winz, der scheint 10, 15 Jahre älter. Nach ein paar Minuten Beobachtung der Szenerie fällt auf, dass Winz zwar im Raum anwesend ist, aber am Meeting überhaupt nicht teilnimmt. Er sitzt an seinem Schreibtisch, ohne »Kopfhörer-Schallschutz« – bekommt also alles mit, aber arbeitet an seinem Rechner. Sven und Felix sitzen auch an ihren Schreibtischen, wenden sich jedoch mit ihren Körpern und Stühlen Richtung Raummitte, wo Fernando und Steffen, der ScrumMaster aus Bremen, mehr auf

---

beitern als strukturierendes Organisationsprinzip nie infrage gestellt wurde, ist Scrum (oder eine branchentypische Alternative) bei der Bauroh kein Thema. Auch sah sich das Management bisher nicht mit der Notwendigkeit konfrontiert, schnellere, partizipatorischere oder demokratischere Entscheidungsgeneratoren zu installieren. Ob dies an der Branche, der Mitarbeiterstruktur, der Organisationsstruktur, den Kunden, der Geschichte des Unternehmens oder schlicht am Zufall liegt, kann hier aufgrund des methodischen Samples nicht beantwortet werden.

ihren Stühlen fläzen als sitzen. Die sechste Person im Raum sitzt auch an ihrem
Schreibtisch, hört mit und wendet sich immer mal wieder dem Geschehen durch
Drehung des Stuhls zu, bleibt aber zumeist passiv. Auch wenn nun vier bis fünf Personen miteinander in einem Raum sprechen, lassen weder deren Anordnung im
Raum, die Atmosphäre noch der Inhalt auf ein Meeting hindeuten: Weder wird an
einem Tisch gesessen, noch scheint es eine klare Agenda zu geben, noch wird eine
klare Trennung gemacht zwischen Menschen, die am Meeting teilnehmen, und
solchen, die nicht teilnehmen. Verstärkt wird dieser Eindruck dadurch, dass zeitlich
weder Beginn noch Ende festgelegt sind. Auch ist die soziale Norm der Anwesenheit
der Teilnehmenden über die Gesamtdauer des Meetings nicht existent. So gehen
immer wieder einzelne Teilnehmer aus dem Raum, nehmen ihre Laptops mit und
kommen nach unbestimmter Zeit wieder. Durch die sich verändernde personelle Zusammensetzung verändert sich jeweils das »Meeting«. Als Felix den Raum verlässt,
wird das Gespräch sofort informeller, und die Themen werden zunehmend privater
Natur. Es geht um den nächsten Urlaub oder die Unmöglichkeit wegzufahren, da
BAföG noch zurückzuzahlen sei, was wieder zu einer Erklärung gegenüber Fernando
führt, was darunter überhaupt zu verstehen ist. Daran schließen sich Anekdoten aus
der Studienzeit an etc. Diese Beobachtung bestätigt meine Vermutung, dass Felix so
etwas wie der implizite Leader der Runde ist und seine Abwesenheit nun quasi überbrückt werden muss. Der Weggang des CTOs, der zunächst komplett passiv war und
dann nur im informellen Teil eine eigene Anekdote platziert, verändert dagegen
nichts, sodass ich es auch zunächst überhaupt nicht mitbekomme. Der Weggang von
Fernando führt allerdings dazu, dass direkt auf Deutsch »geswitcht« wird und nunmehr nur noch Probleme an zwei Standorten des Unternehmens verhandelt werden.
Auch ist es nicht so, dass die vier ScrumMaster, sobald sie im Raum sind, sogleich
wieder am Meeting teilnehmen. Als Sven beispielsweise von seinem Daily-Scrum-
Meeting mit dem Laptop zurückkehrt, setzt er sich hin und arbeitet an seinem Computer weiter, ohne sich in das Gespräch wieder »einzuklinken«.

So zieht sich das »Meeting« den ganzen Tag hin. Unterbrochen von anderen Meetings
verschiedener Teilnehmer bespricht man inhaltlich vor allem Probleme mit der
eigenen, noch neuen Rolle als ScrumMaster im Prozess; oder es geht um ganz pragmatische Unklarheiten, beispielsweise wie über mehrere Standorte hinweg Zeit- bzw.
Komplexitätsschätzungen vorgenommen werden können. Diese bestehen im Scrum-
Prozess normalerweise darin, dass alle Teammitglieder zur gleichen Zeit eine Karte
mit einer Zahl hochhalten, sodass die Schätzung individuell vorgenommen wird,
dann aber sofort mit denen der anderen verglichen werden kann, um Gründe für
große Diskrepanzen in den Schätzungen erörtern und diskutieren zu können. Dies
alles wird bei standortübergreifenden Teams zu einem ganz praktischen Problem.
Die sogenannten ScrumMaster, die – wie sie sich selbst fortwährend versichern –
dazu da sind, dem Team zu helfen, sich selbst zu helfen, suchen gemeinsam nach
einer Lösung. Am Ende wird es jedoch (vorerst) keine geben.

Mit den Augen eines effizienzoptimierenden Unternehmensberaters gesehen, könnte es scheinen, als sei das Ziel des Treffens verfehlt worden. Mitarbeiter aus einem Unternehmen reisen weit, um an einem physischen Ort aufeinanderzutreffen. Sie nehmen sich einen Tag Zeit, haben verschiedene Themen, aber weder eine Agenda noch eine strukturierte Diskussionsleitung – und am Ende nicht einmal Ergebnisse in Form von konkreten Entscheidungen. Doch trotz dieser – unter Effizienzkriterien betrachteten – augenscheinlichen Inkompetenz, die man am Alter oder an der eher technischen Ausbildung der Teilnehmer festmachen könnte, erscheint dem soziologischen Beobachter der gleichen Szenerie, dass es kein Meeting war, in dem es in erster Linie um Handlungskoordination von Zusammenarbeitenden ging, sondern dass es sich vielmehr um einen Versuch handelte, Koordinationsfähigkeit herzustellen. Im scheinbar ziellosen verbalen Geplänkel wurden die jeweiligen individuellen Präferenzen, Idiosynkrasien und Relevanzstrukturen der anderen ausgelotet.

Wird das Meeting unter dem oben eingeführten Gesichtspunkt der doppelten Effektivierung betrachtet, könnte bemerkt werden, dass im anscheinend formlosen Meeting nicht wirklich über die Lösungsmöglichkeiten standortübergreifender Komplexitätsschätzungen diskutiert wurde, sondern dass diese manifesten Diskussionspunkte einer zumeist latent sich vollziehenden Beziehungsarbeit dienten. Aus dieser Perspektive gesehen ging es im Meeting hauptsächlich darum, dass die Mitarbeiter die Effekte ihrer konkreten Tätigkeiten gegenseitig besser wahrnehmen lernen. Die Aufmerksamkeit der Teilnehmer lag insbesondere auf diesem Aspekt der Darstellung eigener Denkweisen, Vorstellungen und Tätigkeiten vor anderen und der Wahrnehmung der Perspektiven der anderen: Wie denkt der andere, hinsichtlich der Rolle/Funktion gleiche, über das Problem? Denkt er als Individuum anders oder hat das mit seiner jeweiligen Karriere im Unternehmen zu tun? Wie ticken die Mitarbeiter am anderen Standort? Des Weiteren ging es dabei nie nur um das Einschätzen-lernen-Können anderer Perspektiven, sondern auch immer um das Spiegeln der eigenen Position im anderen bzw. das Austesten und Ausprobieren der eigenen, neuen Rolle.[50] Dies könnte das mantraartige Wiederholen der Aufgabe als ScrumMaster erklären: Nicht solle man für das Team arbeiten, sondern man solle dem Team helfen, sich selbst zu helfen.

---

50 Dass Sitzungen, Meetings und andere Zusammkünfte in Organisationen ebendiese Funktion haben können, bemerkt beispielsweise auch Luhmann. Er vermutet, dass die mündliche und interaktionsbasierte Arbeit insbesondere von Führungskräften trotz des Schriftlichkeitsgebots in Organisationen einerseits und trotz des dafür notwendigen Zeitaufwands andererseits durch eine »Art kondensiertes Erfahrungswissen« (Luhmann 2000, S. 215) ausgeglichen werde. Auch seine frühen Ausführungen, die weniger durch ihren hohen Abstraktionsgrad als vielmehr durch ihren empirischen Materialreichtum beeindrucken, geben Aufschluss über diese zumeist latente Funktion (vgl. Luhmann 1999, S. 268–381).

3.1 Meetings und Scrum

Behält man diese erste Hypothese im Kopf, können die verschiedenen Meeting-formen, die durch Scrum nahegelegt werden und die bei Web-icona zumeist von Anbeginn, teilweise aber auch erst später und sukzessive eingeführt wurden, noch einmal anders beschrieben und erklärt werden. Zentrale Meetingformen sind – wie in Kap. IV.2 ausgeführt – das Daily Scrum, das Sprint Planning, das Review und die Retro(spective). Zudem bin ich im Laufe der Beobachtung von Web-icona auf folgende Formen gestoßen: Scrum of scrums, Scrum-Master-Meeting, ProductOwner-Meeting, Backlog Grooming, Communities of Practice (CoP).

Diese verschiedenen Meetings stellen den sichtbarsten Wandel in den täglichen Arbeitsroutinen dar. Mit Scrum wird ja kein anderer (Software-)Code produziert; und selbst wenn, wäre es nicht unweigerlich sichtbar. Auch dass jetzt nicht mehr Abteilungen zusammensitzen, die ähnliche Aufgaben haben, sondern Teams, die je verschiedene Fähigkeiten für ein Projekt zusammenbringen, ist jenseits der Team-Aufkleber an der Tür nicht ohne Weiteres wahrnehmbar. Dass diese Menschen aber täglich in einem Kreis stehen und miteinander reden und dass alle zwei Wochen anderthalb Arbeitstage im Grunde nur in Meetings verbracht werden, das ist für jeden und auch ohne spezifische Aufmerksamkeit spürbar und unübersehbar.[51]

Diese Meetings haben in den Worten von Marcel vor allem die Funktion und den Vorteil von »erzwungener Kommunikation«, »dass ich gezwungen werde, mit anderen darüber zu sprechen, über das, was ich aktuell mache« (Marcel Dienstag, Abs. 76). Die Vorstellung, dass mehr Kommunikation prinzipiell positiv sei, bildet auch den zumeist unhinterfragten Hintergrund für die Einführung von Scrum allgemein, die oft mit dem Klischee des unkommunikativen, introvertierten Programmierers kombiniert wird. Argumentiert wird dann, dass durch Scrum der Programmierer zum Reden gebracht werde – zum Vorteil der Firma durch den verbesserten Austausch, aber auch zum Vorteil des Programmierers selbst, der zum Kommunizieren extrinsisch motiviert werden müsse.

»Witzigerweise gibt's ja nun gerade in der Softwareentwicklung tendenziell eher mehr Introvertierte,[52] wenn man des jetzt mal so ... Und auch trotzdem machen

---

51 Dies ist auch für einen Beobachter, der nicht in allen Teams gleichzeitig sein kann, einsichtig, da er durch die Fenster und Glastüren vom Gang in die einzelnen Büros einen schnellen Einblick bekommt, ob gerade am Computer gearbeitet wird oder ob sich alle in einem Meeting befinden.
52 Die Differenz von Introvertierten und Extrovertierten wurde vom Interviewer ins Gespräch gebracht, aber vom Coach übernommen, der darauf verwies, dass dies eine längere und ältere Diskussion sei.

> sie das gerne und es funktioniert. [äh ...], es hängt schon auch stark davon ab,
> wie man das lebt und moderiert. Also man muss da auch Rücksicht drauf neh-
> men. [...]
>
> Und aber es gibt sicher auch einzelne Personen, die mit diesen gesamten offe-
> nen Räumen und den vielen Meetings wirklich nicht klarkommen und die werden
> dann auf Dauer auch nicht glücklich mit Scrum, die gehen dann irgendwo anders
> hin.« (Nils Miksen, Abs. 48)

Scrum funktioniert – hier aus der Sicht des Coaches, der die Einführung des
Prozesses betreute – vor allem über diese Meetings, die Räume des Austauschs
nicht nur ermöglichen, sondern auch erzwingen: »Mir ist nur wichtig, dass sie
in einem guten Austausch sind und eine kleine, überschaubare Gruppe funktioniert ja auch sehr gut von Introvertierten.« (Nils Miksen, Abs. 48) Nötig ist dies
aufgrund der Vorstellung einer zunächst zu entwickelnden und fortwährend zu
schützenden Selbstorganisation des (Entwicklungs-)Teams. Deswegen soll der
ScrumMaster auch nicht dem Team zur Seite springen, sondern nur dem Team
helfen, sich selbst zu helfen.

Im ersten halben Jahr der Einführung ist jedoch der Zwangscharakter des
Kommunizieren-Müssens sehr präsent. Dies wird beim Kickern, in Pausenge-
sprächen und der Teeküche offen, aber off-the-record geäußert, ist sichtbar an
der Aufmerksamkeit und der Motivation bei den verschiedenen Meetings und
wird letztlich auch in verschiedenen Interviews geäußert. So erklärt der Scrum-
Master Felix:

> »Was bei den Leuten, das sind alles Entwickler, was bei denen natürlich immer wie-
> der aufschlägt: Mmh, noch'n Meeting!, aber das sind halt Entwickler. Also ich tick
> zum Teil ja noch genauso und sag mir: Lass mich doch einfach arbeiten – ich will
> jetzt kein Meeting machen.« (Felix Kurz, Abs. 196)

Die Problematisierung der Meetings wird zugespitzt auf die Frage: Sind die
Meetings produktiv oder nicht? Niemand wehrt sich offen gegen den Kommu-
nikationszwang, der Zweifel an der Produktivität wird dagegen offen artikuliert.

> »Zwischendurch hatte ich so mal gefühlt, natürlich war das rein subjektiv, nicht ob-
> jektiv, hatte ich mal das Gefühl, die machen also eigentlich nur noch Meetings und
> werden die dann irgendwann auch mal wieder was arbeiten? Immer wenn man
> mal jemand was fragen oder sprechen musste, waren die gerade in einem Meeting.
> Und das war ein bisschen – das ist natürlich tatsächlich nicht so gewesen. Manch-
> mal braucht man relativ schnell mal eine Antwort: Ahh, jetzt haben die wieder ein
> Meeting, dass wird ewig dauern und so weiter. Daran musste man sich also erst ge-
> wöhnen.« (Manuel Winz, Abs. 180)

Die Frage nach der Produktivität wird sowohl vom Management als auch von den Programmierern als Frage nach der Effizienz der Meetings gestellt: Können die Stunden der verschiedenen Meetings die Zeit, die dadurch nicht produktiv gearbeitet wird, wieder ausgleichen? So empfinden vor allem einige Teammitglieder die vielen Meetings als nutzlose Zeit, weil sie von ihrer eigentlichen Arbeit – dem Programmieren, dem Beheben von Fehlern, dem Problemlösen und Testen – abgezogen wird.

Besonders deutlich wird dieses Thema bei den ScrumMastern als Prozessverantwortlichen. Diese geraten deswegen unter einen gewissen Rechtfertigungsdruck.

»Befragter: Und ... Ja. [4 Sek.] Ich glaube manchmal, also bei dem PM-Chef, ist es manchmal so, das Gefühl, dass wir ein bisschen langsam sind und so, dass aber nicht an den Teams liegt, sondern an den schlecht vorbereiteten Stories.

Interviewer: Ja.

Befragter: Und es kommt so bisschen, so'n bisschen viel overhead, viel Meetings.

Interviewer: Ok.

Befragter: Kommt manchmal rüber, aber dass die halt unheimlich viel bringen, das sieht man halt teilweise nicht so.« (Sven Eisecke, Abs. 246–250)

»Befragter: Die Probleme sind gleich geblieben, es sind noch ein paar neue hinzugekommen, halt, aber es haben sich auch, also dass es viel mehr Meetings gibt, aus Perspektive der Leute, wo sie halt; also dieser ganze Meeting-Wasserkopf is für sie selber gestiegen.

Interviewer: Ja, ja.

Befragter: Also weil sie halt auch aus den Meetings noch nicht den richtigen Nutzen ziehen.« (Felix Kurz, Abs. 64–66)

Nur sehr abstrakt sprechen beide davon, dass die Meetings sehr viel bringen würden, dass jedoch der Nutzen oft (noch) nicht wahrgenommen werde. Dies kann als Versuch gedeutet werden, statt der angetragenen Effizienz nun Kriterien der Effektivität ins Spiel zu bringen. Die Wirkungen dieser Meetings, nicht nur für die einzelnen Mitarbeiter, sondern auch für das Unternehmen und die Arbeitsweise insgesamt, werden noch nicht wirklich wahrgenommen. Die ScrumMaster nutzen drei beobachtbare Strategien, um die Wahrnehmung der Meetings von Effizienzgesichtspunkten auf Effektivitätskriterien umzustellen.

Erstens beziehen sie sich des Öfteren auf Aussagen des Coaches, der davon entlastet, eigene Entscheidungen treffen zu müssen, und quasi als Legitimierungsinstanz fungiert.[53]

> »Aber wenn du dann'n Externen reinnimmst, der noch nicht so in der Firma lange drin ist, den noch nicht so viele Leute kennen, dann hat er 'ne gewisse Autorität … Dadurch dass er Geld kostet sozusagen …« (Felix Kurz, Abs. 144)

Einerseits werden so Vorschläge, die der Coach angebracht hat, zumeist umgesetzt: »Haben einen Daily Scrum of Scrums eingeführt, das war auch der Tipp von unserem Coach« (Sven Eisecke, Abs. 110). Andererseits wird die externe Autorität gern genutzt, um die eigenen Vorstellungen der konkreten Umsetzung zu unterstützen: »Das Management hört nicht immer da drauf, aber wenigstens manchmal« (Sven Eisecke, Abs. 156). Unbeobachtet von anderen im Unternehmen bleibt diese Strategie natürlich nicht: Die ScrumMaster »machen das einfach häufiger, dass sie mal dann argumentieren mit sowas« (Christian Ahorn2, Abs. 34). Letztlich wird dieses Verhalten, Verantwortung zu externalisieren und auf den Coach zuzurechnen, jedoch nicht kritisiert. Vielmehr wird es funktional als Möglichkeit der Unsicherheitsabsorption verstanden. Die Figur des Coaches sei wichtig,

> »… insbesondere weil es so Situationen gibt, wo man sich dann doch immer auf ihn beruft, also solche Geschichten, wenn man sich unsicher ist […] dann erinnert man sich daran, was der Coach gesagt hat und stellt zumindest seine eigene Unsicherheit mal in Frage. Man hat dann immer noch keine Lösung, aber Leute können sich halt doch auf Dinge beziehen …« (Christian Ahorn2, Abs. 34)

Insgesamt stellt sich diese Strategie nicht als eine Abwälzung von Verantwortung dar, sondern durch den Verweis auf den Coach wird indirekt die Effektivierungsabsicht der Meetings in die Diskussion geholt, da der Coach Scrum eben nicht als Effizienzmaschine betrachtet.

Als zweite Strategie wird der Ball (also die Verantwortung) an die Teams zurückgespielt. Getreu dem Motto »Hilfe zur Selbsthilfe« sei das Team verantwortlich, wenn es nicht genügend aus den Meetings ziehe:

---

53 Dass Berater und Coaches sehr gern als externe Legitimierung herangezogen werden, ist nicht nur der sozialwissenschaftlichen Forschung bekannt, sondern natürlich auch im Feld. So meint beispielsweise der CTO im Interview: »… Ist natürlich auch an der Stelle, hat das Wort eines außen Stehenden, der das natürlich auch mit entsprechenden Argumenten belegt, vielleicht noch mehr Gewicht. […] Ist ja immer so, wenn intern jemand sagt: Das ist aber noch nicht so gut gelöst, dann ist das weniger wertvoll, wie wenn ein Kunde sagt, dass ist aber nicht so gut gelöst. Oh, ein Kunde hat das gesagt, dann müssen wir das machen, wenn du das nur sagst, naja.« (Manuel Winz, Abs. 74–76).

»... aber ansonsten versuche ich den Teams auch so'n bisschen den Spiegel vorzuhalten und zu sagen: Ja, warum hat denn die Retro zweieinhalb Stunden gedauert? Weil ihr nicht zu Potte gekommen seid. Ich bin es nicht, der zweieinhalb Stunden geredet hat, ohne ein Ergebnis zu fabrizieren. Das wart ihr! Ihr müsst euch mehr fokussieren, kürzer fassen, nicht viel labern, sondern Entscheidungen treffen. Dann sind die Meetings auch viel kürzer und dann tun sie auch nicht mehr so weh. Das hat aber auch schon gewirkt. Die Meetings sind viel kompakter geworden, das ist einfach auch 'ne Erfahrungssache.« (Felix Kurz, Abs. 200)

Damit werden die Meetings als notwendig für die Etablierung der Entscheidungsinstanz bei den Teams akzentuiert, im Unterschied zur formalen Hierarchie, in der die Entscheidungen an der Spitze getroffen werden. Ausschließlich durch die verschiedenen Meetingformen könnten die Teams lernen, autonom und selbstorganisiert Entscheidungen zu treffen und nicht darauf zu warten, dass das Management für sie Entscheidungen trifft.

Drittens schließlich werden einerseits die verschiedenen Meetings mit unterschiedlichen Moderationstechniken (aus verschiedenen Scrum-Ratgeberbüchern und Best-Practice-Handbüchern) durchgestaltet; und andererseits werden weitere Meetingformen ausprobiert und getestet, wodurch sich die »Meetinglandschaft« fortwährend verändert. So wurde beispielsweise ein

»Daily Scrum of Scrums eingeführt, das war auch der Tipp von unserem Coach, wo halt dieses Daily Standup noch einmal, also 15 Minuten und ein Vertreter aus jedem Team, die erzählen sich gegenseitig, an was arbeitet das Team gerade. Das hat sehr geholfen, bisschen Vorurteile abzubauen« (Sven Eisecke, Abs. 110).

Reagierend auf den Unmut der Teams, dass diese zwar über ihr Team alles wissen, aber nun nicht mehr wissen, was die anderen machen, sollte mit dem Daily Scrum of Scrums ein horizontaler Austausch ermöglicht werden. Dies führte selbstredend dazu, dass noch mehr Zeit in Meetings verbracht wurde, sodass dieses Meeting nach einigen Wochen nicht mehr täglich, sondern nur noch wöchentlich stattfand. Diese Strategie kann als Sichtbarmachen der Effektivität der verschiedenen Meetings gedeutet werden, da so bestimmte Informationsflüsse etabliert bzw. blockiert werden können.[54]

Auch wurden auf Vorschlag des Coaches die Reviews der verschiedenen Teams zu einem großen Review zusammengelegt, sodass alle informiert waren, was in den letzten zwei Wochen geschafft wurde. Genutzt wurde es zudem, »um vom Produktmanagement mal so ein bisschen die Vision präsentieren zu

---

54 Dass diese Strategie nicht wirklich funktionierte, zeigt folgende Äußerung: »Also dann
    zum Beispiel so Sachen, wer zum Scrum of Scrums geht, ist so'n bisschen auch, bei uns
    die Arschkarte« (Lisa-Susann Softau, Abs. 88).

lassen, wie es denn jetzt weitergehen soll, weil das vielen Leuten gefehlt hat und so und ist eigentlich ein sehr guter Rahmen, also das hat gut funktioniert.« (Sven Eisecke, Abs. 114–120) Doch bedeutete diese neue Form, dass ein größerer Raum außerhalb der Firma gesucht und gemietet werden musste, dass Technik installiert werden musste, um auch mit den an anderen Standorten arbeitenden Mitarbeitern kommunizieren zu können. Neben dem Aufwand waren diese großen Reviews vor allem eine erneute Änderung der zunächst etablierten Team-Reviews. Dieses Format wurde nach einigen wenigen Versuchen wieder aufgegeben, da nur wenige Mitarbeiter aktiv daran teilnahmen.

> »Befragter: Also zum Beispiel bei diesem, gab's so alle zwei Wochen dieses gemeinsame Review ... [...] Das war ziemlich schlimm, weil einfach die Verbindung war nicht gut, also man hat schon die Leute nicht gut gehört und dann waren so viele Leute in einem Raum und haben gemurmelt und es war nicht so das Interessanteste, was dann so alle vorgestellt haben, also da mal so'n bisschen gegenseitig gelangweilt, sag ich mal.
>
> Interviewer: Ok. Das war bei dem gemeinsamen Review?
>
> Befragter: Also da war die Verbindung einfach zu schlecht. Ich weiß nicht, ob's anders wäre, wenn's man jetzt 'ne Top-Verbindung hätte [...] Immer dieses Rauschen und den unterschiedlichen Standorten auch Madrid und so. Ich bin ganz ehrlich: Manche versteht man ja auch ganz schlecht, die in Madrid sind, denen ihr Englisch ist ja auch so'n bisschen, da muss man sich auch erst mal dran gewöhnen und dann bekommt man das auch nicht so ganz gut mit, und wenn dann die Verbindung schlecht ist und dann haben dann ganz viele abgeschaltet, sag ich mal.« (Lisa-Susann Softau, Abs. 104–108)

Mit dem Meetingformat Communities of Practice (CoP) wurde zudem eine weitere horizontale Ebene eingeführt. Bei diesem kommen diejenigen zusammen, die vorher die verschiedenen Abteilungen bildeten,

> »... sodass die sich auch wieder innerdisziplinär sozusagen austauschen können, müssen ja auch, sonst wär' ja ein Designer, der in einem Scrumteam alleine ist, der wäre auch vom Wissen sozusagen der anderen abgeschnitten. Das soll ja so nicht sein, sondern die Designer sollen ja auch einen Austausch wieder haben und sagen: He, ich habe letztens das und das gelesen, kennst du das schon? Und so weiter.
>
> Interviewer: Mmh. Ja, ja.
>
> Befragter: Also insofern sind diese alten Abteilungen wie Qualitätssicherung oder auch Frontend, die sind zwar offiziell so nicht mehr existent, als eigene Abteilun-

gen, die Leute sind in den Scrumteams verteilt, aber in Form dieser Community of Practice kommen sie doch wieder zusammen und sprechen also hier im Team sozusagen.« (Manuel Winz, Abs. 172–174)

Interessant war nun zu beobachten, dass dieses Format verschieden genutzt wurde. Denn es gab nicht eine übergreifende Richtlinie, die festgelegt hätte, welche Mitarbeiter je eine CoP bilden sollen, sondern die Zusammensetzung der CoPs ergab sich aus der vorherigen Abteilungsstruktur (vgl. auch Felix Kurz, Abs. 231–235) und wurde zumindest in einem Fall von dem ehemaligen Abteilungsleiter bewusst als – wenn nun auch nicht mehr sogenanntes – Abteilungsmeeting fortgeführt, was sehr gut an der Gesprächsführung ablesbar war. Jeder erzählte, was im jeweiligen Team nicht gut funktionierte, und wandte sich immer wieder an den ehemaligen Chef mit der Bitte um Rat. Alte Beziehungen bleiben so auch in der neuen Scrum-Struktur bestehen – mit der Folge, dass die Teammitglieder immer doppelte Rollen einnahmen: Einmal als Teammitglied mit der Verpflichtung, alles für den Erfolg des Teams im jeweiligen Sprint zu tun, und einmal als Funktionsträger, d.h. als Javascripter oder Core-Entwickler oder QAler etc.

Die konkreten sozialpsychologischen Folgen dieser Konstellation wurden nicht empirisch erfasst, weil sie nicht im Fokus der Aufmerksamkeit standen. Jedoch können einige periphere Beobachtungen damit in Zusammenhang gebracht werden: Zunächst konnte öfter beobachtet werden, wie einzelne Teammitglieder eine Pause oder eine etwas abseitige Diskussion damit rechtfertigten, dass sie nichts Konkretes zu tun hätten. Dies korrespondiert mit der recht häufig geführten Klage, dass die einzelnen Aufgaben im Team ungleichmäßig verteilt seien (vgl. u.a. Christian Ahorn1, Abs. 16). So hätte es in einem Sprint nicht genügend Aufgaben für Person X gegeben, während Person Y überlastet gewesen sei. Daraufhin wurde immer wieder insbesondere von den ScrumMastern insistiert, dass dies daran liege, dass noch zu wenig Wissen im Team verteilt sei und dass dies beispielsweise mit Pair Programming und anderen Methoden sukzessive zu beheben sei. Relevant ist für mich nun nicht, ob die beobachteten Personen nun wirklich nichts zu tun hatten oder ob es stimmt, dass einzelne Personen zu viel Spezialwissen haben. Bemerkenswert ist die Kritikrichtung: Die Identifikation der einzelnen Mitarbeiter war in diesem Fall mit ihrer konkreten Funktion als Softwaretester, als Designer oder als Senior Core Entwickler verknüpft; und diese stand im Widerspruch zur Identifikation als Teammitglied. Das Problem, mit dem die nach Scrum Arbeitenden permanent konfrontiert werden, ist die Frage: Arbeite ich in erster Linie für das Team oder erfülle ich bestmöglich meine Funktion? Im theoretischen Ideal sind die beiden Antworten deckungsgleich – in der beobachteten Wirklichkeit sind sie oft disparat.

Mit Scrum verbunden ist die Idee, dass Wissensarbeit oder interaktive Arbeit nicht ohne Probleme beliebig intensiviert und verdichtet werden kann (vgl.

auch Fußnote 24 auf S. 112 f.). Deswegen insistiert Scrum auf einen gewissen Leerlauf, auch Slack genannt, der von den Teammitgliedern eigenverantwortlich für die Ausbildung von Kompetenzen, für Wissensaustausch etc. genutzt werden soll. Statt einer möglichst kompletten Auslastung der zur Verfügung stehenden Arbeitszeit, wie sie eine Ausrichtung an Effizienzkriterien nahelegen würde, sollen weniger Aufgaben effektiver erledigt werden. Sämtlicher dadurch entstehender Leerlauf soll produktiv für das Team genutzt werden (vgl. auch it agile 2012, S. 19). Bei der Web-icona konnte, wie schon im vorhergehenden Kapitel erläutert, keine ausschließlich auf der Eigenverantwortung der Teams basierende Struktur aufgebaut werden. Deswegen ist es umso plausibler, dass der Rollenkonflikt *Funktion vs. Teammitglied* nicht behoben werden konnte.[55]

Dies kann zudem an einigen Kündigungen beobachtet werden. Die Kündigungen seien zwar – so erklärten verschiedene Personen – keineswegs scrumbedingt zu verstehen, rührten jedoch zumeist daher, dass die Personen nicht mehr den Aufgaben nachgehen konnten, die sie gern machten und für die sie – wie mir erklärt wurde – eingestellt wurden. Zwei Interpretationen liegen nahe: Erstens werden durch die Einführung von Scrum konkrete Rollen in der Hierarchie, beispielsweise Abteilungsleiter, abgeschafft und neue Rollen (ScrumMaster, ProductOwner etc.) geschaffen. Arbeitnehmer können mit diesen neuen Tätigkeitsfeldern unglücklich werden, ohne Scrum als Ganzes infrage stellen zu müssen.

Zweitens wird durch Scrum versucht, die außerordentliche Spezialisierung des Einzelnen zu verhindern; es werden also die mit einem Alleinstellungsmerkmal einhergehenden Vorteile minimiert. Das typische Problem von Organisationen, dass Spezialwissen oft als Herrschaftswissen genutzt und eingesetzt werden kann, wird durch Scrum und dessen Konzentration auf das Team systematisch bekämpft. Selbst wenn der Verlust ebendieser Vorteile gar kein Grund für die Kündigungen war, so ist doch das prinzipielle Zurechnungsproblem (*Person vs. Team*) nicht von der Hand zu weisen.[56]

---

55 Vielleicht kann in dieser problematischen Diskrepanz von Funktion vs. Teammitglied
    bzw. von spezialisierter und allgemeiner Kompetenz auch der Grund dafür gesehen werden, dass Google und Facebook mittlerweile weniger ausgebildeten Experten einstellen
    denn vielmehr unausgebildete, aber wissenshungrige und arbeitseifrige junge (möglichst
    ungebundene und kinderlose) Menschen (vgl. Kucklick 2016, S. 209 f.). Denn diese haben noch keine Identifikation mit einer Spezialisierung (Funktion) ausgebildet und können demnach auch nicht darunter leiden, wenn ihnen andere Funktionen zugewiesen
    werden.
56 Dies führt nicht nur zu sozialpsychologischen Effekten, sondern hat auch rechtliche
    Konsequenzen. So ist es beispielsweise bei Scrum nicht mehr ohne Aufwand möglich,
    Arbeitnehmer über Werkverträge partiell in Teams zu integrieren, da die konkreten Aufgaben nicht (oder besser: nur schlecht) im Vorfeld festgelegt werden können. Ähnliche
    Probleme gibt es bei der Ausgestaltung von Softwareverträgen zwischen Auftraggebern

Von diesen strukturellen Problemen weg wird nun die Aufmerksamkeit
wieder auf den Einsatz und die Gestaltung der verschiedenen Meetingformate gelegt. Der ganz grundsätzliche Sinn dieser Meetings wird von den Akteuren
selbst in der Sichtbarmachung bereits vorhandener, aber nicht wirklich wahrgenommener Probleme gesehen (vgl. Kap. IV.2).

»Befragter: Also die die Probleme werden halt sichtbarer gemacht, es wird sich einfach damit beschäftigt, deswegen gibt es die Meetings.

Interviewer: Ahja. Ok.

Befragter: Also die Meetings auf der einen Seite also es gibt ein paar Meetings, die
dazu dienen, Probleme zutage zu fördern, also zum Beispiel die Retrospektiven,
und dann gibt es halt daraus folgend die nächsten Meetings, die sich darum be-
schäftigen, wie wir diese Probleme lösen können. Teilweise im Team, teilweise
teamübergreifend, teilweise mit dem Management.« (Sven Eisecke, Abs. 256–258)

Diese neue Sichtbarkeit ehemals latenter (jedoch trotzdem vorhandener) Probleme wird als herausragende Eigenschaft von Scrum gesehen und sehr stark an
die Meetingformate gekoppelt. Sicher geht es auch darum, dass die agilen Werte
gelebt werden müssen, aber die Meetings werden als die zentralen Faktoren für
die Wirksamkeit von Scrum wahrgenommen. Es hat fast den Anschein, als ob
Scrum vor allem in den Meetings als Scrum erlebt werden würde und weniger
beim Arbeiten im Team oder in den dadurch entstehenden Ergebnissen. Der Fokus liegt klar auf der Form der Meetings und weniger auf den Resultaten, was
auch intern im Management zu Diskussionen führte. Denn während die ver-
brauchte Zeit für Meetings von den Mitarbeitern zumeist nur »subjektiv« gespürt wird, sind die gestiegenen Reisekosten offen sichtbar:

»Und das erregte jetzt sozusagen die Aufmerksamkeit des Finanziers und sagte:
Wieso sind die jetzt dorthin und wieso waren die 'ne Woche dort und so weiter und
so fort? Was haben die denn da gemacht? Und da haben wir uns, ja, nur wir zwei,
also nicht das ganze Management, nur wir zwei haben uns halt darüber [äh ...] ausgetauscht, sage ich jetzt mal ... wie hat das der Herr Steinbrück gesagt, nee, der Herr
[äh ...] Gabriel: mit verstärkter Höflichkeit//

Interviewer: //[lachen...]//

---

und -nehmern insgesamt, da bei agilen Projekten im Vorfeld nicht geklärt werden kann,
was am Ende abgenommen werden soll. Man behilft sich zumeist damit, jeden Sprint als
Werkvertrag zu konzeptualisieren (vgl. u. a. Bücking 2015).

> Befragter: //hat der sich mit Frau Slomka damals unterhalten im Interview. Mit verstärkter Höflichkeit haben wir uns gegenseitig darauf aufmerksam gemacht, was wir denn eigentlich für Intentionen haben.« (Manuel Winz, Abs. 12–14)

Die Intention des CTOs, der zwar eine Sonderrolle im eingeführten Scrum-Prozess hat, sich gleichwohl als aktiver Förderer der agilen Entwicklung versteht, bestand klar im Schutz der Form der Meetings, während der Finanzchef, außerhalb des agilen Entwicklungsprozesses stehend, sich über gestiegene Kosten verwundert zeigt. Am Ende wird versucht, die Reisekosten etwas zu minimieren, indem man sich nicht in Spanien, sondern in Deutschland trifft. Aber die Form des Meetings wird weder infrage gestellt, noch werden explizite Resultate, die nur durch die Meetings möglich werden, in der Diskussion als Argument eingebracht. Man geht davon aus, dass jedes Meeting sinnvoll ist.

Dieser Schutz der Meetings äußerte sich noch in einem anderen Fall: Etwa ein halbes Jahr nach der Einführung von Scrum wird eine Kritik laut, die mit der Rolle der ProductOwner verbunden ist:

> »Deswegen es Schwierigkeiten gab in manchen Sprints, diesen Zeitabschnitten, dass die Teams sich beklagt haben, es wäre schlecht vorbereitet, weil die ProductOwner zu wenig Zeit für die Vorbereitung ihrer Planung ...« (Manuel Winz, Abs. 26)

> »Das ist einer der Sachen, die uns halt massiv aufgefallen ist, weil die Teams leiden darunter, also nicht nur die ProductOwner leiden darunter, sondern auch die Teams, weil eben die Stories schlecht vorbereitet sind oder teilweise gar nicht, dadurch dauern sämtliche Meetings viel länger. Und die Teams sind halt sehr unzufrieden, wenn sie halt nicht immer wissen, wie es im nächsten Sprint weiter geht.« (Sven Eisecke, Abs. 86)

Problematisiert wird hierbei vonseiten des Managements und der ScrumMaster jedoch nicht das Verhalten der einzelnen POs. Die Kritik läuft ad rem und nicht ad personam, weil intern durchaus gesehen wird, dass die einzelnen POs in Arbeit ertrinken. Dies äußert ein PO selbst folgendermaßen: »... da bleibt dann sowieso gar keine Zeit mehr für irgendwas. Man managed das halt mehr oder weniger« (Christian Ahorn1, Abs. 75). Die POs werden zum berühmten Flaschenhals, weil sie u. a.

> »jetzt viele Aufgaben machen, die vorher überhaupt nicht in PM [Produktmanagement, S. M.] gemacht wurden. Also das; allein Bugs, das Thema Bugs sozusagen, sich intensiv damit zu beschäftigen ...« (Christian Ahorn1, Abs. 38)

Parallel zur aufkommenden Kritik, dass die Meetings besser vorbereitet werden müssen, damit die Teams besser arbeiten können, kommt es zu einigen Kündigungen von POs.[57] Daraufhin wird der Zuschnitt der Rolle derart verändert, dass nunmehr nicht nur Mitarbeiter aus der ehemaligen Abteilung Produktmanagement diese Position ausfüllen, sondern auch technisch versiertere Mitarbeiter, um das bei den POs entstandene Problem des Flaschenhalses etwas entschärfen zu können. Sie sollen dafür Sorge tragen, dass die Meetings wieder besser vorbereitet werden und dass das Team auch technische Details nachfragen kann. Am zweiwöchigen Meetingturnus und anderen Formvorgaben wird weiterhin festgehalten. Der Schutz der Meetings bleibt bestehen.

Die Zentralstellung der Meetings bei der Einführung von Scrum bei der Web-icona ist kein Zufall, da sie als Strukturen für die zu etablierende Selbstorganisation in Teams verstanden werden. Geäußerte Kritik an der Vielzahl der Meetings bezieht sich stets auf deren Effizienz. Insbesondere der Coach und die ScrumMaster wollen Scrum und die Meetings schützen und versuchen, die Beobachtung ausschließlich nach Effizienzgesichtspunkten durch eine zu ersetzen, die die Effektivität der Meetings sowohl für die Mitarbeiter als auch für das Unternehmen in den Vordergrund rückt. Deswegen wird stets auf die verbesserte Sichtbarkeit von vorhandenen Problemen abgehoben. Scrum führe zu mehr Transparenz und damit zu einer höheren Effektivität, gerade aufgrund der vielen Meetings.

3.2 Mediale Infrastruktur der Meetings

Bisher wurde die Reflexion und Analyse der Meetings bei Web-icona sehr nah an der Scrum-Methodologie betrieben. Nun soll der Fokus auf die Existenz der verschiedenen Standorte der Web-icona gerichtet werden.[58] Diskutiert werden soll dabei, *wie* die Meetings aufgrund dessen konkret ausgestaltet wurden. Im Mittelpunkt stehen deswegen die standortübergreifenden Meetings, die neben den jeweiligen Face-to-Face-Interaktionen vor Ort sehr stark durch medialisierte Kommunikation geprägt sind. Die Erörterung findet auf zwei Ebenen statt: Zunächst werden die konkreten Tools, Apparate, Werkzeuge und Softwareprogramme betrachtet, und zwar daraufhin, wie sie die konkreten Praktiken ermöglichen, formen, unterstützen, aber auch stören und konterkarieren. Des Weiteren sollen die Vorstellungen und Wünsche thematisiert werden, die mit

---

57 Über die Gründe ließe sich trefflich spekulieren, sie sind jedoch für die hier verhandelte Problematik uninteressant. Nicht interessieren die Motive, die zu den Kündigungen führen, sondern vielmehr, wie darauf organisationsintern reagiert wurde.

58 Die verschiedenen Standorte der Web-icona sind nicht nur hinsichtlich der Meetings und der damit einhergehenden technischen Infrastruktur relevant, sondern auch für das Unternehmen insgesamt, da vor der Einführung von Scrum – wie in den Workshops kundgetan und als Problem markiert – nur sehr wenig Austausch zwischen den Standorten stattfand.

diesen Medien allgemein verbunden werden, weil nur dadurch der Kontext erhellt werden kann, in dem die Praktiken und Handlungen überhaupt erst plausibel werden. Denn auch wenn keine Determination durch den Kontext angenommen werden kann, so scheint es schlechthin unmöglich, die Etablierung der beobachteten Arbeitsweisen zu verstehen, wenn nicht der Möglichkeitsraum und Erwartungshorizont, vor dem die Etablierung überhaupt erst plausibel wird, dargestellt wird.

Der Einsatz von neuen, anderen Kommunikationsmöglichkeiten wird mit der Einführung von Scrum unumgänglich. Wurde vor der Umstellung im Workshop noch ausführlich und kontrovers über die verschiedenen im Einsatz befindlichen Tools diskutiert (vgl. Workshop Web-icona, Abs. 118 ff.) und schienen die in Verwendung befindlichen sogenannten Kollaborationstools noch vielfältig und heterogen, so war dies seit dem ersten Beobachtungstag nach der Einführung von Scrum nicht mehr sichtbar. Stolz wurde mir das angeschaffte Equipment, bestehend aus Mikrofonen, Großbildfernsehern und Software-Tools, präsentiert. Im Interview meint Felix retrospektiv, dass sie das alles aufgebaut und dann auch für andere Standorte besorgt hätten:

> »Ich hab dann bei Manuel durchgesetzt, dass wir das weiter machen, dass wir das Equipment hier aufbauen, dass wir diese Teams so lassen, wie sie sind und dass wir mit Remote-Mitteln also auch irgendwelche online-Boards, wir hatten ja diese Jira[59]-Integration noch nicht, wir haben uns online-Tools gesucht dafür, wo wir unsere Planningboards verwalten können, das ganze Zeug aufzubauen.« (Felix Kurz, Abs. 172)[60]

Statt die Zusammensetzung der Teams entsprechend den verschiedenen Standorten zu gestalten, wurden bewusst standortübergreifende Teams gebildet. Dabei war es nicht nur so, dass ProductOwner und/oder ScrumMaster »remote«

---

59 Jira heißt das intern genutzte Ticketsystem. Damit werden die vielfältigen Aufgaben, Softwareerweiterungen, Bugs, Fehler, Anpassungen etc. intern verwaltet. Diese Software läuft internetbasiert und erlaubt die kollektive Zuweisung und Priorisierung aller softwarebezogenen Aufgaben. Das beschriebene Jira-agile-Board ermöglicht eine digitale Visualisierung der Scrumboards: Es gibt vier Spalten (To-do, In Progress, Testing, Done), und die Aufgaben wandern dann im Laufe eines Sprints von links nach rechts und sollten am Ende idealerweise sämtlich abgearbeitet sein. Im Zitat wird die Onlinenutzung dieser virtuellen Boards zumindest skeptisch betrachtet.

60 Sprachlich sichtbar werden hier wieder die auf S. 117 f. beschriebenen Machttypen. Manuel Winz ist der formal Vorgesetzte von Felix. Nichtsdestotrotz kann Felix behaupten, dass er eine Entscheidung durchgesetzt hätte. Das ist nicht eine informelle Art und Weise des Umgangs mit einem bestimmten Problem, sondern eine öffentlich darstellbare Form der Entscheidungsfindung und -behauptung jenseits von formaler Hierarchie. Am ehesten vergleichbar ist dies mit einer Entscheidungssetzung aufgrund von Expertenstatus. Aber in einem solchen Fall wird normalerweise über die Sachdimension argumentiert, während hier eindeutig auf der Sozialdimension verblieben wird.

von einem anderen Standort aus agieren sollten, sondern es wurden auch standortübergreifende (Entwicklungs-)Teams gebildet.[61] Diese Entscheidung wurde mir von verschiedenen Seiten mit dem Wunsch des Zusammenwachsens der Standorte begründet. Die zu entfaltende These lautet, dass diese Entscheidung nur vor dem Hintergrund einer weit verbreiteten Annahme möglich wurde, nämlich der, dass die verschiedenen physischen Standorte medial überbrückt und zusammengeschaltet werden können, sodass die physisch dispersen Teammitglieder dennoch zusammenarbeiten können. Nur vor diesem Hintergrund wird erstens die Entscheidung für standortübergreifende Teams und werden zweitens die konkreten Handlungen und Praktiken in den medialisierten Meetings überhaupt erst plausibel. Weder sind die verschiedenen physischen Standorte an sich der Grund, noch kann dieser in der Methodologie von Scrum gesehen werden; sicher war es auch kein natürliches Bedürfnis, endlich einmal mit den Mitarbeitern vom anderen Standort zusammenzuarbeiten; auch sind ökonomische Überlegungen nicht von Belang. Einzig durch die – weder sachlich noch mit Scrum begründbare – Vorstellung, dass mithilfe von Kollaborationstools physische Standorte überbrückt werden können, kann die Entscheidung für standortübergreifende Teams ihren Sinn bekommen.

Es geht im Folgenden weniger um diese Entscheidung, die ja jederzeit wieder revidiert werden könnte und teilweise auch revidiert wurde, da einzelne Teams zusammengelegt oder ProductOwner auch in Erfurt installiert wurden, sondern vielmehr um das Herausarbeiten der spezifischen Hintergrundannahme, dass physische Standorte medial zusammengebracht werden können. Ebendiese Annahme wird in den Momenten sichtbar und wirksam, in denen die Medialisierung der Kommunikation nicht gelingt, also dann, wenn das Medium stört, da es zum Teil im wahrsten Sinne des Wortes körnig und damit sichtbar wird. Zu beobachten war dies sowohl in den konkreten Meetingsituationen als auch in den diese Situationen reflektierenden Interviews.

Ich sitze wie am ersten Beobachtungstag auf dem Ball in der hinteren Ecke des Büros, in dem die ScrumMaster und der CTO sowie der Praktikant, der seine Abschlussarbeit bei *Web-icona* schreibt, ihre Schreibtische haben. Von hier aus habe ich Einblick auf den Schreibtisch und die zwei Monitore (Laptop plus angeschlossener größerer Flachbildschirm) von Sven. Es ist Vormittag, der Raum ist leer und damit sehr ruhig. Sven setzt sich das Headset auf und schaut in seine Mails auf dem

---

61 Da das ehemalige Produktmanagement in Bremen ansässig war, übernahmen die Mitarbeiter dieses Standorts zunächst die Rolle des ProductOwners. Die ScrumMaster wurden v. a. aus den ehemaligen Projektleitern rekrutiert und waren damit vorwiegend, wenn auch nicht ausschließlich, in Erfurt. Die Programmierer waren mit Schwergewicht auf Erfurt an sämtlichen drei Standorten beheimatet.

Hauptbildschirm, im Hintergrund hat er schon Google Hangout geöffnet, das in der Firma für Videokonferenzen mit anderen Standorten genutzt wird. Er ist Scrum-Master für das blaue Team, das weit verteilt ist, sodass zu dieser Retro keine einzige andere Person physisch in Erfurt präsent ist. Einzig ein Mitarbeiter, der seit einigen Wochen aus der Elternzeit wieder zurück im Unternehmen ist,[62] will sich in das Meeting einklinken, macht dies jedoch von seinem Rechner im Nachbarraum mithilfe der Videokonferenzsoftware, statt physisch im gleichen Raum neben Sven vor dem Rechner zu sitzen.

Pünktlich 10 Uhr beginnt das Hangout, wobei ich aufgrund dessen, dass alle Headsets nutzen, ich aber als Beobachter keines habe, nur die Redebeiträge von Sven höre, jedoch nicht die der anderen drei Teilnehmer. Da das Team zum Teil auch in Spanien sitzt, wird Englisch gesprochen. Nach der gegenseitigen Begrüßung, die nicht nur verbal geschieht, sondern auch visuell durch Winken mit der Hand unterstützt wird, meint Sven, dass es komisch sei, dass der Mitarbeiter im Nebenraum »nicht im Hangout sei«. Deswegen nimmt er das Headset ab und geht in den Nachbarraum und kommt nach wenigen Sekunden wieder zurück. In diesem Moment kommt ein Entwickler in den Raum und erklärt direkt, da er nicht wissen und sehen kann, dass Sven gerade in einer Videokonferenz ist, dass die POs erst 14.30 Uhr mit dem Zug ankämen, und beide diskutieren, ob und wie man aufgrund dieser Verspätung die anstehenden Meetings verschieben könnte. Sven versucht, eine Klärung herbeizuführen, reagiert jedoch kurz angebunden, da er sich ja eigentlich in einer anderen Situation befindet. Dadurch kommen beide nicht richtig zu einer Lösung und verschieben die Entscheidung. Beim Rausgehen meint der Programmierer etwas enttäuscht und resigniert, dass er es ja auch nicht klären wollte, sondern lediglich darüber informieren, weil der im verspäteten Zug sitzende PO seine Nummer gehabt hätte und ein Anruf beim anderen ScrumMaster erfolglos geblieben sei. Nach dieser Unterbrechung für Sven setzt er sich das Headset wieder auf, setzt sich auf seinen Stuhl und fährt mit der Videokonferenz fort.

Parallel zum Hangout-Bildschirm, den er mittlerweile auf seinen Laptop geschoben hat, nutzt er die Software Spacedesk auf dem Hauptmonitor direkt vor sich. Dies ist ein virtuelles Whiteboard, das kollaborativ genutzt werden kann, d. h., jeder Teilnehmer kann auf das Whiteboard schreiben, es verändern etc. Sven nutzt es jedoch ohne diese Kollaborationsfunktion, da es »irgendwie nicht immer richtig funktioniert«, wie er mir nach der Retro erklärt. Deswegen wird es nur von Sven genutzt und dann mithilfe der Screensharingfunktion von Google Hangout den anderen Teil-

---

62 Wie sich im Laufe der späteren Beobachtungen und Interviews herausstellt, ist Murat Torsten einer der sogenannten Experten und damit zunächst in keinem Team verortet. Erst nach der Umstellung, die neun Monate nach der Einführung von Scrum geschah, wurde er ein ProductOwner, der jedoch nicht mehr in Bremen, sondern in Erfurt saß.

nehmern sichtbar gemacht. Sämtliche Teilnehmer an dieser Retro haben also sowohl
den Bildschirminhalt von Sven mit dem Whiteboard vor Augen als auch die einzelnen Teilnehmer in Hangout.[63] Das Whiteboard ist von Sven schon detailliert vorbereitet worden, um eine schnelle Handhabung während des Meetings gewährleisten
zu können. So gibt es schon eine Liste von zehn im Laufe der letzten zwei Wochen
vom ScrumMaster identifizierten Themen. Jeder Teilnehmer hat zunächst die Aufgabe, drei davon auszuwählen, welches dann der Reihe nach geschieht. Ich kann dies
nicht hören, sehe aber, wie Sven schon vorbereitete Punkte vom Rand des virtuellen
Whiteboards an die einzelnen Themen zieht, so wie es bei Punkten am Flipchart
gemacht wird. Ebenso gibt es schon ein vorbereitetes Team-Radar. Dies ist im Prinzip
nur ein Koordinatensystem, in dem die zuvor ausgewählten Themen auf den Achsen
aufgetragen sind, sodass nun jeder Teilnehmer nacheinander seine Bewertung
hinsichtlich des jeweiligen Themas für das Team auf einer Skala von 0 bis 10 ab-
geben kann.

Zu beobachten ist eine relative geringe Streuung der Einschätzungen der einzelnen
Themen, was ich intuitiv als problematisch erachte, weil ich annehme, dass die Teilnehmer sich mehr aneinander orientieren, als dass sie eine »wahre« Einschätzung
treffen. Doch während ich noch nachdenke, erklärt Sven den anderen, dass wenig
Streuung gut für das Arbeiten in einem Team sei, und schlägt deswegen die beiden
Themen zur weiteren Diskussion vor, bei denen entweder nur wenig Kenntnis vorhanden ist oder die Einschätzungen weit streuen. Im konkreten Fall sind dies die
Themen Virtuelle Maschinen, kurz: VMs[64] und QA-Knowledge[65]. Nach der Auswahl
dieser beiden Items sind bereits 15 Minuten vergangen.

---

63 Dies ist selbstverständlich nur eine Vermutung, da ich nicht gleichzeitig das Geschehen
    an den anderen physischen Standorten beobachten konnte. Auch ist nicht sicher, dass
    sämtliche anderen Teilnehmer zwei Bildschirme vor sich haben, sodass sie auf dem ei-
    nen die anderen Gesprächsteilnehmer via Hangout sehen und auf dem anderen das vir-
    tuelle Whiteboard.
64 Virtuelle Maschinen sind – grob vereinfacht gesagt – simulierte Rechner mit einer spe-
    zifischen Softwarekonfiguration, die in erster Linie zum Testen von Software genutzt
    wird. Denn insbesondere webbasierte Software kommt in der Praxis auf verschiedensten
    Systemen (auf unterschiedlichen Endgeräten wie Mobiltelefonen, Tablets, PCs mit ver-
    schiedenen Betriebssystemen) zum Einsatz (und hängt darüber hinaus auch noch von
    verschiedenen Browsern und Zusatzprogrammen wie Java, Flash etc. ab, die sämtlich in
    verschiedenen, zum Teil sehr verschiedenen Versionen vorkommen). Mithilfe einer VM
    wird eine bestimmte Spezifikation simuliert, um die Funktionsfähigkeit der Software
    prüfen zu können. Auch können damit konkrete Fehler, die von Kunden berichtet wur-
    den, nachvollzogen werden, indem eine komplexe Konfiguration von Hardware und Soft-
    ware nachgestellt wird.
65 Mit QA-Knowledge ist ein allgemeines Wissen zu Abläufen und Verfahren der Qualitäts-
    sicherung, dem Testen der Software gemeint.

Der nächste Schritt in der Retro wird als je zehnminütiges Brainstorming angekündigt. Dafür benutzt er ein neues virtuelles Blatt Papier, auf das er die Überschrift »VMs« und einen Anstrich schreibt. Dann redet er nicht mehr und hört nur noch zu; es gibt keine konkrete Fragestellung oder Aufgabe zum Diskutieren. Erst nach ca. zwei Minuten schaltet er sich ein und meint, dass es wichtig wäre, dass alle im Team wissen, »wie man eine VM aufsetzt«, d. h. installiert. Die diskutierten Punkte schreibt er nun auf das virtuelle Whiteboard und geht nach zehn Minuten zum nächsten Thema. Ein Ergebnis des Gesprächs ist beispielsweise, dass sich herausstellt, dass Person X nicht weiß, wie man eine VM aufsetzt, sodass jemand anderes das machen muss. Sven schlägt ein Training vor, damit Person X es lernen kann.

Beim Aufschreiben der Diskussionspunkte auf dem virtuellen Whiteboard in einer Art Textfeld kommt es nun zu einem für alle Beteiligten sichtbar werdenden Problem: Als Sven außerhalb des Textfelds klickt, um den Schreibmodus zu beenden, wird ein vorheriger Zustand des geschriebenen Texts hergestellt. Das gerade Geschriebene verschwindet und ist nicht mehr vorhanden. Er ist kurz irritiert und teilt dies auch verbal mit, ist aber nicht vollkommen überrascht, da er gestern schon beim Setup das Problem gehabt habe, wie er den anderen Teilnehmern erklärt, und deswegen immer sämtlichen Text mit Strg + C in der Zwischenablage gespeichert habe. Damit ist der Text zwar gerettet, aber eben nicht auf dem Whiteboard für alle sichtbar. Er kopiert den Text wieder in das Textfeld, klickt außerhalb und wieder verschwindet der Text. So reproduziert er das Problem noch ein-, zweimal, findet keine Lösung und regt sich nun verbal auf. Dann beginnt der – jedem halbwegs routiniert mit Software umgehenden Menschen bekannte – Prozess eines gezielten Trial-and-Error: Er kopiert zunächst das Geschriebene in ein anderes Programm und versucht nun, den Gesamttext auf mehrere kleinere Textfelder zu verteilen, um quasi das Problem einzugrenzen. Das funktioniert auch nicht richtig, da nun kleinere Textteile immer wieder nach Entfokussierung des Textfelds einfach verschwinden. Dies wird zwischendurch immer wieder von einem lauten »No« kommentiert, das qua Intonation einmal als Ausdruck zunehmender Frustration und einmal als Reaktion auf mögliche Vorschläge von den anderen Teilnehmern zu verstehen ist. Letztlich findet er das Problem: Es scheint so zu sein, dass bestimmte Sonderzeichen von der Whiteboard-Software nicht akzeptiert werden, mit der unangenehmen Folge, dass der gesamte Text verschwindet. Wahrscheinlich ist dies eine Sicherheitsmaßnahme, damit kein Code in die Software injectet[66] werden kann. Jedenfalls funktioniert alles wie-

---

66 Bei diesem Problem handelt es sich um eine potenzielle Sicherheitslücke von Websoftware, weil durch Eingabefelder, durch die ja Informationen in Datenbanken geschrieben werden, auch Programmcode in die Datenbanken gelangen kann. Auf diese Weise kann ein möglicher Angreifer schlimmstenfalls die Kontrolle über den gesamten Server übernehmen, auf dem die Datenbank liegt. Dies wird zumeist verhindert, indem bestimmte

der, nachdem sämtliche Sonderzeichen gelöscht werden. Daraufhin ändert sich der
Ton von Sven wieder, und alle Beteiligten gehen nach dieser ungewollten, etwa acht
Minuten dauernden Unterbrechung zur Tagesordnung über.

Eine dreiviertel Stunde nach Beginn der Retro wird das gemeinsame Brainstorming
beendet, und Sven notiert eine konkrete To-do-Liste. Dies wird unterbrochen, da ein
Teilnehmer etwas sagt oder fragt – jedenfalls ist Sven ruhig, hört einige Minuten zu.
Danach beschreibt er, nach welchen Tests welche Tags gesetzt werden, und kommentiert die anscheinend zutage getretene Tatsache, dass die anderen das noch nicht gewusst haben, damit, dass sie wirklich ein »communication problem« hätten, da man
nicht wissen könne, was die anderen wissen und was nicht.

Nach einer langen Stunde werden die konkreten To-do-Punkte, die abgearbeitet werden sollen, farbig markiert; und ein für diese Aufgabe Zuständiger wird vermerkt.
72 Minuten nach Beginn wird die Retro mit einer Evaluation der Retro selbst beendet, die – wie in den allermeisten der beobachteten Fälle – von allen Teilnehmern in
der Mitte der Skala bewertet wird. Sven beendet das Meeting mit der Ankündigung,
dass er das virtuelle Whiteboard in das firmeneigene Wiki einstellen wird und dass
sie in der nächsten Woche auf die Liste schauen und besprechen werden, was sie
hinbekommen haben und was nicht. Zum Abschluss winkt er in die Kamera und
klinkt sich aus.

Direkt nach Beendigung des Meetings und dem Absetzen des Headsets kommt Murat
Torsten aus dem Nachbarraum und meint, dass das ja nicht so gut laufe, was von
Sven bestätigt wird. Beide diskutieren, wie man mehr Wissenstransfer insbesondere
nach Spanien praktizieren könnte. Früher, als die spanischen Kollegen noch Teil
der einen Abteilung gewesen wären, hätte das besser funktioniert. Danach öffnet
Sven eine neue Wikiseite und dokumentiert die Retro, wofür er weitere 30 Minuten
benötigt.

Diese ausführliche Beschreibung einer konkreten Meetingsituation, in der, um
den physischen Raum zu überbrücken, verschiedene mediale Werkzeuge benutzt werden, sollte eine konkrete Vorstellung der verschiedenen Effekte von
standortübergreifenden Meetings ermöglichen. Sobald Medien notwendigerweise genutzt werden müssen, steigt die Fehleranfälligkeit und Korrekturbedürf-
tigkeit der Kommunikation. Softwareprogramme funktionieren nicht immer

---

Sonderzeichen nicht erlaubt – in der Fachterminologie: auskommentiert – werden. Wird
dieser Schutz zu rigide gehandhabt, kann dies zu den beobachteten Problemen in der Be-
nutzbarkeit der Software führen.

so wie gedacht.[67] Die Kollaborationsfunktion des virtuellen Whiteboards wird deswegen nicht genutzt, sondern es wird mithilfe von Screensharing übertragen. Das hat zur Folge, dass sehr viel vorbereitet werden muss (Punkte und Striche müssen schon gezeichnet, Textfelder angelegt und Skalen für die Evaluation bereitgelegt werden), damit relativ zeitnah agiert werden kann. Denn der Medienwechsel von Stift und Papier am Flipchart bzw. Stift und Tafel am Whiteboard zu einem virtuellen Tool verlangsamt in jedem Fall die Interaktionsgeschwindigkeit und kann nur durch detaillierte Vorbereitung auf ein erträgliches Maß reduziert werden.[68] Zudem hat das genutzte Equipment Grenzen: Mikrofone, die die Umgebungsgeräusche herausfiltern und dadurch im Normalfall gut funktionieren, werden von klickenden, klackenden und fiependen Geräuschen derart gestört, dass auch Stimmen verschwinden. Bilder sind aufgrund von Gegenlicht miserabel ausgeleuchtet, ruckeln, frieren ein oder werden gleich ganz schwarz.

Insgesamt werden Fehler und Bugs in den genutzten medialen Umgebungen zur erwartbaren Normalität. In einem Fall funktioniert das Speichern eines

---

67 Diese Problematik ließ sich deswegen auch bei der Bauroh beobachten. Denn auch wenn dort prinzipiell Interaktionen unter Anwesenheit als wichtiger erachtet werden, kann nicht (mehr) ohne Computer und insbesondere nicht mehr ohne CAD-Software gearbeitet werden. Schon im Workshop wurde über die Problematik der Konvertierung von Plänen – dort als »Ummodeln von Dateien« bezeichnet – , die in verschiedenen parallel im Hause befindlichen Softwareversionen erstellt wurden, lamentiert. Konkret beobachtet werden konnte eine bezeichnende ca. 20-minütige Szene, in der eine virtuelle Schicht eines Planes nicht in einem Programm geöffnet werden konnte. Es wurden verschiedene Versionen abgespeichert und neu eingelesen, jedoch nie mit dem gewünschten Ergebnis, dass im Gesamtplan die spezifischen Elemente bearbeitet werden konnten. Auch die Fehlersuche lief ähnlich: Zunächst wurden andere Dateiformate getestet, dann wurden bestimmte Elemente in der Ausgangsdatei gelöscht, in der Hoffnung, dass damit das Konvertierungsproblem zu beheben sei. Letztendlich blieb das Problem bestehen und wurde mit: »ich seh's, aber ich kann es nicht greifen ...« kommentiert.
68 Es könnte die Frage gestellt werden, welche funktionale Berechtigung das virtuelle Whiteboard besitzt. Könnte es nicht durch ein einfacher und schneller zu bedienendes Zeichenprogramm ersetzt werden, wenn die Kollaborationsfunktion nicht mehr nötig ist? Dies könnte zudem den Vorteil haben, dass die immer noch eher instabilen webbasierten Softwareprogramme durch stabilere Desktopprogramme ersetzt werden könnten, die zudem auch meist noch schneller auf Eingabebefehle bzw. Interaktionen reagieren. Die Vermutung lautet hier, dass am Anfang des Scrum-Prozesses verschiedene Software evaluiert wurde und dann nach einer Entscheidung bestimmte Programme eingeführt wurden. Ist die Software einmal im Unternehmen und v. a. in den alltäglichen Praktiken etabliert, wird es immer unwahrscheinlicher, dass sie gewechselt wird. Selbst wenn die eigentliche Kernfunktionalität der Kollaboration beim virtuellen Whiteboard nicht mehr genutzt wird, bleibt die Software dennoch in Gebrauch. Dies ist ein prinzipielles Problem von Software, dass sie funktional recht vielseitig genutzt werden kann: Texte können in Excel geschrieben, Tabellen mit Word erstellt werden – die Wahl des Programms, um ein konkretes Problem zu lösen bzw. eine Aufgabe zu bearbeiten, hängt in hohem Maße vom jeweiligen Know-how, dem impliziten Wissen und den Erfahrungen mit den verschiedenen Programmen ab.

Textes nicht, sodass Reparaturbedarf entsteht; oder die Übertragungskapazität der Internetleitung schwankt, sodass die Gesprächspartner auf einmal pixelig werden und nur noch verzerrt zu verstehen sind. Auch ist die prinzipiell sinnvolle Funktion von Google Hangout, die automatisch immer denjenigen visuell groß präsentiert, der gerade das Wort ergreift, fehleranfällig. Man hört jemand anderen, als man sieht, wundert sich darüber, dass der Falsche im Bild ist, was dann wieder von den anderen gesehen und beobachtet wird, sodass man selbst via Geste und Intonation die Situation zu reparieren versucht. All dies hat einen erheblichen Interaktionsaufwand zur Folge, vor allem auf der Beziehungs- und Mitteilungsebene.

Auch müssen sich die Teilnehmer zu den Videokonferenzen gegenseitig einladen, was gelegentlich vergessen wird: »das ist ein bisschen nervig, sag ich mal aus meiner Sicht, weil man eben zum gesetzten Termin irgendwie kommt und dann kann's halt nicht gleich losgehen, weil es irgendwelche technischen Probleme gibt.« (Manuel Winz, Abs. 4) Standortübergreifende mediale Meetings sind dadurch durchgehend von Pausen, kurzen Unterbrechungen, Störungen und Ungleichzeitigkeiten geprägt, die Reparaturaufwand sowohl auf der technischen Ebene wie auch auf der Interaktionsebene erfordern. Besonders auffällig ist dies, wenn alles zusammenkommt: Wenn Meetings in Englisch ohne englische Muttersprachler stattfinden, wenn an diesen Meetings nicht nur jeweils eine Person pro Standort beteiligt ist, sondern mehrere im Raum befindliche und damit vom Mikrofon verschieden entfernte Personen teilnehmen, wenn die Internetverbindung schwankt, sodass die Teilnehmer nur verpixelt oder verzögert zu sehen sind, wenn weiterhin an dem Meeting Personen mit unterschiedlichen sozialen Rollen (ProductOwner, ScrumMaster, Coach, Programmierer) teilnehmen, die sämtlich heterogen in der internen Hierarchie verortet sind, zum Teil disparate Standortkulturen besitzen und gemeinsam ein diffuses Problem besprechen müssen, bei dem es latent um zukünftige Machtverschiebungen aufgrund von Änderungen bei der Scrum-Methodologie geht – spätestens dann sind sämtliche Teilnehmer nahezu ausschließlich und permanent mit Darstellungs-, Präsentations- und Interaktionskorrekturen und -reparaturen beschäftigt, sodass inhaltlich und thematisch nicht viel besprochen werden kann. Der kommunikative Austausch beschränkt sich dann zumeist auf Floskeln, Stereotype und routinierte Sprechweisen. Am Ende kommt es entweder zum zeitlichen Verschieben (der Entscheidung) oder zum Bestimmen eines Verantwortlichen, der einen gemeinsamen Vor-Ort-Termin koordiniert. Oft wird eine Stunde mediale Kommunikation für dieses Ergebnis gebraucht, und dies auch nur, weil der Termindruck (oft eines anderen Meetings) zum Beenden zwingt.

Einige Beobachter einer solchen Szenerie könnten sich nun hinreißen lassen und in diesem Fall vom Versagen des Mediums und damit von einem Scheitern des Meetings sprechen. Diese würden jedoch nicht beachten, dass sich kein Teilnehmer währenddessen und im Nachgang sonderlich unzufrieden zeigt. Zwar präsentiert man sich angestrengt und gestresst, aber nicht verstimmt und frustriert. Auch wird in den Interviews diese Problemlage nicht zur Sprache gebracht. Es scheint fast so, als ob das von mir Beobachtete großzügig übersehen wird. Auf Nachfrage konnte ich vereinzelt Zustimmung für meine Beobachtungen erhalten, aber dennoch wurde das Meeting, auch in der beschriebenen Art und Weise, als sinnvoll angesehen.

Selbst dass einzelne Personen nicht mithandeln können, da sie nur via Videokonferenz zu einem lokalen Teammeeting zugeschaltet wurden, führte nicht zu fundamentalen Zweifeln an der Form medialisierter Meetings:

> »Retro ist viel schöner, wenn man dabei ist, weil man sonst einfach nicht ans Whiteboard gehen kann, aber das geht alles und man wird auch gut gehört; also die haben sich auch drauf eingeschossen, dass man halt irgendwie mit angeguckt wird, dass sie einen in den Kreis mit einbeziehen, als Monitor, das funktioniert schon ...« (Christian Ahorn2, Abs. 46)

Konkret werden andere Personen gebeten, Punkte für den remote Zugeschalteten zu kleben oder Striche zu zeichnen. Sicher wird auch versucht, in die Kamera zu schauen, wenn mit der räumlich entfernten Person gesprochen wird. Da jedoch die Kamera und die Darstellung des Gesichts dieser Person auf dem Monitor, einem großen Fernseher oder via Beamer an der Wand nicht übereinanderliegen, scheitert ein versuchter Blickkontakt fortwährend und notwendigerweise. Dies wird jedoch nicht thematisiert oder als Argument gegen standortverteilte Teams oder gegen solche Meetings ins Feld geführt. Vielmehr werden die technischen Schwierigkeiten der medialisierten Meetings zwar gesehen, aber zumeist nicht gegen diese an sich gewendet. Sicher kann dies mit der prinzipiellen Vorstellung erklärt werden, dass standortübergreifende Kommunikation gelingen kann, doch kommt noch ein weiterer Aspekt hinzu.

Als These könnte formuliert werden, dass die medialisierten Meetings nicht trotz der technischen Schwierigkeiten, sondern aufgrund dieser eine wichtige Funktion für die Mitarbeiter der Web-icona besitzen. Denn erst durch das soziale Reparieren der technisch entstandenen Hindernisse wird ein breites Kontextwissen produziert, das dann wechselseitig wahrgenommen und als Zusammenrücken der Standorte interpretiert werden kann. Insofern führen die technischen Probleme letztlich – wenn auch vollkommen unintendiert – zu einem Zusammenwachsen der verschiedenen Standorte. Würde die Technik reibungslos funktionieren und müsste nicht permanent etwas kommunikativ repariert werden, würde dieser Effekt wahrscheinlich überhaupt nicht in dieser Weise eintreten. Pointiert könnte deshalb formuliert werden, dass erst im Versagen der Kollaborationstechnik deren erwartete Funktion überhaupt erst erfüllt wird, nämlich die, verschiedene Standorte kommunikativ zu verknüpfen.

Diese Perspektive auf den Einsatz verschiedener Kollaborationstools ist im Feld freilich nicht anzutreffen. In den Interviews finden sich eher partikulare Ansätze der Optimierung dieser medialisierten Kommunikation,[69] indem ganz konkrete Eigenschaften der im Einsatz befindlichen Tools thematisiert werden:

> »... das ist jetzt ein absolutes Detail – man kann halt keine epics[70] in den Backlog ziehen in dem Tool, sondern nur Stories, so eigentlich braucht man für einen abschätzbaren Backlog auch epics in dem Backlog, die man dann irgendwann aufteilen kann. So das geht mit dem Tool nicht. Darum müssen wir uns jetzt beschäftigen – mitten in der Produktivarbeit« (Christian Ahorn1, Abs. 20).

Diese kleinen Details sind jedem, der mit technischen Programmen arbeitet, geläufig und stellen zumeist kein größeres Problem dar, weil die konkrete Verwendungsweise dieser Programme einmal festgelegt wird und sie dann benutzt werden. Wenn beispielsweise ein neuer Rechner mit neuer Software gekauft wird, wird dieser am Anfang konfiguriert – es werden Häkchen gesetzt, Formatvorlagen angelegt, Tastenbelegungen festgelegt und vieles andere mehr –, danach wird er benutzt.[71] Gemeinsam genutzte technische Umgebungen und Tools führen aber eben dadurch zu vielfältigen Koordinationsnotwendigkeiten, besonders zu Beginn der Nutzung einer Anwendung. Doch auch im Gebrauch ergeben sich immer wieder Anpassungsprobleme, die nun aber – da von der Software nicht vorgesehen – sozial gelöst werden müssen. Im konkreten Fall muss man sich beispielsweise entscheiden, ob die Epics dann in einem

---

69 Dies ist selbstverständlich der Interviewsituation geschuldet. Sie bietet dem Befragten die Möglichkeit, sich zum Prozess der Einführung von Scrum in ein distanziertes Verhältnis zu setzen. Die Befragten waren nicht in der handlungserfordernden Situation eines Meetings, sondern konnten diese in der Situation des Interviews reflektieren. Dieser strukturelle Unterschied wurde auch von einigen Interviewten selbst bemerkt, da sie am Ende dankbar für das Interview waren. Sie äußerten direkt – ein in der Forschung bekanntes Phänomen –, dass sie sich nun besser fühlen würden, weil sie das, was sie umtrieb, bei mir abladen konnten.

70 Eine Epic ist eine Oberkategorie von Stories. Analog kann das Anfertigen einer Dissertation als eine Epic beschrieben werden, die verschiedene Stories beinhaltet, wie zum Beispiel die theoretische Anlage oder das methodische Vorgehen, das dann wieder in konkrete Aufgaben (bei Scrum heißt es konsequent: Tasks) geteilt werden kann, beispielsweise: Buch XY via Fernleihe bestellen oder Beobachtung eines Meetings wiederholen oder das Schlusskapitel schreiben (wobei dies durchaus auch als eine eigenständige Epic verstanden werden kann).

71 Diese Erfahrung gerät bei Mac-Nutzern leicht in Vergessenheit, weil das individuell konfigurierte System einfach auf ein neues Gerät übertragen werden kann. Damit entsteht jedoch ein neuerliches Problem, das als Konfigurationshistorie beschrieben werden kann. Macs werden so hinsichtlich ihrer Konfiguration mit der Zeit immer unterschiedlicher, sodass es zu größeren Schwierigkeiten führt, wenn man einen anderen Mac benutzen muss. Benutzer und System nähern sich mit der Zeit aneinander an, was durch die zumeist revolutionären Brüche auf anderen Systemplattformen seltener geschieht.

anderen Tool verwaltet werden oder ob diese besonders gekennzeichnet werden oder ob man nur mit Stories arbeitet etc. Selbstverständlich könnte auch das Programm ersetzt werden, dies hätte jedoch zumindest eine Anpassung der Schnittstelle zum Ticketsystem zur Folge, mit der hohen Wahrscheinlichkeit, dass dies weitere Anpassungen nach sich ziehen würde. Vor diesem Hintergrund einer strukturellen Anpassungskaskade bekommt die Redewendung »Never change a running system« ihren Sinn. Trotzdem wird notwendigerweise immer angepasst, um beispielsweise einen vormals nicht bedachten Fall nun doch im Programm abbilden zu können. Dies meint Felix, wenn er sagt, dass die Entwickler sich »so extrem mit diesen Planungstools [verzahnen]« (Felix Kurz, Abs. 206). Im Blick ist dabei weniger die Schnittstelle Mensch–Computer, sondern mehr diejenige zwischen dem Sozialen und dem Computer, denn es geht nicht primär um psychologische Probleme der Wahrnehmung und des Feedbacks, sondern um das Einpassen von sozialen Erwartungen in technische Systeme und das Anpassen dieser an soziale Erwartungen. Denn das »Verzahnen« mit den Tools

> »führt halt dazu, dass die Leute, anstatt einfach was zu machen oder 'ne Karte umzuhängen und dann zu arbeiten, verbringen sie wieder 'n halben Tag mit dem Jira, um das zu machen. Das ist irgendwie Verwaltung der Verwaltung, habe ich so das Gefühl. Deswegen bin ich sehr skeptisch, ob das mit den Boards so schlau ist auf lange Zeit.« (Felix Kurz, Abs. 206)

Das beschriebene Problem ist keines, welches sich im Bereich der psychologisch und nicht soziologisch dominierten Human-Computer-Interaction (HCI) oder der Usabilityforschung verorten ließe,[72] da es um die Abbildung und Übersetzung sozialer Prozesse in Software geht. Aus diesem Grund wird verschiedentlich ein Medienwechsel favorisiert. Statt technische Tools zu konfigurieren und anzupassen, wird auf Stift und Papier zurückgegriffen. Diese sind schneller zu handhaben und besser anpassbar, obwohl sie (paradoxerweise) prinzipiell überhaupt nicht konfigurierbar sind. So können einerseits Anordnungen von Zetteln im Raum, Korrekturen, Neubeschriftungen oder Ausrichtungen

---

72 Damit wird freilich nicht behauptet, dass es nicht ebenfalls zu thematisierten HCI-/Usabilityproblemen kommt: »Durch diese enge Verschweißung mit diesen Werkzeugen, die wir haben, mit dem Jira, mit dem Jira-agile-Board und so weiter. Dass du alle Aufgaben in dem Jira hast. Dann verlierst du extrem viel Zeit an Vorbereitung und Verwaltung von diesen Boards. Dadurch werden die Meetings länger und auch zäher; und du verlierst ziemlich schnell den Überblick, wer gerade was macht.« (Felix Kurz, Abs. 202) In diesem Fall wird der Überblick durch ein technisches Tool erschwert. Man hat keine Wand mit Post-its, die auf einem Blick Aufschluss über die Verteilung von Zetteln (Aufgaben) geben, sondern nur eine unübersichtliche Darstellung auf dem zu kleinen Monitor. Dies ist aber in erster Linie ein psychologisches Problem, wenngleich mit sozialen Folgen.

schneller durch einfaches Verschieben und Beschriften vorgenommen werden. Andererseits sind spezifische Konfigurationen überhaupt nicht möglich. Auf Papier Geschriebenes kann nicht einfach wieder verschwinden, man kann einmal Geschriebenes nicht einfach vergrößern, kann keinen Filter anwenden oder Regeln programmieren wie etwa: Wenn ich das gelbe Papier auf das blaue Papier lege, dann ändert sich die Farbe des Stifts. All dies ist aber bei Software möglich – nicht nur kann mit einer Software ein Zettel von A nach B geschoben werden, sondern das Zettelverschieben kann unterschiedlich konfiguriert werden.[73]

> »Also wenn du zu dem orangenen Team rübergehst, dann siehst du ganz viele A4-Zettel, die ich auf A5 knicke und als Storykarten schreibe und ich druck das nicht aus und habe keine Vorlage dafür – da habe ich noch keine Zeit gehabt, aber ich schreibe einfach Sachen auf, papp' Klebezettel daran, dann können wir das auf dem Boden organisieren – also unser Storyboard beim Planning ist gerade der Fußboden – funktioniert auch. Ist für die ProductOwner meistens blöd, weil er die nicht sieht, aber das ist auf jeden Fallm... wir kommen in diesen Meetings viel schneller zu 'nem Ergebnis dadurch und das will ich den Leuten auch zeigen, dass das Medium mit Zettel und Papier viel effektiver ist, als wenn ich jedes mal irgend so ein elektronisches Ding hin- und herschieben muss und so weiter.« (Felix Kurz, Abs. 210)

Vielleicht könnte man diese Aussage so beschreiben, dass die Arbeit mit Software permanent dazu verführt, die Infrastruktur (also die Software) anzupassen, um sich zukünftige Arbeit zu erleichtern. Stets ist die prinzipielle Möglichkeit des Wechselns der Ebene von Arbeiten in einer bestimmten Konfiguration zur Bearbeitung dieser Konfiguration präsent. Dieser Ebenenwechsel kommt bei materiellen und vor allem im Gebrauch routiniert gehandhabten Medien wie Stift und Papier nur selten in den Sinn. Die Möglichkeiten des Gebrauchs erscheinen beschränkt, und eben dadurch wird er effektiv. Die Meetings werden schneller, weil die verwendeten Werkzeuge zur Verwaltung, Strukturierung und Organisation derselben nicht selbst die Möglichkeit ihrer optimierten Anpassung präsent halten. Diese hier geführte Argumentation darf jedoch nicht

---

73 Man könnte an dieser Stelle weiterdenken und beispielsweise mit der Medium-Form-Differenz arbeiten. Dies kann hier nicht weit ausgeführt werden. Anscheinend ist jedoch der Medium-Form-Wechsel beim Arbeiten mit Stift und Papier einfacher und habituell verankert. Man schreibt einen Begriff auf einen Zettel (Medium) nutzt den Zettel als Dokumentation (Form), wobei er aber mit anderen Zetteln auf spezifische Weise angeordnet wird (Medium). Die Korrekturmöglichkeiten der Formen sind dann als Verschieben bzw. Durchstreichen und Neuschreiben von Schrift (bzw. Zerreißen, Zusammenknüllen oder Verbrennen von Papier) in diesem Setting evident. Doch ebendiese Evidenz des Eingriffs verschwimmt bei der Nutzung von Software.

als medienontologische Diskussion missverstanden werden.[74] Nicht die Medien
an sich haben die Eigenschaft, dass sie einmal die eigene Konfigurationsmög-
lichkeit präsent halten und einmal nicht, sondern das implizite Wissen, der Gebrauch und damit die spezifischen Praktiken sind entscheidend für die Wahrnehmung der von den Medien vorgegebenen Konfigurationsmöglichkeiten.

Dieses medientheoretische Argument kann mit techniksoziologischen Einsichten noch einmal reformuliert werden. Wenn Technik abstrakt als eine Dif-
ferenzziehung zwischen einem kontrollierbaren und einem nicht kontrollierbaren Bereich verstanden wird (vgl. Luhmann 1997, S. 524), dann wird durch den
Gebrauch von Papier und Stift diese Grenzziehung verschoben. Die Konfiguration von Papier und Stift selbst ist im Gegensatz zur Software nicht kontrollierbar. Diese Einschränkung von Möglichkeiten führt gleichsam zur Effektivierung, weil die noch verbliebenen Optionen wie die Veränderung der Anordnung
von Zetteln oder das Durchstreichen und Neuschreiben ausreichen und gleichsam besser kontrollierbar sind. Das bedeutet, dass sowohl für den ScrumMaster
als auch für die Teammitglieder die nun möglichen Optionen besser zu kontrollieren sind und damit auch einfacher zu erwarten, als wenn die potenzielle
Möglichkeit einer Veränderung der Konfiguration stets mitpräsent wäre.

Entsprechend diesem abstrakt theoretischen Argument kann sich die dargestellte Differenz der Medien in anderen Kontexten auch verschieben. Kont-
rollierbarkeit ist keine Medieneigenschaft, sondern eine Beobachterkategorie,
die auf den Mediengebrauch angelegt werden kann. In Künstlerateliers oder
in Papierforschungslaboratorien könnte deshalb beispielsweise die Konfigura-
tionsfähigkeit von Papier eine zentrale Rolle spielen, die dem Softwareentwick-
ler nicht in den Sinn kommt. Für die dort Tätigen, die Software ausschließlich
zur Dokumentation gebrauchen, beispielsweise von spezifischen Parametern
in einer Tabellenkalkulation, sind dagegen die vielfältigen Konfigurationsmöglichkeiten von Software nicht gegenwärtig. Im hier beobachteten Fall der Einführung von Scrum in einer Softwarefirma ist dagegen die Kontingenz und damit die Möglichkeit der Umgestaltung von Software stets präsent, sodass vor
allem vonseiten der ScrumMaster und des Coaches auf analoge Medien wie

---

74   Es ist auch keine medienmaterialistische Argumentation, die oft von der Oberfläche (der
     Software) in die Tiefe (der Hardware) wechselt. Die von mir dargestellten Konfigurations-
     tätigkeiten sind nicht einmal konkrete Programmierleistungen am Programmcode, son-
     dern bewegen sich allesamt auf der für jeden Nutzer zugänglichen Oberfläche. Jedoch
     erlauben sie komplexe Filtereinstellungen, die Anwendung verschiedener Regeln und
     unterschiedlich konfigurierbarer Sichten auf die Daten. Die These besteht nur darin,
     dass Softwareentwickler im Gegensatz zum Normalnutzer konkretere Vermutungen ha-
     ben, was funktionieren müsste, was eingestellt und konfiguriert werden könnte. Zudem
     zeichnet sich Software, die vorrangig für andere Softwareentwickler gemacht wird, wie
     das im Fokus stehende virtuelle Scrumboard, das eine Erweiterung des Ticketsystems
     ist, durch eine gewisse »Mächtigkeit« aus, das heißt, dass viele und vielfältige Konfigura-
     tionsmöglichkeiten bereitgestellt werden.

Post-its, Karteikarten oder Whiteboards zurückgegriffen wird, um den Ablauf von Meetings und die spezifische Kommunikationsstruktur besser kontrollieren zu können, durchaus im Gegensatz zu den Entwicklern. Felix meint gar, dass er »total gegen die Teams« (Felix Kurz, Abs. 208) stehe und erklärt: »Also das ist meine Meinung und ich würde das gern machen und die sagen: Finger weg. Wir wollen nur Jira haben. Also die sehen das komplett anders.« (Felix Kurz, Abs. 208) Deswegen sind die jeweiligen Teamräume auch hinsichtlich der medialen Infrastruktur sehr unterschiedlich gestaltet. In einigen Räumen gibt es parallel zum virtuellen Software-Scrumboard noch ein analoges, das komplett provisorisch aus einer angezeichneten Tabelle auf dem Whiteboard und verschiedenen Klebezetteln besteht; oder es gibt verschiedene an den Wänden hängende To-do-Listen oder Regelungen von Verantwortlichkeiten bis hin zu am Whiteboard festgehaltenen Urlaubstagen der Teammitglieder. In anderen Räumen ist all dies nicht existent, sondern in Software gespeichert und für jeden nur am eigenen Bildschirm aufrufbar.

Trotz dieser unterschiedlichen Verwendungsweisen, trotz aller auftretenden Schwierigkeiten bei der Medialisierung von Kommunikation und trotz aller Probleme beim Einsatz softwaretechnischer Hilfsmittel und Tools bleiben die Meetings zumeist unangetastet. Wird doch die Effizienz der Meetings infrage gestellt, so wird entgegnet, dass der Effekt der Meetings (noch) nicht gesehen bzw. gespürt werden würde. Meetings werden dadurch gegenüber effizienzorientierter Kritik geschützt.

Dieser Schutz kann weder dadurch erklärt werden, dass die Meetings ein Herrschaftsinstrument wären, noch dadurch, dass die Mitarbeiter einem »falschen Bewusstsein« unterliegen würden. Die erstaunliche Akzeptanz der Meetings und mithin auch von Scrum muss andere Gründe haben. Denn obwohl viele der Interviewten ihre Skepsis äußerten, ob die Einführung von Scrum ein Erfolg sei, betonte jeder Befragte, dass es keinen Weg zurück gebe (Felix Kurz, Abs. 314 ff.; Manuel Winz, Abs. 185 ff.; Sven Eisecke, Abs. 267 ff.; Christian Ahorn2, Abs. 94 ff.). Um dies zu verstehen, soll nun Bauroh als Kontrastphänomen und -folie eingeführt werden. Die Hoffnung besteht darin, dass am ganz anderen Umgang mit Meetings, dem nur geringsten Einsatz kollaborativer Tools und – das sei vorweggenommen – dem vollkommenen Fehlen von Videokonferenzen gezeigt werden kann, welche schützenswerte Funktion die Meetings bei Scrum besitzen und warum sie dadurch als notwendig erachtet werden.

3.3 Zusammenkünfte und Meetings

Die Bauroh ist im Allgemeinen durch weniger Bewegungen im Raum und mehr Ruhe und Konzentration geprägt; läuft man durch die Flure, begegnet man selten jemandem. Zumeist sitzen die Mitarbeiter in ihren Räumen am Schreibtisch. Meetings finden in diesen Räumen nicht statt: weder als Face-to-Face-Veranstaltung noch mithilfe computervermittelter Kommunikation. Doch wo finden die Arbeitsbesprechungen und gemeinsamen Planungen statt? Während der Beobachtungen war der Konferenzraum der Büroleitung, wenn er nicht von dieser für das Mittagessen und Kaffeetrinken genutzt wurde, zumeist leer. Auch in den Räumen des Büroleiters, in denen der drei Abteilungsleiter wie auch im Büro des kaufmännischen Leiters konnten keine regelmäßigen Treffen bemerkt werden. Selbst regelmäßige Telefonkonferenzen gab es anscheinend nicht. Wenn etwas besprochen werden musste, dann geschah dies zumeist persönlich unter vier Augen – bei offener oder geschlossener Tür –, jedoch war keine Regelmäßigkeit hinsichtlich der Zeiten und/oder Personen feststellbar.

Nachdem dieser Unterschied in der Meetingkultur deutlich wurde, konnte nach den Gründen hierfür und nach funktionalen Äquivalenten der Meetings bei der Bauroh gefahndet werden. Ein erster Hinweis ergab sich in dem Interview mit dem Büroleiter, das schon kurz nach dem Start der Beobachtungen geführt wurde. In der Beschreibung der Abteilungsleiterstruktur des Büros erklärt er:

> »Die arbeiten vollkommen selbstständig, wenn es zu einem Problem kommt, kommen sie an meinen Tisch. Und wenn es jetzt mal, sag ich jetzt mal, Probleme gibt oder wichtige Dinge, dann treffen wir uns natürlich auch in dem Kreis. Leider [äh ...] wir haben das also früher, am Anfang wöchentlich gemacht, damit jeder die Richtung hatte. Das hat sich dann 'n Stückl aufgelöst, wo ich sage, was sollen wir uns sinnloserweise jede Woche hinsetzen und dann hier uns irgendwelches Zeug erzählen, wenn's gar nicht nötig ist.« (Herr D. Uhlram1, Abs. 22)

Im Gegensatz zu den festgelegten, sich stets wiederholenden Meetings bei Webicona wird von der Büroleitung dem Meeting an sich keine größere Bedeutung zugesprochen. Vielmehr lautet der Tenor: Warum sich zusammensetzen, wenn es überhaupt nicht nötig ist? Meetings werden also nicht prinzipiell geschützt, sondern existieren nur auf Bewährung. Deswegen gibt es auch keine regelmäßigen Treffen. So »gibt's interne Beratungen zu den Problemen wöchentlich oder zweiwöchentlich, was weiß ich. Je nach Größe des Objekts und Schwierigkeit« (Herr Güldentaler, Abs. 83). Meetings finden jedoch nicht einfach so statt, sondern müssen jeweils neu einberufen werden und der Größe, Schwierigkeit und Problemhaftigkeit der einzelnen Projekte angemessen sein. Man weiß nicht, wann man sich trifft, um Probleme zu besprechen, sondern bespricht die Probleme, wenn sie auftreten. Während die Web-icona mit Scrum davon ausgeht, dass es stets zu besprechende Probleme, zu kommunizierende Sachverhalte und zu koordinierende Aufgaben gibt, die nur in den verschiedenen Meetingformen geklärt, kommuniziert und verteilt werden können, wartet man in der Bauroh auf das Auftauchen von Problemen, die es notwendig machen, ein Meeting einzuberufen. Dagegen wird ein anderes Verfahren genannt, das bei der Web-icona so selbstverständlich genutzt wird, dass es nicht eigens thematisiert werden muss: das Prinzip der offenen Tür.

> »Und wie sie sehen oben, meine Tür steht immer offen. Es muss keiner anklopfen und ich hab auch da immer … Ich bin weniger der Mensch, der viel Abteilungsberatung macht, hab mich zwar jetzt auch überzeugen lassen, dass wir ab und zu doch eine machen und ich mach auch regelmäßig Ingenieurberatungen, wo wir alle 3 bis 4 Wochen die Aufgaben durchsprechen, aber ansonsten wähle ich lieber den direkten Weg und das Gespräch am Tag und da kann jeder ständig zu mir kommen. Und wenn die Tür zu ist, dann wissen sie auch, dann ist was ganz Wichtiges. Dann kommt auch keiner.« (Herr Güldentaler, Abs. 11)

> »Befragter: … Bei mir ist auch ständig die Türe offen, werden Sie gesehen haben.
>
> Interviewer: Ja.
>
> Befragter: Hier kann jeder rein, wenn er was auf dem Herzen hat. Und wir haben immer da irgendwie ein Weg gefunden, auch wenn es da persönliche Probleme gab, können die hier reinkommen, wissen die … also nicht, dass man sich abschirmt und irgendwie'n großen Macker spielt oder so, gar nicht.« (Herr D. Uhlrama2, Abs. 107–109)

Angesprochen wird ein stetiger Kommunikations- und Koordinierungsfluss mit einzelnen Mitarbeitern, der sich als funktionales Äquivalent für ein regelmäßiges Meeting beschreiben lässt. Diese stetige Kommunikation findet auch statt. Man sieht, wie einzelne Menschen in Büros gehen, kurz etwas besprechen und wieder ihrer Wege gehen. Allerdings sind diese Gespräche seltener als bei der Web-icona. Es scheint fast so, dass nicht nur die Meetings, sondern Kommunikation generell einen geringeren Stellenwert in dem Unternehmen genießt – jedenfalls bei den interviewten Büro- bzw. Abteilungsleitern. So musste Herr Güldentaler erst von jüngeren Mitarbeitern überzeugt werden, dass es mehr oder weniger regelmäßige Ingenieurberatungen geben solle. Auch das eigens thematisierte Prinzip der offenen Tür lässt darauf schließen. Unterstützt wird diese Deutung durch die Bemerkungen eines jüngeren Mitarbeiters, der meint, dass es mittlerweile ein wirkliches Meeting zum Projektstart (äquivalent zu

Sprint Planning) und zum Projektende (äquivalent zu Sprint Review + Retro) geben würde:

> »Ja gut, es fängt jetzt alles so an, bissl besser zu werden, mit dem Projektstart-Gespräch wird jetzt so seit einem Jahr so richtig forciert. Und auch das Projektende soll ja auch dokumentiert werden. Wo man auch nochmal sagt. Was ist schlecht gelaufen, was ist gut gelaufen? Also das kommt jetzt alles so, sag ich mal. Was ich eigentlich von vorherigen Büros schon so kannte, ne? Das wird jetzt hier auch so besser gemacht, langsam.« (Herr Barren, Abs. 44)

Anhand der hier thematisierten zunächst enttäuschten und nun langsam erfüllten Erwartungen, dass zur Projektarbeit auch Kommunikations- und Koordinationsarbeit in Form von Meetings gehört, kann deutlich werden, dass in der Bauroh erst langsam die Kommunikation der Mitarbeiter untereinander einen höheren Stellenwert bekommt. Unterstrichen wird dies in der Antwort desselben Mitarbeiters auf die hypothetische Frage, was passieren würde, wenn er Abteilungsleiter wäre:

> »Es klingt jetzt blöd aber, wenn jemand was gut macht: Nicht geschimpft ist Lob genug, sozusagen, ne?, so in die Richtung geht's jetzt mehr, oder jetzt, weiß nicht … Klingt jetzt doof, aber wenn ich Abteilungsleiter wäre, würd' ich auch mal durchgehen und fragen, was machst'n so und wie geht's und sowas. Aber das ist jetzt nicht so. Aber das ist jetzt keine Kritik, die ich so an einem festmachen würde.« (Herr Barren, Abs. 54)

Sichtbar wird nun, dass vor allem eine spezielle Funktion der Kommunikation (in Meetings) vermisst wird: anerkennendes Feedback. Nicht geht es dem Mitarbeiter darum, dass zu wenig koordiniert werde und dadurch die praktizierte Arbeitsteilung nicht effizient und effektiv sei, auch meint er nicht, dass bestehende Probleme nur ungenügend bearbeitet und – wie bei der Web-icona thematisiert – unter den Teppich gekehrt würden. Er würde als Abteilungsleiter eine Feedbackkultur fördern. Er würde eher ein »management by walking around« praktizieren und würde jeden fragen, wie es geht, ob alles funktioniert, wo der Schuh drückt. Was er vermisst – und dies will er explizit nicht als Kritik an einer Person verstanden wissen –, ist die Rolle, die bei der Web-icona der ScrumMaster ausführt. Eine dezidierte Aufmerksamkeit auf Feedback ist nicht Bestandteil der etablierten Erwartungsstruktur bei der Bauroh. Aus diesem Grund können auch die Meetings auf dem Prüfstand stehen. Da nicht das Feedback an sich zentral ist, welches ja allein durch die Form des Meetings, also dem Zusammentreffen verschiedener sich wechselseitig beobachtenden Personen praktiziert werden würde, ist die vorrangige Funktion der Meetings bei der Bauroh das Krisenmanagement:

»Wir haben ja auch, sag ich mal, auch nicht übertrieben, aber alle sechs Wochen
auch Abteilungsleiterberatung, immer sechs bis acht Wochen. Sagen wir vier bis
fünf; im Jahr fünf bis sechs vielleicht, wo alles Wichtige besprochen wird, was gerade anliegt. Im Moment schon wochenlang Ruhe; wenn's läuft, muss man sich auch
nicht zusammensetzen. Meistens sind's auch öfter dann Krisensitzungen ...« (Herr
Güldentaler, Abs. 85)

Auch wenn Kommunikation um der Kommunikation willen zumeist argwöh-
nisch betrachtet und Kommunikation vorrangig zur Absprache und Koordination genutzt wird, nicht aber, um Feedback zu geben, darf zumindest vermutet werden, dass es auch bei der Bauroh ein funktionales Äquivalent geben
muss, das insbesondere die Beziehungsebene parallel zur etablierten hierarchischen Arbeitskoordination stabilisiert. Denn bei allen Differenzen verschiedener Kommunikationstheorien ist doch die Unterscheidung von Inhalts- und
Beziehungsaspekt sinnvoll (vgl. bspw. Watzlawick et al. 2007, S. 53 ff.). Nicht nur
erlaubt die Kommunikation die Beobachtung auf der Inhaltsebene, sondern
diese wird im Wesentlichen durch die Beobachtung auf der Beziehungsebene
bestimmt: Wer kommuniziert die Information in welchem Kontext, wie und
zu wem? Aufgrund dieses Doppelaspekts von Kommunikation ist zu vermuten, dass die Bauroh ein Äquivalent für die Web-icona-Meetings etabliert haben
muss. Auf der Suche danach hilft erneut das Interview mit dem Büroleiter, um
eine erste Hypothese zu entwickeln, wo oder auf welche Weise in der Bauroh
die Beziehungsebene zentral gesetzt wird. Die folgende Passage macht verständlich, dass die Beziehungsebene auch bei der Bauroh nicht unbemerkt und vor
allem nicht unbearbeitet bleibt. Statt Meetings setzt man jedoch auf verschiedenste Zusammenkünfte:

»Wir machen gemeinsames Sommerfest, wo dann auch Volleyballmeisterschaften
ausgespielt werden mit Kapelle, da wird also ein ganzes Gelände gemietet, einfach
dass sich die Leute aneinander gewöhnen und das, merkste ja, wie das funktioniert, also auch wenn mein Sohn hier auch neu war oder so. Die Leute, die da zusammen Volleyball gespielt haben, gehen dann hinterher was essen und trinken
und die spielen gegeneinander, die sind alle per Du und das ist wichtig, weil das die
Arbeitsebene ist, die sie finden müssen. Und wenn sie sowas Integrierendes, Zu-
sammenführendes nicht machen, läuft so'n Unternehmen auseinander.« (Herr D.
Uhlram2, Abs. 103)

Neben einer obligatorischen Weihnachtsfeier, die mit Mitarbeitern aller Standorte gefeiert wird, gibt es ein Sommerfest mit den Volleyballmeisterschaften;
zudem gibt es ein jährliches Fußballturnier, bei dem Mannschaften der verschiedenen Profitcenter gegeneinander spielen. Dazu erscheinen nicht nur die
nicht mitspielenden Kollegen, sondern auch der familiäre Anhang. Die Kon-

takte zum wichtigsten Fußballverein der Stadt, bei dem das Büro für seine Geschäftspartner auch Dauerkarten im VIP-Bereich besitzt, werden dann genutzt,
um entweder einige Spieler aus der Mannschaft oder den Stadionsprecher als
Ehrengast zu bekommen. Weiterhin gibt es alle zwei Jahre einen Büroausflug.
»Der muss irgendwo eine Bildungskomponente haben, jedes Mal. Also meistens besuchen wir irgendwelche Projekte, die wir mal gemacht haben.« (Frau
Lekannt, Abs. 44) Neben den Geburtstagsrunden, die abteilungsintern verschieden geregelt werden,[75] lädt der Büroleiter »die Geburtstagskinder des Monats«
zu sich ein.

> »Da gibt es wirklich Kuchen, da geht's eigentlich um Urlaub, um familiäre Dinge,
> dort will ich keine Themen von unserer tagtäglichen Arbeit, sondern dort sollen
> sich die Kollegen auch einmal öffnen.« (Herr D. Uhlram2, Abs. 73–75)

Was hier etwas altmodisch, paternalistisch formuliert wird, dass die Kollegen
sich einmal öffnen sollten, ist einer Argumentation geschuldet, die eine Differenz zwischen Arbeit und Freizeit zu etablieren versucht. Insofern wird an der
typisch modernen Trennung beider Sphären festgehalten, indem Inseln des Privaten und der Freizeit im Arbeitskontext geschaffen werden. Im Gegensatz zur
Web-icona, in der beide Sphären stark verschwimmen und ineinander überge-
hen, wird die Differenz hier genutzt. Denn keineswegs handelt es sich bei den
Zusammenkünften um – hinsichtlich des Unternehmenserfolgs – zweckfreie
Veranstaltungen:

> »... man muss möglichst viele Gemeinsamkeiten finden, wo kommuniziert wird,
> wo mal abgeschalten wird von der Arbeit, auch mal andere Probleme, Frauen ha-
> ben natürlich auch Kinder und Haushalt[76] und ... Nu, Sie haben ja auch unsere Ge-
> spräche auch verfolgt und das ist ja auch kein Problem, dann weißt Du auch ganz

---

75 Meist werden die Geburtstage im Monat oder im Quartal zusammengefasst und dann
    gemeinsam gefeiert. In der Statikabteilung wird dann beispielsweise vierteljährlich ein
    gemeinsamer Brunch von 11 bis 13 Uhr ausgerichtet. In der Büroleitung wiederum be-
    kommt derjenige, der Geburtstag hat, ein Mittagessen oder Frühstück – je nach Wunsch –
    von den Kolleginnen (!) gemacht. Die Männer werden davon ausgespart, diese geben nur
    etwas Geld dazu.
76 An dieser Stelle sind freilich Genderkonstruktionen überdeutlich zu sehen, die bei der
    Bauroh insgesamt nicht unwichtig sind, da es vor allem viele ältere Mitarbeiterinnen
    gibt, die Büro- und Abteilungsleiterebene jedoch komplett männlich besetzt ist. Ein tra-
    ditionelles Geschlechterverhältnis ist dominant und wird offen von beiden Seiten the-
    matisiert. So kam in einer Kaffeepause am Nachmittag das Gespräch auf die Doppelbela-
    stung der Frauen durch Beruf(sarbeit) und Familie(narbeit). Dabei wurde ich als Soziologe
    direkt adressiert und bestätigte dies v. a. für die Verhältnisse zu DDR-Zeiten. Auch an an-
    derer Stelle wurde ich hinsichtlich fehlender Karrieremöglichkeiten für Frauen im Un-
    ternehmen sensibilisiert. Da diese Thematik jedoch nicht dominant hinsichtlich des Zu-
    sammenarbeitens erscheint, wird in dieser Studie kein weiterer Fokus darauf gelegt.

genau, wie tickt denn der, wie tickt denn der? Ohne dass man das jetzt für sich bewertet, klar bewertet man es, aber es macht ja jeder sein's, aber du weißt zumindest: aha, mmh, und kannst manchmal bestimmt auch in irgendeiner Weise einwirken, da fällt mir jetzt nichts ein, aber im positiven.« (Herr D. Uhlram2, Abs. 178)

In den verschiedenen Zusammenkünften soll herausgefunden und gelernt werden, wie der Kollege »tickt«. Nicht um ihn zu bewerten (obwohl das nicht ausbleibe), sondern um zu verstehen, welche Perspektive der andere einnimmt und welche Relevanzstruktur dieser besitzt. Dieses Wissen könne dann genutzt werden, um auf den anderen »in irgendeiner Weise ein[zu]wirken« – und dies nicht nur im privaten Kontext, sondern auch im beruflichen. Die Einwirkung ist jedoch nicht (nur) als hierarchische gedacht, also nicht nur vom Vorgesetzten zu den Untergebenen, sondern egalitär angelegt. Sie wird auf ebendieser Ebene gefördert – jedoch nicht durch Meetings, sondern durch vielfältige Zusammenkünfte wie beispielsweise die abteilungsinternen Frühstücksrunden.

> »Befragter: ... Und in den Teams, da hab ich ja großen Wert drauf gelegt, dass sagen wir mal diese Frühstücksrunden beibehalten werden.
>
> Interviewer: Ahja.
>
> Befragter: Das ist für mich ein integrierendes Element, ganz wichtig. Wir haben ja in jeder Abteilung eine Küche eingebaut.
>
> Interviewer: Genau.
>
> Befragter: Das habe ich nicht von ungefähr gemacht. Das ist gewollt.« (Herr D. Uhlram2, Abs. 83–87)

Tägliche Frühstücksrunden werden etabliert, gefördert und geschützt. Man trifft sich zum Kaffee. Jede Abteilung besitzt hierfür einen großen Raum oder zumindest einen gesonderten Bereich, der von einem großen Tisch für mindestens 15 Personen dominiert wird. Hier stehen mehrere Kaffeemaschinen und Espressoautomaten sowie ein Wasserkocher. Es gibt je eine Mikrowelle und mehrere Kühlschränke, aber keinen Herd. Im Kühlschrank sind einerseits Milch, Joghurt und Tupperschüsseln enthalten, andererseits sind diese aber auch mit einigen Flaschen Sekt und Bier bestückt. Nur die Geschäftsleitung nutzt den Konferenzraum, da die Teeküche für sie zu klein ist.

Eine Mitarbeiterin beschreibt diese Frühstücksrunden folgendermaßen:

> »Und in den Zeiten, wenn wir frühstücken oder so, wir reden auch dann mal über dienstliche Probleme. Man kommt einfach eher mal dazu, über irgendwas zu re-

den, als wenn jeder nur sich an seinem Platz vergräbt, da kommt manchmal was hoch, was besprochen werden muss, aber auch mal Privates, dass man sich untereinander ein bisschen so kennenlernt, das ist eigentlich alles sehr angenehm. Trägt zu einer guten Atmosphäre bei. Und das machen ja auch die Abteilung ... das macht ja zum Beispiel das Wasser oder die Straße, die machen das auch für sich. Und da hat ja der Herr Uhlram extra diesen schönen Frühstücksraum, den wir vorne haben, den hat er extra einrichten lassen. Also jedes, jeder der Abteilungen haben so einen Frühstücksraum, wo sie da zusammen essen können ...« (Frau Bimskatz, Abs. 73)

Auch sie bemerkt, dass durch den ungezwungenen Austausch bei Kaffee und Gebäck ein Verständnis vom anderen entstehe, das angenehm sei. In diesem räumlich und zeitlich abgegrenzten Bereich können sich Privates und Berufliches verquicken. Man stimmt sich über Projekte ab und koordiniert die vielen kleinen Dinge, aber berichtet auch von Familienausflügen am Wochenende oder dem plötzlichen Kaputtgehen der Waschmaschine und der sich daran anschließenden Notwendigkeit, direkt am selben Tag noch eine neue kaufen zu müssen. Es geht um Kinder und Urlaube, um Geschäftspartner und Kollegen und selbstredend auch um Fußball. Nachdem ich bereits am ersten Tag aufgrund des Geburtstages der Sekretärin zum Brunch in der Büroleitung eingeladen wurde, wurde ich direkt in diese Runde integriert.[77]

Die persönliche Kommunikation und die damit ermöglichte »Kollegialität« (Herr D. Uhlram2, Abs. 89) werden bei der Bauroh also in den Zusammenkünften statt in den Meetings gefördert. Doch geht es dabei nicht nur um einen diffusen Zusammenhalt, sondern auch um eine Differenzsetzung und Abgrenzung zu anderen Formen der Kommunikation, insbesondere von der per E-Mail. Denn durch die gemeinsamen Kaffeepausen sollen die Mitarbeiter von ihren Computern weggeholt werden, nicht zuletzt mit dem Ziel, die interne E-Mail-Kommunikation zu reduzieren:

»So also damit die Leute, ich sag jetzt mal, wenigstens ein, zwei Mal zusammenkommen, ansonsten sitzen die ja nur hinter ihrem Bildschirm und dann bepflastern die sich mit E-Mails und dann noch vielleicht mit dämlichen noch dazu. So.

---

77 Am nächsten Beobachtungstag war ich noch zögerlich, weil ich eine Perspektivenübernahme der Büroleitung befürchtete. Die fortwährende Bearbeitung der Sekretärin, ob ich denn bei der nächsten Zusammenkunft dabei sei, und der Wunsch, den normalen Arbeitsalltag zu verstehen, ließen mich dann jedoch zu einem festen Bestandteil dieser Runde werden. Um 8.30 Uhr wurde zum morgendlichen Kaffee gerufen und um 14.30 Uhr zum Kaffee am Nachmittag. Das Mittagessen wurde dagegen sehr unterschiedlich eingenommen, zum Teil in der Cafeteria oder bei Imbissmöglichkeiten in der Nähe; auch wurde im Konferenzraum Mitgebrachtes verzehrt.

Also ich lege großen Wert drauf, auf diese persönliche Kommunikation« (Herr
D. Uhlram2, Abs. 89).[78]

Dieser Einschätzung pflichtet der Sohn und zum Zeitpunkt des Interviews bereits offizielle Nachfolger des Büroleiters auf die Frage nach den Gepflogenheiten und Ritualen bei der Bauroh bei.

»Wichtig ist sicherlich, die, sag ich mal, vielleicht diese ganzen Zusammenkünfte
der Mitarbeiter, die ständig zusammenarbeiten. Also früh, wenn's das Frühstück
ist, wenn es das Kaffeetrinken ist, was erstmal, sag ich mal, ein bisschen anti-
quiert wirkt und vielleicht auch anrüchig wirkt, dass man sagt, haben die nichts
zu tun, oder warum sitzen die schon wieder und machen hier Zusammenkunft.
Das ist aber ein ganz wichtiger Aspekt, der unbedingt beibehalten werden muss,
nicht nur weil das auch wirklich kurz mal wieder aus der Arbeit raus ist. Aber was
dort, also das schweißt wieder zusammen die Leute, die reden auch mal über alles Mögliche, und außerdem wird es ja sowieso immer zur, sag ich mal, Beratung,
weil man kommt unweigerlich wieder auf fachliche Themen, und sagen, hast du da
nochmal, gut treffen wir uns da nochmal, reden wir da nochmal. Da kommt man
einfach zusammen, sonst würdste vielleicht 'ne sinnlose anonyme Mail schreiben
und so kommt man zusammen und es ist ein Miteinander. Also das ist ganz wichtig, das ist auch in allen Abteilungen so und das würde ich auch so weiterführen
und das ist besonders, weil das ist im Haus, glaub ich, sonst nicht so üblich.« (Herr
A. Uhlram, Abs. 64)

Nicht nur im Kontrast zu anderen Abteilungen in der Bauroh, sondern insbesondere im Gegensatz zur Web-icona, bei der, wie herausgearbeitet, Kollaborationstools und damit natürlich auch E-Mails als Möglichkeit des Zusammen-
führens der einzelnen Standorte betrachtet werden, gibt es im Büro Uhlram
viele Vorbehalte gegenüber solcher technisch vermittelter Kommunikation. Die
persönliche Kommunikation wird generell höher bewertet. So meint auch die
Sekretärin:

»Also ich hab mir's, ich find's schöner direkt, wenn wer was will, zu den Mitarbeitern zu gehen und nicht 'ne E-Mail zu schicken oder anzurufen, weil dies in anderen Büros hier im Haus so ist, dass ich dann 'ne E-Mail bekomme. – Heute hab ich
eine E-Mail bekommen von der Personalabteilung, ob ich wieder gesund bin. [la-

---

78 Der Büroleiter selbst verschickt in der Regel keine E-Mails. An ihn adressierte E-Mails
    werden vom Sekretariat vorgefiltert, direkt beantwortet oder ausgedruckt. Jeder Mitar-
    beiter besitzt eine eigene E-Mail-Adresse, nutzt sie jedoch vorrangig zur Kommunikation
    nach außen.

chen ...] Und ich dachte: Hallo?, entweder die rufen mal an und fragen das persönlich oder die kommen einfach mal hoch.« (Frau Lekannt, Abs. 32)

Eine Mitarbeiterin, die vor allem für die Abrechnung der verschiedenen Projekte zuständig ist, vertritt eine ähnliche Meinung. Es geht ihr jedoch weniger
um persönliche Wertschätzung, sondern um ein medientechnisches Argument,
demgemäß sich mit einem direkten Gespräch Unstimmigkeiten besser klären
ließen als per E-Mail.

»Wir versuchen, möglichst viel persönlich uns zu unterhalten, wenn's irgendwelche Unstimmigkeiten gibt, es was zu klären gibt, oder so, dass wir, wenn's geht,
also ich persönlich versuch das immer, zu den betreffenden Leuten hinzugehen,
wo ich eine Frage hab, das mit denen selber zu klären, weil ich der Meinung bin,
mit E-Mail schreiben kann man das, die Sachen nicht alle so endgültig klären, wie
wenn man gleich vor Ort irgendwie über eine Sache diskutiert, irgendwas fragt.«
(Frau Bimskatz, Abs. 5)

Diese medientechnische Argumentation basiert freilich auf dem Erfahrungsraum, dass der Beruf schon vor Einführung des Desktopcomputers ausgeübt
wurde. Ein medienkontrastierender Vergleich zwischen dem Tisch, an dem alle
saßen und miteinander sprachen, und asynchroner E-Mail-Kommunikation
wird somit plausibel (vgl. Herr D. Uhlrama, Abs. 97).
Insgesamt gesehen, erfolgen bei der Bauroh Abstimmungen, Koordination
und Klärung von Unstimmigkeiten vornehmlich persönlich: entweder im Gespräch unter vier Augen direkt am Arbeitsplatz oder bei den gemeinsamen Zusammenkünften zum Kaffee oder Tee am Vor- und Nachmittag. E-Mails und
Meetings werden dagegen vermieden oder auf das Nötigste beschränkt. Die bei
Web-icona angesprochene Herstellung der Koordinationsfähigkeit, die in den
verschiedenen Meetings praktiziert wird, ist hier nicht nötig oder wird quasi nebenbei in den »Pausen« erledigt.[79] Die Zusammenarbeit mit den anderen
Standorten wird nicht forciert und durch die bestehende Profitcenterstruktur
auch erschwert. Die Mitarbeiterfluktuation ist zudem gering,[80] da nur wenige
Mitarbeiter das Gefühl haben – ganz im Gegensatz zur Web-icona –, bei einem

---

79 In beiden Firmen gibt es eine Vertrauensarbeitszeit. Niemand muss seine Arbeitszei-
    ten aufschreiben oder anderweitig erfassen. Eine dezidierte Kontrolle erfolgt nicht. Des-
    wegen sind die Zeiten, in denen zusammengesessen wird, weder wirkliche Pausen noch
    wirkliche Arbeitszeit. Sie bleiben in einem unbestimmten Bereich.
80 Mehrere Mitarbeiter und der Büroleiter selbst versicherten mir, dass in den zwanzig Jah-
    ren des Bestehens des Büros niemanden (!) gekündigt wurde. Einzig wurden auslaufende
    Verträge nicht verlängert oder auch Kurzarbeit angeordnet, auch kündigten Mitarbeiter
    und gingen in Ruhestand. Es kam jedoch zu keiner Entlassung. Ein Abteilungsleiter be-
    richtete dagegen zumindest von einer Entlassung.

anderen Unternehmen einen vergleichbaren Job zu bekommen. Dadurch bestehen die Beziehungen der Mitarbeiter untereinander jahrelang, zum Teil jahr-
zehntelang. Im Laufe der Zeit lernen die Mitarbeiter untereinander, wie man
mit dem jeweils anderen umgehen muss, mit wem wie zusammengearbeitet
werden kann. Außerdem ist bei der Bauroh ein Fehlen von Karrierestrukturen
deutlich sichtbar. Die Mitarbeiter sind für ihre jeweilige Position eingestellt, jedoch in der Regel ohne Karriereaussichten. Weder kann aufgestiegen werden,
noch droht ein Abstieg. Die Bezahlung scheint[81] auch nicht performanceorien-
tiert zu sein, sodass direkte oder indirekte Konkurrenzverhältnisse weder beobachtbar waren noch in Interviews thematisiert wurden. Der designierte Nachfolger des Büroleiters versucht gar, einen Wettbewerb zu vermeiden: »weil das
geht nach hinten los« (Herr A. Uhlram, Abs. 40). Vielmehr sollen sämtliche Mitarbeiter als gleichwertig angesehen werden:

> »Aber dass man da keinen Einzelnen verantwortlich macht oder auch keinen her-
> aushebt, das ist eigentlich noch wichtiger, dass man keinen heraushebt und sagt:
> Guckt euch mal den an, wie toll der das jetzt hier gemacht hat. Wie wirtschaftlich
> und wie schnell und und ... Das ist auch nicht gut. Genauso, wie man es andersrum
> nicht machen muss. Oder nicht machen darf. Also das ist eigentlich so die Linie ...«
> (Herr A. Uhlram, Abs. 32).

Nimmt man all diese Beobachtungen zusammen, ist eine explizite Herstellung
von Koordinationsfähigkeit durch eine Vielzahl von Meetings nicht notwendig.
Diese wird im wahrsten Sinne des Wortes »abgefrühstückt«. Obwohl eine explizite und operationalisierte Feedbackkultur, wie beispielsweise durch Scrum
verkörpert, in der Bauroh fehlt, werden hier informelle Beziehungen gefördert.
So werden insbesondere die gemeinsamen Frühstücksrunden unterstützt, und
das gemeinsame Essen und Trinken wird gepflegt, um sich dabei täglich zu koordinieren. Implizit bekommt dort jeder Feedback, um sich mit den anderen zu
koordinieren und sich hinsichtlich der anderen zu verorten und zu orientieren. Wird die Bauroh hinsichtlich der Weisen des Zusammenarbeitens beobachtet, dann erscheinen weniger die bei ihr etablierten Praktiken des Austauschs
erklärungsbedürftig, sondern vielmehr, warum sich überhaupt ein Begehren
nach einer expliziten Feedbackkultur entwickeln konnte und warum dies in
speziellen Meetings, mit konkreten Verfahren – wie sie bei der Web-icona anzutreffen waren – operationalisiert werden sollte.[82]

81　Zumindest gibt es keinerlei Hinweise oder Andeutungen, dass das Normalangestellten-
　　verhältnis eine Leistungskomponente enthält. Auf Abteilungsleiter- und Büroleitungs-
　　ebene ist es jedoch sehr wahrscheinlich, dass es leistungsbezogene Entgeltkomponenten
　　gibt, da die Bauroh insgesamt als Profitcenter strukturiert ist.
82　Diese Frage kann aufgrund der Anlage dieser Arbeit nicht beantwortet werden. Diskurs-
　　analysen scheinen dagegen ein geeignetes Mittel, um die Verknüpfung von Begehren

Diese von der Bauroh inspirierten Beobachtungen helfen, die oben angedeutete Diskrepanz hinsichtlich der Bewertung der im Zuge von Scrum eingeführten Meetingstrukturen zu erklären. Es wurde herausgestellt, dass die ScrumMaster, ProductOwner und das Management die vielfältigen Meetings schützen und auch gegen die Klagen der Programmierer – insbesondere am Standort Erfurt – verteidigen. Aus der Perspektive dieser Programmierer scheinen die durch Scrum etablierten Meeting- und Feedbackstrukturen auf ein nicht vorhandenes Problem reagieren.

Dieses Problem besteht darin – so die durch Scrum erzeugte Annahme –, dass die Teammitglieder (Programmierer) sich nicht ausreichend kennen würden, sodass eine wechselseitige Beobachtbarkeit der Teammitglieder wie auch der Teams untereinander zu etablieren versucht wird. Dadurch, dass sich die in Erfurt befindlichen Programmierer zumeist schon sehr gut – auch über die früheren Abteilungen am gleichen Standort hinaus – kannten und dass es auch einen festen Zusammenhalt unter den Mitarbeitern gab, wurden die vielen neuen und zusätzlichen Meetings vor allem von den Programmierern zunächst als überflüssig angesehen. Sie sahen schlicht keine Koordinierungs- und Abstimmungsnotwendigkeit über die etablierten Praktiken hinaus. Viele gehen in unterschiedlichen Gruppen zum gemeinsamen Mittagessen, was durch Essensgutscheine, die von der Firma ausgegeben werden, finanziell gefördert wird. Es gibt aber auch die Tradition des sogenannten »Mett-Wochs«: Jeden Mittwoch gibt es selbst gemachte Mettbrötchen. »Es gibt auch eine Freitags-China-Runde. Es gibt eine Dienstags-Burger-Runde; und es gibt immer so ein paar Leute, die da immer fest drin sind, und paar, die sich da mal anschließen und mal nicht anschließen.« (Sven Eisecke, Abs. 208) Zudem wird im Sommer regelmäßig gemeinsam gegrillt, »solche Sachen halt oder es gibt auch mittwochs Kino, da mach ich nicht so richtig mit, weil mir die Filme einfach zu bekloppt sind, die da geguckt werden, aber da wird halt, das ist halt … so 'ne möglichst trashige Filme zu gucken. Und da gibt's halt auch einen Kasten Bier dazu.« (Sven Eisecke, Abs. 182)

Dadurch kann nun verständlich werden, dass vor allem vonseiten der Mitarbeiter in den Teams keine zusätzliche Meetingnotwendigkeit gesehen wird und gleichzeitig, warum die ScrumMaster, ProductOwner und Manager trotzdem die Meetings schützen. Sie haben nämlich das Gesamtunternehmen und damit auch die anderen Standorte im Blick und verbinden die Einführung von Scrum auch mit dem expliziten Wunsch, die vorhandenen Standorte näher zusammenzuführen. Sie können die einzelnen Meetings nicht infrage stellen, ohne Scrum insgesamt zu unterminieren, da insbesondere die Meetings das für alle sichtbare Zeichen von Scrum sind. Sie sind das eindeutige Zeichen für sei-

---

und Feedback nachzuzeichnen. Einige Hinweise liefern die Arbeiten von Ulrich Bröckling (vgl. 2008, 2007, S. 236 ff.).

ne Etablierung, sodass mit einem Abweichen von der Scrum-Meeting-Methodologie der Wechsel vom Wasserfall- zum Agilitätsmodell auch in Zweifel gezogen hätte werden können. Agilität gilt jedoch – wie in Kapitel IV. 2. herausgearbeitet – als einzig sinnvolle Möglichkeit, der Komplexität des Produkts und der Branche zu begegnen.

4 Zusammenarbeiten

Wie in den vorhergehenden Analysekapiteln schon zum Ausdruck kam, kann eine Ebene jenseits von formaler Hierarchie und informellen Beziehungen sichtbar gemacht werden, die dadurch bestimmt ist, dass spezifische Handlungsfestlegungen die konkret beobachtbaren sozialen Praktiken des Zusammenarbeitens anleiten, herstellen und zuallererst ermöglichen. Diese Handlungsfestlegungen können weder auf konkrete Arbeitsanweisungen noch auf individuelle psychische Eigenschaften oder Eigenheiten zurückgeführt werden. Dennoch haben sie Effekte auf soziale Praktiken.

Der von Luhmann (2000, S. 207) nebenbei eingeführte Begriff der »directive correlation«[83], der aus der frühen Systemforschung der 1950er Jahre stammt, zielt auf ebendiese Ebene. Luhmann beschreibt allgemein, dass eine jede Festlegung – auch eine zufällig entstandene – andere Handlungen dirigieren kann, insofern »sie die Erfüllung der Aufgaben anderer Stellen erleichtert und unterstützt, ihnen also Informationsverarbeitungslasten und damit Verantwortung abnimmt« (Luhmann 2000, S. 207). Er meint gar; »dass auf diese Weise die eigentliche Arbeit der Organisation erledigt« (Luhmann 2000, S. 207) werde. Ihn interessiert in der Folge diese Dimension nicht, da er aus organisationssoziologischer Perspektive argumentiert und scharf gegenüber Interaktionen differenziert. Für das hier zur Debatte stehende Konzept ist der Hinweis jedoch in-

---

83 Ursprünglich stammt der Begriff von Gerd Sommerhoff und bezeichnete bestimmte biologische Prozesse in Differenz zur einfachen Anpassung. Wie Emery (1997, S. 888) – dann für ein anderes Feld – ausführt, ist beispielsweise das Entzünden eines Feuers nicht nur eine Anpassung an das Untergehen der Sonne, sondern gleichzeitig eine Bedingung für verschiedene andere Aktivitäten (sich wärmen, kochen, etwas sehen etc.). Dies ist mit directive correlation gemeint. Von Herbst (1976) wird das Konzept nun für die Organisationsforschung als Beschreibungsmöglichkeit von nichthierarchischen Organisationen fruchtbar gemacht. Konkret wird damit eine Arbeitsweise bestimmt, in der »the work of each [member, S. M.] supports and facilitates the work of others in the direction of the achievements of the joint aim« (ebd., S. 5). Diese seien jedoch »scarcely ever visible to the outsider and may also become recognizable to the participants only in retrospect« (ebd., S. 8). Dennoch ließe sich der Organisationswandel »along the lines of a gradually evolving fabric of directive correlations« (ebd., 12) beschreiben. Es sind damit dirigierende Handlungsfestlegungen, die die Geschichte der Organisation inklusive ihres strukturellen Wandels gut beschreiben können.

struktiv, da er eine Zurichtung von Handlungen beschreibt, die ebenfalls nicht durch Verweis auf formale Organisation oder auf psychische Dispositionen erklärt und auch nicht als Entscheidungsprämisse bzw. Entscheidung markiert werden kann.[84] Dennoch beschreiben diese dirigierten Handlungen die konkreten Arbeitsprozesse und damit auch die Weisen des Zusammenarbeitens. In diesem Kapitel geht es zentral um diese Prozesse des Dirigierens von anderen sozialen Praktiken.

Dabei ist jedoch grundsätzlich zwischen drei Formen zu unterscheiden: Erstens gibt es dirigierende Handlungsfestlegungen, die nicht gestaltet wurden, die sich jedoch durch Wiederholung verfestigt haben. Sie sind das Resultat eines historisch kontingenten Prozesses. Zweitens gibt es ebenfalls historisch geronnene, jedoch ehemals gestaltete dirigierende Handlungsfestlegungen. Dies sind früher durch Gestaltung geformte, nunmehr jedoch erlernte und damit routiniert vollzogene Handlungsgepflogenheiten. Drittens gibt es dirigierende Handlungsfestlegungen, die gegenwärtig hergestellt, gestaltet oder organisiert werden. Sie sind noch nicht derart verfestigt, dass sie schon routiniert gehandhabt werden würden.

Während Luhmann die directive correlations als evolutionäre Resultate einer Systemgeschichte (einer je konkreten Organisation) denkt, die genutzt werden, insofern sie erfolgreich das Arbeiten erleichtern und unterstützen, interessiert an dieser Stelle – wie an der eben eingeführten Differenzierung sichtbar – die Möglichkeit des Herstellens und Gestaltens solcher Festlegungen. Die These ist demnach, dass sich neben historisch kontingenten Handlungsfestlegungen auch solche finden, die gezielt gestaltet werden, um soziale Praktiken in einer spezifischen Hinsicht zu dirigieren – freilich unter derselben Maßgabe, dass diese das Erledigen von Aufgaben erleichtern und unterstützen.

Dieser das Analysekapitel abschließende Abschnitt fokussiert insbesondere auf den zweiten und dritten Typus von Handlungsfestlegungen, da diese gestaltet wurden bzw. werden. Sie dienen sodann als Ausgangspunkte für die Beschreibung des Konzepts der *Techniken des Sozialen.* Dennoch sind freilich sämtliche drei Formen in den beiden analysierten Unternehmen zu beobachten. Diese werden in der Folge konkret dargestellt und beschrieben, um die Differenz zwischen gestalteten und nicht gestalteten Handlungsfestlungen besser markieren zu können.

---

84 Während Entscheidungen und Entscheidungsprämissen in der Konzeption Luhmanns strikt als Kommunikationen des Organisationssystems konzipiert werden und damit einer (autopoietischen) Prozesslogik unterliegen, wird der Begriff der directive correlation als Strukturbegriff ausgeflaggt. Die starke These von Luhmann besteht dann darin, dass die Struktur der Organisation in ebendiesen directive correlations besteht und dass die Hierarchie nur eine Hilfsfunktion bereitstellt, falls das normale Abarbeiten und in unserem Fall das übliche Zusammenarbeiten nicht funktioniert (vgl. Luhmann 2000, S. 207).

4.1 Nicht gestaltete dirigierende Festlegungen

Auch wenn die Web-icona ihre Arbeitsweisen und Organisationsstrukturen
für die Produktentwicklung auf Scrum umgestellt hat, bleiben dennoch verschiedene Inseln bestehen, in denen nicht nach der neuen, teamzentrierten
Entwicklungsweise gearbeitet wird. So wurde die Abteilung Application Management (AM), die für die (technische) Verfügbarkeit und Erreichbarkeit der
webbasierten Software wie auch für die Auslieferung und Integration von neu-
en Versionen, Patches oder Hotfixes verantwortlich ist, in ihrer alten Struktur
erhalten. Das zentrale Argument war, dass diese Perspektive auf Maintenance[85]
nicht mit den volatilen, selbstorganisierten Prozessstrukturen, wie sie Scrum
favorisiert, zusammenpasst. Für mich als Beobachter hatte dies den entscheidenden Vorteil, dass ich nun das Zusammenarbeiten in dieser Abteilung mit
den neu entstandenen Teamstrukturen vergleichen konnte und dort – wenig
überraschend – vorwiegend auf routinierte Weisen des Zusammenarbeitens
stieß.

Die AM-Abteilung ist in einem ziemlich dicht besetzten Großraumbüro mit insgesamt 12 Arbeitsplätzen angesiedelt. Auf sämtlichen Schreibtischen steht mindestens
ein Bildschirm, in der Regel jedoch zwei, auf einigen sind gar drei Monitore platziert. Der Raum ist mehr breit als tief und hat auf seinen langen Seiten entweder
Fenster nach draußen oder Glaswände und Türen zum Bürokorridor. Der Abteilungsleiter, den ich aus dem Erstgespräch schon kenne, sitzt inmitten der anderen
Programmierer am einzigen Schreibtisch, der diagonal in den Raum gestellt ist, mit
dem Rücken zu einem raumteilenden Bücherregal. Die anderen Schreibtische sind zu
Inseln in T- und L-Form zusammengestellt. Neben einer der Türen zum Flur ist eine
Couch mit kleinem Tisch platziert, die auch – wie die verschiedenen Verpackungs-
reste und Krümel vermuten lassen – genutzt wird. Die Türen zum Gang werden
geschlossen gehalten, im Raum ist eine arbeitsame, ruhig-konzentrierte Atmosphäre
zu spüren. Die vernehmbaren Geräusche sind in erster Linie Tastaturklappern und
Mausklicks. Verschiedene Pflanzen, auf den Tischen liegende Dokumente, beschriebene White- und Kanbanboards lassen auf ein Büro schließen, das schon länger
in dieser Konstellation genutzt wird und in dem sich bestimmte Abläufe etc. eingespielt haben.

Die Programmierer sitzen in legerer Kleidung, teilweise nur in Strümpfen an ihren
Tischen und scheinen zu arbeiten. Neben den Programmierern der Abteilung sind

---

85 Damit ist die Aufrechterhaltung des laufenden Betriebs einer Software (und Hardware)
     gemeint. Diese muss permanent überwacht, gewartet und gepflegt werden, damit sie
     kontinuierlich funktioniert.

verschiedentlich Gäste aus anderen Abteilungen im Raum, die mit einzelnen Personen relativ leise sprechen. Diese sitzen dann auf einem von drei im Büro verteilten
Sitzbällen am Schreibtisch des Gesprächspartners. Als einer der Gäste einen Witz
reißt, ist an Mimiken und vereinzelten Lachern zu bemerken, dass das ganze Büro
mithören kann. Es wird gefrotzelt: »Willst du das nächste mal stehen, wenn du uns
besuchst?« Trotz der ruhigen Arbeitsatmosphäre wird das Großraumbüro auch als
Resonanzraum für Flüche genutzt, die halblaut vor sich hin gesagt werden, an niemanden gerichtet sind, aber doch von allen gehört werden sollen, wie beispielsweise:
»... ist doch Rotz hier ...«.

Die Programmierer arbeiten nicht isoliert voneinander. Immer wieder sprechen einzelne Personen miteinander, andere schalten sich ein und rücken teilweise mit ihrem Stuhl zum Geschehen, um sich beispielsweise einen bestimmten Codeausschnitt
gemeinsam anzuschauen. Ein Programmierer scheint eine wichtige Position im Arbeitsprozess zu haben, da er sehr oft angesprochen wird. So dreht er sich auf seinem
Stuhl um und sagt zu einem in seinem Rücken platzierten Programmierer, dass ein
bestimmter Codeteil nicht gehen würde: »Da explodiert mein Skript!« Er soll es an
eine andere Stelle schreiben. Ein anderes Mal wird dieser quer durch den Raum gefragt: »Fred, bist Du das hier?« Er antwortet mit »mmh«. Darauf folgt die eher kon-
statierend intonierte Frage, ob die VM mal neu gestartet werden könne. Nach dem
Neustart der virtuellen Maschine wird abermals mit einem akustischen Laut darauf hingewiesen. Interessant ist an dieser Beobachtung, dass beide Mitarbeiter von
ihrem Schreibtisch aus aufgrund des Raumteilers keinen Blickkontakt haben und
sich anscheinend auch schon daran gewöhnt haben, da sie erst gar nicht versuchen,
Blickkontakt aufzunehmen. Als etwas später zwei Entwickler beginnen, sich über
Knobelspiele zu unterhalten, und darüber lachen, setzt Fred sich Kopfhörer auf, um
konzentriert weiterarbeiten zu können.

Auf der anderen Seite des Raumes wird in einer L-förmigen Insel über einen neuen
Patch gesprochen. Der den Raum betretende Abteilungsleiter nimmt noch im Stehen
den Faden der Diskussion auf, schaltet sich mit einer Hintergrundinformation ein
und schließt eine Fehleranalyse eines älteren Patches an. Dieses Gespräch wird vom
Telefonklingeln beim Abteilungsleiter unterbrochen. Er greift sich sein Headset, setzt
sich wieder auf seinen Stuhl und nimmt das Gespräch entgegen. Beim Sprechen rollt
er mit seinem Stuhl in die Raummitte, um Blickkontakt mit einem Programmierer
hinter der raumteilenden Bücherwand aufzunehmen. Dieser reagiert jedoch nicht,
woraufhin er den Anrufer auf einen Rückruf in zwei Minuten vertröstet. Nach dem
Auflegen steht der Abteilungsleiter auf und geht zum Schreibtisch des vorher Fixierten und wendet sich an ihn einzig mit den Worten: »Du weißt, warum ich hier bin?«
Als Antwort bekommt er ein genervtes: »Ich weiß, dass gedrängelt wird.« Danach
geht er wieder zu seinem Platz und ruft zurück. Er erklärt, dass sie heute noch alles
hinbekommen und fragt, wen er ins CC setzen soll.

Einige Minuten später ruft der Programmierer, der gedrängt wird, erst leise, dann
lauter nach Fred, der sich mithilfe von Kopfhörern von den Umgebungsgeräuschen
abkapseln wollte. Nachdem er durch den Schallschutz durchgedrungen ist, richtet er
eine Frage an ihn. Daraufhin legt Fred seine Kopfhörer weg und rollt mit seinem
Stuhl zum Schreibtisch des Fragenden, um über das Problem sprechen zu können.
Etwas später gesellt sich noch ein dritter Programmierer dazu, und alle diskutieren
über die Prioritätenangaben eines Tickets. Auch nach der Auflösung dieser Ad-hoc-
Besprechung richtet der zur Eile gedrängte Programmierer immer wieder Fragen
an Fred, um sich zu vergewissern, ob seine Ideen funktionieren würden. Anscheinend muss er aufgrund der Dringlichkeit von normalen Pfaden und Routinen abweichen. Diese Deutung unterstützt der eher für sich gesagte Ausspruch: »Nur weil
sie drängeln, bekommen sie nichts wirklich Gutes«.

Auffällig an dieser Beobachtungssequenz sind die generell fehlenden Kontext-
informationen in den Gesprächen, die nur dann sinnvoll eingespart werden
können, wenn die an der Interaktion Beteiligten darüber ein implizites Einverständnis haben. Nur dadurch kann eine ohne Blickkontakt gestellte Frage, wie:
»Bist Du das hier?« überhaupt irgendeinen Sinn ergeben. Das Zusammenarbeiten laufen routiniert ab, es wird nicht einmal aufgeschaut, um den Fragenden
anblicken zu können. Dies ist erst dann wahrscheinlich, wenn diese Interaktion schon einige Male in ähnlicher Weise geführt wurde. In diesem Fall ist die
raumteilende Bücherwand höchstwahrscheinlich nicht bewusst dort platziert
wurden, um Interaktionen ohne Blickkontakt zu fördern, sondern sie wird
als gegebene Tatsache in die Interaktionsstrukturierung eingebaut, indem auf
Blickkontakt verzichtet wird. Auch scheint das koordinierte Arbeiten an einer
gleichen Datei oder in einem bestimmten Bereich der Software-Infrastruktur
nicht bewusst gestaltet oder organisiert zu sein. Vielmehr ist es wahrscheinlich,
dass sich dies über die Zeit so eingespielt hat.[86]
Diese erste Form der dirigieren könnenden Festlegungen beschreibt solche,
die sich mit der Zeit verfestigt haben, aber nicht bewusst gestaltet wurden. Sie
bilden dennoch eine Art Infrastruktur für das sinnvolle Ineinandergreifen von
Handlungen und sozialen Praktiken, die einem Beobachter nicht ohne Weiteres
sofort verständlich werden. Diese Art emergierender Strukturierungen entstehen durch Wiederholung, sodass sich wechselseitige Erwartungen herausbilden können, an die dann wiederum andere soziale Praktiken anschließen

---

86 Dies ist auch eine der zentralen Erkenntnisse der Workplace Studies: »Die Beschäftigten
    haben eine Reihe subtiler und komplizierter Techniken entwickelt, um ihre Tätigkeiten
    wechselseitig zu verfolgen und ihre Handlungen aufeinander abzustimmen. Dies hat üb-
    rigens auch zur Folge, daß diese Arbeiten nicht gelehrt werden können, sondern ›empha-
    tisch‹ eingeübt werden müssen.« (Knoblauch 2000, S. 164)

können.[87] Diese Verfestigungen und die Etablierung von Hintergrundkontexten entstehen in einem historisch kontingenten Prozess. So scheinen weder der sogenannte »Mett-Woch« noch andere Formen des Essens, die in der Web-icona beobachtet werden konnten, gestaltet worden zu sein. Sie bilden sich durch Wiederholung und werden nunmehr routiniert vollzogen. Die dadurch geprägte Unternehmensgeschichte oder das daraus gebildete Organisationsgedächtnis, das als implizites Wissen in soziale Praktiken einfließt, spielt für die Beschreibung von Organisationen stets eine wichtige Rolle. All dies ist weder für eine praxissoziologische noch für die arbeits- oder organisationssoziologische Forschung neu und überraschend, da zu Routinen gerinnende Handlungen immer auch eine entlastende Wirkung haben.

4.2 Ehemals gestaltete dirigierende Festlegungen

Bisher weniger im Blick sind dagegen die vielfältigen Versuche, auf diese dirigierenden Festlegungen selbst einzuwirken, um die Effekte dieser Festlegungen wenn schon nicht gezielt steuern zu können, so doch in eine bestimmte Richtung zu verschieben. Diese Perspektive auf dirigierende als zu gestaltende Festlegungen kann einerseits top-down gedacht werden. Dann wird meist ein Herrschaftszusammenhang und Steuerungsanspruch ins Spiel gebracht, beispielsweise dann, wenn das Management durch eine bestimmte Ausgestaltung von Teeküchen, die Platzierung von Wasserspendern oder die Anordnung von Kopiergeräten diese zu sozialen Treffpunkten machen will, um zufällige Kommunikations- und Kooperationsmöglichkeiten von Mitgliedern der Organisation zu steigern. Andererseits kann sie auch bottom-up gedacht werden, beispielsweise als Interesse von Mitarbeitern, durch einen strukturierten Erfahrungsaustausch schneller, effektiver und besser arbeiten zu können. Darunter fallen dann auch viele Aktivitäten, die durch die Mitarbeiter initiiert werden, beispielsweise neue Formen des Wissensmanagements wie etwa das Etablieren von Wikis oder das Herstellen geordneter Zugriffsrechte auf bestimmte Dateien.

Der Anspruch, dirigierende Festlegungen gestalten zu wollen, kann also aus beiden Richtungen erfolgen, wie beispielsweise bei der Einführung von Scrum bei der Web-icona beobachtet werden konnte. Auch ist es möglich, dass Ansprüche von außen herangetragen werden, dass also die Umwelt(en) einer Organisation diese derart irritieren, dass bestimmte Festlegungen naheliegen. Die-

---

87 Für Hannes Krämer (2012, S. 95) sind es ebendiese Praktiken, die organisatorisch für Stabilität sorgen: »Vornehmlich sind es die inkorporierten Praktiken, die die Möglichkeit von Stabilität gewährleisten und deren Leistung in der Nichtexplikation des Wissens liegt.«

se Perspektive wird von Kieserling (1999, S. 367 ff.) in seinen Ausführungen zu Interaktionen in Organisationen gestreift. Er beschreibt – systemtheoretisch inspiriert – Interaktion und Organisation als zwei verschiedene, je emergente Ebenen, auf denen operiert wird. Operieren Organisationen nur über Entscheidungen, so vollzieht sich Interaktion stets über Kommunikation unter Anwesenden. In seinen Beschreibungen zeigt er zwar konkrete Phänomene des Wahrscheinlichmachens von zufälligen Interaktionen in Büros, Diskotheken und Supermärkten durch Organisationen auf, aber konstatiert abschließend: »Diese Erfahrung mit organisatorischen Eingriffen in die normale Verteilung der Wahrscheinlichkeit des Zustandekommens von Zufallskontakten wird jedoch für die Interaktion unter Mitgliedern kaum ausgenutzt.« (Kieserling 1999, S. 369) Uwe Vormbusch kommt im Aufriss seiner Analyse der teilautonomen Gruppenarbeit zu der ähnlichen Einsicht, dass ein »wichtiges und bislang kaum untersuchtes Medium« des Rationalisierungsprozesses in gegenwärtigen Unternehmen »die Gestaltung der sozialen Interaktionsmuster in Gruppenarbeit« (Vormbusch 2002, S. 16) ist.

Die hier vertretene These lautet, dass ebendiese Gestaltung von Interaktionen zunehmend in den Blick kommt und auch ausgenutzt wird. Dirigierende Festlegungen werden sehr wohl gestaltet, um bestimmte Interaktionen zumindest wahrscheinlicher zu machen. Dies sowohl, um Entscheidungen innerhalb der Organisation vorzubereiten und in gewisser Weise zuzurichten, als auch, um Interaktionen in der Umwelt dieser wahrscheinlich zu machen. Man denke in diesem Zusammenhang nur an die verschiedenen Marketingaktivitäten sowohl hinsichtlich der hergestellten Produkte oder Dienstleistungen als auch hinsichtlich des Unternehmens an sich, beispielsweise zum Zwecke der Erhöhung von Mitarbeiterattraktivität.

Diese gestalteten dirigierenden Festlegungen können nun zu zwei Zeitpunkten beobachtet werden. Zum einen während der Gestaltung, also in dem Moment, in dem soziale Praktiken hergestellt und geformt werden. Dann sind die hergestellten Praktiken noch brüchig, sie sind noch nicht verfestigt und damit sehr gut beobachtbar. Zum anderen können aber auch dirigierende Festlegungen nach ihrer Verfestigung beobachtet werden. Sie sind dann historisch geronnene Ergebnisse früherer Gestaltungen.

Letztere waren insbesondere in der Bauroh zu beobachten, da zum Beobachtungszeitpunkt die Gestaltung von dirigierenden Festlegungen schon zum Teil Jahre zurück lag. Beispielsweise wurde die Raumbelegung, wie mir Herr D. Uhlram im Abschlussgespräch mitteilte, ehemals bewusst gestaltet. In Absprache mit den Abteilungsleitern wurden die Mitarbeiter auf die verschiedenen Räume aufgeteilt. Interessanterweise war dabei die Zuweisung eines Einzelzimmers keine Auszeichnung, sondern wurde eher als Isolationsmöglichkeit von fachlich guten Mitarbeitern mit einem erhöhten, die Kollegen potenziell störenden Mitteilungsbedürfnis begriffen. Gegenwärtig ist diese ehemalige Ge-

staltung des Zusammenarbeitens durch die Raumaufteilung nur noch indirekt
wahrnehmbar. Sichtbar ist vor allem der nunmehr routinierte Umgang miteinander.

So erklärt mir in einem Interview eine Diplomingenieurin, wie sie mit der
technischen Zeichnerin zusammenarbeitet, die seit Jahren im gleichen Büro
sitzt. Zunächst unterscheidet sie zwischen Entwerfen und Zeichnen: »Ich zeichne wenig, ich entwerfe am Computer, sagen wir mal diesen ganzen Trassenentwurf. Straßen, Trassen und so weiter. Also Achsen-, Höhenverlauf und so weiter.« (Frau Meurer, Abs. 27) Auf die Nachfrage, was das genau bedeutet, meint
sie, dass sie einen »Achsentwurf« mache, in dem dann noch Straßenränder, »irgendwelche Radwege [...], irgendwelche Plätze, vielleicht noch technologische
Sachen« und auch die »Böschung zum vorhandenen Gelände« hinzugefügt werden. Die technische Zeichnerin »macht dann die Absteckung dazu, sie bringt
die Farben in den Plan, sie, ja, sucht, macht Detailpläne fertig und so weiter.
Oder ich geb' ihr jetzt, sagen wir mal, vom Querschnitt her vor, der und der
Querschnitt, da gibt es Regelquerschnitte nach unseren Formwerken, und sie
entwickelt das dann selber und wir sprechen bestimmte Sachen durch« (Frau
Meurer, Abs. 29). Die Koordination dieser Arbeit findet dann nicht in einer wöchentlichen Besprechung oder während anderer strukturierter Treffen statt,
sondern permanent und nebenbei:

> »Sie [die technische Zeichnerin, S.M.] sitzt bei mir im Zimmer, insofern ist das bei
> mir sehr günstig, sehr vorteilhaft. Es hat hier nicht jeder Ingenieur direkt eine
> Zeichnerin im Zimmer. Das ist dann ein bisschen schwieriger, sag ich, aber ich hab
> das Glück und mit meiner Zeichnerin arbeite ich auch schon, seitdem ich hier sitze
> im Büro. Also wir haben zwar mal hier und da und dort gesessen, aber innerhalb
> des Büros und ... ich bin eigentlich auch schon die ganzen Jahre mit ihr zusammen.
> Sodass man relativ gut ein eingespieltes Team sind. Dass man sich so gegenseitig
> kennt: Was hat der andere oder was hat die Zeichnerin, sagen wir mal, an Können
> und so, dass man also nicht zu viel oder nicht zu wenig rüberreicht, sodass jeder
> klarkommt dann.« (Frau Meurer, Abs. 31)

Durch das Zusammensitzen und -arbeiten in einem Büro entwickelten beide,
wie vor dem Interview schon beobachtet werden konnte, eine Vertrautheit miteinander. Das gemeinsame Arbeiten an Projekten wirkt »eingespielt«, da beide
wissen, was vom jeweils anderen zu erwarten ist und was nicht. Diese in gegenwärtig dynamisch-mobilen Arbeitslandschaften eher seltene Form des jahrelangen Zusammenarbeitens mit der gleichen Person wird in der Bauroh bewusst hergestellt. Deutlich wird dies beispielsweise im häufigen Insistieren des
Büroleiters auf die »Erfahrung« seiner Mitarbeiter. Für ihn sind ältere Mitarbeiter in erster Linie »Erfahrungsträger«, und diese Ressource sei durch die Einführung von Altersteilzeit gefährdet:

»Das [die Nutzung der Altersteilzeitregelung, S. M.] ist von anderen Büroleitern vollkommen falsch interpretiert worden und vom Vorstand damals geduldet worden,
dass dann wirklich Erfahrungsträger, den das zugestanden worden ist. Bei mir ist
das auch ein Abteilungsleiter gewesen, der kam eben nicht mit der neuen EDV-
Technik zurecht und hat sich damit sag wir mal ins ja zurückgesetzt gefühlt, ich
komm mit der neuen Zeit nicht zurecht und haben total verkannt, was sie sagen
wir mal eigentlich für einen Schatz in sich tragen, nämlich den Schatz der Erfahrung. Ich will jetzt hier keine Namen nennen, aber das ist der Wahnsinn und wenn
ich dem stattgegeben hätte, hätte ich mir die Beine abgehackt.« (Herr D. Uhlram2,
Abs. 43)

Neue Mitarbeiter werden zum Beispiel nicht eingestellt, um neuen Schwung
oder neue Kompetenzen in eine etwas überalterte Belegschaft einzubringen,
sondern um »die Erfahrung mitzunehmen« (Herr D. Uhlram2, Abs. 155), die die
älteren Mitarbeiter haben.[88] Im Hintergrund dieser Perspektive steht die spezifische Lebenserfahrung des Büroleiters. Dieses »alte Miteinander, was damals
zwangsläufig gepflegt werden musste zu alten DDR-Zeiten« (Herr D. Uhlram2,
Abs. 35), äußerte sich in einem anderen »Zusammengehörigkeitsgefühl« (Herr
D. Uhlram2, Abs. 67). Diese »Kollegialität«, wie er es auch nennt, korrespondiert mit seiner – schon im letzten Kapitel angeführten – Wertschätzung für
»persönliche Kommunikation« (Herr D. Uhlram2, Abs. 89). Er will diese Form
des Miteinanders unterstützen, sodass auch ein »familiärer Gedanke entsteht«
(Herr D. Uhlram2, Abs. 89). Er spricht deswegen auch gern von seinem »Büro Familie Uhlram« (Herr Bünge2, Abs. 3). Deswegen sind ihm die schon erwähnten
Feste, Ausflüge, Geburtstagsfeiern und Frühstücksrunden so wichtig; und deswegen wird versucht, interne Konkurrenz erst gar nicht aufkommen zu lassen.

Die Bürobelegung, das Fördern des Austauschs gemachter Erfahrungen
durch kollektive Aktivitäten und der Ausbau der Teeküchen, um den gemeinsamen Schwatz beim Kaffee zu ermöglichen, sind allesamt Gestaltungen dirigierender Festlegungen, wenngleich sie in der Beobachtung nunmehr historisch
geronnen und verfestigt sind.

Systematisch sollen die Mitarbeiter zum Austausch zusammengebracht
werden, da davon ausgegangen wird, dass dieser für die Arbeitsebene – wie der
Büroleiter sie nennt – wichtig ist. Den damit verbundenen Vorteil beschreibt
Andreas Uhlram, der Sohn und designierte Nachfolger des Büroleiters, wie folgt:

---

88 In der tayloristischen Arbeitsorganisation wurde die Erfahrungskomponente der Mit-
    arbeiter systematisch diskriminiert. Obwohl manche vom Büroleiter geäußerten Sen-
    tenzen etwas altbacken und rückwärtsgewandt wirken, ist dieser Rekurs auf das
    Erfahrungswissen typisch posttayloristisch: »Posttayloristische Formen der Arbeitsorga-
    nisation […] zeichnen sich idealtypisch aus durch eine vermehrte Berücksichtigung des
    Erfahrungswissens der Beschäftigten und dessen Relevanz für die Arbeitsprozesse – und
    insbesondere für deren Planung.« (Sauer/Pfeiffer 2012, S. 195)

»Man hat mit vielen Leuten persönlich zusammengearbeitet schon; weiß, wie die selber arbeiten, wie die ticken. Und davon profitier ich ja jetzt noch, also massiv. Dass ich genau weiß, wen ruf ich wann an, wie muss ich den nehmen, was kann ich dem sagen, was kann ich dem auftragen, was kann ich dem zumuten. Oder auch nicht, ne ...? Und das ist schon ein großer Vorteil« (Herr A. Uhlram, Abs. 16). Ebendieses Wissen, wie und wann man den anderen ansprechen kann, um ein Problem zu lösen oder eine Frage zu klären, hilft selbstverständlich für eine relativ reibungslose Arbeitsorganisation und ist – wie oben in Kap. II geschildert – schon früh in organisationssoziologischen Studien erkannt worden. Durch dieses Wissen ermöglichtes diplomatisches Geschick und Takt sind Grundvoraussetzungen für jeden Managementposten. Das weiß auch der Geschäftsführer der Bauroh: »Weißte, das Problem ist: Du musst die gleichen Speisen, die musst du jedem anders pürieren. Dem einen pürierst du das Fleisch, dem nächsten machst du einen Kartoffelbrei dazu, dem anderen gibst du das Gemüse über das Fleisch. Du kannst niemanden anschwindeln oder was Falsches sagen, aber jeder braucht's anders. Die gleiche Geschichte anders mundgerecht verkauft. Das ist leider so.« (Herr Bünge2, Abs. 3)

Ein anderer Vorteil liegt im Wissen, über welches Erfahrungswissen ein Kollege verfügt. Nur wenn eine offene und kooperative Atmosphäre herrscht, kann dieses Wissen aufgebaut und für konkrete Aufgaben angezapft werden. So berichtet ein Ingenieur im Interview davon, dass ein Kollege, der eine Eisenbahnbrücke konstruieren sollte, ihn fragte, da er wusste, dass dieser früher in einem Stahlunternehmen, und zwar konkret bei einem Lager-Hersteller, beschäftigt war: »hier, du warst doch mal dort, wie würdest du denn das machen? Und haben wir halt 'ne Stunde uns unterhalten, Lagerkonzept. Was für Lager bauen wir ein? Wie machen wir das mit der Weitergabe der Lasten, dann für die Lagerhersteller, was braucht der? Und, ja ... funktioniert so.« (Herr Barren, Abs. 136) Durch diesen Erfahrungsaustausch können selbst neue Kenntnisse erworben werden, die das eigene Arbeiten verbessern, wie eine andere Ingenieurin darlegt:

»Also, als ich angefangen habe, mit Plan und dann Bauüberwachung machen musste, da sagt ein Polier dann auch, wenn alle weg sind, jetzt kommen Sie mal mit, jetzt zeig ich Ihnen mal, was Sie geplant haben. Bitte, ich bau jetzt zusätzlich, das, das, das und das ein, weil ... kriegt man das gezeigt. Und das nächste Mal sehen Sie mal diese Teile mit vor, weil das sind Dinge, die kann man sich theoretisch gar nicht aneignen, weil man muss bestimmte Dinge auch mal gesehen haben. Und ich fand das immer, all die Jahre immer sehr interessant, die die Polierer dann einem gesagt haben, ich zeig Ihnen da mal was.« (Frau Baum, Abs. 88)

All diese Vorteile erfahrungsgeleiteten Arbeitens und des Erfahrungsaustauschs unter den Mitarbeitern führen zu spezifischen organisationstypischen Praktiken und Handlungsweisen. In Unternehmen, wie am Beispiel der Bauroh, aber auch der Web-icona gezeigt, sind eine Vielzahl ehemals gestalteter, nunmehr historisch geronnener dirigierender Festlegungen zu beobachten, die sich weder aus den konkreten Arbeitsanweisungen noch aus den vorfindlichen Personen, Hierarchien und Machtverhältnissen, ja selbst oft nicht aus den beobachtbaren Arbeitssituationen direkt erschließen lassen.

4.3 Aktuell gestaltete dirigierende Festlegungen

Aktuell gestaltete und genutzte dirigierende Festlegungen sind ebenfalls in beiden Unternehmen zu beobachten, in erster Linie jedoch bei der Web-icona. Insbesondere die Einführung von Scrum, sowohl von unten als auch von oben, konnte diese gegenwärtige Gestaltung von dirigierenden Festlegungen aufzeigen. Denn Scrum zielt eben nicht in erster Linie auf Organisationsstrukturen im klassischen Sinne, sondern basiert auf einer Vielzahl von dirigierenden Festlegungen, die ein bestimmtes Zusammenarbeiten zumindest wahrscheinlicher machen sollen. So gibt die Zentralstellung von Teams in diesem Framework das konkrete Arbeiten und Zusammenarbeiten nicht vor, aber durch die verschiedenen Meetingformen und die darin praktizierten Kommunikations- und Darstellungszwänge werden bestimmte Formen des Arbeitens – wie das von anderen ungestörte, klar abgegrenzte und insofern isoliert-konzentrierte Arbeiten – zunehmend unwahrscheinlicher.

Auch wenn die Umsetzung von Scrum in dieser Art und Weise bei den Teams während des Beobachtungszeitraums nicht wirklich und nur sporadisch funktionierte, so kann diese These mit einer Beobachtung des Arbeitens der ScrumMaster unterfüttert werden.

Im ScrumMaster-Büro sitzen sich schon den ganzen Tag Felix und Sven an ihren Schreibtischen gegenüber und tauschen sich hinsichtlich des Vorgehens bei den nächsten Retro-, Review- und Planning-Meetings aus. Beide planen mithilfe eines Scrum-Methoden-Buches die verschiedenen Meetings minutengenau und reden laut miteinander, obwohl noch ein Masterstudent mit im Raum sitzt. Immer wieder stehen sie auf und diskutieren miteinander, um gemeinsam zu Lösungen zu kommen. Dabei wird neben der Strukturierung durch die verschiedenen Methoden vor allem viel Erfahrungsaustausch betrieben: »Das hat bei mir funktioniert, das nicht.« »Das braucht zu viel Zeit, probier' mal lieber das.« etc. Dieser Austausch wird anhand der digital verfügbaren Scrumboards fortgeführt. Dafür kommt Sven auf die Seite von Felix und stellt sich hinter ihn, um denselben Bildschirminhalt zu verfolgen. Dabei werden verschiedene Probleme erörtert, welche die beiden mit der genutzten Software haben. Oft werden Vorgaben der Software umgangen, indem andere soziale Regeln im Umgang mit bestimmten Items festgelegt werden. Auch nutzen beide das im Raum befindliche Whiteboard, gehen hin, markieren etwas, setzen sich wieder und arbeiten je an ihren Vorbereitungen. Dieses geschieht jedoch nicht isoliert und individuell. Insbesondere Sven redet immer wieder los und beschreibt seine Probleme und noch zu bearbeitende Aufgaben und bindet Felix in seinen Gedankenfluss kommunikativ ein. Keine Aufgabe wird von ihm im strikten Sinne selbstständig bearbeitet. In dieses kommentierende Sprechen werden von beiden immer wieder Reflexionen zu ihrer Rolle als ScrumMaster eingebracht, die insbesondere aufgrund der Unterschiedlichkeit der Teams und der damit verbundenen je verschiedenen Rollenattributionen zur Sprache kommen. Zentrales Problem scheint zu sein, dass die ehemaligen Abteilungsleiter, die operativ nur noch wenig Durchgriffsrechte haben, immer dann, »wenn der Baum brennt«, auf ihre »alten Leute« zugehen und diesen Aufgaben geben. Die beiden ScrumMaster verständigen sich darauf, dass sie – im Sinne der Bewahrung des etablierten Scrum-Prozesses – allen Teammitgliedern sagen werden, dass sie diese Aufgaben nicht annehmen und den ehemaligen Abteilungsleiter an den jeweiligen PO verweisen sollen, damit dieser die Aufgabe priorisiert und in den Prozess einspeisen kann.

Beide koordinieren ihre Arbeit nicht im Vorfeld, sondern stellen diese permanent für den anderen dar. Sie arbeiten damit stets am anderen orientiert und greifen dabei nicht auf konkrete Versatzstücke, Ideen, Texte oder Vorschläge des anderen zurück, sondern verfertigen ihre Vorbereitungen durch Integration der Erfahrungen des je anderen. Das schließt das Kommunizierbarmachen eigener Erfahrungen, aber auch individuell wahrgenommener Rollenkonflikte nicht nur mit ein, sondern basiert gerade auf dieser Form des »Accountable«-Machens der eigenen Tätigkeiten.

Für Garfinkel ist jede alltägliche Interaktion auf ebendiese Accountability der eigenen Handlungen angewiesen. Jeder benötige die »methods for making those same activities visibly-rational-and-reportable-for-all-practical-puposes, i. e., ›accountable‹« (Garfinkel 2012, S. vii). Das hier eingeführte Argument stellt dies nicht in Abrede, sondern verweist darauf, dass die Gestaltung des Zusammenarbeitens mit ebendiesem Wissen operiert. Statt Arbeit zu trennen – wie es insbesondere von Taylor favorisiert wurde – in einen Teil des individuellen Herstellens, Produzierens oder Verfertigens und einen Teil des Austauschs, der Koordination und Abstimmung zwischen mehreren Arbeitenden, wird das Zusammenarbeiten als kontinuierlicher Prozess des Herstellens im Austausch oder des Verfertigens in Interaktionen konzipiert. Arbeitsteilung meint dann nicht die Sequenz von Koordination und Abarbeiten, sondern das Arbeiten in permanenter interaktiver Koordination. Das eigene Arbeiten wird so für andere sichtbar gemacht, was vor allem in den Interviews mit einem Anstieg von Kommunikation zusammengebracht und positiv gedeutet wird:

»Also die Leute reden extrem viel mehr miteinander als vorher, also es reden überhaupt manche Leute, die vorher einfach nie geredet haben. Also wenn du dir also vorher das Pentagonbüro[89] da drüben angeschaut hast, dann bist du da rein gekommen und hast irgendwas gesagt und dann: Psst! hier wird gearbeitet. Auf dem Kommunikationslevel hat dieses Büro funktioniert. Also da war immer absolute totenstille Stille, niemand hat mal einen Witz gerissen, das war einfach total furchtbar. Ich hätte dort nie arbeiten können.« (Felix Kurz, Abs. 192)

Die hier gemachte Differenz zwischen Arbeiten und Kommunizieren zielt auf ebendiese klassische Trennung zwischen der Koordination von Arbeit und der Arbeit an sich. Auch wenn der ScrumMaster diese Teilung noch verspürt, indem er beispielsweise sagt: »Also ich tick zum Teil ja noch genauso und sag mir: Lass mich doch einfach arbeiten – ich will jetzt kein Meeting machen« (Felix Kurz, Abs. 196), so ist er doch von den Vorteilen verstärkter Kommunikation überzeugt:[90]

»Also, so'n Kommunikationsschub hat Web-icona noch nicht gehabt vorher. [...] Ich mein, jetzt machen wir Daily-Standups in Google Hangouts, haben bei dem roten Team einen Fernseher stehen mit 'ner Live-eins-zu-eins-Verbindung nach Bremen. Wir haben Leute, die in einem Team an mehreren Standorten arbeiten, sich mehrfach am Tag per Videoverbindung treffen, wie wenn es ein persönlicher Kontakt wär'. Also es ist schon ein massiver Schub. (Felix Kurz, Abs. 164)

Dieser verstärkte Austausch findet nicht nur zwischen Mitarbeitern an einem Standort, sondern – wie bereits gezeigt wurde – mithilfe verschiedener medialer Infrastrukturen auch zwischen verschiedenen Standorten statt. Dies wurde durch die Entscheidung für standortübergreifende Teams bewusst gefördert.

Auch wenn für die erhöhte Kommunikation zwischen den verschiedenen Standorten veränderte Organisationsstrukturen verantwortlich gemacht werden können, kommen doch auch noch andere Aspekte hinzu. Diese beschreibt beispielsweise ein ProductOwner auf die Frage, wie er die standortübergreifende Kommunikation im Vergleich zu Zeiten vor Scrum einschätzen würde:

---

89 Dieses Büro bekam seinen Spitznamen, weil dort die Tische in Form eines Fünfecks bzw. Pentagons um eine große Birkenfeige herum positioniert waren.

90 Diese Einschätzung teilen freilich nicht alle Mitarbeiter. So äußert einer in einer Retro-Besprechung, dass ihn die vielen Meetings langweilen: »Oh, welche Überraschung, es hat sich ja doch nichts geändert.« Es sei ein »Kommunikations-Overhead« entstanden: »Ich habe kaum einen Tag, wo ich mal durchentwickelt habe, von zwei Wochen habe ich drei Tage nur Meetings«. Man könne sich nach einem Monat mal treffen und zeigen, was man gemacht habe, aber so sei es zu viel. Trotz dieser gegenteiligen Einschätzung teilt auch dieser Programmierer die Überzeugung, dass es sinnvoll sei, sich gegenseitig zu zeigen und einander vorzustellen, was gemacht wurde. Aber die etablierten Intervalle seien zu kurz.

»Vor Scrum und jetzt – wesentlich besser. Also es ist einfach überhaupt kein Vergleich zu vorher. Es ist nicht so, dass vorher nicht die Bestrebungen gegeben hat, hätte, und ich hab auch vorher schon intensiv mit Leuten mal gesprochen, aber viele Leute waren auch für mich sozusagen unsichtbar, wenn du so willst. Aber auch da ist es dann tatsächlich so, ich kenne hier viele Leute nicht beim Namen, die hier rumlaufen, aber ich kenne jeden aus meinem Team beim Namen und ich weiß, wann die zur Arbeit kommen und ich weiß, ob die Familie haben und ich weiß, ob die sich wohlfühlen oder ob die sich nicht so wohlfühlen, ich kann das irgendwie einschätzen. Weil da geht's halt noch über: Das ist ein Designer und der arbeitet halbtags oder ganztags hinaus, weil man einfach einen Menschen auch irgendwie einschätzen können muss, finde ich, um mit dem gut zu reden. Das ist also wesentlich besser geworden. Ich versteh auch die Belange viel besser und ich glaub auch, dass die Kollegen viel eher ... Also vorher war es, dass wir die Leute immer angerufen hat, aber es hat sich eigentlich sehr selten jemand mal proaktiv bei einem gemeldet. Das ist jetzt auch anders, manche Leute können das besser, manche können das schlechter. Aber man muss daran arbeiten, dass man als Teil des Teams akzeptiert wird, insbesondere wenn man a) eine andere Rolle als alle anderen hat und dann auch noch von einem anderen Standort kommt. Dann ist es immer einfacher, diese Distanz zu wahren, weil wir vorher in Bremen waren, weil wir vorher Produktmanagement waren, als wenn es jetzt ein PO von hier wäre. Aber ich glaub, ich habe viel dafür getan, dass ich irgendwie als Teammitglied akzeptiert werde – so'n bisschen zumindest und das hilft halt schon.« (Christian Ahorn2, Abs. 40)

In diesem längeren Interviewausschnitt kommt deutlich zum Ausdruck, dass insbesondere der sozialpsychologische Aspekt, als Teammitglied akzeptiert zu werden, eine Rolle spielt, um mehr zu kommunizieren und auch mehr von den einzelnen Teammitgliedern zu erfahren. Interessanterweise werden gerade nicht berufsspezifische Kompetenzen angesprochen, die nun durch den verstärkten Austausch wahrgenommen werden, sondern es werden eher private oder allgemeine Aspekte thematisiert, etwa ob die anderen Teammitglieder Familie haben und ob sie sich wohlfühlen. Unterschiedliche Rollen bzw. Funktionen und verschiedene Standorte sollen überbrückt werden und gerade nicht als Möglichkeit der Distanz genutzt werden.

Auch wenn allgemein von einer Verbesserung der Kommunikation gesprochen wird, so ist auch Monate nach der Einführung von Scrum nicht zu übersehen, dass die Teams im Sinne von Scrum nur begrenzt gut funktionieren. Das wird sowohl in den Interviews thematisiert, ist aber auch in den Beobachtungen der Teams deutlich sichtbar. Wie schon oben angedeutet, besteht die Idee der crossfunktionalen Besetzung der Teams darin, dass dadurch die Teammitglieder gemeinsam ein Projekt, Feature oder eine Softwarefunktionalität komplett umsetzen können. Problematisch ist dies jedoch immer dann, wenn die

Stories im Sprint eine unterschiedliche Kapazität der verschiedenen im Team vorhandenen Fähigkeiten erfordern. Oft ist es so, »dass bestimmte Mitarbeiter mit bestimmten Kenntnissen, vor allem Design- und Frontendbereich, sagen, sie sind nicht ausgelastet oder sie machen nicht die richtigen Dinge, das geht nicht richtig voran« (Christian Ahorn1, Abs. 16). Aber auch bei den Entwicklern sind die Lasten unterschiedlich verteilt. So fragte zum Beispiel an einem späten Vormittag in einem Teamraum ein überaus konzentriert arbeitender Mitarbeiter, der sich um die Qualitätssicherung im Team kümmert, einen anderen Programmierer, ob er denn nichts zu tun hätte, da sich dieser laut mit einem anderen Entwickler über die prinzipiellen Möglichkeiten eines speziellen Versionierungssystems unterhielt. Die Antwort lautete sinngemäß, dass er keine Aufgaben hätte und dass dann sowieso Planning sei. Auf die Entgegnung, dass er ja QA mitmachen könne, geht er nicht ein und unterhält sich weiter, bis er sich laut – für den anderen hörbar – dazu entscheidet, noch eine Runde Kickern zu gehen. Aus dieser Beobachtung wird deutlich, dass die durch die scrumgemäße Selbstorganisation der Teams entstandenen erhöhten Machtpotenziale der einzelnen Mitarbeiter auch aneinander getestet werden. Macht löst sich eben nicht aufgrund der Entscheidungshoheit der Teams auf, sondern bleibt bestehen und kann in neue Formen überführt werden.

Selbst wenn – wie auch zu beobachten war – diese nicht kompetenzspezifischen Aufgaben wie das Testen von geschriebener Software von einzelnen Teammitgliedern übernommen werden, bleibt das Problem, dass diese Personen ihre eigentlichen Kompetenzen, für die sie eingestellt wurden, nicht nutzen und einbringen können (vgl. Lisa-Susann Softau, Abs. 40 ff.). Andere dagegen, deren Kompetenzen gefragt, aber im Team Mangelware sind,[91] fühlen sich überlastet und sehen keine Verbesserung zur vorherigen Situation. So kann ein Mitarbeiter plausibel in einem Review-Meeting mit dem Coach erklären, dass er den gesamten Prozess, die Meetings etc. überhaupt nicht benötigen würde, da er schon im Vorfeld wüsste, welche Aufgaben an ihm und seinen Spezialkenntnissen hängenbleiben werden. Durch die Einführung von Scrum sei es sogar noch schlechter geworden, da er nicht mehr gemeinsam in Ad-hoc-Teams an komplexen Features arbeiten würde, sondern nur noch Aufgaben bekäme, die auf seiner Kompetenzliste ständen.

Gesteigert wird dieser Unmut insbesondere in den ersten Monaten der Einführung, da die Firma ein sehr wichtiges, großes Projekt akquiriert hat, das jedoch, da mit Deadlines versehen, parallel zum Scrum-Prozess zum Teil in den alten Strukturen bearbeitet wird. Dadurch werde – heißt es in einem Review-Treffen – im Planning etwas beschlossen; und dann käme »einer aus der

---

91 Während des Beobachtungszeitraums waren insbesondere die QA-Verantwortlichen oft
    überlastet.

Hierarchie«[92] und sage: »Du musst das und das jetzt machen«. Das Team besitze dadurch nicht die von Scrum versprochene Hoheit, sodass sich auch niemand zur Abarbeitung der zu erledigenden Teamaufgaben verpflichtet fühle – die Mitarbeiter sagen freilich »committen« statt verpflichten. Dies würde sich so lange nicht bessern, bis der frühere Abteilungsleiter aufhören würde, sich einzelne Personen aus dem Team herauszunehmen und auf diese einzureden, bis sie nachgeben und sagen: »Einer muss es ja machen«.

Aber auch jenseits dieses wahrgenommenen Problems der Parallelstruktur wird das fehlende Team-Commitment[93] zum Beispiel dadurch erklärt, dass, obwohl das Team eine Entscheidung getroffen hat, wie ein konkretes Feature umgesetzt wird, u. a. der ProductOwner diese überstimmt. Insbesondere bei Querschnittsthemen wie der Usability der Software entstehen ausufernde Diskussionen, da diese Themen selten objektiv anhand eindeutiger Kriterien entschieden werden können. So ist nicht immer eindeutig zu klären, was beispielsweise eine konsistente Nutzerführung meint. Das Team wie auch der PO oder der ehemalige Abteilungsleiter wollen allesamt das Produkt verbessern, infrage steht nur, wie. In solchen Fällen, die selbstverständlich in allen Organisationsformen auftreten, kann bei Scrum die Entscheidung nicht an die nächsthöhere Instanz delegiert werden. Prinzipiell entscheidet laut Scrum das Team, aber strategische Unternehmensentscheidungen wird es trotzdem nur in den seltensten Fällen treffen (können).

An dieser Stelle wird ein für das Funktionieren von Scrum entscheidender Mechanismus sichtbar: Die Teams sollen die gewählten Stories gemeinsam bearbeiten und erhalten dafür hinsichtlich der Umsetzung auch die Entscheidungshoheit. Den Zuschnitt dieser dem Team präsentierten Story be-

---

92 Damit sind die früheren Abteilungsleiter, insbesondere der CTO und der frühere Leiter Produktmanagement gemeint. Vor allem die Position des CTO existiert parallel zum Scrum-Prozess. Er hat die Personalverantwortung und in gewisser Weise auch die Verantwortung für die technische Umsetzung des Produkts, kann aber in keiner Weise direkt in den Scrum-Prozess eingreifen. Er tut dies zum Teil dennoch, um bestimmte Prioritäten zu verschieben und in erster Linie das Parallelprojekt abzuarbeiten, nutzt dafür aber alte Beziehungen und Loyalitäten.

93 Dieses fehlende Verpflichtungsgefühl ist ein zentrales Merkmal des Scheiterns der Einführung, da insbesondere dieses an die Stelle von Weisungsbefugnis und Arbeitsaufträgen gestellt werden sollte. Das Team soll sich als Team finden und sich für die hergestellten Produkte verantwortlich fühlen und auch dafür verantwortlich gemacht werden können. Dies bezeichnet Vormbusch (2002, S. 205) in seiner Studie zur Einführung von Gruppenarbeit in der Autoindustrie als Form des Empowerments: »Der Gruppenzusammenhang stellt sich organisatorisch zum einen über den stofflichen Zusammenhang des Fertigungsprozesses her, der alle Operationen und Arbeitstätigkeiten zu einem Gesamtprozess verbindet, für den die Gruppe als Ganze verantwortlich ist. […] Die Mitarbeiter in Gruppenarbeitsbereichen gelten als besonders ›empowered‹ und sollen sich als ›processowner‹ betrachten. […] Empowerment bedeutet, sich verantwortlich zu fühlen für einen bestimmten Produktionsabschnitt und hierfür verantwortlich gemacht zu werden.«

stimmt jedoch der PO. Sind die von ihm erstellten Stories schlecht zugeschnitten – hinsichtlich der Kompetenzzusammenstellung des Teams oder auch der
eingebetteten geschäftsstrategischen Prämissen –, dann kommt es zu den beschriebenen Diskussionen, die unter Scrum-Bedingungen weitreichende Folgen
hinsichtlich der Motivation, Selbstverpflichtung und auch Produktivität haben.
Einsichtig wird so, dass in Scrum sinnvollerweise nur dann kommuniziert werden kann, dass das Team entscheidet, wenn der Entscheidungsrahmen im Vorfeld schon so vorbereitet wird, dass es für das Team eigentlich nichts mehr zu
entscheiden gibt. Dies muss gleichzeitig invisibilisiert werden, da sonst »der
letzte Trick des Managements«[94] nicht funktionieren kann. Durch Scrum wird
damit eine bestimmte Art des Themen- und Aufgabenzuschnitts gefördert, der
keine Entscheidungen mehr benötigt, dies aber gleichzeitig verdecken muss, da
nur in diesem Fall sinnvoll von einer Entscheidungshoheit der Teams gesprochen werden kann.

Eine Möglichkeit, wie diese Zuschnittsentscheidungen invisibilisiert werden
können, wird vom Coach in einem Review-Gespräch eingebracht, in dem er an-
bringt, dass man bei Fragen der Usability und Nutzerfreundlichkeit »wirklich
mal echte Nutzer fragen« solle. Damit wäre die Frage, wie ein konkretes Feature
gestaltet werden soll, keine individuelle Entscheidung eines unternehmensinternen Experten oder eine hierarchische Entscheidung des Managements mehr,
sondern würde in eine sachlogische Vorgabe umgewandelt. Wenn Nutzertests
und Usabilitystudien mit den echten Anwendern der Software, also denen, die
das Produkt dann auch kaufen und nutzen, ergeben, dass die Funktionalität so
und nicht anders gestaltet werden soll, sind nur schwer auf irgendwelchen prä-
figurierten Prinzipien basierende Gegenargumente zu finden.[95]

Damit kommt ein wichtiger Aspekt zum Vorschein. Der durch Scrum etablierte Rahmen bietet nicht nur Möglichkeiten des Kennenlernens der verschiedenen für eine erfolgreiche Bearbeitung eines Projektes sinnvollen Perspektiven und Relevanzstrukturen, sondern er zwingt potenziell jeden geradezu,
diese notwendig verschiedenen Hinsichten und Denkweisen beim Arbeiten
miteinzubeziehen. War dieses am anderen orientierte Wissen immer schon Teil
des hierarchischen Verhältnisses von Mitarbeiterüberwachung durch den Vorgesetzten und gleichzeitiger (!) Vorgesetztenunterwachung durch den Mitarbeiter (Luhmann 1969) und war dieses Kontextwissen immer schon sinnvoll im
Umgang der Mitarbeiter untereinander im Sinne der erfolgreichen Etablierung
informeller Beziehungen, so kann nun verstärkt die Kundenperspektive einbe-

---

94 Vergleiche hierzu die Ausführungen auf S. 117 f..

95 In der Terminologie Luhmanns könnte dieser Verweis auf den Nutzer als eine organi-
    sationsspezifische, unentscheidbare Entscheidungsprämisse (vgl. Kap. II.6) beschrieben
    werden. Es wird damit ein Orientierungsrahmen etabliert, der nicht mehr durch zu-
    künftige Entscheidungen verändert werden kann, sondern der als Organisationskultur
    eine Art Legitimation aus Tradition besitzt.

zogen werden. Auch dieser Einbezug ist durch quantitative Marktforschung und zum Teil auch durch das Arbeiten mit eingeladenen Focus Groups schon länger etabliert. Dennoch erreicht die Kundenperspektive mithilfe der qualitativen Nutzerforschung, etwa durch User-Experience-Tests und seit Kurzem durch den Einbezug von Social-Media-Rückkanälen in den Produktionsprozess, wie es der Begriff und das Phänomen des Prosumenten (vgl. Hellmann/Blättel-Mink 2010) nahelegt, aber auch der Einsatz sogenannter multivariater Testings[96], eine ganz neue Dimension, da sie nun den beiden anderen Perspektiven – der des Vorgesetzten und der der anderen Mitarbeiter – gleichrangig ist.

Dies hat Folgen für das allgemeine Problem der Rücksichtnahme auf die Relevanzstrukturen der verschiedenen am Prozess beteiligten Personen, denn nunmehr gilt es auch, die Ansprüche und Denkweisen der (potenziellen) Nutzer qualitativ mit in die Diskussion einzubringen. Bei der Web-icona hängen hierfür beispielsweise in vielen Räumen sogenannte Personas der eigenen Software. Dies sind Beschreibungen idealtypischer Nutzer, die mit ihren je spezifischen Relevanzstrukturen dargestellt werden. So gibt es beispielsweise einen Steckbrief von Richard R. Quality, der vor allem eine qualitativ hochwertige Software haben will, die »easy to use« ist, oder von Debby Design, die bestrebt ist, ihre Designfähigkeiten mithilfe der Software umzusetzen. Damit wird zumindest dargestellt und fortwährend in Erinnerung gerufen, dass es für jeden Mitarbeiter bei der Web-icona relevant sein sollte zu wissen, wie die Kunden »ticken«. Die Denkweisen der Kunden werden so in das Arbeiten ebenso einbezogen wie die Denkweisen des Vorgesetzten oder der Kollegen. Scrum unterstützt diese Achtsamkeit hinsichtlich der je anderen Relevanzstrukturen und Hinsichten, da nur so das Arbeiten in den Teams sinnvoll koordiniert werden kann.

Insbesondere im Softwarebereich fluktuieren Mitarbeiter, Projekte und Kunden. Es werden Freelancer für einzelne Auftragsarbeiten einbezogen, Mitarbeiter sind nicht immer am gleichen Standort, wechseln das Unternehmen oder machen sich selbstständig. Die verschiedenen Meetings bei Scrum dienen – wie oben analysiert – der Herstellung von Koordinationsfähigkeit, trotz der branchentypischen Dynamik und Wechselhaftigkeit.[97] Da nunmehr jedoch drei In-

---

96   Das sind Testdesigns, die für verschiedene Nutzer unterschiedliche Inhalte darstellen und aufgrund vordefinierter Kriterien anhand des Nutzerverhaltens evaluieren, welche Kombination aus Inhalt und Form am erfolgreichsten ist. Der Grund, warum eine spezifische Anordnung erfolgreich ist, braucht so gar nicht erhoben werden (vgl. Kucklick 2014, S. 39). Vgl. auch Fußnote 11 auf S. 268.

97   Diese Darstellung könnte als These für die Erklärung des Scheiterns von Scrum bei der Web-icona herangezogen werden. Aufgrund der Gespräche und Interviews hat es den Anschein, dass – zumindest am Standort Erfurt – der Zusammenhalt und Austausch aufgrund wechselseitig bekannter Relevanzstrukturen und einer relativ geringen Mitarbeiterfluktuation schon vor der Einführung von Scrum bestand. Die Mitarbeiter trafen sich in der Freizeit und kommunizierten abteilungsübergreifend, sodass insbesondere bei der Softwareentwicklung die Effekte von Scrum hinsichtlich der Produktivität und

stanzen (Kunden, Mitarbeiter und Vorgesetzte) in den Blick rücken, können immer wieder temporär stabile Allianzen gebildet werden: Vorgesetzte und Mitarbeiter arbeiten zusammen – zum Wohl des Kunden. Mitarbeiter nutzen die Ergebnisse von Nutzertests, um gegen Entscheidungen von Vorgesetzten zu argumentieren. Vorgesetzte beziehen sich in ihren Entscheidungen über die Priorisierung von Stories auf das Kundenfeedback. Das Resultat ist, dass Entscheidungen gar nicht mehr getroffen werden müssen – sie stehen trotz aller Zukunftsoffenheit paradoxerweise immer schon fest. Durch Scrum erhält damit die Organisationskultur, im Sinne Luhmanns (2000, S. 240) verstanden als die organisationsspezifische, unentscheidbare Entscheidungsprämissen eine enorme Aufwertung.

Die schnellen Iterationen, die – wenn der Prozess wie geplant läuft – ermöglichen, dass alle zwei Wochen funktionierende Software an den Kunden geliefert wird, woraufhin dieser mit Feedback reagieren kann und soll, um vor diesem Hintergrund die nächsten Aufgaben und Projekte zu priorisieren und zu strukturieren, führen zu einem permanenten Testmodus. Es wird die Software variiert, indem Funktionalitäten hinzugefügt oder abgeschafft, Designs geändert, Workflows umgestaltet, Anordnungen umgebaut oder Kategorien umbenannt werden. Sodann wird getestet, wie die Kunden darauf reagieren und welche Änderungen funktionieren.[98] Damit wird Scrum zu einem großangelegten Testdesign, das Variation in und an der unbekannten Wirklichkeit testet und die funktionierenden Dinge beibehält. Entscheidungen müssen damit nicht

---

auch der Atmosphäre eher negativ waren. Für das Gesamtunternehmen von Vorteil ist jedoch der verstärkte Austausch und damit ein sich wechselseitig etablierendes Bewusstsein der verschiedenen Standorte. Die noch im Workshop überdeutlich hörbare Trennung zwischen einem Wir-hier-in-der-Softwareentwicklung und einem Die-dort-im-Produktmanagement wurde im Laufe der Einführung immer geringer. Die verschiedenen Standorte rückten enger zusammen. Ob dies allein Scrum als Struktur zuzurechnen ist oder ob die verstärkten, mit Scrum legitimierten Reisetätigkeiten zumindest der ScrumMaster und ProductOwner dazu führten, kann nicht eindeutig geklärt werden.

98 Dies kommt in rechtlich oder technologisch stärker strukturierten Feldern, wie beispielsweise in der Infrastrukturplanung der Bauroh, nicht so sehr zum Tragen. Auch sind die Projektzeiten länger und die ökonomischen Aufwendungen andere. Trotzdem konnten auch hier in Verhandlungen und Abstimmungen mit Auftraggebern und in der Entscheidungsvorbereitung hinsichtlich der bauausführenden Unternehmen ähnliche Phänomene beobachtet werden. So scheint es auch hier beispielsweise bei Planänderungen diffizile Aushandlungsmechanismen zu geben. Unter anderem wurde eine Person mit halbfertigen Plänen zum Kunden geschickt, mit dem hinterhergerufenen Kommentar: »Da können sie nicht so viel ändern«. Diese Prozesse können jedoch größtenteils nur vermutet werden, da sich die Beobachtungen und Interviews nicht auf die Interaktionen mit Auftraggebern bezogen. Hier wären weitergehende empirische Untersuchungen notwendig. Diese könnten das sowohl organisationsinterne wie auch -externe gemeinsame Verfertigen von technischen Zeichnungen und Plänen verfolgen, um zu testen, ob und wenn ja, wie sie beispielsweise als »boundary objects« (Star/Griesemer 1989) genutzt und ausgestaltet werden.

mehr personal gedacht oder gar als Entscheidungen markiert werden. Sie sind temporäre dirigierende Festlegungen – bis auf Weiteres.

Die Einführung von Scrum kann mithin als aktuelle Gestaltung dirigierender Handlungsfestlegungen begriffen werden. Die Gestaltung zielt auf zwei Komplexe: Zum einen geht es um die Herstellung einer Koordinationsfähigkeit der zusammenarbeitenden Mitarbeiter unter dynamischen, volatilen Bedingungen. Zum anderen kommt es zu einer Etablierung von Entscheidungen, die nicht auf Personen zugerechnet werden, und damit zu einer Invisibilisierung von Interessengegensätzen.

Der erste Punkt wurde oben als doppelte Effektivierung beschrieben. Statt auf Effizienz zu zielen, werden die Wirksamkeit bzw. der Effekt des eigenen Arbeitens und ein kontinuierliches Feedback in den Mittelpunkt gestellt. Mitarbeiter sollen die Folgen ihres Arbeitens für die anderen Mitarbeiter und Kunden beobachten können und dies qua Feedback zurückgespielt bekommen. Dafür wird allgemein in den verschiedenen Meetings und durch die darin praktizierten Methoden der Diskussions- und Kommunikationsstrukturierung auf die Darstellung eigener Arbeitsweisen wie auch eigener Relevanzstrukturen abgehoben. Die anderen im Meeting Anwesenden oder medial Hinzugeschalteten sollen so lernen können, welche konkreten Fragen wie diskutiert werden, welche Probleme auf die Agenda kommen und was den Einzelnen wichtig ist. Dafür ist es zentral, die anderen als konkrete Personen mit ihren subjektiven Perspektiven kennenzulernen. Verschiedene Formen des Sichtbar- und Zählbarmachens werden eingeführt, um das eigene Arbeiten für andere darstellbar, erkennbar, erwartbar und evaluierbar, d. h. accountable zu machen. Diese »erzwungene Kommunikation« ermöglicht ein Zusammenarbeiten im Modus einer permanenten Beta-Version. Es geht dabei nicht um die Förderung von Freundschaften unter den Mitarbeitern, auch nicht darum, dass vermehrt informelle Beziehungen zur Führungsebene etabliert werden. Vielmehr soll die Möglichkeit geschaffen werden, unter dynamischen, wechselhaften, projektförmigen Bedingungen gegenseitige Erwartungserwartungen herzustellen, die als stabilisierende Synchronisierungen und Koordinierungen weiterhin notwendig erscheinen. Dieses Entstehen von Erwartungserwartungen, das sonst nur im Laufe eines längeren, zum Teil jahrelangen Prozesses als Gerinnen von wechselseitig nachvollziehbaren Handlungsroutinen gelingen kann, lässt sich so in kürzeren Zeiträumen realisieren. Wechselnde Mitarbeiter, andere Projekte, neue Kunden oder Projektpartner, sich verändernde Technologien können und müssen so möglichst zeitnah in das eigene Arbeiten als zu beachtende Gesichtspunkte integriert werden.

Der zweite Aspekt, der die Gestaltung von dirigierenden Handlungsfestlegungen durch Scrum bestimmt, ist die Plausibilisierung von entpersonalisierten Entscheidungen bzw. der höheren Relevanz von unentscheidbaren Entscheidungsprämissen. Entscheidungen über Produkte, deren Gestaltung und tech-

nologische Umsetzung, aber auch über die Qualitätssicherung werden nicht als
personale Entscheidungen markiert. Vielmehr sollen die verschiedenen Verfahren Teamentscheidungen erzeugen, die jedoch selten demokratisch qua Abstimmung getroffen werden; vielmehr ergeben sie sich im Team durch ein permanent am anderen orientiertes Arbeiten und Verfertigen von Programmcode oder Texten etc. gleichsam automatisch. Durch die schnellen Iterationen und durch den kontinuierlichen Einbezug der Kundenperspektive mithilfe von Personas, Nutzertests und der Position des ProductOwners wird so gleichzeitig ein *selbstverantwortlich-fremdentschiedenes Arbeiten* ermöglicht. Damit ist das Paradox gemeint, dass die eigene Arbeitstätigkeit als selbstverantwortlich begriffen wird, obwohl sie durch andere und anderes bestimmt und strukturiert wird. Dies muss – wie gesehen – stets invisibilisiert werden, sodass Strukturvorgaben von anderen – den Mitarbeitern, Vorgesetzten oder Kunden – übernommen werden, ohne dass diese Übernahme als Entscheidung begriffen und kommuniziert wird. Entscheidungen werden damit stets über den Zuschnitt von Kommunikationsweisen, über Problemdarstellungen oder Featurebeschreibungen generiert, nicht jedoch als personal attribuierte Entscheidungen. Insofern die Invisibilisierung erfolgreich ist, können damit bestehende Interessengegensätze der drei Gruppen ausgespart werden. Die Produkte und Dienstleistungen entstehen dann quasi wie von selbst hinsichtlich sachlogischer Erwägungen, die jedoch nur deshalb als solche verstanden werden können, weil das Arbeiten und Zusammenarbeiten nicht nur *an anderen orientiert* ist, sondern *von diesen orientiert* wird.

Diese Etablierung einer stetigen Koorientierung durch Scrum bei der Webicona kann als gegenwärtige Gestaltung von dirigierenden Handlungsfestlegungen im Unterschied zu den zumeist schon historisch geronnenen Handlungsfestlegungen, wie sie vor allem bei der Bauroh aufgezeigt werden konnten, begriffen werden. Gestaltet werden beide Formen von Handlungsfestlegungen. Diese sind von der Vielzahl nicht gestalteter Handlungsfestlegungen, die auch in Organisationen qua Wiederholung nichtintendiert und historisch kontingent entstehen, zu unterscheiden.

V. Zwischenfazit

In der empirischen Untersuchung lag der Fokus auf der Web-icona und das dort im Untersuchungszeitraum eingeführte Softwareentwicklungsframework Scrum. Auch wenn Scrum in der Analyse nicht als Herrschaftsinstrument begriffen wurde, da sehr verschiedene Personen mit unterschiedlichen Rollen die Einführung vorantrieben – es war vom Management wie von den Mitarbeitern gleichermaßen gewollt –, hat die Einführung dennoch Effekte.

Eine zentrale Konsequenz von Scrum wurde als doppelte Effektivierung, im Gegensatz zur rein ökonomischen Effizienzorientierung, bezeichnet. Doppelt ist sie deshalb, weil sowohl die Wirksamkeit der Arbeitsleistungen gesteigert als auch das diesbezügliche Feedback erhöht wird. Dabei werden die gesellschaftlichen Interessengegensätze zwischen Arbeitgeber und Arbeitnehmer invisibilisiert. Dies gelingt durch die Etablierung und Stärkung einer spezifischen Kommunikationsform auf einer Ebene zwischen den formalen und den informellen Beziehungen im Unternehmen.

Die Interaktionen auf dieser Ebene zeichnen sich insbesondere durch ihren Fokus auf die Darstellbarkeit des eigenen Arbeitens aus. Das Arbeiten soll beschrieben werden, darstellbar gemacht und zurechenbar oder – wie sich mit Verweis auf Garfinkels Ethnomethodologie zusammenfassend formulieren lässt – verstärkt *accountable* gemacht werden. Daher drängen auf dieser Ebene vermehrt Prozesse des Sichtbarmachens, des Zählbarmachens (Komplexitätsabschätzungen) und des Kommunizierbarmachens (institutionalisierte Retros) in den Vordergrund.

So werden in evaluierender Absicht die teamintern verschiedenen Kenntnisstände hinsichtlich unterschiedlicher Technologien in Netzdiagrammen sichtbar gemacht, Komplexität von zu bearbeitenden Aufgaben wird mithilfe des sogenannten Planning Pokers zählbar gemacht; und in regelmäßig stattfindenden Retro-Meetings werden Probleme ansprechbar sowie – durch die besondere Diskussionsstrukturierung – in spezifischer Weise kommunizierbar gemacht.

In erster Linie ist diese Ebene in den verschiedenen Meetings als Form erzwungener Kommunikation zu beobachten. Diese Meetings werden prinzipiell geschützt und finden regelmäßig statt, entgegen der Praxis in der Bauroh, wo Meetings zumeist Krisentreffen sind und nicht als regelmäßige Feedbackmöglichkeiten genutzt werden. In zweiter Linie wirkt diese Ebene jedoch auch auf die alltäglichen Arbeitsweisen und ist dort als ein permanentes, ko-operativ verfertigendes Zusammenarbeiten zu beobachten. Im Vorfeld einer Aufgabe werden weder Ziel oder Strukturierung noch die Art und Weise der Problemlösung beschlossen; dies alles ergibt sich vielmehr erst im Arbeitsprozess selbst, der dadurch jedoch für andere darstellbar und begreifbar gemacht werden muss.

Damit ein derart kommunikationszentriertes Zusammenarbeiten funktionieren kann, müssen die daran beteiligten Personen einander kennen und benötigen ein Wissen der Relevanzstrukturen der jeweils anderen. Dieses Wissen wird zumeist in der tagtäglichen Teamarbeit aufgebaut. Bei standortübergreifender Zusammenarbeit kann dieses Wissen jedoch zumeist nur in Meetings, genauer: in medialisierten Meetings, in denen sich beispielsweise verschiedene Teilnehmer via Web- oder Videokonferenz zusammenschalten, erlangt werden.

Bei der Beobachtung und Analyse dieser medialisierten Meetings konnte herausgearbeitet werden, dass die insbesondere bei der medialen Überbrückung mehrerer physischer Standorte häufig auftretenden technischen Fehler und Störungen wie auch die Bugs, Verzerrungen und das Rauschen funktional für das wechselseitige Kennenlernen der jeweiligen Relevanzstrukturen sind: Gerade weil die technisch-mediale Infrastruktur häufig nicht funktioniert, ist sie hochgradig funktional für die Etablierung wechselseitigen Verstehens und den Aufbau des jeweiligen Relevanzrahmens – oder kurz: technisches Nichtfunktionieren ist sozial hochfunktional.[1]

In der Zusammenschau der empirischen Beobachtungen und Einsichten wurde sichtbar, dass die Weisen des Zusammenarbeitens höchst vielfältig sind. Dies war im Vorfeld der Untersuchung, vor allem in der Auseinandersetzung mit dem Forschungsstand, schon zu vermuten gewesen. Hinsichtlich der Organisation und Gestaltung dieser heterogenen Weisen des Zusammenarbeitens konnten mithilfe des Konzepts der dirigierenden Handlungsfestlegungen (vgl. Luhmann 2000, S. 207) vor allem zwei Formen unterschieden werden.

Zum einen können dirigierende Handlungsfestlegungen zufällig historisch entstehen und sich aufgrund situativer Konstellationen verfestigen und zu relativ erwartbaren Formen gerinnen. Auf diese Form fokussiert sich eine praxeologische Organisationsanalyse, weil sie zeigen kann, dass soziale Praktiken mit

---

1   Diese These fordert selbstverständlich die CSCW-Forschung heraus. Auf Basis dieser Überlegung stellt sich beispielsweise die Frage, ob nicht Fehler oder Bugs bewusst in Kollaborationssoftware hineingearbeitet werden sollten, damit sie sozial funktioniert. Fehler könnten dann als geplante (!) Aufmerksamkeitsverschiebung und damit als spezifische Handlungsfestlegung fungieren.

ihrem impliziten Wissen und ihrem Knowing-how konkrete Effekte für die Organisation haben. Sie können damit die eher informale Seite von Organisationen beleuchten, die parallel zu Hierarchie und Weisung wirkt.

Zum anderen können jedoch dirigierende Handlungsfestlegungen auch gestaltet, hergestellt und spezifisch organisiert werden. Diese Form unterscheidet sich einerseits von der praxeologischen Konzentration auf die informale Organisation durch die immer schon bestehenden sozialen Praktiken, andererseits ist diese Form auch nicht mit der formalen Organisation im Sinne von Entscheidungsbefugnissen, Kommunikationswegen oder Hierarchien identisch. Vielmehr sind die gestalteten dirigierenden Handlungsfestlegungen jenseits der Unterscheidung von formal und informal zu verorten. Dennoch sind sie hochgradig sowohl von formaler als auch von informaler Organisation abhängig. Denn nur in einem Organisationskontext, in dem eine unwahrscheinliche »hochgradige Spezifikation von Verhaltenserwartungen« (Kieserling 1994, S. 170) durch Formalisierung möglich wird und in dem zugleich stets sichtbar und bewusst bleibt, dass nicht steuerbare oder kontrollierbare Interaktionen notwendig sind, kann das Phänomen einer gestalteten dirigierenden Handlungsfestlegung überhaupt plausibel werden.

Diese zweite Form der dirigierenden Handlungsfestlegungen konnte mithilfe der untersuchten exemplarischen Unternehmen nochmals hinsichtlich des Zeitpunkts der Gestaltung differenziert werden. Operiert die Bauroh in erster Linie mit *ehemals gestalteten, nunmehr jedoch historisch geronnenen* dirigierenden Handlungsfestlegungen, so werden durch die Scrum-Einführung in der Web-icona die dirigierenden Handlungsfestlegungen *aktuell hergestellt, gestaltet und organisiert.* Insofern sind im ersten Fall die dirigierenden Handlungsfestlegungen nur noch als verfestigte soziale Praktiken präsent, im zweiten Fall bleiben sie noch umkämpft, relativ offen und änderungsbereit.

Das zentrale Ergebnis der empirischen Analyse der Weisen des Zusammenarbeitens wie auch von deren Organisation und Gestaltung ist demnach, dass man die Existenz von – wenn auch etwas sperrig formuliert – *gestalteten dirigierenden Handlungsfestlegungen* zu konstatieren hat. Diese Ebene jenseits der Unterscheidung von formaler und informaler Organisation beschreibt allgemein Technisierungsmöglichkeiten von Interaktionszusammenhängen in Organisationen. Darauf weisen u. a. auch Jäger/Coffin (2014, S. 85) hin. Sie begreifen jedoch Technisierung als besondere Form von Konditionierung und bleiben auf dem begrifflichen Niveau zu undifferenziert: »Die Technisierung der Organisation zielt insbesondere auf das Verhalten der Mitglieder« (ebd., S. 86) – solche Aussagen sind höchst unbestimmt. Auch die Unterscheidung von »Minimaltechniken« und »Generaltechniken« wird nicht spezifiziert, sodass das Verhältnis zu formaler oder informaler Organisation vollkommen unklar bleibt (vgl.

ebd., S. 90). Dennoch wird das im Folgenden weiter interessierende Problem von organisationalen Möglichkeiten der Strukturierung und des Zuschnitts von Interaktionen und sozialen Praktiken von beiden zumindest markiert.

Darauf zielt ebenso Kieserling unter der Teilüberschrift »Technisierung der Interaktion« (Kieserling 1994, S. 172–176). Er unterscheidet systemtheoretisch strikt zwischen Interaktionssystemen und Organisationssystemen, beschreibt dann jedoch ihr Verhältnis mit unterschiedlicher Systemreferenz je anders. In dem hier interessierenden Abschnitt zeigt er verschiedene Effekte der formalen Organisation auf die Interaktionen in Organisationen auf, auch wenn diese nicht gesteuert oder programmiert werden können. Luzide zeigt er auf, dass beispielsweise Interaktionen in Verwaltungen häufig sehr kurz und thematisch hoch spezifiziert sind. In Interaktionssituationen kann dabei von üblichen Höflichkeitsstandards abgesehen und insbesondere das Eröffnen und Beenden von Interaktionssituationen mit Verweis auf Eile, Stress und Termindruck stark reduziert werden. Auch attribuieren die Organisationsmitglieder üblicherweise Interaktionen derart, dass diese ihren Sinn nicht aus sich selbst heraus gewinnen, sondern dass sie geführt werden, um ein Problem der Organisation zu lösen. Die Interaktionen in der Organisation werden also durch diese in spezifischer Weise zugeschnitten. Wenn dies auch für Organisationen im Allgemeinen gelten mag, so werden von Kieserling doch diejenigen Interaktionsstrukturierungen, die im empirischen Teil dieser Studie anschaulich gemacht wurden, nicht thematisiert. Dies waren oft Interaktionen, die eben nicht von gebotener Kürze geprägt waren, die aber auch nicht auf die informellen Interaktionen reduziert werden können, die ihren Sinn allein aus der Aktualität ihrer Zusammenkunft ziehen. Vielmehr wurden Interaktionen beobachtet, die weder rein formal noch ausschließlich informell strukturiert waren. Denn einerseits hätten diese nicht ohne dem Kontext einer formalen Organisation entstehen können; anderseits waren sie hinsichtlich Themenentfaltung und -wechsel doch sehr frei. Der Sinn der Interaktion war dennoch kein Selbstzweck, sondern wurde von den Beteiligten als Strukturaufbau hinsichtlich zukünftiger Problem- und Aufgabenlösungsmöglichkeiten der (Mitglieder der) Organisation beobachtet und betrieben.

Im Folgenden soll es um eine abstraktere Beschreibung dieser beobachteten Interaktionssituationen und vor allem um eine abstraktere Beschreibung der Gestaltung dieser Situationen mithilfe von dirigierenden Handlungsfestlegungen gehen. Die Gestaltung oder das Design dirigierender Handlungsfestlegungen ist auf einer Ebene jenseits von formaler/informaler Organisation angesiedelt. Deswegen werden diese auch nicht auf die Person bzw. das Individuum zugerechnet. Vielmehr gerät eine Art Kontextgestaltung in den Blick, die zwar konkrete Interaktionen und soziale Praktiken nicht vollständig zu steuern oder gar zu determinieren erlaubt, die jedoch spezifische Interaktionen wahrscheinlich und bestimmte soziale Praktiken wiederholbar macht. Der Ansatzpunkt liegt damit nicht auf individueller Ebene oder auf der von Selbstverhältnissen, sondern verbleibt auf der Ebene des Sozialen.

Diese emergente und damit nicht determinierbare Ebene wird dennoch derart strukturiert, dass spezifische Weisen des Zusammenarbeitens wahrscheinlicher werden und damit zu einer erwartbaren Organisationskultur gerinnen. Im Fokus stehen damit organisationsspezifische, gleichwohl unentscheidbare Entscheidungsprämissen im Sinne Luhmanns, die aus Anlass von Entscheidungen in der Organisation, aber nicht *durch* diese entstehen (vgl. Luhmann 2000, S. 242). Der zentrale Unterschied besteht darin, dass sie nicht als (Organisations-)Entscheidung markiert oder zugerechnet werden. Sie haben den Nimbus, dass »[s]ie gelten, weil sie immer schon gegolten haben« (ebd.). Damit sind sie stark mit der Eigengeschichte der Organisation verknüpft und nur schwer zu allgemeinen organisationswissenschaftlichen Aussagen zu generalisieren.

Mit dem Verweis auf traditionelle und damit unhinterfragte Geltung kommen soziale Praktiken »als know-how abhängige und von einem praktischen ›Verstehen‹ zusammengehaltene Verhaltensroutinen« (Reckwitz 2003, S. 289) bzw. als spezifische »Handlungsgepflogenheiten« (Hörning 2001, S. 160) in den Blick. Während praxeologische Arbeiten sehr genau und detailreich die in Organisationen vollzogenen sozialen Praktiken analysieren können, haben sie kein Interesse an der Frage des Zustandekommens derselben. Vielmehr werden soziale Praktiken als immer schon vollzogene Praktiken konzipiert. Damit können sie eine Vielzahl von dirigierenden Handlungsfestlegungen beobachten, haben aber keinen Sensus für die Gestaltbarkeit ebendieser sozialen Praktiken.

Doch ebendiese Ebene der Gestaltung von dirigierenden Handlungsfestlegungen wird durch die empirischen Ergebnisse virulent. Diese Gestaltung soll deshalb als allgemeines Problem beschrieben werden, das jeweils nur organisationsspezifisch gelöst werden kann. Für eine solche Beschreibung bedarf es nach der empirischen Analyse nun noch einiger theoretischer Arbeit, die im Folgenden geleistet werden soll. Das dabei entstehende Konzept trägt den Titel dieser Studie: *Techniken des Sozialen.*

VI. Techniken des Sozialen

Die Rede von Techniken des Sozialen könnte bei dem einen Leser oder der anderen Leserin Assoziationen wie Sozialtechniken, Social Engineering oder Soziotechniken auslösen. Je nach intellektueller Verortung wird dann entweder ein zukunftsverheißender Anspruch ausgemacht (v. a. bei Social Engineering[1]) oder aber ein illegitimes Herrschaftsinstrument unterstellt (v. a. bei Sozialtechniken). Das auszuarbeitende Konzept wird an diese begrifflichen Traditionslinien nicht anschließen. Als Kontrastfolie zur dann folgenden Entfaltung des Konzepts soll dennoch in einem ersten Schritt diese Traditionslinien beschrieben werden. Ziel ist damit nicht eine vollständige Beschreibung der äußerst heterogenen Begriffsverwendungen, sondern eine Kartierung der Möglichkeiten, von denen sich das Konzept der *Techniken des Sozialen* dann abheben soll.

---

1 Es kann an dieser Stelle keine Geschichte des Social Engineering geschrieben werden. In jüngerer Zeit wurde dies vor allem von Thomas Etzemüller (2009, 2012) in Oldenburg und einigen von ihm betreuten Dissertationen für unterschiedliche Felder geleistet (Schlimm 2011, Luks 2010, Kuchenbuch 2010 u. a.). Während Social Engineering im engeren Sinne mit den Worten Etzemüllers als expertengesteuerte, gesellschaftsintervenierende »Verhaltenslehre des kühlen Kopfes« bezeichnet werden kann, kommt in einem weiteren Sinne eine globale technokratische Bewegung vorwiegend in der ersten Hälfte des 20. Jahrhunderts in den Blick. Diese reichte von den USA über Frankreich, Deutschland und Schweden bis in die Sowjetunion. Einen guten Literaturüberblick hierfür bietet u. a. Dirk van Laak (2012), der das technische Weltbild dieser Bewegung als »Auseinandersetzung mit der Natur, ihre[r] Unterwerfung und effiziente[n] Nutzung für menschliche Bedürfnisse nach der Maßgabe maximaler Energieausbeute« (ebd., S. 107) beschreibt. Obwohl die Idee des »one best way« ab den 1970er Jahren an Plausibilität einbüßte, versteht er Technokratie als vorhandene und wirksame »Hintergrundideologie«. Vergleiche zu einer ähnlichen These, die sich im Begriff der »flüssigen Technokratie« manifestiert, Dominik Schrage (2012) oder zur These einer gegenwärtigen »Post-Technokratie«, verstanden als Problem- und nicht als Epochenbegriff, Sascha Dickel (2014).

1 Sozialtechniken und Social Engineering

Eine der ältesten expliziten Begriffsverwendungen von Sozialtechnik findet sich bei Gottl-Ottlilienfeld. Dieser unterscheidet Sozialtechnik von drei anderen Einstellungen des Handelns, die von ihm als Individual-, Intellektual- und Realtechnik bezeichnet werden. Von Sozialtechnik spricht er, »sobald das bevormundete Handeln die Einstellung auf den ›Anderen‹ erfährt, ein Eingriff ist in die Beziehungen zwischen den Handelnden; wie z.B. bei der Technik des Kampfes, des Erwerbs, bei Rhetorik und Pädagogik, bei der Technik des Regierens und Verwaltens« (Gottl-Ottlilienfeld 1923, S. 9). Damit wird der hier interessierende Phänomenbereich zwar angedeutet, aber im Weiteren nicht ausgearbeitet, da es ihm in erster Linie um Realtechnik geht. In der zeitlichen Folge wurde der Terminus Sozialtechnik – wenn überhaupt genutzt – zumeist als Kampfbegriff in der Auseinandersetzung darüber verwendet, inwieweit die Gesellschaft technisiert werden solle. Die fortschrittsgläubig-optimistischen Verfechter einer zu technisierenden Gesellschaft benutzten ihn positiv, ihre Antagonisten führten den Begriff als vornehmlich pejorative Kategorie im Munde.

Ein prominentes Beispiel dieses Gebrauchs als diffamierendes Schlagwort ist die Habermas-Luhmann-Auseinandersetzung. Im Titel der gemeinsamen Publikation *Theorie der Gesellschaft oder Sozialtechnologie – Was leistet die Systemforschung?* (1971) wird Sozialtechnologie als Gegenbegriff zu Gesellschaftstheorie in Stellung gebracht, im Buch selbst jedoch nicht eigens definiert. Auf jeden Fall galt es als verdächtig, Sozialtechnik und -technologie betreiben zu wollen (vgl. auch Schöning 2006; Schmieder 1984).

Um diesen Befund theoriegeschichtlich einzuordnen, ist ein kurzer Seitenblick auf die sogenannte Technokratiedebatte der 1960er Jahre[2] (vgl. Koch/ Senghaas 1970) sinnvoll. Allgemein wurde die Gefahr gesehen, dass der Mensch in seinem Selbstverständnis zunehmend durch die moderne Technik bestimmt werde. Zudem wurde die Annahme vertreten, dass sich die Autorität des (technischen) Wissens stetig auf andere Bereiche, insbesondere Religion und Politik, ausweite (Luhmann 1992b, S. 629), sodass das historische Gewordensein des Menschen zunehmend einer nüchternen Sachlogik geopfert werde. Dabei wurde verschiedentlich der Terminus Sozialtechnik ins Spiel gebracht, um Techniken der Organisation, beispielsweise Verwaltungsroutinen (Schelsky

---

2   Vergleiche in diesem Zusammenhang insbesondere die Zeitschrift *Atomzeitalter*. Zentralreferenz ist zumeist Schelskys Aufsatz *Der Mensch in der wissenschaftlichen Zivilisation* (1961). *Der eindimensionale Mensch* von Marcuse (1967) bildet dazu den Gegenstück. Der Sammelband *Technik im technischen Zeitalter* (Freyer et al. 1965) bietet einen guten problemzentrierten Einstieg in die Debatte. Eine interessante Differenzierung bietet Pirker (1964), der zwischen einer bürokratischen, demokratischen und kybernetischen Utopie als gedanklicher Grundlage von Technokratie unterscheidet.

1961),[3] aber ebenso Marketing, Selektionsverfahren und Ausbildungsmethoden (Freyer 1987)[4] zu bezeichnen.

Erst in den 1980er Jahren wurde der – letztlich jedoch weitgehend unbeachtet gebliebene – Versuch einer Positivierung des Begriffs bzw. Konzepts von Soziotechnik unternommen.[5] So meinte beispielsweise Helmut Klages auf dem Bremer Soziologentag 1980, dass »die heute noch gängige moralische Verurteilung sozialtechnologischer Orientierungen und Praktiken gerade unter Sozialwissenschaftlern eine heroische wie leere Attitüde« (Klages 1981, S. 839) sei. Damit könne nicht bemerkt, geschweige denn analysiert werden, »daß die Durchdringung aller Lebensbezüge mit Sozialtechnologie ganz offenbar zu den wesentlichen Merkmalen moderner Industriegesellschaften« (ebd.) gehöre. Joachim Schmidt (1981) verstand in derselben Ad-hoc-Gruppe Soziotechnik als »angewandte Gesellschaftswissenschaft«, die »das Management der gesellschaftlichen Angelegenheiten [...] auf eine wissenschaftliche Grundlage« (ebd., S. 834) stellen würde: »Soziotechnik hat zum Ziel, die gesellschaftlichen Probleme ebenso rational zu meistern, wie zuvor von der Wissenschaft die physische Wirklichkeit unserer Welt erforscht und handhabbar gemacht worden ist« (ebd., S. 836).[6]

In der Folge verblasst die ideologische Zuspitzung, sodass unter Sozialtechnologie nunmehr allgemein eine Form sozialwissenschaftlichen Anwendungs-

---

3   Ein avanciertes Verständnis von Sozialtechniken besitzt Schelsky (1974), der anhand des Aufstiegs des tertiären (Wirtschafts-)Sektors und damit der Privilegierung der »Gruppe, die ausbildet, informiert und unterhält« (ebd., S. 45), ein gesteigertes Interesse an den Techniken der Organisation (bzw. Sozialtechniken) und den Humantechniken ausmacht.

4   Freyer (1987, S. 127) formuliert diesen Gedanken folgendermaßen: Das technische Denken bzw. der Technizismus »greift dann auch auf organisatorische, auf politische, auf erzieherische Aufgabenbereiche über. Der Gedanke, daß durch gut gezielte Techniken im Grunde alles machbar sein müßte, gewinnt zwingende Gewalt. Werbetechniken, Ausleseverfahren, Anlernmethoden, aber auch Propagandaformeln und politische Parolen werden längst unter diesem Gesichtspunkt gesehen, und nachdem die erste, sozusagen naive Phase der human-relations-Bewegung vorüber ist, ist man sich doch, auch in Amerika, sehr klar darüber, daß mit diesen Bestrebungen zur Humanisierung der Betriebe nicht nur ein ›menschlicher Faktor‹ in die technische Welt eingebaut, sondern daß auch umgekehrt das Menschliche darin seinerseits unter technische Kategorien (wenn auch unter die einer eigenen Technik, nämlich unter die Technik des social engineering) gebracht wird.«

5   Dies ist nicht zu verwechseln mit Günter Ropohls (2009) schon in den 1970er Jahren erstmals geprägtem Begriff des sozio-technischen Systems, mit dessen Hilfe Technik analog zu einem Handlungssystem konzipiert und sich dabei entschieden von Luhmanns Systemtheorie distanziert wird.

6   Dank der »sorgfältig überlegten Methodik« des polnischen Begründers Adam Podgorecki (vgl. Podgorecki 1996) habe »die moderne Soziotechnik [...] mit ihren geschichtlichen Vorläufern kaum etwas gemein, [...] sie ist interdisziplinär und setzt die Erfindung des Computers voraus, die Verkörperung eines neuen Paradigmas der Sozialwissenschaften« (Schmidt 1981, S. 835). Vergleiche zu diesem Ansatz auch Schmidt (1975).

wissens verstanden werden kann, das sich in der Praxis bewährt. Beispielsweise begreift der OECD-Report zu den Zukunftschancen der Industrienationen Sozialtechnologien als jene »Technologien, die den Zweck haben, die sozialen Zielvorstellungen unserer Länder zu erfüllen« (OECD-Report 1981, S. 163). Sozialtechniken beschreiben dann die Möglichkeit einer gesellschaftlichen Steuerung, die gegen eine ausschließliche Strukturierung durch den freien Markt in Stellung gebracht wird. Sie werden quasi als wirksames Wissen, als funktionierende Technik gedacht. Statt der (verloren gegangenen) Autorität des sicheren, wissenschaftlichen Wissens wird dieses Wissen als Technologie genutzt, die »auch in einer unbekannt bleibenden Welt« (Luhmann 1992b, S. 632) funktionieren soll.

In diesem Sinne versteht beispielsweise Breisig (1990) unter Sozialtechniken sekundäre Verhaltenssteuerungen, welche »die Situationswahrnehmungen und -interpretationen der Beschäftigten beeinflussen mit dem Ziel, die vom Unternehmen geforderten Verhaltensweisen kognitiv – also im Bewusstsein – und emotional – also auf der Gefühlsebene – zu akzeptieren und aus eigener Überzeugung anzustreben« (Breisig 1990, S. 9). Ähnlich konzipieren dies Behrens (1998), der vor allem Beeinflussungstechniken im Blick hat, Berghoff (2007) oder Esch/Honal (2016), die jeweils Marketing als Sozialtechnik beschreiben. Aus ihrer Sicht können dadurch Menschen gezielt beeinflusst und zu bestimmten Konsumentscheidungen verleitet werden. Sozialtechniken werden so als wirksame Mittel in einer unsicheren Welt in Anschlag gebracht. Diese nüchterne und unspezifische Verwendung des Begriffs findet sich auch im Lexikon für Soziologie. Eine Sozialtechnologie ist »das zur Lösung sozialer Entwicklungs-, Planungs- und Organisationsprobleme analog der physikalischen Technologie angewandte Verfahren des zielgerichteten, regelhaften Einsatzes effektiver Mittel. [...] Beispiele: soziale Leistungsanreize im Betrieb, systematisches Rollentraining bei einer Ausbildung, wissenschaftliches Management, Organisation von Kommunikationsnetzen für zielgerichtete Gruppen, Beeinflussung einer Bevölkerung durch Massenmedien« (Lüdtke 1988, S. 716).

Als letztes Beispiel einer gegenwärtigen Verwendung des Begriffs der Sozialtechnologie soll die von Sabine Maasen und Martina Merz verfasste Studie zu einer sozial- und kulturwissenschaftlich erweiterten Technologiefolgenabschätzung angeführt werden (Maasen/Merz 2006). Beide Autorinnen plädieren für eine Öffnung der Forschung von einfachen Technikfolgen zu einer »Sozialtechnologie-Folgenabschätzung (STA)«. Darunter verstehen sie u. a. Ansätze wie das New Public Management, Coaching als Führungsinstrument, aber auch bürgerschaftliches Engagement (vgl. ebd., S. 48). Eine solche STA würde insbesondere »den gesellschaftlichen Umgang mit jeweils neuen Technologien und die Formen ihrer Problematisierung und Normalisierung« (ebd., S. 56) untersuchen: »Sie begleitet und unterstützt [...] die gesellschaftliche Auseinandersetzung über die Produktion von und den Umgang mit neuen (sozial-)technischen

Entwicklungen« (ebd.). Sozialtechnologien erscheinen nun als Untersuchungsgegenstand einer erweiterten Technikfolgenforschung. Aus einem Schlagwort,
das in erster Linie den Gegner treffen sollte, ist, sofern überhaupt verwendet,
ein recht neutraler Begriff geworden, der jedoch weder theoretisch sonderlich
scharf ausgearbeitet ist noch methodisch operationalisierungsfähig gemacht
wurde.

In Distanz zu positiv wie negativ wertenden Verwendungen des Begriffs der
Sozialtechniken und aufgrund seiner eben dargestellten terminologischen Un-
schärfe ist es sinnvoll, nun zu erläutern, was in dieser Arbeit unter den Techniken des Sozialen verstanden wird.

Als zentrale Differenz kann ein spezifisches Verständnis von Moderne und
Modernität angeführt werden, das nicht im gängigen Verständnis von Modernisierung aufgeht. Während in der positiven wie auch negativen Verwendung
von Sozialtechniken zumeist eine Wertung der Modernisierungsmöglichkeiten
bzw. -gefahren enthalten ist, wird hier auf ein Verständnis von Moderne abgehoben, das in der Kontingenz den Eigenwert der Moderne sieht (vgl. Luhmann
1992c, Makropoulos 1997).

Als zentraler Unterschied zwischen Moderne und Vormoderne gilt dann
der Sachverhalt, dass sich Kontingenz nicht nur auf die Handlungen bezieht,
die immer schon und prinzipiell kontingent, im Sinne von auch anders möglich, waren und sein müssen – sonst wären sie keine Handlungen –, sondern
dass sich Kontingenz nunmehr auch auf die Handlungskontexte erstreckt. In
der Antike war der Kontext, in dem Handlungen sinnvoll ausgeführt werden
konnten, fix als Kosmos gedacht. Der griechischen Könnens-Kunst – der *tech-
né* –, also der künstlichen Nachahmung der Natur, waren dadurch die als un-
verrückbar gedachten Schranken eines natürlichen Kosmos gesetzt. Anders in
der Moderne, in der zunehmend auch die Kontexte, in die die Handlungen eingebettet sind, als kontingent erfahren werden. Verloren geht damit einerseits
ein transzendenter Halt bzw. ein festes Fundament – der unhintergehbar gegebene Kosmos; gewonnen wird damit andererseits die demiurgische Vorstellung einer Beherrschung und Unterwerfung der Natur – oder anders: die Vorstellung moderner Technik.

In der Terminologie Luhmanns kann dann von der Etablierung und gesell-
schaftsweiten Durchsetzung einer Beobachtung zweiter Ordnung gesprochen
werden. An die Stelle eines Glaubens an einen Letztgrund der Gesellschaft
treten dann die »im Zuge einer solchen Beobachtung des Beobachtens« (Luhmann 1992a, S. 42) sich ergebenden stabilen Eigenwerte. In dieser Perspektivierung auf Moderne steht dann *nicht* eine »Emanzipation zur Vernunft« im
Habermas'schen Sinn im Vordergrund. Vielmehr wird die Moderne als fortschreitende »Emanzipation von der Vernunft« (Luhmann 1992a, S. 42) begriffen.
Denn jeder Beobachter, so Luhmann weiter, der sagt, dass er sich für vernünf-
tig hält, könne daraufhin beobachtet und dann auch dekonstruiert werden.

Jede Beobachtung (auch diejenige zweiter Ordnung) beruht notwendig auf einer
kontingenten, beobachtungsanleitenden Unterscheidung, sodass selbst die relativ stabilen »Eigenwerte der modernen Gesellschaft« wie beispielsweise Recht,
Geld, Staat oder Forschung »in der Modalform der Kontingenz formuliert sein
müssen« (ebd., S. 47).

Auch wenn hiernach Kontingenz als Eigenwert der modernen Gesellschaft
(Luhmann 1992c) plausibel werden kann, wird erst in der von Michael Makropoulos formulierten Beschreibung der Moderne die dennoch mögliche instrumentelle Seite dieses Moderneverständnisses sichtbar. Für ihn besteht das wesentliche Merkmal der Moderne in einer »Kontingenzbegrenzung durch gezielte
Kontingenznutzung« (Makropoulos 1997, S. 32). Gemeint ist damit, dass die in
der Moderne sichtbar werdende Kontingenz nicht bewältigt werde im Sinne
eines gewalttätigen Abschaffens – wenn dies auch die Hoffnung nicht weniger ästhetischer, technischer oder intellektueller Avantgarden war –, sondern
dass Kontingenz gezielt genutzt werde, um diese dadurch begrenzen oder bän-
digen zu können. Damit wird ein Akzent gesetzt, der nicht nur die in der Moderne bewusst werdende Gestalt*barkeit* der Gesellschaft betont, sondern vielmehr zugleich die Gestaltungs*bedürftigkeit* der Gesellschaft unterstreicht (vgl.
auch Evers/Nowotny 1987).

Denn mit der Moderne werden die Traditionen, Gewohnheiten und Routinen hinterfragbar und müssen sich im Horizont anderer Möglichkeiten behaupten. Diese anderen Möglichkeiten umfassen nicht nur schon bestehende, beispielsweise kulturell oder historisch andere Traditionen, sondern zunehmend
auch künstlich gestaltete Möglichkeiten. So muss sich beispielsweise eine konkrete Praktik des Nähens nicht nur gegenüber anderen handwerklichen Möglichkeiten des Verknüpfens von Garn zu Textil behaupten, sondern auch gegenüber den mehr und mehr maschinell, also technisch hergestellten und mithin
künstlichen Stoffen ins Verhältnis setzen.

Die These besteht darin, dass in der Moderne prinzipiell sämtliche Verhaltensroutinen, als ehemals bewusst erlernte und nunmehr automatisch ablau-
fende Handlungen, auf den Prüfstand kommen können. Das meint schlicht,
dass soziale Praktiken und Handlungsweisen auch als anders möglich wahrgenommen und behandelt werden. So wurde spätestens in der Zeit von Adam
Smith in Manufakturen und ersten Fabriken die Produktivität arbeitsteiliger
Prozesse entdeckt, die dann seit der sogenannten Scientific-Management-Bewe-
gung vollends disponibel wurden. Beispielsweise wird das Mauern einer Wand
verändert: Aus einer traditionellen wird eine neu zusammengesetzte, unter Effizienzgesichtspunkten optimierte Praktik, die erlernt werden und dann ebenso unhinterfragt, routiniert und automatisch ablaufen kann wie die ehemals
traditionelle Praktik des Mauerns (vgl. dazu Taylor 1995).

Beobachtbar ist diese Veränderung insbesondere in drei Bereichen. Zunächst wird auf Kindheit und Sozialisation fokussiert, weil in dieser Lebens-

zeit die späteren Verhaltensroutinen erlernt werden. Die Etablierung der Erziehung(swissenschaft), der Aufbau von Erziehungsinstitutionen und die Belehrung und Schulung der Eltern ist insbesondere in der Etablierung der Moderne ein zentrales Thema. Zweitens ist die Moderne im doppelten Maße von Mobilität geprägt. Einerseits steigt die räumliche Mobilität, was zur vermehrten Kontrastierung von (ehemals) latenten eigenen Verhaltensroutinen mit denen anderer führt. Andererseits steigt die soziale Mobilität in Form von sozialen Auf- wie auch – was in Modernisierungskonzepten oft ausgeblendet wird – Abstiegsmöglichkeiten. Auch dies führt zum verstärkten Vergleich mit anderen Verhaltensformen, die nun gelernt und als Verhaltensroutinen etabliert werden können und müssen.[7] Drittens werden soziale Praktiken als Verhaltensroutinen im Kontext der Anpassung an die zunehmend technisch gestaltete Lebenswelt unter Vergleichsdruck gesetzt. Das Schreiben von Briefen mit einer Schreibmaschine muss ebenso gelernt werden wie das Spazierengehen in Großstädten auf überfüllten Trottoirs.[8] Die (Erwerbs-)Arbeit findet zunehmend an speziellen Orten (Fabrik, später Büro) statt, an welche die eigenen Routinen ausgerichtet und angepasst werden müssen. In all diesen Bereichen kommt eine Instituierung oder Herstellung sozialer Praktiken in den Blick. Soziale Praktiken erscheinen nunmehr nicht ausschließlich durch sich verschiebende Wiederholungen sukzessive wandelbar, sondern zunehmend auch als herstellbar und damit als technisch formbar.[9]

Während die Verwendung des Terminus Sozialtechnik sehr oft im Kontext einer Vorstellung von Modernisierung als einem gerichteten Prozess[10] anzutreffen ist, setzt das hier zu formulierende Konzept der Techniken des Sozialen auf den u. a. von Luhmann (1992a, c) und Makropoulos (1997) beschriebenen Begriff

---

7   Mit all den damit zusammenhängenden Problemen des Scheiterns und Nichtgelingens, wie sie ausführlich in den (Bildungs-)Romanen des 19. Jahrhunderts beschrieben werden.

8   In diesem Zusammenhang sei auch an ein Motiv für die Entstehung des Konzepts der »Techniken des Körpers« von Marcel Mauss (1989) erinnert. Dieser beschrieb seinen Eindruck, dass eine bestimmte Gangform junger Mädchen auf den Straßen von Paris aus Hollywoodfilmen zu stammen schien und eben nicht einer lokalen Tradition entsprach.

9   So argumentiert auch Reckwitz (2006, S. 76 ff.) in seiner Darstellung moderner Subjektkulturen, wobei er die Annahme von Kontingenzbewusstsein weniger als allgemeine Struktur der Moderne akzentuiert, sondern stärker den ästhetischen Bewegungen in ihrem Willen der Legitimierung dessen, was als modern zu gelten habe, zuordnet. Im Gegensatz dazu wird hier das Kontingenzbewusstsein mit dem damit verbundenen Gestaltungsimperativ als Strukturbedingung der Moderne gefasst.

10 Die Diskussionen um Moderne, Modernität und Modernisierung im Kontext der Moderne-Postmoderne-Debatte der 1980er und 90er Jahre können hier nicht rekonstruiert werden. Mir geht es an dieser Stelle nur um die sehr grobschlächtige Differenz zwischen Modernisierung als zielgerichtetem Prozess und Moderne als spezifischem Weltverhältnis. Vergleiche zur Debatte u. a. Makropoulos (1994), Wagner (1995), Welsch (1988), van der Loo/van Reijen (1992), aber auch Beck/Giddens/Lash (1996) und später darauf aufbauend: Degele/Dries (2005).

von Moderne auf. Auch wenn eine Gestaltung des Sozialen darin eingeschlossen ist, kann diese nicht als ein zielgerichteter oder gar plan- und steuerbarer Prozess verstanden werden. Gleichwohl ist zu konstatieren, dass es auch kein rein emergenter Prozess ist, der sich – wie es im praxeologischen Ansatz konzipiert ist – ohne Gestaltungsansprüche und -absichten vollzieht. In der begrifflichen Ausarbeitung der *Techniken des Sozialen* soll daher einerseits eine spezifische Zurichtung, Gestaltung und Organisation des Sozialen und andererseits ein evolutionärer Prozess des historischen Gerinnens dieser derart designten Sozialität beobachtbar gemacht werden. Gelingen soll dies in zwei Schritten: zunächst durch die Konturierung eines abstrakten, jedoch für die hier angegebene Problemstellung spezifischen Technikbegriffs, sodann in der Auseinandersetzung mit der Praxissoziologie.

2 Konturierung eines tragfähigen Technikbegriffs

Wenn die Gestaltung des Sozialen mit einem Begriff von Technik gefasst werden soll, dann bedarf es eines Verständnisses von Technik, das nicht im Gegensatz von Technik und Natur und damit als Mittel der Naturbeherrschung aufgeht, und das sich auch nicht auf den Gegensatz von Technik und Leben beschränkt, weil es ja gerade um die technische Gestaltung der sozialen Lebenswelt gehen soll. Zudem wäre eine Zentralstellung von Technik als Realtechnik, im Sinne von Maschinen und Apparaten, wenig hilfreich, da auch Handlungsformalisierungen und Routinen – wie in der empirischen Beschreibung von dirigierenden Handlungsfestlegungen schon angedeutet – als Technik verstanden werden sollen. Schließlich – und daran erinnerte nicht zuletzt die Abgrenzung zu den verschiedenen Modernisierungsvorstellungen – kann der benötigte Technikbegriff nicht auf Rationalisierung, Berechenbarkeit und Zweckhaftigkeit beschränkt bleiben. Avisiert ist dagegen ein Technikbegriff,[11] der auch dann noch trägt, wenn die von Gehlen aufgeworfene Frage nur noch als rhetorische verstanden werden kann: »[W]ie wäre es, wenn die immer vollkommenere Beherrschung der Natur den Unterschied von Natur und Kultur überhaupt verwischte, so daß die Menschen sich in dem stählernen und elektrischen Raume der Technik mit fürchterlicher Natürlichkeit bewegten?« (Gehlen 2004b, S. 169)

Es ist sicher die Leistung der (philosophisch-)anthropologischen Techniktheorie à la Gehlen, dass sie dem (vorwiegend europäischen) Unbehagen an der

---

11 Vergleiche für ein Technikverständnis in ähnlicher Stoßrichtung den Sammelband *Technologien als Diskurse* (Lösch et al. 2001). Ohne den Anspruch, ein eigenes Konzept von Technik entwickeln zu wollen, dient es dort als Einsatz- und Startpunkt für konkrete Diskurs- und Dispositivanalysen im Sinne Michel Foucaults.

Technik nicht nachgab, sondern diesem Affekt die These gegenüberstellte, dass die Technik dem Menschen wesensimmanent sei (vgl. u. a. Gehlen 2004g, S. 147). Dass diese Perspektive, vor allem in der These von der Organprojektion, nicht erst von Gehlen formuliert wurde, weiß dieser freilich selbst (Gehlen 2004a, S. 189). Vielmehr geht sie auf Ernst Kapps Begründung der Technikphilosophie (1877) zurück und wurde später u. a. von Ortega y Gasset und Sombart übernommen. Dennoch wird auch im gegenwärtigen soziologischen Diskurs in allererster Linie auf Gehlens anthropologische Grundlegung des Menschen in seinem Hauptwerk *Der Mensch* (Gehlen 1993) verwiesen, die dieser in Bezug auf Technik selbst pointiert wie folgt zusammenfasst: »Technik wäre ein Wort für den Inbegriff der Sachmittel und der Fertigkeiten ihrer Herstellung und ihres Gebrauchs, die es diesem instinktarmen und schutzlosen Wesen ermöglichen, ›sich zu halten‹.« (Gehlen 2004a, S. 189)

Was Gehlen meint, wenn er davon spricht, dass die Technik zum Wesen des Menschen gehört, ist die Notwendigkeit des »instinktarmen« »menschlichen Mängelwesens«, seine eigenen Organe zu entlasten, zu ersetzen oder gar zu erweitern bzw. zu überbieten (vgl. auch Gehlen 2004e, S. 152 ff.). Der Mensch sei seinem Wesen nach auf Technik angewiesen, nur durch Technik finde er Halt. Diese Technik bestehe wesensmäßig in einer »Ausschaltung des Organischen« (Gehlen 2004g, S. 142). Die (kulturgeschichtlich ersten) Werkzeuge (Faustkeil etc.) ersetzen und erweitern die Hand, die später aufkommenden Kraft- und Energiemaschinen (Dampfmaschine) entlasten von körperlicher Arbeit, und die Automaten (Computer) ermöglichen eine Entäußerung bzw. Objektivation geistiger Arbeit (vgl. im Anschluss an Hermann Schmidt: Gehlen 2004a, S. 194).[12] Dabei hebt Gehlen hervor, dass Technik – von Anbeginn – nicht in einer Nachahmung der Natur bestanden habe, was beispielsweise an den Erfindungen des Rads oder von Pfeil und Bogen, die so in der Natur nicht vorkommen, einsichtig wird. Seine These, dass Technik zum Wesen des Menschen gehört, formuliert er wie folgt: »Das sind die Grundprinzipien der Technik: abstrakte Werkzeuge und Apparaturen, geistige und echt unnatürliche [!] Erfindungen, die in der Auswirkung doppelsinnig, lebensfördernd und lebensvernichtend sind. In diesen Merkmalen [...] ist die Technik geradezu ein spiegelbildlicher Ausdruck des Wesens des Menschen.« (Gehlen 2004b, S. 165 f.)[13]

---

12   Dieser Gedanke der schrittweisen Veräußerlichung menschlicher Organe und der Wechselwirkung zwischen Sprache und Hand findet sich auch bei Leroi-Gourhan (1988). Vergleiche hierzu auch Ziemann (2011b, S. 123 ff.).

13   Blumenberg treibt das Argument noch weiter. Er versucht, den Menschen nicht nur »als ein Wesen zu begreifen, das technische Gebilde hervorbringt, sondern als ein Wesen, das sich selbst technisch verwirklicht, dessen ›Wahrheit‹ im Grunde technisch ist. [...] Der Mensch verdankt sich wesentlich sich selbst, er ist ›autotechnisch‹« (Blumenberg 1953, S. 119).

Neben dieser anthropologischen These findet sich bei ihm parallel noch eine zeitdiagnostische, eher (wissenschafts)soziologische Argumentation.[14] Gehlen führt mehrfach aus, dass Technik und exakte Wissenschaft[15] einander brauchen, ja dass sie nicht unabhängig voneinander existieren können (vgl. Gehlen 2004g, S. 146; Gehlen 2004d, S. 185), da die moderne Naturwissenschaft technische Apparate und Hilfsmittel der Beobachtung (vom relativ einfachen Mikroskop bis zum zeitgenössischen Teilchenbeschleuniger) benötige, um Natur überhaupt studieren zu können. Diese Verwickeltheit von Wissenschaft und Technik (vgl. ebenso Freyer 1970, S. 146 ff.; Plessner 1985c, S. 295) verknüpft er mit der maschinellen und industriellen Produktion: »Die drei Gebiete hängen so eng zusammen, daß sie eine Superstruktur bilden, die zu den wesentlichsten Fakten unserer Wirklichkeit gehört« (Gehlen 2004c, S. 181; siehe auch Gehlen 2004a, S. 193). Diese »Superstruktur« – bestehend aus Wissenschaft, Produktion und Technik – sei das Merkmal gegenwärtiger Vergesellschaftung: Nie sei der Mensch so abhängig gewesen wie von dieser selbstgeschaffenen, wenngleich nicht beherrsch- oder kontrollierbaren Struktur.[16]

Auch wenn Menschsein in der Argumentation Gehlens immer schon Technischsein bedeutet, so gilt doch im Besonderen erst für den modernen Menschen: Technik umgibt den Menschen nicht nur, sondern »sie dringt in sein Blut ein« (Gehlen 2004g, S. 147).[17] Mit diesem Bild ist Gehlen von einer genuin anthropologischen Argumentation weit entfernt – vielmehr geht es ihm um eine Beschreibung zeitgenössischer, technisierter Lebenswelten, die es eben nicht vor der Moderne gab.

Dieses Argument eines qualitativen Umschlags von Technik leiht sich Gehlen (vgl. hierzu Gehlen 2004c, S. 174) von Hans Freyer (1987), der in seinem Auf-

---

14   Diese Zuspitzung auf Technik, zum einen als (anthropologisches) Verhältnis von Mensch und Technik und zum anderen als (soziologisches) Verhältnis von Gesellschaft und Technik, könnte als das verbindende Thema beschrieben werden, das Autoren wie Freyer, Gehlen und Schelsky umtrieb und die »Leipziger Schule« kennzeichnete (vgl. u. a. Barheier 1994). Vergleiche einführend auch Rehberg (2007).

15   In einigen Aufsätzen beschränkt er das Argument auf die Naturwissenschaften (Gehlen 2004a, S. 192; Gehlen 2004g, S. 145 f.), an anderer Stelle bringt er das Argument auch für die Soziologie und andere »exakte Wissenschaften« wie die VWL oder die Psychologie (Gehlen 2004d, S. 185).

16   In der Interpretation von Norbert Bolz (2012, S. 34) ist eben jene Superstruktur das Heidegger'sche »Ge-stell«. Dieses Ge-stell wird von Heidegger als eine »geschickhafte Weise des Entbergens, nämlich das herausfordernde« (Heidegger 1978, S. 33), beschrieben: »Das Wesen der modernen Technik bringt den Menschen auf den Weg jenes Entbergens, wodurch das Wirkliche überall, mehr oder weniger vernehmlich, zum Bestand wird.« (ebd., S. 28) Damit sieht auch Heidegger das Wesen der Technik nicht in Maschinen und Apparaten verkörpert (vgl. hierzu auch Passoth 2008, S. 133 f.).

17   Zum selben Schluss gelangt auch Helmuth Plessner (1985a, S. 38) bereits 1924: »Von den Maschinen fortlaufen und auf den Acker zurückkehren, ist unmöglich. Sie geben uns nicht frei und wir geben sie nicht frei. Mit rätselhafter Gewalt sind sie in uns, wir in ihnen.«

satz aus dem Jahre 1960 *Über das Dominantwerden technischer Kategorien in der Lebenswelt der industriellen Gesellschaft* anhand des Eindringens von technischen Kategorien (beispielsweise des Wortes »schalten«) in die Sprache und in die Lebenswelt beschreibt, dass ein Verständnis von Technik als Naturbeherrschung veraltet und eben nicht mehr auf die »industrielle Technik« anwendbar sei. Denn der Sinn der industriellen Technik bestehe nicht mehr im Schaffen von »zweckdienliche[n] Mittel[n] und Werkzeuge[n]«, »um seine konstanten Lebenszwecke zu erreichen« (ebd., S. 124). Sie »schafft nicht mehr nur spezifische Mittel für vorgegebene Zwecke. Sie schafft geballte Kräfte, hochgradige Spannungen, manipulierbare Verfahrensweisen, die für viele Zwecke verwendbar sind. Sie schafft gleichsam ein Können überhaupt – ein Können, das das natürliche Können des Menschen transzendiert –, so daß sich nunmehr die ganz andre Frage stellt: was kann ich damit alles machen, d. h. was kann ich nun alles wollen? [...] Der Sinn der Technik ist nicht mehr der Nutzen (der immer ein Nutzen für oder zu etwas ist), sondern ist die Macht, die nach Max Webers Wort wesentlich amorph ist. Der technische Geist wird damit gleichsam absolut gesetzt, er wird aus der Führung vorgegebener Zielsetzungen entlassen.« (ebd.)[18]

Dieses Argument geht auf Distanz zu einer rein anthropologischen Bestimmung von Technik, da es erst in der Moderne überhaupt plausibel werden kann, dass Technik »aus der Führung vorgegebener Zielrichtungen« entlassen oder besser: von diesen entgrenzt werden kann.[19] Das bedeutet schlechthin, dass keine Ziele mehr in der Welt und damit im Menschen vorgegeben sein kön-

---

18 Siehe zu diesem Argument auch Jacques Ellul (1964), der ebenfalls von einer eigengesetzlichen Finalität der Technik ausgeht.

19 Eine Veranschaulichung dieses Gedankens findet sich auch in Simmels *Philosophie des Geldes* (1989). Im dritten Kapitel wird mit anthropologischer Tönung (der Mensch sei das indirekte Wesen; ebd., S. 265) eine Steigerung vom einfachen Mittel über das Werkzeug als potenziertes Mittel hin zum Geld als dem reinsten Mittel beschrieben. »Das Werkzeug ist das potenzierte Mittel, denn seine Form und sein Dasein ist schon durch den Zweck bestimmt, während bei dem primären teleologischen Prozeß die natürlichen Existenzen erst nachträglich in den Dienst des Zweckes gestellt werden.« (ebd., S. 261) Für den hier verhandelten Zusammenhang ist wichtig, dass Simmel den Gedanken weiterspinnt und nun nicht nur auf materiale Werkzeuge, sondern auch auf soziale Institutionen bezieht (vgl. ebd., S. 262). Als Endpunkt steht für ihn das Geld als »die reinste Form des Werkzeugs, und zwar von der oben bezeichneten Art: es ist eine Institution, in die der Einzelne sein Tun oder Haben einmünden läßt, um durch diesen Durchgangspunkt hindurch Ziele zu erreichen, die seiner auf sie direkt gerichteten Bemühung unzugänglich wären« (ebd., S. 263). »Im Geld aber hat das Mittel seine reinste Wirklichkeit erhalten, es ist dasjenige konkrete Mittel, das sich mit dem abstrakten Begriffe desselben ohne Abzug deckt: es ist das Mittel schlechthin.« (ebd., S. 265) Der von Freyer beschriebene Umschlag von Technik, die von vorgegebenen Zielsetzungen entlassen werde, kann so am Beispiel des Geldes nachvollzogen werden – es wäre mithin auch Technik. In dieser gedanklichen Linie fasst dann auch Luhmann seine den verschiedenen funktionalen Teilsystemen zugeordneten symbolisch generalisierten Kommunikationsmedien (Liebe, Macht, Geld etc.). Auch sie könnten sämtlich als Technik (im Freyer'schen Sinne) bezeichnet werden. Dieser Gedanke wird am Ende dieses Kapitels noch einmal aufgegriffen.

nen, auch nicht das Haltsuchen des instinktarmen Mängelwesens. Vielmehr erscheint nunmehr Technik als ein spezifisch modernes Weltverhältnis, das im Potenzialis agiert. Der entscheidende Punkt, auf den die Analyse von Freyer abzielt, besteht darin, dass Technik selbst zu einer Denkform geworden ist. Wir leben nicht nur in einer technisch gestalteten Umwelt, diese prägt auch »unsere Verhaltensweisen und sogar unsere Bewußtseinsstruktur bereits entscheidend« (Freyer 1970, S. 156).[20] Diese technische Denkform besteht vor allem in der Vorstellung, »durch gut gezielte Techniken sei im Grunde alles machbar, und wenn etwas nicht klappt, könne es nur an mangelhafter Technik liegen« (ebd., S. 157 f.). Dieser Gedanke, so Freyer weiter, gewinne in der »Lebenswelt zwingende Gewalt, und die Erfahrung, daß der Mensch in immer mehr Hinsichten zum Objekt eines social engineering gemacht werden kann, führt zwangsläufig dazu, daß er auch sich selbst und seine Mitmenschen unter dieser Kategorie denkt« (ebd., S. 158).[21]

---

20 Dies beobachtet ebenso Schelsky (1954, S. 26 f.) in einem frühen Artikel zur Betriebssoziologie: »Im Gegensatz zu der öffentlichen Meinung der Betriebspsychologie und der allgemeinen Populärphilosophie, die heute noch immer von der ›Dämonie der Technik‹ reden zu müssen glaubt, bin ich der Ansicht, daß sich der moderne Mensch und insbesondere der Industriearbeiter längst ein relativ wenig belastendes Verhältnis zur modernen Technik und zur Maschine erworben hat (allerdings vor allem da, wo beide wirklich modern und ausgereift sind); die erstaunlich schnelle Entwicklung neuer Verhaltensformen, mit denen sich der einzelne mit den technischen Gegebenheiten der modernen Arbeitswelt abgefunden hat, wird weitgehend anerkannt. Dabei bildet sie einen der stabilisierendsten Faktoren unserer gegenwärtigen Produktionsordnung.« Diese Bemerkung leuchtet in der Beobachtung des gegenwärtigen Alltags unmittelbar ein. Man denke beispielsweise an das blinde Schreiben von SMS auf Mobiltelefonen Anfang der 2000er Jahre, das auf den gegenwärtigen Smartphones nicht mehr möglich ist. Dagegen konditionieren diese den Nutzer auf die »Wisch-Geste«. Dies erinnert an Freyers Bemerkung (1987, S. 127), dass nur in den »hahnebüchenen [sic!] Fälle[n]« mit Empörung auf die Behandlung des Menschen durch die Technik als Material reagiert werde. »Alles andere bürgert sich wie selbstverständlich ein.«
21 Diese Argumentation liegt parallel zu Schelskys Äußerungen im Aufsatz *Der Mensch in der wissenschaftlichen Zivilisation* (1961). Auch er geht von einer »universal gewordenen Technik« (Schelsky 1961, S. 10) aus, die dazu führe, dass die These von Technik als »werkzeughafte[r] Organfortsetzung« (ebd., S. 8) aufgegeben werden müsse. »Die technische Welt« der Gegenwart sei »in ihrem Wesen Konstruktion, und zwar die des Menschen selbst« (ebd., S. 13). Darin trete »der Mensch sich selbst als wissenschaftliche Erfindung und technische Arbeit gegenüber« (ebd.). Der »Mensch ist sich selbst als soziales und als seelisches Wesen eine technisch-wissenschaftliche Aufgabe der Produktion geworden« (ebd., S. 17). Doch ebendieses Verhältnis führe nicht zwangsläufig zu einer fortwährenden Technokratisierung im Sinne eines stählernen Gehäuses (Weber), sondern ganz im Gegenteil sei die »Zukunft nie so ›offen‹ gewesen wie heute« (ebd.). Der entscheidende Unterschied liege darin, dass Herrschaftsdisziplin in Sachdisziplin umgeformt worden sei (ebd., S. 27), sodass eigentlich keine Entscheidungen mehr getroffen würden, sondern gemäß der von Experten und Sachbearbeitern aufbereiteten Unterlagen einzig die »Ingangsetzung und Durchführung« befohlen werden könne. Doch gerade deswegen sei das technische Zeitalter oder auch der technische Staat nicht als Technokratie zu verstehen, weil überhaupt nicht geherrscht werden, sondern einzig die Apparatur

Konterkariert wird damit ein Verständnis von Technik, das besonders »in Zeiten heftiger Technisierungsschübe« (Rammert 1989, S. 131)[22] mit kulturkritischer Verve Technik gegen Leben zu stellen pflegte. Für Freyer war klar, dass (Kultur-)Kritik in der Moderne nicht mehr mit den »Werten der vorindustriellen Kultur« (Freyer 1987, S. 128) zu bewerkstelligen sei.[23] Gebe es gegenüber dem Lebendigen eine moralische Grenze der Machbarkeit, so habe diese Grenzziehung der leblosen Materie gegenüber keinen Sinn: »Es gibt keinen Bauxitfrevel wie es einen Baumfrevel gibt, keine Molekülquälerei wie es Tierquälerei gibt.« (ebd., S. 127) Statt also Technik gegen Leben auszuspielen, bestehe die vordringlichste Aufgabe darin, »die innere Gesetzlichkeit« der gegenwärtigen globalen »Industriekultur« »mit adäquaten Begriffen« zu beschreiben (ebd., S. 128 f.). Dies wird im Folgenden vor allem im Anschluss an Hans Blumenberg und Walter Benjamin angestrebt, bevor eine in diesem Horizont befindliche Definition von Technik gegeben wird.

Blumenberg (1999) beginnt seine bekannte Auseinandersetzung mit Husserls Phänomenologie mit der Feststellung, dass die Antithese von Natur und Technik nicht beim Erfassen der neuzeitlichen Technik[24] behilflich sein könne. Ebenso könne die Prämisse »von der ›natürlichen‹ Technizität des Menschen« (ebd., S. 16) – gemeint ist Gehlens Anthropologie – nichts zum Verständnis beitragen. Dagegen stellt Blumenberg die Intuition, dass das Projekt einer Phänomenologie sehr wohl helfen könne, das Problem der Technik zu fassen. Die Phänomenologie trat nach seiner Beschreibung als Programm an, die Welt

---

sachgemäß bedient werden würde (ebd., S. 26): »Die moderne Technik bedarf keiner Legitimität; mit ihr ›herrscht‹ man, weil sie funktioniert und solange sie optimal funktioniert.« (ebd., S. 25) Diese Auswirkungen müssten genauer untersucht werden und sollten nicht mit »falschen Dramatisierungen kulturkritischer Art« als »science fiction« abgetan werden (ebd., S. 32).

22 Dies ist auch in der Gegenwart wieder zu beobachten: An verschiedenen »Fronten« werden neuerdings Anschlüsse an die Lebensphilosophie Bergsons gesucht (vgl. Delitz 2014, Gertenbach/Mönkeberg 2016). Auch in der Medienphilosophie wird in diese Richtung weitergedacht (vgl. Deuber-Mankowski 2013). All diese Bestrebungen, die Vitalität und Lebendigkeit zu betonen, könnten einmal wissenssoziologisch daraufhin untersucht werden, ob sie nicht als eine Reaktion auf die sich gegenwärtig vollziehende Technisierung im Sinne einer zunehmenden Digitalisierung und Informatisierung verstanden werden könnten.

23 Ebenso ist es für Blumenberg evident, dass »[d]ie Probleme, die der Fortschritt aufgeworfen hat und aufwerfen wird, [...] nur durch weiteren Fortschritt gelöst werden« (Blumenberg 2013, S. 407) können – wobei er hinsichtlich des Fortschritts vor allem den wissenschaftlich-technischen im Blick hat.

24 Er nutzt im Aufsatz den Begriff der Technisierung, um den Prozesscharakter des »Übergang[s] aus der Selbstgenügsamkeit des Naturzustandes in das Luxurieren des Erfinderischen« (Blumenberg 1999, S. 16) zu verdeutlichen. Dies korrespondiert mit dem oben eingeführten Verständnis von Technik bei Gehlen und Freyer, sodass Technik und Technisierung im Folgenden synonym verwendet werden. Vergleiche hierzu auch die späteren Ausführungen zu Walter Benjamins Begriff der »zweiten Technik«.

zu entselbstverständlichen, d.h. aus dem Selbstverständlichen der Lebenswelt[25] herauszutreten und die »letzten und verdecktesten Selbstverständlichkeiten noch in Frage zu stellen« (ebd., S. 48). Dies sollte jedoch nicht mit Mitteln der formalisierenden Technisierung geschehen, sondern im Rückgriff auf die originäre Anschauung des Phänomens.

Ebendiese Distanzierung zur Welt versteht nun Blumenberg – ganz gegen das Selbstverständnis Husserls, der die Phänomenologie als Therapie[26] gegen die zunehmende Technisierung verstanden wissen wollte – als Effekt neuzeitlicher Technisierung. Denn, so lautet das Argument grob zusammengefasst, der menschliche Intellekt sei selbst in seinen scheinbar voraussetzungslosesten Leistungen stets schon durch die von Husserl an der neuzeitlichen Wissenschaft problematisierten Formalisierung geprägt (vgl. ebd., S. 43 f.). Damit deutet Blumenberg den von Husserl beklagten »Sinnverlust« um zu einem selbst auferlegten »Sinnverzicht« (vgl. ebd., S. 42).

Am Beispiel der elektrischen Türklingel im Gegensatz zu mechanischen Modellen oder dem Türklopfen illustriert Blumenberg seinen Gedanken, dass Technisierung v. a. darin bestehe, dass »die menschlichen Handlungen zunehmend unspezifisch« werden. Denn die technisierte Welt sei »immer mehr durch Auslösefunktionen gekennzeichnet« (ebd., S. 36). Statt eines direkten Klopfens an der Tür, welches sehr spezifische Handlungen ermöglicht, vom leisen, vorsichtigen Klopfen bis hin zum dröhnenden, angstverursachenden Pochen, bleibe jetzt nur noch der Druck auf einen Knopf, der ein Schema (das immergleiche Klingeln) auslöse. Ein solcher technischer Gegenstand lasse keine Fragen »nach dem Konstruktionsgeheimnis und Funktionsprinzip« oder »nach der Existenzberechtigung« (ebd., S. 37) mehr aufkommen, weil er einfach funktioniert und eben nicht variiert werden könne.[27] Dadurch sinke er »zurück in das ›Universum der Selbstverständlichkeiten‹, in die Lebenswelt« (ebd.). Damit wird ein Ef-

---

25 Lebenswelt ist für Husserl (1996, S. 54) die »wirklich anschauliche, wirklich erfahrene und erfahrbare Welt, in der sich unser ganzes Leben abspielt«. Sie stellt jedoch nicht einen Rückzugs- oder Sehnsuchtsort dar, der in einer popularisierten Verwendung des Begriffs gemeinhin unterstellt wird (vgl. zum »Lebensweltmißverständnis« Blumenberg 1986). »Die Lebenswelt hat also keineswegs die Fülle und Üppigkeit eines mythischen Paradieses und nicht die dazu gehörige Unschuld.« (Blumenberg 1999, S. 25) Vielmehr geht es der Phänomenologie gerade darum, von dieser Selbstverständlichkeit Abstand zu gewinnen bzw. eine Distanzierung zu erreichen, jedoch nicht mit Mitteln der Abstraktion, sondern eben mit der phänomenologischen Beschreibung.

26 »Dem Immer-Fertigen setzt er das Immer-Anfangende des philosophischen Denkens entgegen« (Blumenberg 1999, S. 39).

27 Freilich ließe sich bei diesem Beispiel einwenden, dass auch durch Rhythmisierung oder langanhaltendes Klingeln eine Variation im Klingelverhalten möglich sei. Dies greift jedoch nicht das Argument des Selbstverständlichwerdens des technischen Klingelns an, vielmehr zeigt sich in diesen Ausnahmesituationen, wie selbstverständlich uns das einfache, normale Klingeln geworden ist.

fekt neuzeitlicher Technisierung beschrieben, der uns gegenwärtig nahezu trivial vorkommt: die Existenz technisierter Lebenswelten.

Blumenberg schließt seinen Gedankengang mit der Feststellung: »Die Antinomie der Technik besteht zwischen Leistung und Einsicht« (ebd., S. 51). Das meint, dass Technik entweder funktioniere (etwas leiste) und dabei selbstverständlich werde (sich der Einsicht entziehe) oder eben nicht funktioniere und dadurch sichtbar und bemerkbar werde. Das zentrale Merkmal von Technik bestehe demnach darin, dass ihre »Anwendbarkeit unabhängig von der Einsichtigkeit des Vollzugs« (ebd., S. 42) möglich sei. Wir müssen nicht verstehen, wie ein Auto oder der Computer funktioniert, um es oder ihn zu benutzen. Erst im Nichtfunktionieren, wenn das Auto nicht anspringt oder der Computer mit einem schwarzen Bildschirm antwortet, gibt es die Möglichkeit der Einsicht, um es oder ihn reparieren zu können.[28] Beides zugleich: Leistung *und* Einsicht ist nicht möglich. Luhmann bringt diesen Gedanken, wie später gezeigt wird, auf die bekannte Formel der »funktionierenden Simplifikation« (Luhmann 1997, S. 524).[29]

Bevor jedoch damit weiter gearbeitet werden soll, scheint mir das bisher nur wenig rezipierte[30] Konzept der »zweiten Technik« von Walter Benjamin noch

---

28 Während Autos heutzutage normalerweise ausschließlich von Technikern repariert werden, da ihr Funktionieren derart abgekapselt wird, dass dem Laien die Einsicht verwehrt ist, haben sich bei vielen Computerproblemen – wahrscheinlich ob der prinzipiellen Unsichtbarkeit der ablaufenden technischen Prozesse – magisch anmutende Handlungsroutinen entwickelt. Der wahrscheinlich populärste »Zauberspruch« lautet: »Have you tried to switch off and on again?« An diesen Beispielen wird auch die immense Verschachtelung von Techniken deutlich: Um einen Computer zu bedienen, verbleiben wir in der Regel nicht nur auf der obersten (grafischen) Oberfläche, sondern benutzen diese auch schon vermittelt über routinierte Handlungen. Die unter der grafischen Nutzeroberfläche (GUI) befindliche Ebene der Programmierung bleibt uneingesehen, ganz zu schweigen von der Computerarchitektur, der Hardware und der dafür nötigen physikalischen Verknüpfung verschiedener Elemente.

29 Äußerst anschlussfähig hieran wären auch Kaminskis (2010) Konzept der Funktionierbarkeitserwartung und Ziemanns (2011b, S. 115–158) Phänomenologie des Mediengebrauchs.

30 Die Rezeptionshürde (Tiedemann/Schweppenhäuser 1989, S. 661ff.) bestand vor allem in der lange verschollen geglaubten ersten Fassung des Kunstwerkaufsatzes. In der von Pierre Klossowski besorgten französischen Übersetzung dieser Fassung ist zwar zu vermuten, dass eine solche erste existiert: »L'origine de la seconde technique doit être cherchée dans le moment où, guidé par une ruse inconsciente, l'homme s'apprêta pour la première fois à se distancer de la nature. En d'autres termes: la seconde technique naquit dans le jeu.« (Benjamin 1990c, S. 717) Doch in der zweiten Fassung (Benjamin 1990a) – die zunächst fälschlicherweise für die erste gehalten wurde – heißt es nunmehr nicht »zweite Technik«, sondern »zweite Natur«: »Diese Gesellschaft stellte den Gegenpol zu der heutigen dar, deren Technik die emanzipierteste ist. Diese emanzipierte Technik steht nun aber der heutigen Gesellschaft als eine zweite Natur gegenüber und zwar, wie Wirtschaftskrisen und Kriege beweisen, als eine nicht minder elementare wie die der Urgesellschaft gegebene es war. Dieser zweiten Natur gegenüber ist der Mensch, der sie zwar erfand, aber schon längst nicht mehr meistert, genau so auf einen Lehrgang angewie-

wichtig, um die spätere abstrakte Definition Luhmanns in einen spezifischen Deutungshorizont zu stellen.

Bekanntlich zeichnet Benjamin im Kunstwerkaufsatz eine Verschiebung vom Kultwert und damit der Aura des einzigartigen Kunstwerks zum Ausstellungswert im reproduzierbaren Kunstwerk nach. Dabei belässt er es nicht bei einer kulturkritischen Klage über einen Verlust der Aura, sondern zeichnet vielmehr eine Fluchtlinie in Richtung einer emanzipatorischen Funktion des nunmehr reproduzierbaren Kunstwerks als Einübung in eine technisierte Lebenswirklichkeit.[31] Die bekannte »Chockwirkung des Films« (Benjamin 1990a, S. 464) sollte im Umgang mit den neuen Wirklichkeiten helfen. Die Rezeption bezog sich vorwiegend – soweit ich dies zu überblicken vermag – auf ebendiesen Gedanken der möglichen emanzipierenden Wirkung der (damals neuen) Medien. Für die hier verhandelte Problemstellung erweist sich jedoch die in der Urfassung vorgenommene Unterscheidung von erster und zweiter Technik als äußerst fruchtbar, weil sie es erlaubt, den Gedanken von den Medien wie Fotografie und Film zu trennen und in spezifischer Hinsicht zu verallgemeinern.

Die erste Technik, so meint Benjamin, setze den Menschen so stark wie möglich ein, während die zweite Technik dies so wenig wie möglich mache, sodass die Großtat der ersten das »Menschenopfer« darstelle, während die Erfüllung der zweiten Technik im Gegensatz dazu »auf der Linie der fernlenkbaren Flugzeuge, die keine Bemannung brauchen« (Benjamin 1989, S. 359), liege. Insofern ziele die erste Technik auf das »Ein für allemal«, im Unterschied zur zweiten Technik, die sich im »Einmal ist keinmal« erschließe (ebd.). Im »Abstand von der Natur« und insofern im »Spiel« etabliere sich die zweite Technik als »Experiment und [...] unermüdliche[.] Variierung der Versuchsanordnung« (ebd.). Statt einer Beherrschung der Natur habe es diese zweite Technik »auf ein Zusammenspiel zwischen der Natur und der Menschheit« abgesehen (ebd.). Die entscheidende Funktion der Kunst sei dabei in der Einübung in ebendieses Zusammenspiel zu sehen.

Was an diesen Zitatpassagen sichtbar werden sollte, ist die Vorstellung einer (zweiten) Technik, die weder in den Artefakten (u. a. den neuen Medien) be-

---

sen wie einst vor der ersten.« (Benjamin 1990a, S. 444) In der dritten Fassung (Benjamin 1990b) – die zunächst für die zweite gehalten wurde – ist selbst diese instruktive Unterscheidung getilgt. Erst mit dem Auffinden des ersten Typoskripts im Archiv Max Horkheimers konnte die Urfassung des Kunstwerkaufsatzes rekonstruiert werden, in der explizit die Termini erste und zweite Technik im hier verwendeten Sinne geprägt werden (vgl. Benjamin 1989).

31 So jedenfalls die hier favorisierte Lesart, die in dieser Zuspitzung im starken Kontrast zu einer jüngst auf Deutsch erschienenen Interpretation von Hennion und Latour (2013) steht. Denn beide verpassen das eigentliche Argument Benjamins, dass nämlich der Verlust der Aura auch positiv als Möglichkeitsraum zu denken ist, da sie Benjamin – ob dies der französischen Fassung des Textes geschuldet ist, mag ich nicht zu beurteilen – allzu nah an der Argumentation der Frankfurter Schule lesen.

gründet ist noch in der Gegensatzbildung zu Natur oder Leben. Vielmehr wird Technik an eine Entgrenzung von individuellen Möglichkeiten gekoppelt: Das Individuum sieht »seinen Spielraum unabsehbar erweitert« (ebd., S. 360, Fn. 4). Im Abstand und in der Distanz zur Natur und einer vermeintlichen Natürlichkeit wird das Spiel als »das unerschöpfliche Reservoir aller experimentierenden Verfahrungsweisen der zweiten Technik« (ebd., S. 368, Fn. 10) begriffen.[32]

Das konnte auch schon aus der zweiten (ehemals ersten) Version des Kunstwerkaufsatzes in der Rede von der zweiten Natur herausgelesen werden. Denn die »Wirtschaftskrisen und Kriege«, die der Mensch »zwar erfand, aber schon längst nicht mehr meistert« (Benjamin 1990a, S. 444), erhalten, so Benjamin, eine Vorrangstellung gegenüber der ersten Natur. In sie müsse eingeübt werden, hierfür brauche der Mensch »einen Lehrgang«; und deswegen sei nunmehr die »Bewältigung der gesellschaftlichen Elementarkräfte« gar »die Voraussetzung für das Spiel mit den natürlichen« (Benjamin 1989, S. 360, Fn. 4). Aber eben jene Bewältigung, die doch eher auf eine Kontingenzvernichtung abzielt, wird im Begriff der zweiten Technik ganz anders als spielerische, experimentelle Kontingenznutzung verstanden. Die zweite Natur wäre in diesem Sinne nicht prinzipiell zu meistern, sondern mit ihr müsse stets neu und anders umgegangen werden. Es müsse sich je gegenwärtig zu ihr verhalten werden. Dieser Umgang mit der zweiten Natur, verstanden als das Zusammenspiel von Mensch und Natur, ist dem Verhältnis zur Natur (erste Technik) vorgelagert. Erst im Begrei-

---

32 Für Benjamin ist die erste Distanzerfahrung zur Natur im Spiel gegeben, die sich dann in seiner Sicht zur wissenschaftlichen Erfahrung verwandelt. Nicht Rationalität wäre somit der Ausgangspunkt einer jeden Wissenschaft, sondern die spielerische Distanzgewinnung: »Die erste Technik schloß die selbständige Erfahrung des Individuums aus. Alle magische Naturerfahrung war kollektiv. Der erste Ansatz einer individuellen Erfahrung erfolgt im Spiel. Aus ihr entwickelt sich dann die wissenschaftliche. Die ersten wissenschaftlichen Erfahrung[en] gehen im Schutze des unverbindlichen Spieles vor sich. Diese Erfahrung ist es dann, welche in einem jahrtausendelangen Prozeß die Vorstellung und vielleicht auch die Realität derjenigen Natur zum Verschwinden bringt, welcher die erste Technik entsprochen hat.« (Tiedemann/Schweppenhäuser 1990, S. 1048)
  An dieser Stelle soll an Helmuth Plessners Werkbundrede zur offenen Form erinnert werden. Die zentralen Merkmale des technischen Zeitalters sah er »in der beliebigen Erweiterungsfähigkeit und Umbildungsfähigkeit« (Plessner 2002b, S. 54): »Die technische Welt [...] unterscheidet sich ja dadurch von all den Welten [...], grade durch den wesenhaft unabgeschlossenen und offenen Charakter gegenüber den Produkten, mit denen er [der Mensch; S.M.] sich umgibt« (ebd.). Ebendiesem Charakter des Zeitalters entsprechend müsse »wieder mit den Dingen in ein Spielverhältnis« (ebd., S. 56) getreten werden, um nicht die geschlossene Form einer vortechnischen Zeit zu erreichen, sondern um zu einer offenen Form zu gelangen: »Es ist eine neue Form, eine unsichtbare Form, die in ihrer Sichtbarkeit geöffnet sein will! Eine Form der unendlichen Möglichkeiten!« (ebd., S. 57) Auch Plessner versteht das für die moderne Technik konstitutive Konstruktionsverhältnis als ein unendliches Spiel- und Experimentierfeld, das erst in der Distanz zur Natur möglich wird. Neuerdings wird diese Perspektive der Erweiterung von Erfahrungsmöglichkeiten durch Technik unter dem Stichwort »Postsozialität« verhandelt (vgl. u.a. Knorr-Cetina 2007).

fen des Zusammenspiels auf der Ebene zweiter Technik kann (erste) Natur und
(erste) Technik überhaupt erst verständlich werden. Dieses Argument ist für die
weitere Konzeption von Technik zentral. Denn weder ist Technik im Horizont
des Menschen als ein Organfortsatz konzipiert noch in einen Gegensatz zur Natur gestellt, sondern die für die Gegenwart entscheidende zweite Technik gewinnt ihre Kontur einzig in der gesellschaftlichen bzw. sozialen Dimension.[33]

Mit den bisher präsentierten Perspektiven von Blumenberg und Benjamin
kommt ein Technikbegriff in den Blick, der weder in Maschinen, Apparaten
und Artefakten noch in Rationalisierung, Berechenbarkeit und Zweckhaftigkeit
aufgeht, sondern der auf ein spezifisches Zusammenspiel von Mensch und Natur und damit auf ein besonderes Verhältnis zur Welt verweist. Es geht nunmehr nicht um den Menschen oder um die Natur im *Gegensatz* zur Technik,
sondern um das spezifische Verhältnis *zwischen* beiden und damit um die Organisation der Differenz von Natur und Mensch. Technik als ein solcher Verhält-
nisbegriff bzw. als spezifische Beobachtungsform der Welt kann dann auch als
spezifische Organisation von Erwartungen begriffen werden.[34] Dies in zweierlei Hinsicht: zum einen als Organisation des Selbstverständlichen unserer Lebenswelt (Blumenberg) und zum anderen in der Rede vom Spiel als Möglichkeit
der Generierung eines Abstands zur Natur (Benjamin). Die Erfahrungsqualitä-
ten technisierter Lebenswelten sind nicht mehr im Sinne eines »Ein für allemal« zu werten. Vielmehr wird es für uns plausibel, dass mit Erwartungen experimentell gespielt werden kann (»Einmal ist keinmal«) (vgl. ebd., S. 359). Dies
kann freilich als Steigerung von Möglichkeiten in ungeahnten Möglichkeits-
horizonten positiv oder im Gegenteil als permanent manipulierender Eingriff
in Natürlichkeit und Menschsein negativ bewertet werden. Hierfür eine Entscheidung herbeizuführen, war jedoch nicht der Sinn der vorstehenden Ausführungen. Vielmehr sollte damit der moderne Begriffshorizont von Technik
eingeführt werden, der den nötigen semantischen Hintergrund liefert für die
nun folgende Definition des Begriffs.

Dieser Begriff von Technik, der für eine Bestimmung des Konzepts *Techniken
des Sozialen* herangezogen wird, ist in einem ersten Zugriff mit der Formulie-

---

33 Zu einem ähnlichen Befund gelangt auch die (system)theoretische Argumentation von
    Jost Halfmann (1996, S. 110), der meint, dass in der modernen Gesellschaft Technik nicht
    im Gegensatz zur Natur, sondern in Differenz zur Gesellschaft konturiert werden muss,
    da die Natur durch die Naturwissenschaften eben nicht aufgeklärt, sondern zunehmend
    intransparent werde.
34 Hier sei an die analoge Argumentation von Koselleck (1979) erinnert, der bekannterma-
    ßen den Übergang zur Moderne als Auseinandertreten von Erfahrungsraum und Erwar-
    tungshorizont definierte. Statt der Orientierung an gemachten Erfahrungen gebe es jetzt
    einen Bezug auf einen offenen Horizont mit noch unbestimmten Erwartungen.

rung Luhmanns abstrakt als »funktionierende Simplifikation« (Luhmann 1997, S. 524) gefasst. Damit werden nicht nur apparathafte und materiale Kausaltechniken beschrieben, sondern auch »Handlungsformalisierungen allgemeinerer Art, Regulierungstechniken, konditionale Programmierungen, Kalkulationstechniken« sowie »Kalküle« und »Konditionalprogramme«, die Luhmann zusammenfassend als »Informationsverarbeitungstechniken« (ebd.) bezeichnet.

Diese Ausweitung des Technikbegriffs auf Handlungsformalisierungen ist – wie gesehen – keineswegs systemtheoriespezifisch.[35] Auch Max Weber bemerkte, dass das, was »in concreto« als Technik gelte, »flüssig« sei: »Technik in diesem Sinne gibt es daher für alles und jedes Handeln: Gebetstechnik, Technik der Askese, Denk- und Forschungstechnik, Mnemotechnik, Erziehungstechnik, Technik der politischen oder hierokratischen Beherrschung, Verwaltungstechnik, erotische Technik, Kriegstechnik, musikalische Technik (eines Virtuosen z.B.), Technik eines Bildhauers oder Malers, juristische Technik usw. und sie alle sind eines höchst verschiedenen Rationalisierungsgrades fähig. Immer bedeutet das Vorliegen einer ›technischen Frage‹: daß über die rationalsten Mittel Zweifel bestehen.« (Weber 1922, S. 32)[36] Aufgrund der von ihm hervorgehobenen unterschiedlichen Rationalisierungs*typen* – wie präziser formuliert werden könnte – differenziert er auch stark das technische vom ökonomischen Kalkül. Während Wirtschaften vorrangig am Verwendungszweck orientiert sei, ist für Technik das Problem »der zu verwendenden Mittel« zentral (ebd., S. 33). Denn die »reine Technik« orientiert sich am »Optimum des Erfolges im Vergleich zu den aufzuwendenden Mitteln« und fragt deshalb »lediglich nach den für diesen Erfolg, der ihr als schlechthin und indiskutabel zu erstreben gegeben ist, geeignetsten und dabei, bei gleicher Vollkommenheit, Sicherheit, Dauerhaftigkeit des Erfolges vergleichsweise kräfteökonomischsten Mitteln« (ebd., S. 32). Drei Aspekte sind dabei für die weiteren Ausführungen zentral: erstens, dass Technik eben nicht mit (Zweck-)Rationalität verwechselt werden darf, da die verschiedenen Techniken sehr unterschiedliche Rationalisierungstypen aufweisen. Zweitens ist der Einschub wichtig, dass die angestrebten Mittel auf die »Vollkommenheit, Sicherheit, Dauerhaftigkeit des Erfolges« (ebd.) orientieren. Damit wird ein einmaliges oder nur sporadisches Funktionieren ausgeschlossen. Vielmehr kann das Funktionieren der Technik nun erwartet werden, damit automatisch ablaufen und zu Routinen gerinnen. Drittens ist die in der

---

35 So meint auch Bernward Joerges (1989, S. 65), dass »Technisierungsprozesse [...] in dieser Perspektive als Spezialfall der Formalisierung von Handlungsstrukturen betrachtet« werden; er parallelisiert in der Folge so unterschiedliche Handlungsformalisierungen wie das Vertragsrecht, das Geld oder die experimentelle Wissenschaft.

36 Im weiteren Verlauf von *Wirtschaft und Gesellschaft* spricht Max Weber auch noch von »Urkundentechnik«, »Verkehrstechnik«, »Produktionstechnik«, »Handelstechnik«, »Wahltechnik«, »Demagogentechnik« und gar »Lebenstechnik«.

Differenz zum Wirtschaften angedeutete Isolationsfähigkeit der Technik bedeutend. Denn soweit Technik »reine Technik bleibt, ignoriert sie die sonstigen Bedürfnisse« (ebd.).

Dieser letzte Aspekt wird auch von Luhmann hervorgehoben. Bei Technik handele es sich um einen »Vorgang effektiver Isolierung; um Ausschaltung der Welt-im-übrigen; um Nichtberücksichtigung unbestrittener Realitäten« (Luhmann 1997, S. 524). Damit geht es eben nicht mehr um eine Perspektivierung der Dinge, Werkzeuge und Instrumente, sondern um eine spezifische Weltbeobachtung und einen spezifischen Umgang mit dieser.[37]

Als Technik kommt so – und da sind sich Weber und Luhmann einig – die Etablierung von Handlungsbereichen in den Blick, die dadurch ermöglicht werden, dass sie von übrigen (in der Welt befindlichen) Informationen (Luhmann) bzw. Bedürfnissen (Weber) effektiv abgeschirmt werden. Insofern Technik funktioniert – und das ist die erzeugte Erwartung –, wird von anderen Aspekten abgesehen. Dies birgt Vor- und Nachteile zugleich. Die Vorteile, die durch diese Isolierung von Kausalbeziehungen entstehen, sind immens. So werden »Abläufe kontrollierbar«, »Ressourcen planbar« und »Fehler [...] erkennbar sowie zurechenbar« (Luhmann 1991a, S. 98), weil Technik als wiederholbares Schema gegen reale Vollzüge gestellt werden kann (vgl. auch Luhmann 2000, S. 372 f.). Durch eine zielgerichtete Vereinfachung (Simplifikation) kann spezifische Komplexität gesteigert werden, jedoch nur, indem andere Aspekte aus der Analyse ausgeschlossen werden. Diese notwendige Ignoranz ist gleichzeitig ihr größter Nachteil: »Eine sauber und feinstellig angefertigte Kontoführung gibt keinen

---

37 An dieser Stelle sei erneut auf Arnold Gehlen verwiesen, der zusammen mit Blumenberg nahezu sämtliche Motive bietet, die Luhmann in seiner Definition von Technik kondensiert. So ist die Vorstellung, dass Technik selbst vor der Moderne nicht nur auf Werkzeugen beruhen muss, sondern auch als Magie auftreten kann, schon angelegt. Technik sei »in sehr langer Entwicklung in den Raum hineingewachsen, den früher, als die Technik nur Werkzeugtechnik war, die Magie beherrschte, nämlich den Raum, der das, was wir durch unmittelbares Handeln in der Macht haben, von dem trennt, was an Erfolgen und Mißerfolgen nicht mehr in der Macht des Menschen stand« (Gehlen 2004e, S. 155). In der allgemeinen Definition Luhmanns, dass Technik v. a. in der Trennung eines kontrollierbaren von einem nicht kontrollierbaren Bereich bestehe, wird diese historische Verschiebung invisibilisiert; gleichwohl zeigt sie, dass magisches Handeln immer auch technisches Handelns war und ist.
    Darauf zielt auch Dirk Baecker (2011), der seinen Technikbegriff als Kontinuum zwischen zwei Polen versteht. Strikte (kausale) Kopplung beschreibt er dabei als den einen Pol (keine Freiheitsgrade) und Magie (unendliche Freiheitsgrade) als den anderen: »Erwartbar ist, dass etwas passiert, nachdem etwas anderes passiert ist. Erwartbar ist jedoch nicht, was genau passiert.« (ebd., S. 186) Diese Vorstellung von Technik als der »Einrichtung einer Serie von Ereignissen derart, dass diese Sequenz wiederholbar abgerufen werden kann« (ebd., S. 179), bzw. als eine »Konstruktion von Spielräumen« (ebd., S. 188) ist interessant, wird jedoch im Laufe des Aufsatzes derart allgemein gefasst – »Leben, Denken und Gesellschaft sind selbst Techniken der Einrichtung von Serien« (ebd., S. 191) –, dass unklar wird, was nunmehr *nicht* als Technik beschreibbar wäre.

Aufschluss in der Frage, wie einem Unternehmen, das in Schwierigkeiten geraten ist, geholfen werden« (ebd., S. 375) kann. Oder schwerwiegender: Die beste technische Absicherung eines Atomkraftwerks hilft wenig, wenn das Eintreten eines unwahrscheinlichen Tsunamis bei der Standortwahl nicht berücksichtigt wurde.[38] Letztlich werde jedoch das »Risiko der Indifferenz gegen zahlreiche Informationen [...] durch den evolutionär ausschlaggebenden Vorteil besserer Bestimmbarkeit höherer Kontingenz« (Luhmann 2013, S. 236) aufgewogen.

Technik kann – um eine parallele Terminologie zu verwenden – auch als strikte bzw. feste Kopplung von Elementen im Gegensatz zur losen Kopplung derselben begriffen werden (vgl. Luhmann 1991a, S. 97). Elemente sind immer dann fest gekoppelt, wenn ein Konditionalschema abgeleitet werden kann: wenn dies, dann jenes.[39] So diese Kopplungen funktionieren, ist Wiederholung garantiert; und Erwartungen können dementsprechend aufgebaut werden. Technische Vollzüge beschreiben dann eine feste Kopplung bzw. Verknüpfung von prinzipiell kontingenten Ereignissequenzen (vgl. ebd., S. 101).

Die Nachteile dieser technischen Weltbeobachtung und -behandlung kommen insbesondere im Umgang mit hochriskanten Technologien in den Blick.[40] Das Problem wird von den zentralen Autoren in dieser Debatte (vgl. etwa Perrow 1992; Weick/Sutcliffe 2007) als Kombination von Komplexität und strikten bzw. engen Kopplungen zugeschnitten. So können Flugzeugträger, Atomkraftwerke und sonstige Großtechniken als komplexe, eng gekoppelte Systeme beschrieben werden, die schnell und zeitkritisch prozessieren und sich zudem nicht ohne Weiteres abschalten lassen, um bei einem Fehler wieder in den Ausgangszustand zu gelangen (vgl. Perrow 1992). Enge Kopplung bedeutet für Perrow, »daß es zwischen zwei miteinander verbundenen Teilen kein Spiel, keine Pufferzone oder Elastizität gibt. Sämtliche Vorgänge des einen Teils wirken sich unmittelbar auf die Vorgänge des anderen Teils aus« (ebd., S. 131). Im Gegensatz dazu

---

38 Die vor allem im Methodenkapitel (vgl. Kap. III) thematisierte Distanz zu einer verfahrensförmigen Methodisierung liegt in ebendieser Einsicht begründet, dass durch technische Verfahren notwendig Ignoranz hochgeschraubt werden muss. Durch die hier im Gegensatz dazu postulierte Haltung der Offenheit gegenüber der Empirie sollten verschiedene Unterscheidungen oder Gesichtspunkte durchgespielt werden können und damit unterschiedliche Zugriffe auf Empirie ermöglicht werden.

39 Interessanterweise bezeichnet Luhmann (1971) in einem frühen Text die – an dieser Stelle in den Blick kommende – Konditionalprogrammierung in Organisationen noch als Routineprogramme der Entscheidung. Der Routinebegriff wurde dafür aus einem individualpsychologischen Verwendungskontext herausgelöst, von negativen Assoziationen befreit und auf die Beobachtung von Verwaltungen eingestellt.

40 Erinnert sei an dieser Stelle auf die Debatte um die sogenannte »Risikogesellschaft« (vgl. Beck 1986; Luhmann 1991a). In ihr wurden die nichtintendierten Folgewirkungen der verschiedenen Modernisierungsprozesse in den Mittelpunkt der Analyse gestellt, um den Wandel von einer fortschrittsgläubigen Moderne zu einer eher skeptischen Moderne angesichts ökologischer Katastrophen wie Tschernobyl, Erderwärmung, Klimawandel etc. beschreiben zu können.

wird für eine partielle Etablierung loser Kopplungen argumentiert, die »gemäß
ihrer eigenen Logik oder ihrer eigenen Interessen« funktionieren und dadurch
»Erschütterungen, Störungen oder erzwungene Änderungen verarbeiten« (ebd.)
können. Auch wenn diese losen Kopplungen insbesondere bei Großtechniken
nicht *die* Lösung sein können, wird dieses Konzept sehr stark im Bereich der Organisationsforschung diskutiert (Weick 2007), um Änderungs- und Wandlungs-
prozesse in Organisationen beschreiben zu können.

Trotz dieser Nachteile und Gefahren der Technik aufgrund ihrer spezifischen
»Sinnvergessenheit« und Ignoranz bleibt ihr entscheidender Vorteil, spezifisch
hoch getriebene Kontingenz bestimmen und begrenzen zu können (vgl. Luhmann 2013, S. 236). Dieses Argument hatten wir schon bei Blumenberg ange-
troffen, der Technik als selbst auferlegten Sinnverzicht verstand (vgl. Blumenberg 1999, S. 42), um mit höheren und vielfältigeren Kontingenzen umzugehen.

Wir halten fest, dass das zentrale Merkmal von Technik darin besteht, dass
heterogene Elemente fest bzw. eng oder strikt gekoppelt werden, unter Absehung aller übrigen Aspekte bzw. der Welt im Allgemeinen. Technik meint insofern immer auch die Herstellung von Black Boxes. Denn insofern Technik funktioniert, wird Unschädliches, anderes ignoriert, da nur so eine strikte Kopplung
völlig heterogener Elemente (im Innern einer durch Technik zunächst erst hergestellten Black Box) aufrechterhalten werden kann.[41] Doch was meint diese
Rede von Black-Boxing genau?

Black-Boxing ist ein gegenwärtig populäres Konzept der Akteur-Netzwerk-
Theorie (ANT): »Mit diesem Begriff [...] ist das Unsichtbarmachen wissenschaftlicher und technischer Arbeit durch ihren eigenen Erfolg gemeint. Wenn eine
Maschine reibungslos läuft, wenn eine Tatsache feststeht, braucht nur noch
auf Input und Output geachtet werden, nicht mehr auf ihre interne Komplexität. Daher das Paradox: Je erfolgreicher Wissenschaft und Technik sind, desto unsichtbarer und dunkler werden sie.« (Latour 2002, S. 373) Man kann es mit
Blumenberg auch folgendermaßen formulieren: Funktionierende Technik geht
mit Einsichtsverlust einher.

Am einfachen Beispiel des Projektors will uns Latour dies vorführen. Solange der Apparat funktioniert, ist er eine Black Box. Funktioniert er nicht mehr,

---

41 Auf dieses Problem schneidet Jost Halfmann (1996) seine Definition von Technik in der
    Unterscheidung von Technik als Medium und als Installation zu. Technik ist für ihn ein
    Sachverhalt, der »eine sinnhafte und eine nicht-sinnhafte Dimension hat: Technik ist
    Medium und Installation zugleich« (ebd., S. 116). Insofern Technik von sozialen Syste-
    men verwendet wird – zum Beispiel als symbolisch generalisiertes Kommunikations-
    medium –, ist es ein Medium sozialer Systeme. Gleichzeitig kann Technik auch beob-
    achtet werden als nicht kommunikativ verfasste Technik in der Umwelt. Dann ist es
    Installation. »Im Gebrauch ist Technik eine black box, in der Beobachtung von Technik
    wird die black box als Sachverhalt in der Umwelt des beobachtenden Systems beobach-
    tet.« (ebd.)

fächert sich die Black Box zu einem Netzwerk von neuen Black Boxes auf. Die einzelnen Elemente des Apparats wie beispielsweise die zu tauschende Lampe werden selbst zu Black Boxes, weil deren Funktionieren nicht begriffen werden muss. Dieser Prozess kann unendlich weitergesponnen werden.[42] Deswegen lautet seine Analyseanweisung: »Öffnen Sie die Black Boxes; untersuchen sie [sic!] die Verbindungen in ihnen. Jedes der Einzelteile in der Blackbox ist eine Blackbox voller Einzelteile.« (Latour 2006a, S. 492) Solange dies sich »nur« auf materielle Technik bezieht, ist die Einsicht höchst trivial. Ihren möglichen Reiz bekommt sie erst vor dem Hintergrund der symmetrischen Theorieanlage, die menschliche und nichtmenschliche Akteure auf dieselbe Stufe stellt (vgl. Latour 1995). Erst dann wird verständlich, warum für Latour die Rolle der Technik so schwer zu beschreiben ist: weil das Black-Boxing »die vereinte Produktion von Akteuren und Artefakten völlig undurchsichtig macht« (Latour 2006a, S. 491).[43] So versteht Latour beispielsweise eine Bodenschwelle, die Autofahrer dazu bringen soll, langsamer durch Ortschaften zu fahren, als eine Übersetzung eines Verbotes (ebd., S. 494): »Technik agiert als Formwandler, macht einen Polizisten aus einer Schwelle in der Straße, verleiht einem Polizisten die Dauerhaftigkeit und Hartnäckigkeit von Stein.« (ebd., S. 497) Soziale Stabilität wird so vorwiegend in Technik gesehen (vgl. Latour 2006b). Dies hilft aber nicht viel für ein besseres Verständnis der spezifischen Merkmale von Technik.[44] Sicher können die durch Technik hergestellten Unsichtbarkeiten aufgedeckt werden, wenn den Akteuren gefolgt wird (Callon 1994, S. 143) und verschiedene Black Boxes geöffnet werden, wie es insbesondere die frühen Studien im Bereich der Wissenschaftssoziologie gezeigt haben, doch scheint mir die symmetrische Theorieanlage einige Folgeprobleme zu offenbaren, die eher mit rhetorischem Geschick zu- als mit möglichst präziser Begriffsarbeit aufgedeckt werden. So bleibt bei-

---

42 Auf diese Verschachtelung zielt auch die frühe Definition in einem Glossar der ANT: »Blackbox: A way of talking of the simplified points that are linked together in an actor-network (q. v.). A simplified entity that is nevertheless also a network in its own right.« (Callon 1986, S. xvi)

43 Prominentes Beispiel für die Verwicklung von Akteuren und Artefakten ist die Verwendung von Schusswaffen. Im Streit zwischen der Position der Waffengegner, dass Schusswaffen (aufgrund ihrer Verfügbarkeit) Menschen töten, und der der Waffenlobby, dass nur Menschen Menschen töten könnten, nicht aber Schusswaffen, argumentiert er, dass Waffe und Schütze einen »Hybrid-Akteur« bilden würden (Latour 2006a, S. 485 ff.). Zu einer Auseinandersetzung mit der ANT entlang der Problemstellung einer Verteilung von Handeln auf menschliches Verhalten und technische Artefakte gleichermaßen siehe u. a. Rammert/Schulz-Schaeffer (2002).

44 Wenngleich die Perspektive auf Technik in eine ähnliche Richtung weist, wenn Latour beispielsweise schreibt: »Man könnte Technik den Augenblick nennen, in dem soziale Konstellationen durch die Gruppierung von Akteuren und Beobachtern Stabilität erhalten« (Latour 2006b, S. 395). Damit wäre eine Definition gefunden, die der Etablierung von kontrollierbaren Serien bzw. festen Kopplungen unter Absehung alles anderen, mit dem Ziel der Wiederholung, zumindest nahekommt.

spielsweise die Konstruktion eines Akteur-Netzwerks notwendigerweise kontingent, ohne dass dies in der Theorie mit beobachtet werden kann.[45]

Im Ganzen scheint mir die bisher dargestellte Perspektive, die Technik als spezifisch modernes Weltverhältnis betrachtet, für das Konzept *Techniken des Sozialen* tragfähiger. Insbesondere ist der Luhmann'sche Technikbegriff, der sowohl materiale Technik und Apparate als auch Handlungsketten und Verknüpfungen von Kommunikationen umfasst, theorietechnisch (!) besser gelöst. Das besagt schlicht, dass auch die Begriffsbestimmung für ein soziologisches Beobachtungskonzept der Technik selbst eine Technik ist, die einiges kontrollierbar und damit beobachtbar macht und dabei gleichzeitig notwendigerweise vieles anderes ignoriert.[46] Ein so konzipierter Technikbegriff kommt autologisch wieder in sich selbst vor.[47]

Wie in der Auseinandersetzung mit der ANT schon eingeführt, müssen die Elemente, die durch Technik verknüpft werden, nicht notwendigerweise materiale Elemente wie Widerstand, Glühbirne und Schalter in einem Stromkreislauf, sondern können auch kommunikative Elemente oder Handlungssequenzen sein. Mit Niklas Luhmann (1991, Kap. 5), Dirk Baecker (2011)[48] und Werner

---

45 Positiv formuliert, führt der Theorieansatz zu einer unvoreingenommenen Offenheit des Forschers, da beispielsweise »alle a-priori-Unterschiede zwischen natürlichen und sozialen Ereignissen« (Callon 1994, S. 143) verworfen werden. Damit können berechtigterweise soziale Tatbestände wie Gesellschaft, Herrschaft, Klassen hinsichtlich ihrer A-priori-Wirkmächtigkeit infrage gestellt werden (vgl. u. a. Latour 2001). Doch scheint mir der generelle Vorwurf, der sich auf die (durkheimianische) Soziologie richtet, vollkommen verfehlt, wenn – mit Max Weber gesprochen – die Gesellschaft sowieso nicht existiert, sondern nur eine permanente Vergesellschaftung. Der Versuch, in einer möglichst offenen und vielfältigen Verknüpfung von heterogenen Elementen (Akteure und Nichtakteure) einen Ausweg zu finden, scheint mir tendenziell naiv, da ohne Nutzung irgendwelcher Unterscheidungen überhaupt nichts beobachtet werden kann. Deswegen ist es sinnvoll, die notwendig genutzten Unterscheidungen durch Theorie und Methode in der Hinsicht zu kontrollieren, dass sie transparent gemacht werden.
46 Luhmann parallelisiert gar Technologien und wissenschaftliche Theorien, da beide Simplifikationen vollziehen würden. Die Wissenschaft probiere »Simplifikationen aus, läßt sie in eine gegebene Welt ein und sucht festzustellen, ob die dazu notwendigen Isolierungen gelingen« (Luhmann 1992b, S. 714). In ebendiesem Sinne ist auch mein Konzept *Techniken des Sozialen* zu verstehen.
47 Dies könnte jetzt erkenntnistheoretisch weiter plausibilisiert werden. Doch geht es mir nicht um ein Argument, dass eine systemtheoretisch inspirierte Autologie-Vorstellung besser sei als die Perspektive der ANT – letztlich kann die hier getroffene Theorieentscheidung in erster Linie als ästhetische markiert werden. Vergleiche zu diesem Gedanken auch die Andeutungen von Norbert Bolz (2012, S. 12).
48 Baecker (2011) konzipiert Technik dagegen nicht notwendig als strikte/feste Kopplung, sondern erkennt Verknüpfungsmöglichkeiten mit verschiedenen Freiheitsgraden. Auch wenn diese Vorstellung sicher anschlussfähig ist, insbesondere an eine Vorstellung der Verknüpfung von verschiedenen sozialen Praktiken, bleibt das Problem bestehen, dass dann nahezu jegliche Handlungsverknüpfung als Technik beschrieben werden könnte. Damit stellt sich die Frage, ob dies das Konzept *Techniken des Sozialen* nicht zu sehr verschwimmen lässt (vgl. auch Fußnote 37 auf S. 218).

Rammert (1989)[49] wird verständlich, dass Technik in der »Verknüpfung von sachlichen und nicht-sachlichen Elementen zu einem künstlichen Wirkungszusammenhang« (ebd., S. 133) gesehen wird. »Die Eigenart des Technischen kann also nicht mehr nur in der stofflichen Vergegenständlichung menschlichen Handelns gesehen werden, auch nicht nur in der Fixierung von Bewegungsabläufen in Mechanismen; sondern die Programmierung eines künstlichen Wirkzusammenhangs zwischen energetischen und informatorischen Elementen, in dem sie nach einem funktionalen Schema organisiert werden, charakterisiert Technik.« (ebd., S. 141)[50]

Deshalb müssen auch die dadurch entstehenden Black Boxes nicht notwendig material gedacht werden, wie der Motor eines Autos oder der Prozessor eines Computers; sie sind auch nicht unbedingt räumlich zu denken, als besonderer Ort. Vielmehr sind sie Isolierungen und damit Grenzziehungen zwischen einem kontrollierbaren und einem nichtkontrollierbaren Bereich (vgl. Luhmann 1991a, S. 105). Aus diesem Grund wurde in der klassischen Gegenüberstellung von Technik und Natur ebenso wie in der Differenz von Technik und Mensch immer die andere Seite der Unterscheidung als gefährdet wahrgenommen: Technik zerstöre die Natur oder versklave den Menschen. Wenn nun aber Technik selbst die Differenzsetzung von kontrollierbar und nichtkontrollierbar beschreibt, dann kann (ein)gesehen werden, dass weder Natur noch Mensch auf der einen Seite der Unterscheidung stehen, sondern dass sie durch die Unterscheidung der Technik geradezu erst produziert werden. Natur kommt dann als Außenseite des (noch bzw. derzeit) Nichtkontrollierbaren in den Blick,

---

49 Insgesamt sind die Arbeiten von Werner Rammert und dessen ehemaligen Mitarbeitern wie Ingo Schulz-Schaeffer, Cornelius Schubert oder auch Jörg Potthast sehr anschlussfähig an das hier avisierte Verständnis von Technik. Jedoch arbeiten sie sich – mit unterschiedlichen Nuancen – an einem Problem ab, das hier nicht interessiert: Das Problem der Handlungsträgerschaft und damit der Frage nach dem Differenzverhältnis von Handeln und Technik. Auch wenn die darin formulierte Perspektive für mich einsichtiger ist als die von der ANT formulierte, arbeiten sie sich an dem u. a. von Latour aufgeworfenen Problem der *Agency* ab und schenken den technisierten Kontexten des Handelns in der Moderne zu wenig Aufmerksamkeit. Aber genau dies macht die Pointe des hier formulierten Konzepts der *Techniken des Sozialen* aus. Vergleiche aber zu diesem bedeutenden Strang techniksoziologischer Forschung u. a. Rammert (1998), Rammert/Schubert (2006), Rammert/Schulz-Schaeffer (2002), Schulz-Schaeffer (2000, 2007), Potthast (2007), Schubert (2011).

50 So auch schon Schelsky, der Technik als »Zerlegung eines komplexen Gegenstandes in seine letzten Elemente und in der Kunst der planmäßigen Konstruktion neuer, in der Natur nicht vorhandener Gegenstände aus diesen Elementen« (Schelsky 1974, S. 34 f.) auffasst. Dies gelte – entsprechend der von Ellul (1964) übernommenen Typologie – neben den Techniken der Produktion (von Sachgütern) auch für die Techniken der Organisation (Beherrschung, Erzeugung und Regulierung sozialer Beziehungen) und für die Humantechniken (Techniken der Veränderung, Beherrschung und Erzeugung des seelischen und geistigen Lebens des Menschen, bspw. Lehr- und Gedächtnistechniken oder Meinungsbeeinflussung).

ebenso wie der Mensch. Nun kann begriffen werden, dass es nicht eine unerwünschte Nebenfolge technischen Denkens und Handelns ist, dass *die* Natur und *der* Mensch korrumpiert werden, sondern dass ohne Technik – im Sinne des Unterscheidens zwischen kontrollierbar/nichtkontrollierbar – beide überhaupt nicht als das Andere erscheinen würden.[51]

Dadurch, dass Technik als Beobachtungsschema bzw. Weltverhältnis akzentuiert wird,[52] meint Technisierung – und dies ganz in der Linie von Blumenberg – die zunehmende Beobachtung der Welt in ebendieser Hinsicht. Das besagt weiterhin, dass weder die Lebenswelt noch die Welt im Allgemeinen immer technischer wird oder mit Artefakten und Maschinen übersät erscheint, sondern dass die spezifische Beobachtung der Welt bzw. das einmal etablierte Weltverhältnis immer plausibler, geläufiger und zunehmend gesellschaftlich anschlussfähig wird. Damit ist zugleich mit thematisiert, dass Technik selbst keine Form der Rationalität darstellt bzw. dass mit Technisierung gerade nicht auf eine Art von Rationalisierung angespielt wird, da Technik die Unterscheidung setzt und eben nicht auf der Innenseite der Form (kontrollierbar) agiert. Technik steigert eben nicht nur die Kontingenz durch das Sicht- und Handhabbarmachen der Verknüpfungsmöglichkeiten heterogener Elemente auf der Seite des Kontrollierbaren, sondern reduziert sie gleichzeitig, indem vom Unkontrollierbaren unterschieden wird.

Gleichwohl beschreibt Technisierung den basalen Prozess, »in dem ein Ablauf an Operationen künstlich fixiert, wiederholbar, berechenbar und für andere übernehmbar gemacht wird« (Rammert 1989, S. 162). Technik ist somit einschränkend und ermöglichend zugleich und wirkt damit – in der Terminologie Luhmanns (1997, S. 526) – »orthogonal zur operativen Schließung autopoietischer Systeme«. Damit macht er auf die spezifische Problemlösungsfunktion von Technik in einer funktional differenzierten Gesellschaft aufmerksam. Wenn es stimmt, dass verschiedene gesellschaftliche Teilbereiche (Politik, Wirtschaft, Wissenschaft etc.) eigenlogisch operieren, dann bedarf es gewisser Strukturen, die trotz aller Unwahrscheinlichkeit Anschlussmöglichkeiten von Kommunikation herstellen und damit in letzter Hinsicht Erwartungen strukturieren respektive Systemordnungen garantieren. Für Luhmann sind dies bekanntlich die symbolisch generalisierten Kommunikationsmedien wie Macht,

---

51 So argumentiert auch Luhmann (1992b, S. 263), wenn er ähnlich zu Benjamins Begriff der zweiten Technik meint, dass es bei Technik »um das Ausprobieren von Kombinationsspielräumen, um kombinatorische Gewinne« gehe, sodass die übliche Annahme umgedreht werde: »Nicht die Technik wird isomorph zur Natur konstruiert, sondern die Natur in dem jeweils relevanten Kombinationsspielraum isomorph zu dem, was man technisch ausprobieren kann.«

52 Vergleiche zu diesem konstruktivistischen Verständnis von Technik eine ähnliche Konzeption von Bartmann, Dollhausen und Kleinwellfonder (1992), die Technik mit der Figur des Parasiten von Michel Serres (1987) beschreiben.

Geld, Wahrheit etc. Sie entlasten durch »Codierung und Symbolisierung [...] das Bewußtsein und steigern damit die Fähigkeit, sich an Kontingenzen zu orientieren« (Luhmann 2003, S. 72). Sie werden von ihm als »Erscheinungsform von Technik« (ebd.) und damit als funktionierende Simplifikationen betrachtet (vgl. auch Hörning 2001, S. 218, Fn. 20), wenngleich er diese Ähnlichkeiten in seinen späteren Schriften bewusst wieder invisibilisiert (Luhmann 1997, S. 528, Fn. 198).

Ohne eine weitere Luhmann-Exegese betreiben zu wollen, kann damit ein Argument gewonnen werden, das für die hier geführte Diskussion wichtig ist: Wenn Technik theoriearchitektonisch nah an symbolisch generalisierten Kommunikationsmedien gedacht wird, kann m. E. noch besser verständlich werden, dass mittels Technik Erwartungen relativ unabhängig von konkreten Situationen hergestellt und v. a. auf Dauer gestellt werden können. Das bedeutet auch, dass »gewisse Beschränkungen natürlich-lebensweltlicher Erwartungsgeneralisierung außer Kraft« (Luhmann 2003, S. 79) gesetzt werden können. Technik im hier verstandenen Sinn meint die Isolierung eines Wahlbereichs von Handlungsalternativen unter Absehung der Welt-im-Übrigen, um Erwartbarkeitsstrukturen jenseits von je konkreten, lebensweltlichen oder alltäglichen Erwartbarkeiten generieren zu können. Insofern dient Technik mit »der Vermehrung von Optionsmöglichkeiten der Entfaltung der Eigendynamik des Gesellschaftssystems« (Luhmann 1997, S. 535). Über mögliche Intentionen, Absichten oder Steuerungsversuche auf der einen Seite oder im Gegenteil über emergente, selbstläufige Prozesse der Etablierung einer solchen Weltbeobachtung ist damit noch nichts gesagt. Diese Frage spielt hinsichtlich des hier herausgearbeiteten Technikbegriffs auch gar keine Rolle – Technik meint insofern die Etablierung einer Form, unabhängig vom konkreten Inhalt dieser und auch von den verschiedenen Zwecksetzungen.

Während Luhmann (1991, S. 108) sein Konzept von Technik (bedingt durch die Unterscheidung zu Kommunikationsmedien) in erster Linie auf Kausaltechniken und auf »materielle Realisationen außerhalb des Sozialsystems der Gesellschaft und [...] [auf] nichtkommunikative Operationen« bezieht und damit engführt, hebt das nun mithilfe dieses Technikbegriffs konkreter zu beschreibende Konzept der *Techniken des Sozialen* auf ein eher weites Begriffsverständnis von Technik ab, das Technik als erwartungsgenerierende und -stabilisierende Form beschreibt, die Elemente des Sozialen (Handlungen, Kommunikationen, soziale Praktiken etc.) als zu verknüpfende Elemente betrachtet. Oder anders ausgedrückt: In den Blick kommen soll eine spezifische Beobachtungsform, die das Soziale nicht auf der Seite des Unkontrollierbaren verortet, sondern als kontrollierbare, zu verknüpfende Elemente betrachtet. Beschrieben werden kann damit ein spezifisch modernes Weltverhältnis der Herstellung, Zurichtung und Gestaltung des Sozialen. Auch wenn dieses Weltverhältnis von der Semantik des Machbaren durchdrungen ist, wird im Gegensatz zu Ansätzen des Social Engineering unterstrichen, dass das Soziale eben nicht planvoll steuerbar ist, da die Unterscheidung von kontrollierbar/nichtkontrollierbar prinzipiell kontingent bleibt. Am Horizont erscheint damit etwas, was an den paradoxen Imperativ »Evolution anzetteln« erinnert.

3 Das Soziale aus praxissoziologischer Perspektive

Das Soziale als zentraler Gegenstand der Soziologie kann in vielfältiger Weise beschrieben werden. Ausgehend von Max Weber (1922), könnte das am anderen orientierte Handeln in den Blick genommen werden; und es könnten die historisch-kulturellen Umstände, die dieses Handeln beeinflussen, stören oder gar verhindern, mit eingerechnet werden. Auch wäre von Durkheim (1984) her die gegenläufige Perspektive möglich, in der auf die *faits sociaux*, die sozialen Tatsachen, fokussiert wird. Damit käme die durch einen allgemeinen gesellschaftlichen Zwang bestimmte Art des Handelns in den Blick. Ebenso könnten die nichtintendierten Nebenfolgen des Handelns in Figurationen (Elias 2001) in den Mittelpunkt gestellt werden. Diese Reihe ließe sich noch weit fortführen, da nahezu jeder der mittlerweile als Klassiker titulierten Soziologen eine explizite oder implizite Vorstellung des Sozialen mitführt.

Das Konzept der *Techniken des Sozialen* legt sich nicht auf eine Beschreibungssprache des Sozialen fest. Wie in der empirischen Analyse deutlich wurde, spielen soziale Handlungen ebenso wie Kommunikationen, Interaktionsverhältnisse, Entscheidungen oder soziale Praktiken eine Rolle. Mit je verschiedenen Begriffen wird eine etwas anders konturierte soziale Wirklichkeit beschreibbar.[53] Dennoch denke ich, dass die Auseinandersetzung mit einer konkreten

---

53 An dieser Stelle sei an Hans Linde erinnert, der schon früh auf die Technikvergessenheit in den soziologischen Theorieanlagen hinwies (Linde 1972). Seine Perspektive, die von Freyer, Marx und Durkheim inspiriert wurde, ist in jedem Fall instruktiv, da er das Sozialitätskriterium, das zumeist auf zwischenmenschliche Verhältnisse rekurriert, um die Technik erweitern will. In Auseinandersetzung v. a. mit Durkheim zeigt er auf, dass dessen soziale Tatsachen, also die den Individuen vorgegebenen Handlungsmuster, nicht kategorial zwischen sozialen Normen und Regeln auf der einen und den Artefakten und Werkzeugen auf der anderen Seite unterscheiden (vgl. Linde 1982, S. 2). Deswegen schlägt er vor, nicht von »sozialen Beziehungen«, sondern vielmehr von »sozialen Verhältnissen« auszugehen. Letztere sind »an dem Phänomen sozial kontrollierter und sanktionierter Verhaltensregelungen, Verhaltensmuster oder sozialer Normen festgemacht« (ebd., S. 3). Schulz-Schaeffers (2008b) darauf basierender Beitrag zu einem erweiterten Handlungsbegriff lässt letztlich zwei Optionen zu. Entweder man konzipiert einen Handlungsbegriff, in dem die Technik als Wirkmacht einbezogen wird, oder man nutzt einen Institutionenbegriff, der die Technik auf der Ebene der Muster einbegreift, die die Handlungen strukturieren. Daraus erwächst für ihn die Möglichkeit, anstatt von einer »intentionalen Verhaltenssteuerung« zu sprechen, eher auf eine »für sich genommen intentionslose[.], aber dennoch sinnhafte[.] Selektivität« zu rekurrieren (ebd.,

Perspektive auf das Soziale das Konzept besser verständlich macht, als wenn das Soziale im Folgenden ausschließlich als Platzhalter oder als »leerer Signifikant« (Laclau/Mouffe 1991) mitgeführt werden würde.

In der Zusammenfassung der empirischen Analyse wurde auf drei Formen von dirigierenden Handlungsfestlegungen abgehoben: erstens auf historisch zufällig entstandene, zweitens auf ehemals gestaltete und nunmehr historisch geronnene und drittens auf aktuell gestaltete dirigierende Handlungsfestlegungen. Auch wurden schon die ersten beiden Formen als soziale Praktiken beschrieben, während die letzte Form sich noch nicht zu einer solchen verfestigt hat und damit als brüchig und veränderbar erscheint. Diese Engführung auf soziale Praktiken als empirisches Resultat soll nun als Grundlage für die weitere Ausarbeitung des Konzepts der *Techniken des Sozialen* dienen. Konkret soll in einer Auseinandersetzung mit der Praxissoziologie und deren Verständnis des Sozialen – dort konzipiert als Nexus von »doings and sayings« (Schatzki 1996) – das eigene Konzept konturiert und geschärft werden. Praxissoziologie wird daher in erster Linie zu Darstellungs- und Beschreibungszwecken genutzt; insofern werden soziale Praktiken konsequent als analytische Begrifflichkeit gebraucht.[54] Im Gegensatz zu empirischen Begriffen markiert eine analytische Verwendung stets eine spezifische – hier soziologische – Beobachterposition. Empirische Wirklichkeit wird also einzig mithilfe der analytischen Kategorie zu beschreiben versucht. Ebenso verhält es sich mit dem Konzept der *Techniken des Sozialen:* Es ist ein analytisches Konzept. Wenn konkrete empirische Phänomene der Zurichtung des Sozialen beschrieben werden sollen, dann wird der Terminus *Sozialtechnik* verwendet, um die Differenz auch sprachlich zu markieren.

S. 718). Technik käme damit in einer Doppelstruktur in den Blick, zum einen als »institutionelle Anreizstruktur«, die »Anweisungen für das Verhalten anderer verkörper[t]«, und zum anderen als »institutionelle Agentur«, die es vermag, technisch eigensinnige »Verhaltensmuster« zu realisieren, »an denen andere Akteure sich in ihrem Verhalten sinnhaft orientieren können« (ebd.). Auch wenn diese Beschreibung von Technik als soziale Institution fruchtbar erscheint, bleibt die Frage der Genese, also wie Technik zu institutioneller Wirkmächtigkeit gerinnen kann, offen. Eine Ausweitung des Handlungsbegriffs scheint mir im Kontrast zum Einsatz des Institutionenkonzepts dafür eher den Blick zu verstellen, auch wenn die Erwartungsgenerierung durch Technik und die damit verbundene Möglichkeit der Orientierung an Technik ein zentrales Argument für das hier formulierte Konzept der *Techniken des Sozialen* darstellt.

54 Diese Differenz zwischen empirischer und analytischer Begrifflichkeit ist – soweit ich das überblicken kann – in der Praxissoziologie selbst nicht anzutreffen. Die verschiedenen Autoren schwanken stets zwischen beiden Verwendungen, einerseits sollen soziale Praktiken eine distinkte Perspektive auf das Soziale ermöglichen, andererseits werden darunter empirische Phänomene verstanden. Dies führt zu einer Reihe von Problemen und (Selbst-)Missverständnissen, die in der hier geführten Auseinandersetzung mit der Praxissoziologie noch thematisiert werden. Wenn jedoch soziale Praktiken strikt als analytische Kategorie behandelt werden, dann scheint mir dadurch ein besseres Verstehen des Konzepts der *Techniken des Sozialen* möglich.

Die Praxissoziologie (vgl. auch einführend Hillebrandt 2014 und Schäfer 2016) hebt, wie mit Bongaerts (2007, S. 248) argumentiert werden kann, »bestimmte Bereiche sozialer Praxis« hervor, die in anderen Theorien »zu wenig beachtet oder systematisiert sind«, anstatt ein komplett neues Erkenntnisobjekt mit gänzlichen neuen Erkenntnismitteln herauszuarbeiten.[55] Aus Sicht ihrer Vertreter wendet sie sich gegen eine vorschnelle Reduktion des Sozialen auf intentional gedachtes soziales Handeln,[56] weil dadurch die Emergenz nichtintendierter Handlungsfolgen verfehlt werde und sich der Analyse entziehe. Auch werde die Vorstellung einer Strukturdeterminiertheit vermieden, die konkretes Handeln einzig als Artikulation und Reproduktion einer allgemeinen Struktur zu verstehen vermag. Zudem distanziere sich der Ansatz von Luhmanns kommunikationsbasierter Systemtheorie, da man das Soziale »nicht ›in der Umwelt‹ ihrer körperlich-mentalen Träger« (Reckwitz 2003, S. 289) verorten könne.[57] Deswegen sei das Soziale »nicht in der ›Intersubjektivität‹ und nicht in der

---

55　Mit dieser Perspektivierung von Praxissoziologie wird der dort anzutreffende Anspruch eines »practice turns« (Reckwitz) oder eines »praxeological turns« (Hirschauer) nicht mitgetragen. Verschiedene Studien, die mit dem expliziten Anspruch auftreten, dass ihre Erkenntnisse aufgrund der neuen Erkenntnismittel eines solchen turns möglich geworden seien, offenbaren zumeist eine spezifische Unkenntnis von theoriegeschichtlich älteren und/oder in der gegenwärtigen Soziologie weniger populären Anlagen. Man kann übrigens feststellen, dass dies auf sämtliche Ausrufungen von turns zutrifft. Mit einer weder theoretisch noch empirisch begründbaren Zwanghaftigkeit werden dann die »neuen« Erkenntnisse dem turn zugerechnet. Als Beispiel für diese Stilisierung der Praxissoziologie als Retter in der Not zwischen Substanzialismus, womit interessanterweise der Konstruktivismus und die ANT gemeint sind, und einem Relativismus, der Rammert und Luhmann unterstellt wird, kann Hörning (2001, S. 220) herangezogen werden. Nur die Praxissoziologie, schreibt er, »erlaubt uns, sowohl Artefakt als auch Nutzer ernst zu nehmen, ohne vom Substanzdenken ›erschlagen‹ zu werden oder im Relativismus zu ›ertrinken‹.«

56　Man könnte diese gegenwärtig verstärkt wahrgenommenen Vorteile eines praxistheoretischen Ansatzes gleichsam wissenssoziologisch mit Gehlen beobachten und reformulieren. Dieser beschrieb bereits, dass die gegenwärtige Welterfahrung eine Erfahrung zweiter Hand sei, worauf nur in einer Form reagiert werden könne: nämlich »handlungslos, aber emotional« (Gehlen 2004f., S. 208). Vielleicht kann die gegenwärtige Plausibilität von Praxistheorien auch durch die lebensweltliche Selbstverständlichkeit ebendieses Handlungs- bzw. besser: Verhaltensmodus erklärt werden.

57　Diese Distanz zur Luhmann'schen Systemtheorie wird zumeist in Nebensätzen oder durch Andeutungen signalisiert. Zum Beispiel kann man – freilich ohne expliziten Literaturverweis auf Luhmann – lesen: »Personen, Artefakte und Körper mögen Umwelt sozialer Systeme sein, sozialen Praktiken sind sie inhärent.« (Hirschauer 2004, S. 89) Diese selten expliziten Distanzierungsanstrengungen scheinen mir an der strukturellen Ähnlichkeit beider Theorieanlagen zu liegen, die von »Systemtheoretikern« und von »Praxissoziologen« gleichermaßen verdeckt wird (vgl. Hillebrandt 2006). Andeutungsweise könnte argumentiert werden, dass der Ausgangspunkt beider Perspektiven eine Überwindung des Handlung-Struktur-Gegensatzes ist, verbunden mit einer theoretischen Ausgrenzung des Subjekts. Beide fokussieren auf eine emergente, eigenlogische Ebene, die »zwischen« Akteuren verortet wird: Einmal wird sie Kommunikation, einmal soziale Praktiken genannt. Beide Ansätze distanzieren sich von einem kognitiven und men-

›Normgeleitetheit‹, auch nicht in der ›Kommunikation‹ zu suchen«, sondern vielmehr in einer »Kollektivität von Verhaltensweisen, die durch ein spezifisches ›praktisches Können‹ zusammengehalten werden« (ebd.).[58]

Das Soziale wird damit in der Praxissoziologie als eine emergente Ebene aufgefasst, bestehend aus »doings and sayings« (Schatzki 1996). Als »elementare Ereignisse der Sozialität« (Hillebrandt 2010) können die sozialen Praktiken »als know-how abhängige und von einem praktischen ›Verstehen‹ zusammengehaltene Verhaltensroutinen« (Reckwitz 2003, S. 289) verstanden werden. Soziale Praktiken sind »demnach immer sozial geteilt als Gepflogenheiten, Gewohnheiten oder Routinen« (Lengersdorf 2011, S. 94). Damit fokussiert eine praxissoziologische Perspektive auf ein umfassendes »Tun«, auf Aktivitäten und Tätigkeiten aller Art (vgl. auch Hirschauer 2004, S. 73). Mithin sind Praktiken »weder identisch mit einer Handlung noch mit bloßem Verhalten« (Reckwitz 2006, S. 38). Nicht jedes »Tun« soll als Praxis gelten, vielmehr wird auf die implizit ablaufenden, routinierten und damit gerade nichtintentionalen Handlungen fokussiert, weil erst in der Herausbildung von »Handlungsgepflogenheiten« diese sozial erwartbar werden (Hörning 2001, S. 160). Diese durch Routinierung ermöglichte Erwartbarkeit bildet das Soziale als emergente Ebene aus dem Zusammenspiel vielfältiger, heterogener und permanenter »doings and sayings«.[59] Gleichwohl wird diese emergente Ebene nicht verdinglicht oder substanzialisiert, vielmehr ist das Soziale als (immer wieder zu aktualisierende) Vollzugswirklichkeit konzeptualisiert.

---

talen Bias, der Interessen, Intentionen und Absichten überbewertet; stattdessen wird auf ein wirksames implizites Wissen hingewiesen. Zudem kennen beide Ansätze eigenlogische Strukturierungen der emergenten Ebene (Kommunikation bzw. soziale Praktiken) als Funktionssysteme bzw. als soziale Felder. Die von Bongaerts (2007, S. 254) dargestellte Differenz hinsichtlich der »soziale[n] Relevanz der Körperlichkeit« zwischen beiden Ansätzen übersieht, dass der Erwartungsbegriff in der Systemtheorie nicht kognitivistisch enggeführt ist, sondern ebenso »körperliche« Erwartungen mitdenken kann, wenngleich dies keinen theoretischen Fokus wie in der Praxistheorie u. a. im Bourdieu'schen Habituskonzept bildet. Ohne dies hier weiter ausführen zu können, wäre ein unvoreingenommener Vergleich beider Theorieanlagen sicher fruchtbar.

58   Diese negative Abgrenzung wird zum Teil als identitätsstiftend für die Praxistheorie erachtet: »Es ist die Differenz zu den genannten Sozialtheorien, zum Homo oeconomicus und Homo sociologicus, zum kulturtheoretischen Mentalismus und Textualismus, die der Praxistheorie ihre Identität verschafft.« (Reckwitz 2004, S. 43) Insofern besteht der Anspruch einer Praxistheorie in der Überwindung etablierter soziologischer Differenzen, etwa der »Differenz zwischen Struktur und Handlung, Subjekt und Objekt, einer Regel und ihrer Anwendung, der Makro- und der Mikroperspektive sowie zwischen Gesellschaft und Individuum« (Schäfer 2013, S. 18). Für eine umfassende Positionierung von Praxistheorien zwischen Sozialphänomenologie und Strukturalismus beachte Reckwitz (2000, insbes. S. 542 ff.).

59   Oder in den Worten von Schmidt (2012, S. 55): »Die Praxissoziologie entwirft das Soziale als ein Gefüge von Feldern situierter, vernetzter und verkörperter, von einem impliziten Wissen organisierter Praktiken.«

Praktiken als Routinen müssen stets im Vollzug[60] aktualisiert werden. Damit befinden sich die Praktiken »zwischen einer relativen ›Geschlossenheit‹ der Wiederholung und einer relativen ›Offenheit‹ für Misslingen, Neuinterpretation und Konflikthaftigkeit des alltäglichen Vollzugs« (Reckwitz 2003, S. 294). Insofern sind Praktiken einerseits von ihrer Wiederholbarkeit und Scripthaftigkeit geprägt, andererseits passen sie sich neuen Kontexten (Personen, Räumen, Umständen) an und sind somit prinzipiell veränderlich.[61] Praxistheorien betonen dabei die kulturelle und historische Kontingenz sowie die Heterogenität von Praktiken; diese können sich also nicht nur in ihrer Aktualisierung bzw. im Vollzug ändern, sondern werden auch als prinzipiell anders möglich anerkannt (vgl. ebd., S. 297).

Wird mit Reckwitz ein etwas unspezifischer Routinebegriff in den Vordergrund einer Definition sozialer Praktiken gestellt, so kann dieser mit Bongaerts' (2007, S. 254 ff.) praxissoziologischer Unterscheidung von Routine und Gewohnheit geschärft werden.[62] Während im Alltag beide Wörter unscharf und größtenteils synonym verwendet werden, kann das Unterstreichen einer Differenz zur Klärung dessen beitragen, was hier unter sozialen Praktiken verstanden werden soll. Während Routine ein »ursprünglich bewusst trainiertes Handeln« (ebd., S. 256) bezeichnet, soll unter Gewohnheit die »Aneignung von Verhaltensweisen« verstanden werden, die »nicht das Bewusstsein im Sinne eines Entwurfs, Ziels oder Plans durchlaufen haben müssen« (ebd.). Beiden bleibt gemein, dass sie in der Gegenwart latent vollzogen werden. Die Routine wurde bewusst

---

60 Dies ist ganz auf der Linie der Ethnomethodologie zu verstehen, die auch von einer Vollzugswirklichkeit ausgeht, einem »ongoing accomplishment of the concerted activities of daily life« (Garfinkel 2012, S. vii). Garfinkels Interesse galt dabei den beobachtbaren Ethno-Methoden, also »dem operativen Fundament der im alltäglichen Handeln als selbstverständlich hingenommenen sinnhaften Ordnung, d.h. den Techniken und Mechanismen« (Bergmann 2000, S. 120). Diese Ethno-Methoden sind in seinen Augen »accountable«, d.h. beobachtbar, wahrnehmbar, mitteilbar, stets indexikalisch und kontextgebunden. Sie bleiben aber im Alltag notwendig vage, unklar und ungewiss. Dies wird jedoch nicht als Defizit missverstanden, sondern vielmehr als Ermöglichung von funktionierender Alltagskommunikation aufgefasst. In einer späteren Spezialisierung auf die sogenannten Studies of Work geht es dementsprechend um »das verkörperte Wissen, das sich in der selbstverständlichen Beherrschung kunstfertiger Praktiken materialisiert und das für die erfolgreiche Ausführung einer bestimmten Arbeit konstitutiv ist« (ebd., S. 131). Auch wenn im Folgenden weder theoretisch noch methodologisch eng an die Ethnomethodologie angeschlossen wird, so bleiben insbesondere die hiervon inspirierten Studies of Work und die Workplace Studies eine wichtige Referenz insbesondere für meine empirische Fragestellung (vgl. Kap. II.4).

61 Dies ist das zentrale Thema der Dissertation von Hilmar Schäfer (2013), der entlang der Unterscheidung Stabilität/Instabilität die Theorien von Bourdieu, Foucault, Butler und Latour für eine praxissoziologische Diskussion auswertet und fruchtbar macht.

62 Damit soll nicht der Eindruck erweckt werden, dass sich erstmals Bongaerts an dieser Unterscheidung abarbeitet. Vielmehr könnte auch auf Hume (2011) oder die Pragmatisten – etwa William James (1914) – zurückgegriffen werden.

trainiert, geübt und hergestellt, Gewohnheit dagegen entstand durch vorbewusste, mimetische Aneignung. Die Rede von Routinen würde dann all die körperlichen Tätigkeiten in den Blick nehmen, die durch Training zum Automatismus wurden, beispielsweise das geübte Returnieren des Balls beim Tischtennis, das ob der Geschwindigkeit meist reflexhaft und unbewusst, automatisch abläuft. Die Fähigkeit, einen möglichst guten Return zu spielen, kann aber nur durch bewusstes, aktives Training erlangt werden, nicht durch eine sich nebenbei vollziehende Aneignung. Gewohnheiten hingegen würden dann die Verhaltensweisen beschreiben, die durch eine Art Mimesis übernommen wurden. Dabei kann es sich um eine bestimmte Art zu gehen handeln[63] oder um die Übernahme von Worten und Redewendungen eines anderen, mit dem oft verkehrt wird. Insbesondere Zweierbeziehungen bieten hier ein reichhaltiges empirisches Anschauungsmaterial.

Bongaerts (ebd.) relationiert nun Routinen auf die von Berger/Luckmann (2000, S. 56 ff.) beschriebenen Habitualisierungen, während er Gewohnheiten mit dem Habituskonzept von Bourdieu in Beziehung setzt (vgl. auch Bongaerts 2008). Dieses Habituskonzept (vgl. Bourdieu 1976, S. 207; allgemein Bourdieu 1993) beschreibt »Systeme dauerhafter und übertragbarer Dispositionen« bzw. »strukturierte Strukturen, die wie geschaffen sind, als strukturierende Strukturen zu fungieren, d.h. als Erzeugungs- und Ordnungsgrundlagen für Praktiken und Vorstellungen« (Bourdieu 1987, S. 98 f.). Damit wird eine Koinzidenz bzw. ein Passungsverhältnis von Habitus und Habitat angenommen, das jedoch insbesondere auf der hier interessierenden Organisationsebene nicht viel weiterhilft, da Organisationen nur in begrenztem Maße darauf vertrauen können, ausreichend Mitarbeiter mit einem passenden Habitus finden und auch wieder auswechseln zu können, wenn sich die Organisation und damit das Habitat ändert. Allein schon deswegen scheinen modifizierbare Routinen für Organisationen näher zu liegen. In den Mittelpunkt der folgenden Ausführungen wird daher entgegen Bongaerts (2007, S. 257) Fokus auf Gewohnheit als einen neuartigen Verhaltenstyp,[64] der »habituelles Verhalten wie bewusstseinsfähiges Han-

---

63 Wobei hier beispielsweise bei der Beobachtung von Jugendlichen schwer zu unterscheiden ist, ob die »coole«, »lässige« Gangart mimetisch übernommen wurde oder doch eher durch tägliches Üben (vor dem Spiegel) geradezu trainiert wurde. In diesem Kontext interessant und anschlussfähig ist das Konzept der Körpertechniken von Marcel Mauss (1989).

64 Bongaerts (2007, S. 257) spricht von Verhalten im Sinne von »to conduct« in Differenz zu »behaviour«. Dies scheint mir jedoch eher missverständlich. Passgenauer scheint mir hier das französische Wort »conduire«, das eher mit Führen in dem Sinne, sich selbst oder andere zu führen, übertragen werden könnte. So beispielsweise Foucaults bekannte Äußerung im Kontext der Gouvernementalitätsstudien des »conduire des conduites« (Foucault 1994, S. 237), das als *Führen von Führungen* übersetzt werden kann (Foucault 2005, S. 256). Führung in diesem Sinne kann auch als habitualisiertes Verhalten gedacht

deln einschließt«, der Schwerpunkt auf soziale Praktiken als Routinen gelegt, um schon sprachlich zu markieren, dass es sich um ehemals erlernte, bewusst erworbene und damit auch veränderbare Handlungsweisen handelt, die jedoch nunmehr als Routinen automatisiert und unbewusst ablaufen.[65] Wenn *Techniken des Sozialen* die spezifische Gestaltung des Sozialen beschreiben will, liegt ein Routinebegriff näher, da er die Veränderbarkeit und damit die Kontingenz sozialer Praktiken schon andeutet.

Anhand der empirischen Befunde kann diese Unterscheidung noch einmal unterstrichen werden. Der von Bongaerts als Gewohnheit bezeichnete Verhaltenstyp beschreibt sehr genau den ersten Typ der historisch zufällig entstandenen Handlungsfestlegungen. So ist beispielsweise das gekonnte verbale Zusammenspiel der Programmierer, die sich im Raum trotz fehlenden Sichtkontakts einfach verständigen können, ein solcher zur Gewohnheit verfestigter Handlungstyp. Das Problem der Koordinierungsnotwendigkeit trotz fehlenden Sichtkontakts musste schon in der Vergangenheit einige Male existiert haben, um sich dann in der von mir beobachteten Form verfestigen zu können. Diese Art der Kommunikation wurde nicht explizit gelernt und sank dann ab in das Reich der Selbstverständlichkeit, sondern spielte sich im Laufe der Zeit ein und wurde so zu einer sozialen Praktik. Im Kontrast dazu beschreibt der zweite Typ der ehemals gestalteten, nunmehr historisch geronnenen Handlungsfestlegungen den auf Routinen relationierten Begriff der sozialen Praktik. Denn Routinen sind eben bewusst erworbene und damit prinzipiell veränderliche Handlungsfestlegungen, die jedoch durch Wiederholung zu einer selbstverständlich erwartbaren sozialen Praktik gerinnen können. In dieser Hinsicht konnten insbesondere in der Bauroh verschiedene Routinen beobachtet werden, beispielsweise in der bewussten Etablierung und Aufrechterhaltung von Zweierteams, bestehend aus Ingenieur und Zeichner. Dieses Arrangement, dass beide stets zusammen in einem Raum arbeiten und so ein implizites wechselseitiges Verständnis des jeweiligen Könnens entwickeln und daran ihre Zusammenarbeit orientieren können, war demnach eine gezielte Kontextsteuerung, ebenso wie die Gestaltung von Teeküchen und die Etablierung von Kaffeepausen in denselben. Gegenwärtig sind die dadurch etablierten Handlungsmuster zumin-

---

werden, jedoch wäre dann die ehemals aktive Kontextsteuerung stark unterbelichtet. Auch wenn es in der deutschen Sprache kaum einleuchtend ist, von Führungsgewohnheiten bzw. -routinen zu sprechen, so käme doch der aktive Teil von »conduct« respektive »conduire« besser zum Ausdruck als beim Begriff der »Verhaltensgewohnheit«, den Bongaerts nutzt, oder beim Begriff der »Verhaltensroutinen«, den Reckwitz (2003, S. 289) verwendet.

65 Dies betont auch Giddens (1997, S. 336), der dem Routinebegriff eine zentrale Stellung in seinem Konzept der Dualität der Struktur einräumt: »Die meisten alltäglichen Praktiken sind nicht direkt motiviert. Routinisierte Praktiken sind der wichtigste Ausdruck der Dualität der Struktur in Bezug auf die Kontinuität sozialen Lebens.«

dest in der Bauroh selbstverständliche Routinen, die jedoch jederzeit verändert oder auch durch ein Verbot tendenziell abgeschafft werden können.

Zentral für diese routinierten Handlungsweisen ist ein implizites Wissen, das die einzelnen Praktiken ermöglicht und diese miteinander verknüpft. Dieses Wissen ist vor allem als ein »prozedurales Know-how-Wissen« (Reckwitz 2000, S. 578) bestimmt, das unmittelbar praktisch wirksam ist. Es wird nicht als kognitives, explizierbares Deutungswissen konzipiert, sondern als ein praktisches Handlungswissen, das über Scripts verfügt, die den Umgang mit Dingen und Körpern anleiten (vgl. auch Loenhoff 2012). Mit Polanyi (1985, S. 16) ließe sich auf die Differenz von Wissen und Können verweisen: Implizites Wissen ist ein Können und umfasst »nicht-explizierbare Fähigkeiten [...,] die Kunst des erfahrenen Diagnostikers [oder auch, S.M.] die Ausübung von Geschicklichkeiten«. Gemeint sind damit allgemein »embodied capacities such as know-how, skills, tacit understandings, and dispositions« (Schatzki et al. 2001, S. 7) – im Gegensatz zu Wünschen, Intentionen oder Bedürfnissen. Dieses Wissen ist den Akteuren nur graduell bewusst; »eine umfassende und vollständige Erkenntnis ihrer Handlungen, Pläne und Motivationen bleibt ihnen [...] verwehrt« (Schäfer 2013, S. 384). Dies ermögliche auch – folgt man Schäfer – die »Persistenz der Wahrnehmungs-, Denk- und Handlungsschemata« (ebd.).

Oft wird hierbei auf die von Wittgenstein (1995, v. a. Sätze 150 u. 199) in seinen *Philosophischen Untersuchungen* eingeführte Differenz von einem »Sich-auf-etwas-Verstehen« im Unterschied zum »Eine-Technik-Beherrschen« verwiesen. Das implizite Wissen wird mithin als implizites, situatives Handlungswissen markiert, das soziale Praktiken prägen und diese auf Dauer stellen kann. Dies kann auch mit Giddens (1997, S. 383–391) als praktisches Bewusstsein gefasst werden, als ein (geglaubtes) Wissen der »Akteure über soziale Zusammenhänge [...] einschließlich der Bedingungen ihres eigenen Handelns« (ebd., S. 431). Dieses Wissen verbleibt jedoch implizit und kann von den Akteuren »nicht in diskursiver Weise« (ebd.) ausgedrückt werden.[66]

Neben dieser Akzentsetzung auf das implizite Wissen sind soziale Praktiken durch eine zweifache Materialität gekennzeichnet (vgl. Reckwitz 2008b, S. 191): zum einen durch eine Materialität der Körper und zum anderen durch

---

66 Für einen Überblick zu nichtexpliziten Wissensformen und deren Bedeutung für die Soziologie im Allgemeinen und für eine Techniksoziologie im Besonderen siehe Rammert (2000), der am Ende des Aufsatzes auf die Frage nach dem Management des Nichtexpliziten eingeht: »So paradox es klingt: Das Nicht-Explizite und wenig ausdrücklich Managebare bedarf, je weniger es sichtbar und objektivierbar ist, umso sensiblere[r] Methoden des Managements. [...] Eine Kultur im Sinne der Pflege des Nicht-Expliziten als notwendigem Bestandteil produktiver und lernender Organisationen kann eben nicht mit den üblichen Methoden erzeugt und gesteuert werden, sondern bedarf eines tieferen Verständnisses für ihre Wachstumsbedingungen und nichtdirektiver Methoden des Förderns und Beeinflussens.« (ebd., S. 24) Sozialtechniken könnten solche nichtdirektiven Methoden des Beeinflussens darstellen.

eine Materialität der Artefakte und Dinge. Das Wissen der sozialen Praktiken ist »einerseits in den Körpern der handelnden Subjekte ›inkorporiert‹« und nimmt »andererseits regelmäßig die Form von routinisierten Beziehungen zwischen Subjekten und von ihnen ›verwendeten‹ materialen Artefakten« (Reckwitz 2003, S. 289) an. Wird in den praxissoziologischen Verortungen das Augenmerk auf die Inkorporierung gelegt, so rücken Gewohnheiten und der Habitus ins Zentrum der Aufmerksamkeit; wird dagegen der Fokus auf routinierte Objektbeziehungen gelegt, so erlangen die erlernten Routinen mehr Gewicht.

Praktiken kommen nicht ohne Körper aus, sie bestehen gar »aus bestimmten routinisierten Bewegungen und Aktivitäten des Körpers« (Reckwitz 2003, S. 290). Sie vollziehen sich »als sinnhafte, gekonnte Körperbewegungen praktisch befähigter Teilnehmerinnen« (Schmidt 2012, S. 59), sodass eine praxissoziologische Perspektive insbesondere auf die »praktischen, stummen, vorsprachlichen Könnens- und Erkennensformen sowie auf die im Zusammenspiel von Körpern beobachtbaren Koordinations-, Orientierungs- und Abstimmungsfähigkeiten« (ebd.) Bezug nimmt. Trotz aller Fokussierung auf die Relation von Körpern und Praktiken erscheinen mir zwei Distanzierungen wichtig, auf die Hirschauer (2004, S. 75) aufmerksam macht: zum einen zur Leibphänomenologie[67] und zum anderen zu einer Konstitutionslogik des Körpers. In einer Soziologie der Praktiken könne der Körper nicht der Ausgangspunkt der Analyse sein, da dieser »immer eine Konstruktion je spezifischer Diskurse« und somit »in den Praktiken« (ebd.) selbst zu verorten sei.

Diese Wechselwirkung zwischen Körper und sozialen Praktiken kann mithilfe der bekannten Unterscheidung Plessners (1975, S. 294) von »Körper haben« und »Leib sein« weiter differenziert werden. Der Mensch ist für ihn anthropologisch dadurch bestimmt, dass er nicht nur seinen Körper *hat*, sondern zugleich auch Leib *ist*. Das Selbstverhältnis des Menschen ist dadurch gekennzeichnet, dass er sowohl um seine Plastizität und Formbarkeit (Körper haben) als auch um die relative Unverfügbarkeit seiner selbst (Leib sein) weiß.

Eine den Körper ernst nehmende Soziologie muss demnach sowohl den Körper als auch den Leib in den Blick bekommen und hat zudem eine doppelte Problemrelationierung zu beachten: Zum einen muss sie den »Leib und Körper als Bedingung und Materialität sozialen Handelns« (Gugutzer 2004, S. 158) herausarbeiten; und zum anderen muss sie »Leib und Körper als Resultat und Garant sozialer Ordnung« (ebd., S. 159) verstehen lernen. Der Körper kann, wie schon angemerkt, nicht als der invariante Ausgangspunkt einer praxeologischen Perspektive gelten, da er stets auch diskursiv – vor allem entlang der Körper/Leib-Differenz – konstruiert wird. Gleichwohl ist der Einbezug des Körpers in die

---

67 Den umgekehrten Weg nimmt hingegen Bongaerts (2003), der von Merleau-Pontys *inkarniertem Sinn* ausgeht, sodann für eine Fundierung sozialer Praxis im Leib votiert und dies als *eingefleischte Sozialität* bezeichnet.

Analyse sinnvoll und notwendig. Soziale Praktiken werden nur *in* der Beobachtung von Körpern sichtbar, jedoch können nicht allein *durch* die Beobachtung von Körpern soziale Praktiken erkannt werden. Eine Analyse der sozialen Praktik des Fußballspiels ohne Einbezug der daran beteiligten Körper bliebe beschreibungsarm; die Beschreibung dieser sozialen Praktik ausgehend von den Körpern muss misslingen, da sie die diskursive Konstruktion derselben nicht mitbeobachten kann. So wären die gegenwärtig zu beobachtenden ernährungsbezogenen Praktiken, die eine bestimmte Art von Körpern für die angestrebte Spielphilosophie herstellen sollen, in den Blick zu nehmen als eine Verschiebung der bisher praktizierten Körper/Leib-Differenz.

Neben den Körpern ist einer praxeologischen Perspektive auch eine zweite Form von Materialität wichtig: die Dinge. Konsens besteht darin, dass die zuhandenen Dinge und Artefakte in eine praxissoziologische Analyse integriert werden müssen. Welcher Status und welche soziale Bedeutung der Materialität der Dinge zukommt, darüber herrscht allerdings Dissens. Das Spektrum reicht dabei von Latour und der ANT (vgl. Belliger/Krieger 2006), die den Dingen und Artefakten bekanntlich eine eigene *Agency* zuschreiben und sie damit im Sinne einer symmetrischen Theorie mit (menschlichen) Akteuren auf die gleiche Stufe stellen, bis hin zu Ansätzen in der Linie von Meads Sozialtheorie (1973), die den Dingen einen systematischen Status zuweisen, sie jedoch nicht als gleichrangig betrachten. Dinge haben hier einen eigenen Wirkfaktor und sind deshalb an der Sinnproduktion prinzipiell beteiligt.

Trotz verschiedentlicher Bezugnahme auf Latour[68] werden in der Praxissoziologie allgemein zwar Dinge und »Artefakte als integrale Bestandteile sozialer Praktiken« (Hörning 2012b, S. 34; vgl. auch Reckwitz 2003, S. 291) begriffen und es wird auch angenommen, dass sie die sozialen Praktiken beeinflussen und formen, jedoch nicht, dass sie Praktiken eigenständig hervorbringen können. Insofern scheint eine »partizipatorische Perspektive« (Hirschauer 2004, S. 74) auf die Dinge vorzuherrschen. »Artefakte (u. a.) sind nicht Akteure, son-

---

68   Ein Beispiel hierfür liefert Hilmar Schäfer (2013, S. 375): »Die praxeologische Analyse verfolgt Zusammenhänge, indem sie die Verbindungen von einem Element zum nächsten nachzeichnet und die Wirkungen eines Elements auf das andere sichtbar macht. Dabei kann es sich um das Verfolgen der Bewegung von Praktiken als Strom der Wiederholung in Zeit und Raum handeln, um das zitierende Aufgreifen von Praktiken, um körperliche Aneignungsprozesse von Praktiken, um Verbindungen mit stabilisierenden Artefakten oder räumlichen Arrangements. Die Praxistheorie verfolgt dabei Verbindungen zu anderen Zeiten, Orten und heterogenen Beteiligten.« Es gehe also um ein Verfolgen der Praktiken von einem Element zum nächsten, dabei unterstelle die Praxistheorie jedoch »weder eine einzige Handlungsquelle noch eine ungebrochene Wirkungskette innerhalb der Beziehungsnetzwerke« (ebd., S. 376). Damit wird im Latour'schen Gestus geschrieben, jedoch nicht weiter erklärt, wie sich innerhalb der und durch die in den Fokus gerückten Netzwerke »gleichmäßige (Erwartungen an) Handlungs-, Sprech- und Kommunikationsformen bilden und tradieren und dadurch soziale Ordnung bzw. stabile Situationslogiken generieren« (Ziemann 2011a, S. 114).

dern Partizipanden sozialer Prozesse.« (ebd.) Sie sind damit sowohl Hindernisse als auch Ressourcen von sozialen Praktiken. Ihre spezifische Wirksamkeit entfalten sie erst im Gebrauch und in der konkreten Nutzung, die jedoch nicht unabhängig von kulturellen Codes zu denken ist (vgl. auch Reckwitz 2008a, S. 153).

Unter sozialen Praktiken, so ließe sich diese Zusammenschau nochmals kondensieren, wird ein Nexus aus »doings and sayings« (Schatzki) verstanden. Soziale Praktiken werden nicht auf (intentionales) Handeln zurückgeführt. Vielmehr erscheinen sie in einem erweiterten Horizont von Tätigkeiten als Routinen, die durch ein implizites Wissen (Know-how) bestimmt werden und dabei sowohl auf Körper als auch auf Dinge und Artefakte als Elemente ebendieser Routinen zugreifen. Trotz aller routinemäßigen Erwartbarkeit sozialer Praktiken werden diese als Vollzugswirklichkeit betrachtet, sodass stets Anpassungen an die konkreten Situationen sichtbar werden oder gar das völlige Misslingen von Praktiken möglich wird.

Vor diesem hier explizierten Hintergrund der gegenwärtigen Praxistheorie können die empirischen Ergebnisse neu beschrieben werden. Handlungsfestlegungen können demnach auch als soziale Praktiken gefasst werden. Sie sind entweder zufällig historisch entstanden und sind damit auf Gewohnheiten basierende soziale Praktiken; oder sie wurden ehemals gestaltet und sind nunmehr historisch geronnen und sind dadurch auf Routinen basierende soziale Praktiken; oder aber sie sind im Entstehen begriffen und daher noch brüchig und somit noch nicht erwartbare soziale Praktiken, da der implizite Sinn noch nicht verfestigt und geteilt wird. Insbesondere die letztgenannte Form ist in den praxissoziologischen Arbeiten nicht präsent. Sie wird nicht beobachtet, da im Mittelpunkt immer schon die verfestigten Handlungsgepflogenheiten stehen. Veränderbarkeit sozialer Praktiken kommt so nur in dem Fall in den Blick, wenn soziale Praktiken in unterschiedlichen sozialen Situationen eingesetzt und daher modifiziert werden müssen bzw. wenn in der Wiederholung sozialer Praktiken sich Veränderungen einschleichen. Soweit ich es zu überblicken vermag, gibt es in der Praxistheorie keinen Sensus für die Entstehung bzw. Herstellung von sozialen Praktiken. Vielmehr erscheinen sie immer schon durch Wiederholung als »natürlich« entstanden, eine künstliche Herstellung sozialer Praktiken ist damit ein blinder Fleck dieses Ansatzes. Aber genau darauf zielt das Konzept der *Techniken des Sozialen.*

Bevor dieses nun endlich positiv beschrieben werden kann, soll der herausgestellte blinde Fleck noch weiter konturiert werden, indem zwei miteinander verbundene Probleme einer Theorie sozialer Praktiken herausgearbeitet werden. Ziel ist es, durch diese Problematisierung die Differenz zwischen empirisch beobachtbaren Sozialtechniken und dem Konzept der *Techniken des Sozialen* besser herauszustellen. Wie oben schon angemerkt, ist der zentrale Unterschied der, dass mit Sozialtechniken ein empirischer Begriff und mit *Techniken des Sozialen* ein analytisches (Begriffs-)Konzept gemeint ist. Es handelt sich mithin um ein unterschiedliches Abstraktionsniveau: Die Rede von Sozialtechniken zielt auf eine Beschreibung konkreter empirischer Phänomene ab, das Konzept der *Techniken des Sozialen* dagegen in erster Linie auf die Darstellung der Möglichkeitsbedingungen einer solchen Phänomenbeschreibung.

4 Probleme der Praxissoziologie

Die zwei Probleme einer praxistheoretischen Konzeptualisierung entspringen der fehlenden Sensibilität für diese Unterscheidung zwischen Phänomen und Begriff. Das erste Problem ist die unklare Differenzierung zwischen sozialen Praktiken und dem größeren Kontext, in dem sie eingebettet sind. Das zweite Problem lässt sich in der Öffentlichkeit sozialer Praktiken ausmachen. Die beiden Probleme sind miteinander verbunden, da trotz öffentlicher Beobachtbarkeit sozialer Praktiken verschiedene Beobachter – je nach Kontextwissen – diese je unterschiedlich beobachten (können). Dies wird in der gegenwärtigen praxissoziologischen Forschung zu wenig thematisiert.

Das erste Problem, das eine gewisse Unklarheit hinsichtlich der »Größe« und Kontextbezogenheit der verschiedenen Praktiken beschreibt, kann im Anschluss an Schäfer mit der Differenz von Praktiken und Praxisgeschehen markiert werden: »Eine ›Praxis‹ ist stets in einen Kontext gebettet und steht in Relation zu anderen Praktiken.« (Schäfer 2013, S. 19) Um die einzelnen Praktiken zu verstehen und beschreiben zu können, muss der übersubjektive, kollektive Kontext, in dem diese Praktiken zirkulieren – das Praxisgeschehen –, beachtet werden. Auch Hörning sieht einen Unterschied zwischen »komplexe[n] Muster[n]« wie »Arbeitspraktiken, Erziehungspraktiken, Kommunikationspraktiken, religiöse[n] Praktiken oder Unterhaltungspraktiken, Zeitpraktiken« und weniger komplexen wie »Begrüßungspraktiken, Konsumpraktiken, Eßpraktiken, aber auch Praktiken des Fragens und Antwortens, des Hausbaus, der Verhandlung und der Entscheidungsfindung« (Hörning 2001, S. 193). Allein an dieser Aufzählung wird jedoch sichtbar, dass die Unterscheidung zwischen komplexen und weniger komplexen Praktiken auch anders getroffen werden kann. Denn warum sollen Praktiken des Hausbaus oder der Verhandlung weniger komplex sein als Zeit- oder Unterhaltungspraktiken? Infrage steht, wie dieser übersubjektive Kontext beschrieben werden und wo dieser verortet sein könnte. Wie gelangt man zu dem auch für andere plausiblen Schluss, dass eine bestimmte Praktik eine Arbeitspraktik und keine Kommunikations-, Unterhaltungs-, Erziehungs- oder Zeitpraktik darstellt? Wer oder was kann diese Kontextentscheidung anleiten?

Hörning verweist für dieses Problem auf den »Habitus« (Bourdieu) oder das »praktische Bewusstsein« (Giddens). Die Frage wäre dann jedoch die nach der Möglichkeit der empirischen Beobachtung und Analyse, denn sowohl Habitus als auch praktisches Bewusstsein beziehen sich auf latente, wenngleich verhaltensstrukturierende Strukturen. Dieses Problem wird umso dringlicher, wenn man sich gerade von strukturtheoretischen Ansätzen distanzieren will, indem man behauptet, »dass soziale Strukturen keine eigenständige Existenz außerhalb oder unabhängig von den sozialen Praktiken haben« (Schmidt 2012, S. 71). Infrage stehen demnach gesellschaftliche Struktur(ierung)en, die einzelne Praktiken zu »lose gekoppelte[n] Komplexe[n] von Praktiken« (Reckwitz 2003, S. 295) zusammenfassen. Dass solche »übersubjektiven Handlungskomplexe existieren« (Hörning 2001, S. 162), darin sind sich die Praxistheoretiker einig, jedoch müssten dann »die sie konstituierenden Handlungsweisen und Gepflogenheiten über räumliche und zeitliche Grenzen hinweg ständig ausgeführt und in Gang gehalten werden« (Hörning 2001, S. 162). Für Reckwitz (2006, S. 37) sind auch dies Praktiken – beispielsweise solche, die Raum und Zeit binden. Denn eine u. a. von Lengersdorf aufgerufene Prämisse praxeologischen Denkens besagt, dass es nichts gebe, »was den Praktiken vorgängig wäre, es sei denn Praktiken« (Lengersdorf 2011, S. 92). Die heterogenen Praktiken sind jedoch nicht notwendig aufeinander abgestimmt, vielmehr ist eine »Konkurrenz unterschiedlicher sozialer Logiken in sozialen Feldern« (Reckwitz 2003, S. 295) zu beobachten, was zu »interpretativen Mehrdeutigkeiten« (ebd.) führen könne. Insgesamt wird das Verhältnis von Praktiken zum Praxisgeschehen – Reckwitz nutzt hierfür den Begriff *Praktiken-Komplex* – jedoch nicht weiter problematisiert: »Einzelne der verstreuten Praktiken können sich in Praktiken-Komplexen arrangieren, die aneinander gekoppelt und sinnhaft miteinander verknüpft sind und auf diese Weise gesellschaftliche Makrophänomene wie etwa ›soziale Felder‹, ›Institutionen‹ oder ›Klassen/Milieus‹ bilden.« (Reckwitz 2006, S. 37)

Diese unklare Relationierung von Praktiken und Praktiken-Komplex kann auch an einem Beispiel von Reckwitz abgelesen werden, wenn er schreibt, dass »etwa Praktiken des Forschens, des Lehrens, des Leitens von Forschergruppen, der öffentlichen Darstellung« allesamt im »sozialen Feld ›Wissenschaft‹ vorkommen« (Reckwitz 2003, S. 295) würden. Doch neben der Alltagsplausibilität gibt er kein Argument an, woher die Struktureinheit »Wissenschaft« stammt, auf die hin er die verschiedenen Praktiken relationiert. So kann einerseits argumentiert werden, dass die aufgezählten Praktiken eher auf die soziale Rolle und damit auf die unterschiedlichen Praktiken eines deutschen Universitätsprofessors zutreffen statt auf Wissenschaft. Andererseits kann infrage gestellt werden, ob die aufgezählten Praktiken das umfassend zu beschreiben vermögen, was unter Wissenschaft zu verstehen ist. Ein Privatgelehrter kann sehr gut Wissenschaft betreiben, ganz ohne Praktiken des Lehrens oder Leitens von Forschergruppen, vielleicht gar ohne öffentliche Darstellung. Auch die üblichen auf

Wissenschaft bezogenen Praktiken eines Doktoranden oder eines Forschers in einem Industrieunternehmen würden sich davon unterscheiden.

Worum es mir mit dieser Problematisierung geht, ist die These, dass eine Verknüpfung der Praktiken zu Praktikenkomplexen nicht ausschließlich in den Praktiken selbst zu finden ist, sondern von einem wissenschaftlichen Beobachter »konstruiert« werden muss. Dies kann unterschiedlich geschehen und damit den einzelnen Praktiken einen ganz verschiedenen Sinn verleihen. So kann beispielsweise die Praktik des Rauchens zu ganz verschiedenen Praktikenkomplexen ins Verhältnis gesetzt werden und damit etwas je Verschiedenes bedeuten, je nachdem, ob sie als Bestandteil des Pause-Machens oder des Arbeitens gesehen wird oder ob sie als Suchtpraktik, als Praktik des Genießens oder als Geselligkeitspraktik beobachtet bzw. als eine der Nervosität oder der Coolness betrachtet wird.[69]

Diese durch die Beobachtung einzelner Praktiken nicht kontrollierbaren Relationierungsmöglichkeiten von Praktiken zu Praktikenkomplexen führen zu einem zweiten Problem einer Theorie sozialer Praktiken: der *Öffentlichkeit* sozialer Praktiken (vgl. Schmidt/Volbers 2011). Für Hirschauer ist es vollkommen evident, dass Praktiken eine »Empirizität« haben: »Sie sind in ihrer Situiertheit vollständig öffentlich und beobachtbar« (Hirschauer 2004, S. 73). Manche Autoren behaupten gar, dass es »die öffentlichen sozialen Praktiken selbst und nicht hypothetische ›Struktur‹-Entitäten« seien, »die das methodologische und ontologische Fundament der Sozialforschung bilden« (Schmidt/Volbers 2011, S. 38). Die praxeologische These der Öffentlichkeit sozialer Praktiken und die gleichzeitige Abgrenzung zu »den Versuchen, soziale Sinngebungen über die Rekonstruktion innerer, privater Bewusstseinsvorgänge zu erschließen«, verbunden mit einer »grundlegende[n] Skepsis gegenüber der Idee der Introspektion« (ebd., S. 35, Fn. 16), führen zu einer Konzentration auf das für potenziell jeden einsichtige, d.h. beobachtbare Verhalten anderer Akteure. Ähnlich der Problematisierung verschieden möglicher Relationierungen von Praktiken zu Praktikenkomplexen wäre nun jedoch zu fragen, ob dieselbe Praktik trotz ihrer Öffentlichkeit für jeden Beobachter dieselbe ist. Und genau das ist zu bezweifeln.

Zum Teil wird das von Praxissoziologen ebenso gesehen. So schreibt beispielsweise Schäfer, dass Praktiken »nur *für* Akteure, teilweise sogar nur für

---

69 Die Thematisierung dieses Problems in der Einführung in die Praxissoziologie von Hillebrandt (2014) ist leider nicht instruktiv. So werden in loser Anknüpfung an die ANT Praxisformationen als »eine spezifische Verkettung von Praktiken als nicht selten rhizomische Intensitätszonen der Praxis« beschrieben, die »übersituative Wirkungen erzeugen« (ebd., S. 110). Ein analytisches Argument, *wie* diese Verkettungen entstehen und *wie* diese zu beobachten und zu analysieren seien, wird nicht gebracht. Vielmehr wird es als »eine Aufgabe der empirischen Praxisforschung, die sich dazu spezifischer Methoden bedient« (ebd., S. 105), ausgeflaggt. Damit wird jedoch die Unterscheidung von sozialen Praktiken als analytische oder empirische Begrifflichkeit negiert.

spezifische Gruppen von Akteuren, eine bestimmte Relevanz und Bedeutung«
(Schäfer 2013, S. 370; Hervorhebung im Original) besitzen. Die empirische Beobachtbarkeit sozialer Praktiken führt also nicht zur immergleichen Interpretation derselben. Es bleibt somit eine offene Frage, wie Praktiken konkret und v. a.
als was sie beobachtet werden. Schäfer bringt hier eine wissenssoziologische Figur ins Spiel, nämlich dass die »Identifikation einer sozialen Praxis [...] einen
sozialen Standpunkt« (ebd.) voraussetze. Jedoch wird eine konkrete Verortung
des (eigenen) sozialen Standpunkts der empirisch wie auch theoretisch arbeitenden Praxeologen nicht betrieben. Die praxeologischen Beschreibungen verbleiben zumeist in einem objektivierenden Gestus und reflektieren ihre Stand-
ortgebundenheit, wie man mit Mannheim sagen könnte, nur selten (vgl. u. a.
die Studie von Schmidt 2012). Eine Ausnahme bildet dabei die praxeologische
Beschreibung einer Freeski-Szene (vgl. Woermann 2012). Argumentiert wird
hier, dass sich das Springen komplizierter Sprünge beim Freeski für die beobachtenden Szeneakteure anders darstellt als für einen nicht involvierten Beobachter, der die Sprünge aufgrund ihrer Geschwindigkeit weder kategorisie-
ren noch tiefer analysieren kann. Die Praktik des »Switch Misty 7er« erscheint
dann verschiedenen Beobachtern trotz ihrer Öffentlichkeit als etwas je anderes.

Beide aufgezeigten Probleme resultieren aus dem Umstand, dass nicht zwischen sozialen Praktiken als analytischer und empirischer Begrifflichkeit unterschieden wird. Zumeist wird in der praxeologischen Forschung der Akzent
jedoch auf eine empirische Begrifflichkeit gelegt. Die Plausibilisierung einer bestimmten Deutung öffentlicher Praktiken oder einer konkreten Relationierung
von Praktiken zu Praktikenkomplexen wird der Empirie aufgetragen, da in jedem Fall vermieden werden soll, dass irgendwelche theoretischen Unterscheidungen die empirische Beobachtung strukturieren.

Trotz dieses Insistierens auf Empirie wird bei der Beobachtung der Theorieanlage – wenn diese ausformuliert wird – sichtbar, dass dann doch eine implizite Beobachtertheorie eingeführt werden muss, um überhaupt etwas (empirisch) beobachten zu können. Bei Reckwitz beispielsweise wird dies in der These
sichtbar, dass sich Praktikenkomplexe als »›soziale Felder‹ [...] *und* als ›Lebensformen‹« (Reckwitz 2003, S. 295; Hervorhebung im Original) betrachten lassen.
Wie schon am Beispiel der Praktiken der Wissenschaft gezeigt, lassen sich diese
als Elemente des sozialen Feldes Wissenschaft und als Elemente der Lebensform
eines deutschen Universitätsprofessors charakterisieren. Für Reckwitz handelt es sich dabei »um die gleichen sozialen Praktiken, die unter einem Aspekt
sich als Segment eines sozialen Feldes, unter einem anderen Aspekt als Segment einer Lebensform darstellen« (Reckwitz 2006, S. 64). Durch eine empirische Analyse können die einzelnen Praktiken entweder zu Lebensformen (ebd.,
S. 65) oder zu sozialen Feldern (ebd., S. 38) zusammengefasst werden. Damit
wird das empirische Argument doppelt in Anschlag gebracht: einerseits gegen
eine vorgängige Bestimmung von Lebenswelt (Schütz und Habermas) oder Ha-

bitus (Bourdieu), andererseits gegen die Prämisse funktionaler Differenzierung (Luhmann) (vgl. ebd., S. 51). Sowohl Lebensformen als auch gesellschaftliche Differenzierungen (soziale Felder) seien nicht schon a priori einzuführen, sondern als offene Frage der Verhältnisbildungen und Grenzziehungen zu behandeln.

Auch wenn Reckwitz auf Empirie rekurriert, bleibt nicht verborgen, dass die Entscheidung, ob eine soziale Praktik als Lebensform oder als Segment eines sozialen Feldes betrachtet wird, nicht der Empirie, sondern vielmehr dem praxistheoretischen Beobachter obliegt. Doch was könnte eine solche Entscheidung anleiten?

Eine Auslegung kann prinzipiell in zwei Richtungen erfolgen: Zum einen können die eigenen (feldfremden) Beobachtungen zugunsten der Relevanzsetzungen des Feldes infrage gestellt werden – das wäre die ethnografisch-empirische Option. Zum anderen können auch die im Feld vorfindlichen Relevanzsetzungen angezweifelt werden und mit dem eigenen fremden Blick kontrastiert werden – das wäre die wissenssoziologisch-theoretische Option. Bezogen auf die Unterscheidung von Reckwitz wäre dann das Beobachten einer sozialen Praktik als Lebensform die ethnografisch-empirische Version, das Beobachten als Segment eines sozialen Feldes die wissenssoziologisch-theoretische.[70]

Beide Beobachtungsweisen und damit Relationierungsmöglichkeiten müssen für eine tragfähige empirische Analyse im Blick behalten werden. Der theoretisch verfremdende Blick wird auf die Empirie ebenso angelegt, wie die eigenen theoretischen Denkfiguren mit den empirisch vorfindlichen Relevanzen kontrastiert werden.[71] Reckwitz (2008b) arbeitet dies entlang einer Verschränkung von Praktik und Diskurs als zwei Optionen kulturwissenschaftlicher Analyse weiter aus.[72] Dabei wird sich jedoch zeigen, dass das angesprochene Relationierungsproblem einzig durch Rückgriff auf Diskursanalyse und damit mit einem vollkommen anderen sozialtheoretischen wie auch methodologischen Fundament gelöst werden kann.

---

70 Die Rekonstruktion der ANT von Schulz-Schaeffer (2008a, S. 137 ff.) weist in ebendiese Richtung. So müsse zwischen einer Beobachter- und einer Ethnotheorie unterschieden werden, denn einerseits würden die Wirkungen und Handlungen der Akteure und Aktanten im Feld als wichtig erachtet (Ethnotheorie), andererseits würden diese auch mit feldfremden Leitunterscheidungen beobachtet (Beobachtertheorie).

71 Für Reckwitz (2010a, S. 181) macht dieser »doppelte[.] Zug der Dekontextualisierung und Dechiffrierung« gar die Faszination der Kultursoziologie aus: Zunächst werde »das scheinbar Vertraute unvertraut« gemacht und dann »dieses Unvertraute wiederum« neu kontextualisiert (ebd., S. 180).

72 Hillebrandts (2010) Lösung zielt in Richtung symbolischer Formen. In seiner Lesart drückt sich der praktische Sinn in Symbolen aus, die als »habituell verankerte, von Akteuren inkorporierte Deutungsmuster gefasst« (ebd., S. 303) werden. Infrage steht jedoch, wie diese Symbole als Deutungsmuster empirisch erfasst und analysiert werden könnten, und v. a., von welchem Standpunkt aus. Deswegen erscheint mir der von Reckwitz vorgeschlagene Weg sinnvoller.

Es sind vor allem zwei Argumente, die Reckwitz nutzt, um für eine sinnvolle Verschränkung dieser beiden Perspektiven zu votieren. Zunächst beschreibt er soziale Praktiken mit einer Zwei-Seiten-Metapher. Einerseits seien sozialen Praktiken »verblüffend direkt zugänglich« und »in außergewöhnlicher ›Unmittelbarkeit‹ erreichbar« (Reckwitz 2008b, S. 195), andererseits könne »das dort enthaltene, inkorporierte Wissen« – da implizit – »zwangsläufig [nur, S.M.] indirekt erschlossen werden« (ebd., S. 196). Soziale Praktiken besitzen also eine Doppelstruktur »als materiale Körperbewegungen *und* als implizite Sinnstruktur« (ebd.; Hervorhebung im Original).[73] Zweitens konturiert Reckwitz die Diskursanalyse als Perspektive, die beständig um »das Problem der ›angemessenen‹ Rekonstruktion von Codes und Sinnstrukturen« (ebd., S. 199) kreist. Um die Angemessenheit zu bewerten, versuche die Diskursanalyse, »immer mehr Bestandteile des jeweiligen ›Kontextes‹ in Erfahrung zu bringen« (ebd.). Dabei greife sie ebenso auf Praktiken, Artefakte und Wissensrepräsentationen zurück, um die Spezifität des herausgestellten Diskurses zu beschreiben und zu plausibilisieren. In dieser Darstellung erscheinen Diskurs und Praktik als geradezu komplementäre Phänomene, sodass Reckwitz nunmehr von »Praxis/Diskurs-Formationen« (ebd., S. 201) sprechen kann, verstanden als »zwei aneinander gekoppelte Aggregatzustände der materialen Existenz von kulturellen Wissensordnungen« (ebd., S. 202).[74]

Mit dem Begriff der Praxis/Diskurs-Formationen, die konstitutiv instabil seien und miteinander in Konkurrenz stünden, werde aber kein Basis-Überbau-Schema angenommen, vielmehr bewegten sich sowohl die Praxis als auch der Diskurs »auf der gleichen ›flachen‹ Ebene verstreuter Praktiken« (ebd., S. 203). Diskurse werden so auch als zeichenverwendende Praktiken, genauer als »Praktiken der Repräsentation« verstanden, sprich: als »Praktiken, in denen Objekte, Subjekte und Zusammenhänge auf eine bestimmte, regulierte Weise dargestellt werden und in dieser Darstellung als spezifische sinnhafte Entitäten erst produziert werden« (ebd.).

Damit wird der Diskurs als »eine spezifische Beobachterkategorie« (ebd.) eingeführt, womit das oben dargestellte Problem der Verknüpfung von Prakti-

---

73 Konsequent plädiert Reckwitz auch für die Nutzung von qualitativen Interviews, jedoch nicht, um das Sprechen ›über‹ eine Praktik mit dieser selbst zu verwechseln, sondern um dem impliziten Sinn der mit ethnografischen Mitteln beobachteten Praktiken auf die Spur zu kommen. Die Interviews erlauben, »indirekt jene Wissensschemata zu erschließen, welche die Praktiken konstituieren« (Reckwitz 2008b, S. 197).

74 Die gesamte Argumentation kommt eigentümlich bekannt vor. Wenn testhalber die Rede von Praktiken mit dem Foucault'schen Begriff der Aussage ersetzt wird, zeigt sich, dass das Verhältnis von Praktiken und Praktikenkomplexen analog zu dem von Aussage und Diskurs gedacht wird. Da für Foucault Aussagen nie nur sprachlich verfasst sind, wie am Beispiel des Panopticons sichtbar ist, könnte gefragt werden, welchen innovativen Beitrag eine Analyse der Praxis/Diskurs-Formationen (Reckwitz) gegenüber der Diskursanalyse (Foucault) besitzt.

ken zu Praktikenkomplexen gelöst werden kann. Denn nunmehr können Praktiken nicht nur in ihrer Öffentlichkeit beobachtet werden, sondern zugleich unter dem Aspekt, »wie die Welt auf der Ebene der Propositionen repräsentiert wird und wie diese Repräsentationen strukturiert sind« (ebd., S. 203 f.).

Die kulturellen Wissensordnungen können so durch einen doppelten Zugriff analysiert werden.[75] Einmal in der – oben als ethnografisch-empirisch beschriebenen – Beobachtung der Praktiken und das andere Mal durch die – oben als wissenssoziologisch-theoretisch markierte – Analyse der diskursiven Praktiken, welche die Wissensordnungen produzieren und explizieren (vgl. ebd., S. 205). Der Fokus auf den Diskurs vermag die Praktikenkomplexe zu erhellen, vor deren Hintergrund die einzelnen Praktiken beobachtbar werden, da so das die sozialen Praktiken hervorbringende implizite Wissen analysiert werden kann.[76] Der Fokus auf die beobachtbaren Praktiken ermöglicht dagegen, die konkrete, vorfindliche Sozialität zu beschreiben, ohne diese als Emanation eines herausgestellten Diskurses behaupten zu müssen.[77]

Mit dieser methodologischen Argumentation wird sichtbar, dass soziale Praktiken in erster Linie als analytische Begrifflichkeit infrage kommen. Auch wenn Handlungsgepflogenheiten empirisch vorkommen, so kann deren impliziter Sinn eben nicht allein aus der Beobachtung derselben gewonnen werden; es bedarf stets einer Analyse des Kontextes, in den diese eingebettet sind und woraus sie ihre Spezifität beziehen. Deswegen sind praxeologische Arbeiten, die ausschließlich die ethnografisch-empirische Relationierung vornehmen, eigen-

---

75 An anderer Stelle erweitert Reckwitz (2010a, S. 189 ff.) diese Dopplung zu einem Konzept von »Praktiken-/Diskurs-/Subjektivierungs-/Artefakt-Komplexen«: »Praktikenkomplexe und ihre Kopplungen mit Diskursen, mit Subjektivierungen und mit Artefaktsystemen strukturieren die kulturelle und gesellschaftliche Realität.« (ebd., S. 197) Da jedoch Artefakte zentraler Bestandteil von Praktiken sind und Subjektivierungen als Diskurseffekte beschrieben werden können, ist nicht viel gewonnen, wenngleich damit die Aufmerksamkeit noch einmal besonders auf Artefakte und Subjektivierungsweisen gelenkt werden kann.

76 Diese ungenügende Beachtung des Diskurses als Ressource für notwendiges Kontextwissen macht auch die zentrale Differenz zur praxeologischen Studie von Schmidt (2012) aus, der seinen Schwerpunkt auf die Empirie setzt (vgl. Hillebrandt 2013), aber nicht überzeugend erklären kann, wie er zu dem Kontextwissen gelangt, mit dem er die beobachteten Praktiken kontrastiert. So ist schon die Beispielsequenz zum Programmieren eines Terminkalenders sehr künstlich ausgewählt (vgl. schon Schmidt 2008), da Programmieren immer auf schon zumeist von anderen programmierte Codeteile, Module oder Funktionen zurückgreift. Kalenderfunktionen werden in der Regel nicht mehr neu konzipiert und programmiert, sondern aus bestehenden Ressourcen lediglich integriert. Seine kritische Bewertung von Scrum als sozialtechnische Manipulation oder die These am Schluss des Bürokapitels (Schmidt 2012, S. 153 f.), dass die Nüchternheit des Büros auf die potenzielle Kündigung verweisen würde, wird aus Theorie- und Wissenskontexten gespeist, die er nicht zu kontrollieren vermag, geschweige denn transparent macht.

77 Dies ist eine der Hauptkritiken an den Gouvernementalitätsstudien, die sich vorwiegend auf Anleitungen, Handbücher und Ratgeber beziehen. Vergleiche hierzu die Fußnote 38 auf S. 45.

tümlich blind gegenüber ihren eigenen beobachtungsleitenden Unterscheidungen, die jedoch notwendig zu reflektieren sind, um den impliziten Sinn der Praktiken entfalten zu können – ohne einzig auf Alltagsplausibilität oder Common Sense angewiesen zu sein. Es bedarf daher zusätzlich einer wissenssoziologisch-theoretischen Relationierung, die diese Unterscheidungen auch als anders möglich denken und mithilfe von Empirie problematisieren lässt. Aus diesem Grund wurden in der Studie zur Zusammenarbeit in Unternehmen sowohl Praktiken beobachtet als auch qualitative Interviews geführt, die deren impliziten Sinn beschreiben helfen. Gleichwohl wurden die Interviews nicht als einzige Repräsentation der sozialen Wirklichkeit aufgefasst, sondern vielmehr mit den beobachtbaren Praktiken kontrastiert und dadurch kontrolliert. So war zum Beispiel einerseits das durch die Interviews ermittelte implizite Wissen von Scrum als Softwareentwicklungsmethodologie notwendig, um die konkret vorfindlichen Praktiken des Scrum-Prozesses sinnvoll kontextualisieren und beschreiben zu können; andererseits wurden die beobachtbaren Praktiken mit den Interviews und geführten Gesprächen kontrastiert. Nur so konnte beispielsweise das von den Mitarbeitern der Web-icona nicht problematisierte Nichtfunktionieren der medialisierten Kommunikation überhaupt auf seine soziale Funktionalität hin beobachtet werden. Diese Verschränkung von Beobachtung (sozialer Praktiken) und Befragung (in Interviews) ist daher als ein Oszillieren zwischen der ethnografisch-empirischen und der wissenssoziologisch-theoretischen Option zu verstehen. Das Konzept der *Techniken des Sozialen* nutzt dies als methodologisches Fundament, um konkrete Sozialtechniken, verstanden als empirisch vorkommende Phänomene, beobachten und beschreiben zu können. Auch wenn Sozialtechniken als beobachtbare Handlungsgepflogenheiten empirisch in Erscheinung treten, bedarf es eines analytischen Konzepts, um diese als Sozialtechniken und nicht als Handlungen, Kommunikationen, Routinen, Rituale, Praktiken etc. beobachten zu können.

5 Das Konzept der Techniken des Sozialen

Mit den vorstehenden Erläuterungen, Abgrenzungen und Zuspitzungen insbesondere der praxeologischen Beschreibungssprache des Sozialen und eines Technikbegriffs, der nicht anhand einer Differenz zur Natur oder zum Menschen konturiert wird, sollte eine theoretische Grundlage geschaffen sein, auf der nun das Konzept der *Techniken des Sozialen* ausformuliert werden kann.

Die prinzipielle Idee ist die, dass seit der Moderne und bis in die Gegenwart auch die Sphäre des Sozialen technisiert wird. Soziale Praktiken etablieren sich nicht ausschließlich qua Wiederholung und verfestigen sich zu Praktikenkomplexen, sondern diese können auch hergestellt, gestaltet und organisiert werden. Kaum ist davon auszugehen, dass soziale Praktiken immer gleich vollzogen werden und sich höchstens durch Orientierung an einem neuen situativen Kontext anders ausrichten und innovieren. Vielmehr wird es insbesondere unter modernen Verhältnissen (vgl. auch Reckwitz 2008b, S. 208) plausibel, dass soziale Praktiken hergestellt und stabilisiert werden können.

Das Konzept beschreibt damit eine Technisierung des Sozialen in der Art, dass deren Elemente formalisiert und miteinander verknüpft werden, sodass ein neuer Wirkzusammenhang entsteht.[78] Dieser Prozess der Neukombination der Elemente des Sozialen kann, in einer praxeologischen Beschreibungssprache formuliert, als Gestaltung bzw. Instituierung sozialer Praktiken verstanden werden. Das herausgearbeitete Verständnis von Technik, das weder in Naturbeherrschung noch in Werkzeuggebrauch oder Maschinenkonstruktion aufgeht, sondern als eine effektive Isolierung eines Bereichs, als eine Grenzziehung beschrieben wurde, wird auf das Soziale übertragen. Damit kommt eine technische Zurichtung bzw. Konditionierung im Sinne eines Unter-Bedingungen-Stellens des Sozialen in den Blick, die darin besteht, dass Praktiken als Black Boxes designt bzw. dass Handlungsroutinen kreiert werden.

Zum einen wird mit dieser technischen Zurichtung eine Perspektive des Machbaren auf das Soziale angelegt, die jedoch um die prinzipielle Kontingenz der spezifischen Differenz von kontrollierbar und nichtkontrollierbar weiß. Das derart technisch zugeschnittene Soziale wird dabei isoliert; man muss von anderen Dingen absehen, ja sie bewusst ignorieren. Das meint die Rede von funktionierender Simplifikation. Da jedoch stets weitere und andere Simplifikationsmöglichkeiten vorhanden sind, kann die Grenzziehung auch modifiziert werden, indem andere Elemente ein- bzw. ausgeschlossen werden. Insofern kann die technische Differenz (kontrollierbar/unkontrollierbar) unter Maßgabe des Machbaren testweise eingesetzt und dann beobachtet werden, ob sich diese Differenz bewährt und zu einer selbstverständlich gehandhabten Handlungsgepflogenheit gerinnt. Obwohl in der Formel der funktionierenden Simplifikation in erster Linie die Erwartungsgenerierung durch Technik angesprochen wird, so ist in ihr doch auch der »Hinweis auf die Möglichkeit des Ausprobierens immer neuer Kombinationen, ja immer neuer Unterscheidungen« (Luhmann 1992a, S. 22) enthalten.

Zum anderen bedeutet dies, dass soziale Praktiken und auch deren Verknüpfungen zu Praktikenkomplexen in spezifischer Weise zugerichtet werden und nicht ausschließlich aus der Tradition geschöpft und qua Sozialisation weitergegeben werden oder historisch zufällig durch Wiederholung entstehen. Sozialtechniken reagieren damit auf die Kontingenzerfahrung traditioneller so-

---

78 Dies entspricht exakt der Technikbestimmung von Rammert (1989, S. 133). Er versteht unter Technik die »Verknüpfung von sachlichen und nicht-sachlichen Elementen zu einem künstlichen Wirkungszusammenhang«.

zialer Praktiken aufgrund der für moderne Gesellschaften typischen Mobilität. Soziale Praktiken werden mit Beginn der Moderne zunehmend auch als anders möglich, als anders praktizierbar und konfigurierbar wahrgenommen.

In solchen Gesellschaften, deren räumliche wie soziale Mobilität nicht nur stark ausgeprägt, sondern auch erwünscht ist, erscheinen soziale Formen des Umgangs, des Takts[79] oder der Höflichkeit nunmehr im Horizont anderer Möglichkeiten. Trotz aller Kontingenzerfahrung ist jedoch zunächst keine allumfassende Technisierung zu konstatieren.[80] Vielmehr ist eine erstaunliche Beharrungskraft geronnener, in dieser Art und Weise selbstverständlich gehandhabter Sozialformen, sozialer Verhaltensweisen oder auch sozialer Orientierungsmuster zu beobachten. Dies beginnt bei trivialen alltäglichen Praktiken wie dem Aufhängen oder Zusammenlegen von Wäsche[81] und endet vielleicht bei Praktiken der Unternehmensführung oder des wissenschaftlichen Forschens.

Soziale Praktiken geraten dennoch aufgrund ihrer Kontingenzerfahrung unter Druck, da sie als disponibel erachtet werden und folglich auch anders sein könnten. Einerseits bietet sich die Möglichkeit, soziale Praktiken aus anderen Kontexten zu übernehmen, wie beispielsweise Begrüßungsformen aus anderen Kulturen. Andererseits können diese Praktiken nun auch neu kreiert werden durch eine Formalisierung und Funktionalisierung der Praktikenelemente. Was bedeutet dies konkret?

Die Darstellung der soziologischen Praxistheorie hob insbesondere auf drei Elemente sozialer Praktiken ab: auf das implizite Wissen, den Körper und die

---

79 Zu denken ist hier an die verschiedenen Benimm- (Knigge), Ratgeber- (Machiavelli) oder Erziehungsbücher (Struwwelpeter). Auch scheinen Anleitungen zur Lebenskunst (Gracian 2013) auf ebendiese Kontingenzerfahrung zu reagieren. Denn erst wenn soziale Praktiken durch räumliche oder soziale Mobilität als kontingent erfahren werden, hat es einen Sinn, diese aufzuschreiben und als Handlungsanweisungen zu fixieren.

80 Niklas Luhmann führt auch Interaktionsbeispiele an, wie den Unterricht in der Schule oder die Predigt in der Kirche, die sich gegen eine Technisierung sperren würden (Luhmann 2000, S. 373; vgl. auch Luhmann/Schorr 1999, S. 127; und klassisch Luhmann/ Schorr 1982). Dies bedeutet gleichwohl, dass die Einbettung dieser Interaktionssituationen sehr wohl technisiert werden kann, wie anhand der massenmedial optimierten TV-Predigten in den USA oder anhand der E-Learning-Anstrengungen hierzulande beobachtet werden kann.

81 Dieses Argument der Beharrungskraft sozialer Praktiken wird zum Beispiel durch das Phänomen unterstützt, dass das Zusammenlegen von T-Shirts bis in die jüngste Gegenwart unhinterfragt praktiziert wurde. Die Irritation erfolgte erst durch die Verbreitung einer aus dem asiatischen Kontext stammenden anderen Falttechnik (vgl. z. B. http:// www.youtube.com/watch?v=prth3Fu7qJQ). Während der westliche Faltvorgang motorisch umständlich, aber kognitiv einfach erfassbar ist, nutzt die asiatische Falttechnik durch eine gewitzte Drehung von Ankerpunkten die Schwerkraft zum sehr schnellen, jedoch kognitiv nur schwer nachvollziehbaren Falten. Dass die Verbreitung dieser anderen Art, T-Shirts zusammenzulegen, so viel Resonanz erzeugt, zeigt sowohl die Beharrungskraft sozialer Praktiken als auch die Kontingenzerfahrung, und beide erstrecken sich bis in die Bereiche höchster Trivialität.

Dinge. Eine Technisierung sozialer Praktiken meint eine gezielte Einwirkung auf diese Elemente und ihre Konfiguration. In der empirischen Studie konnte dies zum Beispiel sichtbar gemacht werden anhand der Diskussionen, ob das Scrumboard analog mit Post-its gestaltet und im Raum für alle sichtbar hängend oder ob es vielmehr digital für jedes Teammitglied unterschiedlich konfigurierbar angelegt werden sollte. Die unterschiedliche Gestaltung des Boards hat Auswirkungen auf die Ausrichtung der Körper: Ist es für alle mit einem Blick in den Raum einsehbar und werden Änderungen für jeden sichtbar durch händisches Verschieben von Zetteln an der Wand vorgenommen oder hat jeder ein individuell gestaltetes digitales Scrumboard? Sie hat ebenfalls Effekte für das implizite Wissen, v. a. hinsichtlich des gemeinsamen Wissens, wie weit das Team im Sprint vorangekommen ist. Die Gestaltung des Scrumboards macht demnach einen fundamentalen Unterschied für die Ausbildung sozialer Praktiken bzw. für deren Ingangsetzung. Diese Etablierung von Praktiken wird nicht der zufälligen Wiederholung überlassen, sondern das Scrumboard wird auf eine Weise gestaltet, von der angenommen wird, dass sich durch sie bestimmte soziale Praktiken ausbilden, die für die Entwicklungsmethodologie von Scrum als wichtig erachtet werden.

An diesem Beispiel, an das sich eine medientheoretische Argumentation anschloss, kann weiterhin die Form der Technisierung beschrieben werden. Von Technisierung kann immer dann gesprochen werden, wenn etwas mit der Differenz von kontrollierbar/nichtkontrollierbar beobachtet und dementsprechend behandelt wird. Unter einer Technisierung sozialer Praktiken ist also der Versuch zu verstehen, diese als kontrollierbar zuzuschneiden. So ging es in der Scrumboard-Diskussion um die Zurichtung von sozialen Praktiken und das Wahrscheinlichmachen bestimmter Interaktionen. Das Soziale sollte derart kontrolliert werden, ohne dass es dazu konkreter Arbeitsanweisungen (oder gar Befehle) bedürfen würde.

Ähnlich verhielt es sich mit der Einrichtung von großen Tee- und Kaffeeküchen in der Bauroh, in der die gesamte Abteilung Platz fand. Diese Räume und die verschiedenen kollektiven Kaffeepausen wurden geschaffen, um einen Austausch auf informeller Ebene zu fördern und spezifisch zu kanalisieren. Da die Mitarbeiter in der Regel für eine längere Zeit (meist Jahrzehnte) im Unternehmen arbeiten und es insgesamt wenig Fluktuation gibt, können sich spezifische Interaktionsformen bilden, die dann als Routine nicht hinterfragt werden. Im Gegenzug können formale Meetings und Besprechungen auf ein Minimum reduziert werden; zumeist gibt es nur in den seltenen Krisensituationen Anlass dazu. Weiterhin wird dadurch die medial informelle Kommunikation reduziert. So werden beispielsweise weniger interne E-Mails prozessiert, da die berechtigte wechselseitige Erwartung besteht, dass man sich in Kürze beim Kaffee sehen wird und dort das Anliegen oder das Problem von Angesicht zu Angesicht besprechen kann. Das Zusammenarbeiten wird so in Phasen ungestörten, konzentrierten Arbeitens und Phasen des Austauschs, der Diskussion und der Besprechung geteilt. Es geht also in der Etablierung dieser Art von Kaffeerunden während der Arbeitszeit nicht um einen Verzicht auf organisatorische Effizienzerfordernisse oder um eine aus der Zeit des realexistierenden Sozialismus tradierte soziale Praktik, sondern um eine Technisierung des Sozialen, in dem das Zusammenarbeiten unter dem Aspekt kontrollierbar/nichtkontrollierbar behandelt wird. Dabei wird weder auf Anweisung noch auf Freiwilligkeit oder zufälligen Konsens gesetzt. Vielmehr werden bestimmte Interaktionen wahrscheinlich gemacht; es werden kontrollierbare Effekte etabliert.

Als weiteres Beispiel kann die Strukturierung des Feedbackprozesses in den Retro-Meetings in der Web-icona genannt werden. In der Studie wurde dargestellt, dass diese nach einem immergleichen Schema ablaufen und das Ziel haben, Innovationsmaßnahmen für die internen Prozesse zu formulieren oder Optimierungsmöglichkeiten für die Organisation zu realisieren. Es wird ein regelmäßig stattfindendes Meeting etabliert, das nicht der Besprechung konkreter Arbeitsfragen dient, sondern vielmehr der Verhandlung der Bedingungen für das Zusammenarbeiten. Dabei werden wechselseitig die verschiedenen Fähigkeiten und Fertigkeiten zur Darstellung gebracht, um die jeweiligen Kompetenzzuschreibungen variabel halten und Lerneffekte einbeziehen zu können. Insgesamt werden die einzelnen Teammitglieder durch die Strukturierung dazu angehalten, ihre Relevanzsetzungen zu kommunizieren; auch um sich an den von den anderen kommunizierten orientieren zu können. Wieder können so spezifische Erwartungen gebildet werden, beispielsweise die unhinterfragte Darstellung persönlicher Motive zur Orientierung der anderen oder auch die Erwartung an ein vielfältiges, umfassendes und zeitnahes Feedback durch die anderen. Es werden damit Interaktionsformen innerhalb der Organisation etabliert, die ehedem ihren Platz ausschließlich in familiärer Intimkommunikation hatten; nunmehr können sie miteinander in Konkurrenz treten – sodass beispielsweise das Gefühl entstehen kann, dass mit den Arbeitskollegen mehr geredet und voneinander wechselseitig mehr gewusst wird als in der Zweierbeziehung oder der Familie.[82] Die These ist wiederum, dass all dies weder historisch zufällige Effekte sind, noch dass sie allein aufgrund von Zwängen formaler Organisation entstehen, sondern dass diese Erwartungen auf einer

---

82 Insbesondere an diesem Beispiel könnten Kulturkritiker ihren prinzipiellen Einsatz wittern und vorgeben – wie auch Rammert (1989, S. 132) aufzeigt –, dass das (natürliche) Soziale als das »dem Menschen Angemessenere dem Technischen vorzuziehen« sei. So könnte argumentiert werden, dass die Familie als Gegenentwurf zur Berufstätigkeit wichtig sei und dass diese folglich als das dem Menschen Angemessenere vorzuziehen sei, doch würde diese Argumentation die Funktionalität der spezifisch zugerichteten Sozialität im Beruf gerade für diejenigen übersehen, die keine stabile Familienstruktur pflegen, als Single leben etc.

Zwischenebene zwischen formaler und informaler Organisation gebildet werden, auf der das Soziale technisch geformt und gestaltet wird.

Die bisher rekapitulierten Beispiele hatten allesamt gemein, dass es sich um Entwürfe handelte, die sich dann auch mehr oder weniger erwartungsgemäß etablierten und als Sozialtechniken funktionierten. In der empirischen Studie konnte jedoch auch das Scheitern von Entwürfen in der Hinsicht beobachtet werden, dass diese sich entweder nicht verfestigten oder zwar funktional waren und sich verfestigten, aber nicht im intendierten Sinne.

Als Beispiel für den ersten Fall kann an die verschiedenen Versuche erinnert werden, in der Web-icona teamübergreifende Meetings zu etablieren. Während die Plannings, Reviews und auch Retros innerhalb der Teams sehr schnell relativ stabil etabliert werden konnten, versuchten die Scrum-Master und das Management, mithilfe verschiedener teamübergreifender Meetings die Teams auf das Gesamtziel der Firma zu orientieren. Konkret wurden zum Beispiel die Reviews als die Meetings, in denen die Teams vorstellen sollten, was sie an funktionierender Software im letzten Sprint entwickelt hatten, teamübergreifend gestaltet. Dies sorgte bei nahezu sämtlichen Teilnehmern für Langeweile, da die einzelnen Präsentationen zum einen nicht gut genug vorbereitet waren, um auch den Kontext für die anderen nicht an der konkreten Story Beteiligten aufzuklären; zum anderen konnte auch nicht vermittelt werden, inwiefern das Präsentierte für die eigene Arbeit relevant war. Deswegen wurden die Gesamt-Reviews nach zwei Durchläufen wieder zugunsten von Team-Reviews abgeschafft. Anders ausgedrückt, der Versuch, die Teams an der Gesamtvision des Unternehmens zu orientieren, scheiterte. Die mögliche Orientierungsfunktion konnte nicht langfristig etabliert werden. Ähnliches konnte hinsichtlich der Scrum-of-Scrums-Meetings beobachtet werden. Auch hier konnte bei den beteiligten Akteuren kein Verständnis für Sinn und Relevanz eines solchen Meetings erzeugt werden, das eigentlich einer gegenseitigen teamübergreifenden Aufklärung über den jeweiligen Fortschritt der verschiedenen Sprints dienen sollte.

Ein Beispiel für den zweiten Fall, bei dem eine initiierte Sozialtechnik von der Designintention insofern abwich, als sie anders als gedacht ihre Wirkung entfaltete, sind die medialisierten Meetings in der Web-icona. Hier konnte aufgezeigt werden, dass die nicht funktionierende Technik der Videoübertragung via Skype oder Google hangout oder die fehlerproduzierende Software sozial hochfunktional war. Intention der medialisierten standortübergreifenden Kommunikation war es, durch mehr Kommunikation und Austausch die Standorte näher zusammenzubringen, aber in erster Linie überhaupt erst einmal standortübergreifende Kommunikation zu ermöglichen. Der genutzten Technik wurde dieses Potenzial zugerechnet. Doch konnte die intendierte Wirkung – wie gezeigt – erst durch die vielfältigen Reparaturmaßnahmen oder durch den Leerlauf aufgrund der nicht funktionierenden Technik erzeugt werden. Hier etablierte sich zwar die erhoffte Wirkung, aber mit anderen Mitteln als gedacht.

Anhand dieser verschiedenen Beispiele aus der empirischen Studie sollte veranschaulicht werden, was mit dem Konzept der *Techniken des Sozialen* in den Blick kommt. Es wurde gezeigt, dass die dargestellten Einwirkungen auf die soziale Sphäre als funktionierende Simplifikationen verstanden werden können. Es geht also um die Verknüpfung von Elementen des Sozialen in einem technischen Sinne, so »daß sie von anderen sinnhaften Bezügen, wie dem Erwarten einer Antwort oder dem verständigen Vollziehen eines vorher abgesprochenen Arbeitsgangs, freigesetzt [sind] und die Kombination der abgelösten Elemente ausschließlich unter dem Gesichtspunkt des Ineinandergreifens und Funktionierens organisiert« (Rammert 1989, S. 135) wird. Dabei ist zu unterscheiden zwischen dem Entwurf und der Realisierung der Sozialtechnik. Mithilfe des Konzepts soll beides beobachtbar gemacht werden, wenngleich von Sozialtechniken im engen Sinne erst dann gesprochen werden kann, wenn ein Entwurf sich auch durchsetzt, anschlussfähig wird und selbstverständlich erwartet werden kann.

Das heißt einerseits, dass die technisch geformte Sozialität funktionieren, also eine Wirkung oder einen Effekt zeitigen muss; andererseits bleibt sie als Simplifikationen stets kontingent. Auf der einen Seite können durch das Funktionieren der technisch geformten Sozialität spezifische Erwartungen ausgebildet werden, die jedoch auf der anderen Seite – da prinzipiell kontingent bleibend – stets verändert, modifiziert und neu arrangiert werden können.[83] Sie bleiben in ihrem Funktionieren *kontingente* Simplifikationen, die auch anders zugeschnitten werden können.[84] Diese Tatsache führt auf phänomenaler Ebene zu zwei Formen von Sozialtechniken.

---

83 Im empirischen Teil der Arbeit konnte u. a. gezeigt werden, dass beispielsweise in die Formen des Zusammenarbeitens Deutungsmuster aus vollkommen arbeitsfremden Kontexten (Familie oder Selbstverwirklichung) übernommen und mit bestehenden Arbeitspraktiken amalgamiert werden, sodass sich die konkreten Arbeitspraktiken ändern. Im Endeffekt werden komplett neue Erwartungen an den Praktikenkomplex des Arbeitens und genauer des Zusammenarbeitens angelegt. Diese hergestellten Erwartungen werden dennoch als selbstverständlich erachtet. Dass sie dies keinesfalls sind, zeigt ein flüchtiger Blick in die Geschichte der Arbeitspraktiken oder auch in andere kulturelle Kontexte gegenwärtiger Arbeitspraktiken in der Welt.

84 Spätestens an dieser Stelle muss an das kybernetische Denken erinnert werden. Kybernetik kann allgemein als Kunst des Steuerns beschrieben werden. Die Denkfiguren rückbezüglicher Steuerung sind bereits in der Antike angelegt (vgl. Pircher 2004), werden u. a. im Konzept der neuzeitlichen Policey aktualisiert (vgl. Vogl 2004, S. 72) und münden in technische Artefakte wie beispielsweise Watts Fliehkraftregler, ohne den die Dampfmaschine nicht ihre Wirkung für die Industrialisierung hätte entfalten können. Zentral und diskursbestimmend wird die Vorstellung von Kybernetik und damit von zirkulärer Kausalität gegen Ende des Zweiten Weltkriegs bis in die 1970er Jahre (vgl. Pias 2004). Der in dieser Zeit artikulierte besondere Anspruch der Kybernetik bestand nun in der Eta-

Erstens gibt es eine einfache Form der Sozialtechnik, die in der Erstellung eines Wirkungszusammenhangs von Elementen des Sozialen durch die Grenzziehung von kontrollierbar und nichtkontrollierbar besteht. Die hier schon rekapitulierten Beispiele aus der empirischen Studie zielen allesamt darauf.

Zweitens gibt es jedoch eine reflexive Form der Sozialtechnik, die in der Kontingenznutzung der technischen Grenzziehung besteht. Das heißt konkret, dass die Kontingenz der technischen Grenzziehung für das Funktionieren, also für den zu erstellenden Wirkzusammenhang selbst genutzt wird. Die durch Technik erzeugte notwendige Ignoranz gegenüber all dem, was auf der Seite des Unkontrollierbaren vorortet wird, kann dadurch abgeschwächt – bzw. technisch gehandhabt – werden, indem testweise und versuchshalber spezifische Elemente des Unkontrollierbaren auf die Seite des Kontrollierbaren gezogen werden. Um den sozialtechnischen Wirkzusammenhang wird eine weitere technische Grenze gezogen, die eine gezielte Manipulation und technische Handhabung der sozialtechnischen Grenzziehung ermöglicht. Zentrales Beispiel hierfür ist Scrum als Softwareentwicklungsframework. Scrum ist nicht als Technik im Sinne einer Verfahrensanleitung oder Routine ausformuliert, sondern stellt einen Kontext für die beschriebenen Sozialtechniken her. Deswegen wird es auch eher als Design oder Framework beschrieben. Mit dem hier präsentierten Konzept der *Techniken des Sozialen* bleibt Scrum dennoch Technik, die auf der Seite des Kontrollierbaren verschiedene Sozialtechniken einbegreift. Mit dieser Differenz kann nun besser verstanden werden, dass aus Sicht des Konzepts die hergestellten, funktionierenden Simplifikationen einerseits fiktive Erwartungen ausbilden und stabilisieren können, dass diese jedoch andererseits stets kontingent bleiben.[85]

---

blierung einer »experimentellen Epistemologie« (Warren McCulloch), die die epistemologische Zentralstellung des Konzepts »Mensch« zugunsten des kybernetischen Regelkreises angriff (vgl. Aumann 2011, S. 209). Die nicht nur technischen, sondern auch sozialen Hoffnungen einer Optimierung der Gesellschaft, die in die Kybernetik gesetzt wurden, konnten jedoch nicht erfüllt werden, sodass sie ab den 1970er Jahren an Plausibilität verlor (ebd., S. 210). Wie die Forschungen der letzten Jahrzehnte jedoch zeigen, gibt es einen zweiten innerakademischen Strang kybernetischer Forschung, der mit Heinz von Foerster (2002a) als Kybernetik zweiter Ordnung beschrieben werden kann. Während die Kybernetik erster Ordnung im Hintergrund stets eine Steuerungsvorstellung mitführte, die einen Wirkzusammenhang mithilfe der technischen Grenzziehung zwischen kontrollierbar und nichtkontrollierbar etabliert, kann die Vorstellung einer Kybernetik zweiter Ordnung als reflexive Handhabung ebendieser technischen Grenzziehung beschrieben werden. Die Grenzziehung wird damit als Teil des zu etablierenden Wirkzusammenhangs mit einbezogen, sodass sich Eigenwerte bzw. -zustände des so gestalteten Systems einstellen können. Kybernetik besteht dann im Beobachten und Ausnutzen dieser temporären Stabilisierungen. Statt einer technischen Normsetzung wird ein permanentes Monitoring des Normalen angestrebt.

85 Für ein besseres Verständnis der getroffenen Unterscheidung zwischen den beiden Formen von Sozialtechniken ist es vielleicht hilfreich, wenn die einfachen Sozialtechniken als Black Box der Kausalität (verschiedener, u.a. sozialer Elemente) und reflexive Sozial-

Wieder anknüpfend an eine praxeologische Beschreibungssprache könnte formuliert werden, dass soziale Praktiken in spezifischer Weise hergestellt werden und keineswegs nur traditionelle soziale Praktiken sind, die einzig in andere Handlungskontexte übertragen werden. Deshalb könnte auch von einem Instituieren sozialer Praktiken, einem Ingangsetzen spezifisch zugeschnittener sozialer Praktiken gesprochen werden. Gemeint ist damit eine Konstruktion sozialer Praktiken aus vorhandenen Elementen durch deren Neukombination, wobei die Verknüpfung hinsichtlich eines wiederholbaren und damit erwartbaren Effekts geschieht. Diese Verknüpfung erfolgt durch die Anwendung der Unterscheidung von kontrollierbar/nichtkontrollierbar. Das heißt, dass diese Grenzziehung, verstanden als wirkungsvolle Isolation des Bereichs, in dem die Elemente sozialer Praktiken miteinander verknüpft werden, nur durch das Außerachtlassen bzw. Ignorieren des (jetzt und hier) unkontrollierbaren Bereichs gelingen kann. Diese Operation beschrieb Blumenberg als notwendigen Sinnverzicht, der jedoch das Potenzial besitzt, zu einer selbstverständlichen Tatsache der Lebenswelt zu werden. Um Elemente zur Erzielung einer spezifischen Wirkung miteinander verknüpfen zu können, muss von allem anderen abgesehen werden; diese Ignoranz kann gleichwohl eine unhinterfragte Evidenz entfalten.

Mit Walter Benjamins Begriff der zweiten Technik konnte diese Isolierung eines kontrollierbaren Bereichs als permanentes Testen, als Spiel und unermüdliches Variieren der Versuchsanordnung beschrieben werden, die keine prinzipielle Lösung vorsieht.[86] Das beschreibt die Tatsache, dass über die konkreten Grenzziehungen der Technik wiederum nicht technisch entschieden werden kann. Sie bleiben stets kontingent und können auch anders gezogen werden. Jedoch kann die Kontingenz selbst in Form reflexiver Sozialtechniken genutzt werden. Gleichwohl nur unter der Maßgabe, dass auch diese reflexive Form nur

---

techniken als Black Box der technischen Form, die auf der Seite des Kontrollierbaren unterschiedliche Black Boxen der Kausalität beinhalten können, beschrieben werden.

86 Diese hier allgemein gehaltene Formulierung von Benjamin kann im Hinblick auf die Praktiken in der Web-icona spezifiziert werden. So wurde in der empirischen Analyse aufgezeigt, dass beispielsweise die Trias von Unternehmen, Mitarbeiter und Kunde je nach Situation zu verschiedenen Allianzen führt, insbesondere weil die jeweiligen Rückkanäle nun stärker in den Blick genommen werden. Als Resultat werden keine fixierten, in Arbeitsanweisungen gegossenen Regeln etabliert, sondern es wird je neu das Spiel variiert. Es wird probiert und getestet, was funktioniert, ohne auf Dauer zu fixieren, sondern stets mit der Möglichkeit der Veränderung. In multivariaten Testings und der User-Experience-Forschung wird dieser Modus quasi in Realtechnik überführt, da die Ergebnisse der Testings für den Moment und für die spezifische Anforderung funktionieren, aber nicht generalisiert werden können. Es gibt keine prinzipielle Lösung für die Gestaltung von Websites oder -produkten. Und Scrum reagiert auf die Einsicht, dass es keine prinzipielle Lösung für das Zusammenarbeiten gibt. Daher wird durch Scrum eine Infrastruktur etabliert, die ein permanentes Testen und Ausprobieren erlaubt. Die Konstanz von Scrum besteht daher in der unermüdlichen Variation.

mithilfe einer prinzipiell kontingent bleibenden technischen Grenzziehung zwischen kontrollierbar und nichtkontrollierbar überhaupt möglich ist.

Dies hatte u. a. Schelsky im Blick, als er – entgegen der populären und trotzdem falschen Zurechnung seines Aufsatzes *Der Mensch in der wissenschaftlichen Zivilisation* auf Technokratie[87] – meinte, dass gerade aufgrund der »universal gewordenen Technik« (Schelsky 1961, S. 10) die Zukunft noch nie so offen gewesen sei (vgl. ebd., S. 17) – nicht trotz, sondern gerade aufgrund der Technisierung unseres Alltags, unserer Lebenswelt und unseres Denkens werden wir der Kontingenz aller technischen Grenzziehungen gewahr. Sie bleiben stets kontingent und entziehen sich dadurch einer technokratischen Vorstellung permanenter Optimierung.[88]

Diese Einsicht ist für das Konzept der *Techniken des Sozialen* zentral. Denn dadurch kann plausibel werden, dass Sozialität zunehmend mithilfe der Beobachtungsform Technik behandelt wird, ohne dass dies zu einer zunehmenden Technokratisierung führen würde. Gleichwohl hat eine solche Technisierung des Sozialen angebbare funktionale und auch dysfunktionale Konsequenzen. Es kann jedoch kein Globalurteil gefällt werden, vielmehr ist die Funktionalität – wie man mit Luhmann sagen könnte – je nach Systemreferenz verschieden. Was für die eine Interaktionssituation funktional ist, muss es nicht für

---

87 Im Hintergrund der Technokratiezurechnung von Schelsky steht zumeist dessen These, dass sich Herrschaftsdisziplin in Sachdisziplin verwandelt hätte (vgl. auch Fußnote 21 auf S. 210 f.). Am Beispiel von Scrum kann diese These beschrieben werden, ohne dass die falsche Vorstellung einer technokratisch-sklavischen Abhängigkeit von Maschinen und Technik bedient wird. Wie herausgearbeitet wurde, verhindert Scrum Hierarchieentscheidungen, indem Teamentscheidungen etabliert werden. Diese Teamentscheidungen werden jedoch durch Sachvorgaben strukturiert, die sich das Team selbst zum Beispiel beim sogenannten Poker Planning aufzeigt und vorgibt. Im besten Falle werden dann Stories vom ProductOwner derart zugeschnitten, dass die einzelnen Teammitglieder hinsichtlich ihrer Fähigkeiten die Aufgabe in einer Art und Weise diskutieren und dann bearbeiten, dass überhaupt nicht entschieden werden muss – die Aufgabe löst sich wie von selbst. Dies ist jedoch erst dann möglich, wenn von Herrschaftsdisziplin auf Sachdisziplin umgestellt wird – und paradoxerweise gelingt Sachdisziplin erst, wenn die verschiedenen Personen mit ihrer gesamten Persönlichkeit und ihren individuellen Relevanzstrukturen und Kompetenzen in diesen Prozess einbezogen werden. Eben darauf wollte Schelsky hinaus; nicht auf eine sklavische Unterwerfung unter die Technik oder den Sachzwang.

88 Von Vertretern der Technokratiethese wurde oft das Argument des durch Formalisierung und Technisierung unterstützten Konformitätszwangs in Anschlag gebracht, um technisierte Formen von Sozialität prinzipiell zu diffamieren. Insbesondere wenn das Argument als Zeitdiagnose formuliert wurde, war es die Struktur eines zunehmenden Konformitätszwangs, einer zunehmenden Rationalisierung (bis hin zum Weber'schen stählernen Gehäuse der Hörigkeit), einer Kolonialisierung der Lebenswelt (Habermas) oder einer Technisierung, die sämtliche andere Sphären nach nur einem Prinzip, vornehmlich nach dem des »one best way«, strukturieren würde. Außer Acht gelassen wurde dabei die oben herausgestellte Form der Technisierung. Denn Technisierung führt nicht analog einer Extremwertaufgabe zu einem Optimum, das durch Einbezug weiterer Variablen und Kontexte je weiter optimiert werden könnte.

die andere oder die appräsentierte Organisation sein. Auch kann das, was gesellschaftlich dysfunktional erscheint, für psychische Systeme hochfunktional sein – und umgekehrt. Erwartbar sind jedoch Folgewirkungen von einfachen wie auch reflexiven Sozialtechniken nach beiden Richtungen.

Die erste Konsequenz lässt sich aus der Feststellung Blumenbergs (1999, S. 51) ableiten, dass die »Antinomie der Technik [...] zwischen Leistung und Einsicht« bestehe. Die Leistung durch Technik werde mit fehlender Einsicht erkauft. Sie werde im Vollzug – und das ist gerade ihre Leistung – in ihrem Funktionieren unsichtbar. Das von ihm gebrachte Beispiel der elektrischen Türklingel, die immer gleich klingeln würde, sodass ebendieses Klingeln selbstverständlich und erwartbar werde, macht dies deutlich. Der Klingelnde braucht den konkreten Wirkmechanismus nicht zu verstehen, um das Klingelgeräusch wie selbstverständlich zu erwarten.[89] Insofern ist es eine Leistung von Technik, das Unverstandene und Unbekannte selbstverständlich zu machen. Trotz bestehender Unkenntnis können Wirkungen wie selbstverständlich erwartet werden. Niemand muss verstehen, wie ein Auto funktioniert, dennoch wird beim Drehen des Zündschlüssels[90] das Anspringen des Motors erwartet. Und nur wenige wissen, wie die Daten, die durch Eingabe einer Adresse im Webbrowser aufgerufen werden, wirklich auf den Bildschirm gelangen, und trotzdem erwarten wir alle das Erscheinen bestimmter Internetseiten und -inhalte. Auch in Wirkzusammenhängen, die weniger in Realtechnik kondensiert sind, ist dies zu beobachten. Studenten erwarten mit Abgabe einer Klausur die Bearbeitung und Notenvergabe durch den Dozenten, ohne sich über die Korrektur von Hunderten von Klausuren Gedanken machen zu müssen. Wähler erwarten den Einbezug ihrer Stimme in das Wahlergebnis etc. trotz vollkommener Unkenntnis der konkreten Wahlordnung, der Parteiprogramme oder ohne den Kandidaten auch nur zu kennen. Sozialtechniken haben demnach die Wirkung, dass sie entproblematisieren und »daß sie Handeln als selbstverständlich und fraglos erscheinen« (Hörning 2001, S. 178) lassen. Etwas abstrakter formuliert meint dies, dass die

---

89 Andreas Kaminski (2010) nennt dies in seiner technikphilosophischen Studie, die Technik als Erwartung begreifen will, »Vertrautheitserwartungen«. Davon unterscheidet er u. a. die typisch modernen Funktionierbarkeitserwartungen (ebd., S. 274), die erwartbar machen, »dass sich etwas, das bislang nicht geht, machen lässt« (ebd., S. 268). Damit rückt die Erwartung einer potenziellen Machbarkeit in den Blick. Dies alles liegt auf der Linie mit dem hier herausgestellten Technikbegriff. Denn Funktionierbarkeitserwartungen sind »[h]ochsensibel für Wirklichkeitseffekte, insbesondere Enttäuschungen – und zugleich kontrafaktisch, enttäuschungsresistent, gleichgültig gegenüber einer Realität, die scheitern lässt« (ebd., S. 273 f.).

90 Der Leser möge die Antiquiertheit des Beispiels verzeihen. In neueren Autos gibt es selbstverständlich nur noch einen Knopf und die Autorisierung der Nutzung nicht mehr über einen Schlüssel, sondern mithilfe eines Funksensors auf einer Chipkarte. Damit werden zwei Funktionen voneinander getrennt: Motor starten und die dafür nötige Autorisierung.

ehemalige Gestaltung bzw. das Design derart selbstverständlich wird, dass Gestaltungsabsichten oder die spezifische Designqualität unsichtbar werden. Wie beim selbstverständlich gewordenen Klingelknopf werden das Funktionsprinzip und dessen Existenzberechtigung nicht nur nicht mehr infrage gestellt, sondern sie tauchen für die Beteiligten überhaupt nicht mehr als Frage auf. Die etablierten Prinzipien von Scrum in der Web-icona oder die Existenzberechtigung von vor- und nachmittäglichen Kaffeerunden in der Bauroh werden als selbstverständlich wahrgenommen und jeder Frage entzogen. Genau dieser Prozess des Selbstverständlichwerdens von Unselbstverständlichem ist jedoch der zentrale Punkt für das Funktionieren von Sozialtechniken. Sozialtechniken haben eine fraglose Existenz.

Dies war einerseits der entscheidende Einsatzpunkt ideologiekritischer Argumentation gegenüber Ansätzen des Social Engineering, die Sozialtechniken als polemischen Begriff gebrauchten. Denn genau dieser Umschlagpunkt, dass eine soziale Konstruktion als natürlich und selbstverständlich erachtet wird und gerade deshalb fraglose Qualität gewinnt, kann mit guten Gründen kritisiert werden. Die Frage ist nur, was dann dagegengestellt werden kann bzw. was als funktionales Äquivalent ausgemacht werden kann, das weder in einer »natürlichen« Konzeption des Sozialen aufgeht oder in eine abstrakte und eigentümlich empirieferne Konzeption des herrschaftsfreien Diskurses (Habermas) mündet. Durch die hier favorisierte Lesart dessen, was Moderne und Modernität auszeichnet, wird die erste Option, die das Soziale auf der Seite eines prinzipiell Unkontrollierbaren verortet, hinfällig. Die zweite Option besitzt dagegen eine normative Aufladung, die empirisch nicht einzuholen ist. Dies kann man zwar intellektuell beklagen. Wenn Soziologie jedoch als Wirklichkeitswissenschaft verstanden wird, dann geht es um eine möglichst adäquate Beschreibung der sozialen Wirklichkeiten – egal, ob diese einem behagen oder auch nicht. Statt Sozialtechniken per se zu kritisieren, wären ihre funktionalen Effekte für die soziale Wirklichkeit, in der wir leben, in den Blick zu nehmen.

Hinsichtlich der fraglosen Existenz von Sozialtechniken mag auch eingewandt werden, dass die damit verbundene selbstverständliche Erwartungsetablierung von Un(selbst)verständlichem auch von der Natur geleistet wird. So kann selbstverständlich das Herunterfallen eines Gegenstands erwartet werden, ohne dass man die physikalischen Gesetzmäßigkeiten kennen muss. An dieser Stelle wird ein entscheidender Unterschied sichtbar. Technik – und das war die weitere Einsicht aus Benjamins Begriff der zweiten Technik – ermöglicht eine Erwartungsstabilisierung und Etablierung des Selbstverständlichen auch jenseits von Naturgesetzlichkeiten, Alltag oder biologischen Lebensprozessen. Der Möglichkeitshorizont wird gleichsam unermesslich. Denn mit Technik können auch verschiedene, höchst unwahrscheinliche Auslösemechanismen etabliert werden, die kein Vorbild in der Natur besitzen. Bis in die jüngere Vergangenheit war es absolut unwahrscheinlich, dass jemand auf die Idee kommt, den Arbeitsaufwand für konkrete Aufgaben nicht anhand von Zeit, sondern von Komplexität abzuschätzen, um latente Probleme bei der Bearbeitung dieser Aufgaben, die einige im Team bemerken und andere nicht, zur Diskussion zu bringen; und dennoch ist dies für sehr viele Programmierer weltweit – nicht nur in der untersuchten Web-icona – höchst selbstverständlich. Dieser Effekt des Selbstverständlichmachens von Unverständlichem gelingt so auch und vor allem in hochspezifischen Kontexten. Insofern können Techniken des Sozialen »auch entritualisierende und störende Wirkungen« (Hörning 2001, S. 178) besitzen. Gleichwohl werden durch die Möglichkeit des Selbstverständlichmachens höchst unwahrscheinliche Spezialisierungen überhaupt erst möglich, und diese können sodann weiter vorangetrieben werden, wie beispielsweise die vielfältigen Studien aus der Wissenschaftssoziologie und -geschichte zeigen (vgl. u. a. Knorr-Cetina 1991; Latour 2002; Latour/Woolgar 1986).

Dies alles führt – und das war Luhmanns wichtigstes Argument für den evolutionären Erfolg von Technik – zum möglichen Umgang mit spezifisch erhöhter Komplexität. Soziale Komplexität kann durch Techniken des Sozialen reduziert und gleichzeitig spezifisch hochgetrieben werden. Praktiken können derart zugerichtet werden, dass ganz spezifische, für sich höchst unwahrscheinliche soziale Formen möglich und Ziele der Kommunikation wahrscheinlich werden. So können beispielsweise bei den Retros im Kontext von Scrum persönliche Aspekte, Motive und Einstellungen für den Arbeitsprozess systematisch zur Darstellung gebracht werden, die ehemals aus dem beruflichen Kontext herausgehalten wurden oder einzig in informellen Beziehungen zwischen den Mitarbeitern zur Sprache und zum Tragen kamen. Durch die mithilfe von Moderationstechniken und Verfahrensregeln reduzierte Komplexität von Interaktionssituationen in Unternehmen kann eine spezifische Komplexität – hier die persönlichen Relevanzstrukturen – hochgetrieben und dies alles strukturell erwartet werden. Es kann in dieser Hinsicht eine unwahrscheinliche Erwartung von persönlichen Darstellungsweisen an eine Interaktionssituation herangetragen und auf Dauer gestellt werden.

Die beschriebene Technisierung des Sozialen erlaubt zudem die Möglichkeit der Entkopplung von hergestellten Verhaltensroutinen und Entscheidungsproblemen. Denn durch das Herstellen von Praktiken als Black Boxes werden aus Handlungsentscheidungen Verhaltensroutinen. Dadurch werden für den Ausführenden sozialer Praktiken alternative Handlungsmöglichkeiten verdeckt. Funktional kann dies zur Reduktion von Verhaltensunsicherheiten eingesetzt werden, denn gerade aufgrund der Black-Box-Haftigkeit der erzeugten sozialen Praktiken kann man sich an diesen erwartbar orientieren. Wenn jedoch die konkreten Praktiken nicht auf Entscheidungen beruhen, wird eine Verantwortungsübernahme eher unplausibel. Derart etablierte Handlungsroutinen oder -gepflogenheiten vollziehen sich oder laufen ab, werden jedoch nicht bewusst gesteuert oder intendiert.

Diese Entkopplung führt dann dazu, dass die Praktiken im Gegensatz zu Handlungen weniger auf Risiko zugerechnet werden. So entzieht sich das aktuelle Ausführen einer Praktik der Reflexion, ob eine andere Aktion bzw. eine Handlungsunterlassung besser gewesen wäre. Damit kann der typisch spätmodernen Risikokommunikation Einhalt geboten werden, die stets dann einsetzt, wenn eine Handlung als Handlungsentscheidung reflektiert wird (vgl. Luhmann 1991a). Wenn beispielsweise das Tragen eines Fahrradhelmes als Entscheidung – für oder gegen – betrachtet wird, ist das Nichttragen des Helmes nun ein Risiko. Dies kann dann noch reflexiv hochgetrieben werden, wenn das eigene Verhalten gegenüber dem Fakt des Helms als Risikominimierer selbst als Entscheidung betrachtet wird. Dann ist nicht nur das Nichthelmtragen riskant, sondern auch schon die Tatsache, dass sich mit dieser Entscheidung nicht beschäftigt wird. Soziale Praktiken mit ihrer Legitimation qua Gewohnheit oder Routine entziehen sich dieser Entscheidungszurechnung, da man sich nicht für eine Praktik entscheidet, sondern der Vollzug der Praktik entscheidet sich quasi selbst. In dieser Hinsicht können dann auch technisch hergestellte Praktiken aus der Perspektive der Akteure kognitiv entlastend wirken und als funktional beschrieben werden.[91] Andererseits bleibt das Problem der Risikozurechnung von Handlungen nun verschärft für die Sozialtechniken bestehen. Denn diese könnten ja auch anders und demnach möglicherweise besser zugeschnitten werden. Insofern steigt mit jeder Technisierung zugleich die Unsicherheit über den selektiven Bereich des Kontrollierbaren und dadurch auch das wahrgenommene Risiko. Solange beispielsweise Manager oder Berater für die Zurichtung der Arbeitspraktiken zuständig sind, braucht sich derjenige, der die Praktiken vollzieht, um deren Zuschnitt keine Gedanken zu machen. Das »Automatisieren von Entscheidungen auf der operativen Ebene« führt jedoch »zu mehr Entscheidungen auf anderen Ebenen« (Luhmann 2000, S. 376) und fällt dort als wahrgenommenes Risiko an, weil es hinsichtlich der Grenzziehung einer effektiven Isolierung keine technische Lösung gibt.[92] Dies führt zu dem paradoxen Effekt, dass für konkrete Praktiken keine Verantwortung übernommen wird, sondern einzig für ihre spezifische Zurichtung. Der Vorteil wäre jedoch wiederum, dass sich dadurch die Möglichkeit einer Distanzierung von traditionellen, als »na-

---

91 Dieses Argument ist bei Gehlen im Begriff der Hintergrundserfüllung kondensiert. Berger und Luckmann (2000, S. 56 f.) sprechen im gleichen Sinne von Habitualisierung.

92 Die im Management schon hinreichend bekannten und oft diskutierten Phänomene, dass unmöglich zu bestimmen sei, welche Entscheidungsprämisse besser ist, wird nun zum Problem vermehrt selbstständig oder im Team Arbeitender. Anscheinend versuchen Unternehmen, die gestiegene Relevanz der Entscheidung über Entscheidungsprämissen auch bei formal angestellt Arbeitenden auf untersten Hierarchieebenen dadurch abzufangen, dass mithilfe einer Ausgestaltung von Unternehmenskultur (vgl. hierzu auch Luhmann 2000, S. 240 f.) und der Beigabe von Coaches bestimmte Entscheidungsprämissen zumindest wahrscheinlicher gemacht werden.

türlich« wahrgenommenen Verantwortungsübernahmen ergibt. Nun lässt sich auch der Bereich für eine als legitim erachtete Verantwortungsübernahme noch zuschneiden, und er muss nicht mehr über relativ statische Konzepte wie Ehre oder Moral vermittelt werden.[93] Dadurch werden die Kombinationsmöglichkeiten von Elementen des Sozialen weiter erhöht.

Auch kann beim Instituieren sozialer Praktiken der Effekt ausgemacht werden, dass dadurch Konsens eingespart werden kann. Man muss »kein Einverständnis mehr erzielen«, da sich das Bewährte bereits bewährt hat. »Das Funktionieren selbst kann vorausgesetzt werden; und zwar so vorausgesetzt werden, dass man voraussetzen kann, dass auch die anderen es voraussetzen« (Luhmann 2000, S. 372). In der Koordination von Abläufen durch eine entsprechend technisch etablierte Sozialität kann die oft »konfliktträchtige Koordination menschlichen Handelns« (Luhmann 1997, S. 518) eingespart werden. Dies kommt in der Rede von Sachzwängen zum Ausdruck, wobei diese freilich zumeist rhetorisch genutzt werden, um am Horizont auftauchende potenzielle Streitpunkte abzuschneiden. Mit dem Konzept der *Techniken des Sozialen* ließe sich dieses Anführen von Sachzwängen daher auch als anders zuschneidbare Wirklichkeitsdarstellung dechiffrieren. Dies ist direkt im Anschluss an Schelsky zu begreifen, der den entscheidenden Unterschied zwischen dem vortechnischen und dem technischen Zeitalter darin ausmacht, dass Herrschaftsdisziplin in Sachdisziplin umgeformt worden sei (Schelsky 1961, S. 27), sodass eigentlich keine Entscheidungen mehr getroffen würden, sondern gemäß der von Experten und Sachbearbeitern aufbereiteten Unterlagen einzig die »Ingangsetzung und Durchführung« befohlen werden könne. Im technischen Zeitalter werde demnach auch nicht mehr geherrscht, sondern einzig die Apparatur sachgemäß bedient (ebd., S. 26): »Die moderne Technik bedarf keiner Legitimität; mit ihr ›herrscht‹ man, weil sie funktioniert und solange sie optimal funktioniert.« (ebd., S. 25)

Letztlich verhelfen Sozialtechniken, so lässt sich im Anschluss an Luhmann (2000, S. 372f.) formulieren, dazu, Ressourcen zu berechnen wie auch Abweichungen und Irregularitäten zu erkennen, die dann als Ansatz zum Lernen genutzt werden können. Vielfältige Beispiele hierfür bietet die sogenannte Accountingforschung (vgl. einführend Vollmer 2003), die in erster Linie die

---

93 Auch dies ist selbstverständlich nicht neu. Piloten werden »übertrainiert«, um in Notfallsituationen nicht zu handeln, sondern Routinen abspulen zu können. Wenn diese befolgt werden und in einem definierten Rahmen ablaufen, wird es keine Verantwortungszurechnung beim Crash oder bei Unfällen geben. Eher wird bei einer Häufung von Unfällen überlegt, ob die Handlungsroutinen nicht verändert werden sollten oder ob andere technische Hilfsmittel bei der routinierten Handlungsabfolge helfen können. Andere Beispiele ließen sich im Schusswaffengebrauch bei der Polizei oder beim Militär, bei Behandlungsfehlern im medizinischen Sektor oder selbstredend bei anderen Organisationen, die mit Hierarchien und festgelegten Verantwortungsbereichen arbeiten, finden.

wirklichkeitsgenerierenden Effekte von Quantifizierung und die Problemhandhabung durch Zahlengebrauch untersucht. Diese Techniken sollten nicht ausschließlich als Herrschaftstechnologie betrachtet werden. Vielmehr verwandelt organisiertes Rechnen, wie Vollmer es nennt, sämtliche »Organisationsmitglieder in Recheninstanzen, die selbstgängig weiter- und gegenrechnen« (Vollmer 2004, S. 461). So gab in der Web-icona der vom Unternehmen bezahlte Coach den Angestellten den Tipp, die Arbeitsstunden zu zählen, die aufgrund der von den Angestellten beklagten Entscheidungsschwäche des Managements nicht produktiv genutzt werden konnten, um diese Zählung dann dem Management präsentieren zu können. Dies zeigt, dass sämtliche Abläufe »wie eine realisierte Technologie, die noch gewisse Defekte und Verbesserungsmöglichkeiten aufweist« (Luhmann 1997, S. 531), behandelt werden können.

Techniken des Sozialen erweist sich nach alldem als ein Konzept, das eine spezifische Wirklichkeit sichtbar und analysierbar machen kann; eine Wirklichkeit, die in der technischen Herstellung und Konditionierung des Sozialen ausgemacht wird. Dabei geht es um die Möglichkeit der Etablierung von prinzipiell kontingent bleibenden, gleichwohl als selbstverständlich erachteten Erwartungen jenseits lebensweltlicher oder alltäglicher Erwartbarkeiten. Unterschieden wurden daher zwei Formen von Sozialtechniken: zum einen einfache Sozialtechniken, denen es um das Herstellen eines Wirkzusammenhangs verschiedener Elemente des Sozialen durch die technische Grenzziehung und damit um eine spezifische Erwartungsgenerierung geht; zum anderen reflexive Sozialtechniken, die die Kontingenz der technischen Grenzziehung selbst nutzen, um funktionieren zu können. Letztere etablieren weniger konkrete Erwartungen als vielmehr ein spezifisches Testdesign, woran sich freilich auch unterschiedliche Erwartungen anlagern können. Beiden Formen von Sozialtechnik bleiben gleichwohl aus Sicht des Konzepts Technik. Damit wäre dieses Konzept schließlich ein neuerlicher Vorschlag für das Erfassen technisierter Lebenswelten der Gegenwart.[94]

---

94 Eine auch hierauf zielende Studie stammt von Häußling (1998), der seine theoretische Anlage ebenfalls von Gehlen, Freyer und Blumenberg sowie Cassirer bezieht, sich dann jedoch weitgehend von der hier vorgestellten Konzeption entfernt. Für ihn ist Technik ein Partialdiskurs, der in der Gegenwart immer wirkmächtiger werde. Gleichzeitig wird Technik auf das Methodische perspektiviert, um Offenheit und Wiederholbarkeit zusammendenken zu können. Im Ganzen scheint jedoch die Realtechnik weiterhin der zentrale Bezugspunkt der Auseinandersetzung zu sein. Deswegen kann an diese Studie nicht unmittelbar angeschlossen werden.

VII. Ausblick

Ausgangspunkt der vorliegenden Arbeit war die empirische Fragestellung, wie das Zusammenarbeiten gegenwärtig organisiert und gestaltet wird. Im Rahmen der Beschreibung des Forschungsstands (vgl. Kap. II) wurde aufgezeigt, dass insbesondere in der Gegenwart, die mit Boltanski/Chiapello (2003, S. 152) als »projektförmige Polis« verstanden werden kann, die Weisen des Zusammenarbeitens veränderungsoffen sind. Dabei rückt die soziale Dimension des Zusammenarbeitens verstärkt in den Fokus und gilt derzeit – zumindest in den westlichen Industrienationen – als die zentrale Stellschraube, um weitere Produktivitätsgewinne erzielen zu können. Aus der empirischen Studie, die sich detailliert mit den Weisen des Zusammenarbeitens in zwei sehr unterschiedlichen Unternehmen befasste, konnte ein Ansatzpunkt für ein allgemeineres Konzept der *Techniken des Sozialen* gefunden werden (vgl. Kap. IV). Die inhaltliche und das heißt vor allem begriffliche Ausarbeitung dieses Konzepts erfolgte im vorhergehenden Kapitel (VI) und endete mit dem Anspruch, dass das Konzept ein neuerlicher Vorschlag für das Erfassen technisierter Lebenswelten ist. In dem nun folgenden tentativen Ausblick, der als Anker weder eine methodisch konzipierte empirische Studie noch eine ausformulierte Theorie besitzt, soll der formulierte Anspruch des Konzepts in Form einiger Thesen untermauert werden. Der Fokus wird dabei bewusst von den bisher verhandelten Phänomenen weggelenkt. Die Beispiele entstammen allgemein den Bereichen gegenwärtiger Vergesellschaftung und digitaler Kultur.

Infrage steht, was gesehen werden kann und welche Thesen formuliert werden können, wenn das Konzept der *Techniken des Sozialen* auf verschiedene gegenwärtige Phänomene angelegt wird. Der Fokus liegt daher weniger auf dem analytisch-theoretischen Gehalt des Konzepts, sondern vielmehr auf dem, was es aufzuschließen und zu entschlüsseln vermag, um unsere Gegenwart – und das heißt unsere technisierten Lebenswelten – besser verstehen und beschreiben zu können. Auch wenn in der Folge von *Nudging, Gamification, Solutionism* und *People Analytics* die Rede sein wird – es geht um eine abgeklärte Aufklärung dieser Phänomene mithilfe des Konzepts der *Techniken des Sozialen*. Eine wichtige Rolle wird dabei die oben getroffene Unterscheidung von einfachen und reflexiven Sozialtechniken auf der empirischen, phänomenalen Ebene spielen; diese sind jedoch nur aufgrund des analytischen Konzepts der *Techniken des Sozialen* derart und als solche beschreibbar.

»To nudge« heißt so viel wie schubsen, anstupsen oder anstoßen und meint einen nur leichten, kaum wahrnehmbaren (Bewegungs-)Impuls in eine bestimmte Richtung. Seit dem Erscheinen des Buches *Nudge. Wie man kluge Entscheidungen anstößt* von Thaler und Sunstein (2009) ist aus dem kleinen, recht unscheinbaren Wort eine Idee politischer Einflussnahme geworden, die darin besteht, dass Menschen zu bestimmten Entscheidungen gebracht werden sollen, ohne dass diese erzwungen werden oder mit einer ökonomischen Anreizstruktur hinterlegt wären. Vielmehr sollen Entscheidungsarchitekturen – wie die Autoren die gestalteten Rahmensetzungen von Entscheidungsprozessen bezeichnen – so konstruiert werden, dass derjenige, der autonom entscheiden soll, an etwas erinnert, auf etwas aufmerksam gemacht oder sanft gewarnt wird (Thaler/Sunstein 2009, S. 13). Die Prämisse der Autoren lautet dabei, dass neutrale Entscheidungsarchitekturen überhaupt nicht möglich seien, ebenso wie es keine neutralen Räume geben könne.[1] Als Beispiel führen die Autoren eine Schulkantine an, in der allein aufgrund einer veränderten Anordnung der gleichbleibenden Vielfalt von Speiseangeboten das Kaufverhalten der Schüler in Richtung einer gesunden Ernährung beeinflusst werden konnte. »Ein Nudge muss zugleich leicht und ohne großen Aufwand zu umgehen sein. Er ist nur ein Anstoß, keine Anordnung. Das Obst in der Kantine auf Augenhöhe zu drapieren, zählt als Nudge. Junkfood aus dem Angebot zu nehmen hingegen nicht.« (ebd., S. 15)

Diese Form der Entscheidungsbeeinflussung ohne Eingriff in die individuelle Entscheidungsfreiheit bezeichnen die Autoren als libertären Paternalismus. Die von den beiden intendierte Stoßrichtung dieses Konzepts ist eine politische:[2] »Paternalismus ist deshalb wichtig, weil es unserer Überzeugung nach für Entscheidungsarchitekten legitim ist, das Verhalten der Menschen zu beeinflussen, um ihr Leben länger, gesünder und besser zu machen.« (ebd., S. 14 f.) Die Argumentation ist gegen pure Rational-Choice-Vorstellungen gerichtet, die eine

---

1   Diese Prämisse wird auch von Stefan Beck (2012, S. 36) geteilt, der dies mit ethnologischem Hintergrund auf die materiellen Umgebungen der Wissenspraxis bezieht.

2   Die (wohlfahrtsstaatliche) politische Orientierung ist für den libertären Paternalismus zentral, da es um neue politische Konzepte geht. So ist die Politik der Obama-Administration stark von Sunstein geprägt, der mehrere Jahre lang als Berater und Blogautor für das Weiße Haus agierte (https://www.whitehouse.gov/blog/author/cass-sunstein; vgl. Neumann 2013; Fahrenthold/Wilson 2012).

Skepsis gegenüber kollektiven oder staatlichen Entscheidungsvorgaben hegen. Statt prinzipiell davon auszugehen, dass Individuen für sich selbst die besten Entscheidungen treffen können, meinen die Autoren, dass Menschen bei der Entscheidungsfindung geholfen werden solle, insbesondere bei den Entscheidungen, die »schwierig und selten zu treffen sind, bei denen sie nicht umgehend Rückmeldung bekommen und nicht alle Aspekte problemlos verstehen können« (ebd., S. 106).[3]

Etwas abstrakter könnte daher formuliert werden: »Hinter dem vermeintlichen Oxymoron des Libertären Paternalismus [...] verbirgt sich konkret eine Strategie, die Rahmenbedingungen ökonomischer wie nicht-ökonomischer Entscheidungssituationen umzugestalten, indem Entscheidungsoptionen neu angeordnet werden, Informationen über Entscheidungsalternativen gezielt bereit gestellt werden und die Inhalte dieser Informationen ein Höchstmaß an Transparenz, Nachvollziehbarkeit bzw. Verständlichkeit aufweisen. Die Zielsetzung lautet, den vor den Entscheidungen stehenden Akteuren unter Aufrechterhaltung der Wahlfreiheit tatsächlich zur Wahl der Handlungsalternative zu verhelfen, die subjektiv von ihnen selbst als die vernünftigste angesehen wird.« (Neumann 2013, S. 3 f.)

In der Dissertation zum libertären Paternalismus, aus dem das eben angeführte Zitat stammt, wird argumentiert, dass ein entscheidender Mangel von Nudging im Sinne von Thaler und Sunstein darin liege, dass beide Autoren objektiv zu wissen glauben, was gut für den Menschen sei. Im Gegensatz dazu will Neumann (2013) die Präferenzen der Akteure empirisch erheben, da er als Soziologe von einer prinzipiellen Veränderlichkeit dieser Präferenzen ausgeht. Statt also wie im ökonomischen oder auch psychologischen Denken – den beiden disziplinären Wurzeln der Autoren des libertären Paternalismus – von festen und fixierten Werten und Präferenzen der Akteure – wie beispielsweise gesund zu leben – auszugehen, verweist er auf die sozialhistorische Veränderbarkeit sozialer Normen und individueller Präferenzen. Durch die Analyse der institutionellen Veränderungsprozesse mit ihren Wirkungen auch auf die Legitimationsgrundlagen individueller Präferenzen könnten – so Neumann (2013, S. 257) – diese jedoch empirisch erhoben und so als Kriterien für die Ausgestaltung der Entscheidungsarchitekturen herangezogen werden.

Mit dieser prinzipiell plausiblen Argumentation löst er jedoch – ob intendiert oder nicht – das Projekt aus seiner rein wohlfahrtsstaatlich-politischen Orientierung. Die Kriterien für die Gestaltung der Entscheidungsarchitekturen

---

3   Konkret sollten v. a. dann Nudges zum Zuge kommen, wenn die Kosten sofort anfallen und der Nutzen erst später sichtbar wird (Beispiel: gesunde Lebensführung), wenn schwierige Entscheidungen zu treffen sind, wenn Entscheidungen selten auftreten, sodass nicht geübt werden kann, wenn keine (möglichst zeitnahe) Rückmeldung zu bekommen ist oder wenn man nicht genau weiß, was sich hinter den Optionen verbirgt (Thaler/Sunstein 2009, S. 106 ff.).

können nun einerseits empirisch erhoben werden, aber andererseits auch auf Basis ganz anderer Wertpräferenzen designt werden.

So braucht es nicht viel Fantasie, um die wohlmeinenden Kriterien eines längeren, gesünderen und besseren Lebens durch ganz andere Ziele zu ersetzen, beispielsweise konsumfreudiger oder arbeitsamer zu leben. Damit kommen auch ganz andere, nicht genuin politische Entscheidungen in den Blick, die durch Nudging spezifisch geformt werden können. Entscheidungen über den Kauf von komplexen Produkten wie beispielsweise einer Lebensversicherung (aber auch von technischen Geräten wie Autos, Computern oder Fotoapparaten) sind eher selten, das Feedback ist zeitlich versetzt, und das Wissen, was sich hinter den Optionen verbirgt, ist eher gering. Aber auch Entscheidungen wie Studienortwahl, Berufswahl oder die Wahl der Kindergarteneinrichtung für den eigenen Nachwuchs fallen in diese Kategorie. Immer wenn zwischen verschiedenen Optionen gewählt werden kann, taucht das Problem möglicher Entscheidungsbeeinflussung auf. Deswegen ist Nudging nicht nur für Referenten in Ministerien und Thinktanks interessant, sondern auch für Marketingexperten, Verwaltungsreformer und Unternehmensberater.[4] All diese eint, dass sie eine prinzipielle Skepsis hegen sowohl gegenüber Entscheidungen auf Basis von sozialen, institutionell verfestigten Normen (Paternalismus) als auch gegenüber rein rationalen Entscheidungen (Liberalismus). Es scheint so, dass rationale Entscheidungen bewusst geframt, strukturiert und in bestimmter Hinsicht angeleitet werden sollen.[5] Es geht daher zumeist um eine Beeinflussung

---

4   Zumindest wurde das Konzept im gegenwärtigen Bundesministerium für Ernährung und Landwirtschaft rezipiert, sodass Minister Schmidt im Interview mit der Welt erklären kann: »Ein wichtiges Instrument ist das sogenannte ›Nudging‹, auf Deutsch: ›Anstupsen‹. Wir können Erkenntnisse aus der Psychologie nutzen, um junge Menschen sanft zu gesünderer Ernährung zu bewegen. Daran sollten die Schulen genauso mitwirken wie Hersteller oder Einzelhandel. Zum Beispiel lassen sich Verpackungen so gestalten, dass sie weniger anregend auf Kinder wirken. Und es muss auch nicht unbedingt sein, dass an der Kasse immer die Süßigkeiten liegen.« (Ehrenstein/Gaugele 2014) Ein Newsletter des Deutschen Forschungsinstituts für öffentliche Verwaltung enthält einige Literaturverweise und Beispiele für die geplante Anwendung von Nudges in der deutschen Regierung und Verwaltung (vgl. Deutsches Forschungsinstitut für öffentliche Verwaltung 2015). Eine Auseinandersetzung mit dem Ansatz aus vorwiegend volkswirtschaftlicher Sicht findet sich in einer Publikation des Leibniz-Informationszentrums Wirtschaft mit dem Titel *Nudging als politisches Instrument – gute Absicht oder staatlicher Übergriff?* (Bruttel et al. 2014). Vgl. jüngst auch das Themenheft der Zeitschrift für praktische Philosophie (2016, Jg. 3, H. 1).

5   Auch wenn die genannten Personengruppen keine prinzipiellen Marktzweifler sein werden, so wollen sie doch durch ihr Wirken den Wettbewerb in eine bestimmte Richtung beeinflussen, und sei es, dass sie die Wartezeit bis zum Markterfolg zu verkürzen gedenken. Auch gehört es zum Beispiel zum Standardwissen von Webexperten, dass ein automatischer Opt-in (zum Beispiel Newsletteranmeldung bei einer Bestellung) mit leichter Opt-out-Möglichkeit viel wirkmächtiger ist als anders herum. Obwohl deswegen das Verfahren (das schon voreingestellte Häkchen bei einem Bestellformular) in Deutschland unzulässig ist, kann beobachtet werden, dass einige Unternehmen mögliche rechtliche

von Entscheidungen durch Entscheidungsarchitekturen. Statt die aufklärerische Option der Transparenz – zugleich die Prämisse aller Rational-Choice-Apologeten – zu wählen, wird auf die Gestaltung von Entscheidungsarchitekturen gesetzt. Ihr Argument: Rationales Entscheiden, insbesondere bei seltenen Entscheidungen, funktioniere im Alltag aufgrund von Zeitmangel, Wissensdefizit und fehlenden Lernmöglichkeiten aus vorhergehenden Entscheidungen nicht. Stattdessen werden die Entscheidungen in spezifischer Weise an einen Kontext gebunden, sprich: Es werden Entscheidungsarchitekturen designt, die das Entscheiden erleichtern sollen, »indem sie ein benutzerfreundliches Umfeld schaffen« (Thaler/Sunstein 2009, S. 23). Nudging stellt so eine Option – jenseits von Freiheit und Zwang – dar, die auf eine andere Form sozialer Orientierung setzt.

Aus Sicht des Konzepts der *Techniken des Sozialen* wird erkennbar, dass die Kontexte von Handlungen – hier: Entscheidungen – in spezifischer Weise zugeschnitten werden sollen. Die Entscheidungssituation wird insoweit technisiert, als die Wahl bestimmter Optionen wahrscheinlicher gemacht werden soll; jedoch ohne über Verbot oder Zwang zu agieren. Auch wird die Orientierung am empirisch Normalen außer Kraft gesetzt.[6] Letztinstanz bleibt die individuelle Entscheidungsfreiheit; sie wird jedoch unter spezifische Bedingungen gesetzt, sodass bestimmte Entscheidungen wahrscheinlicher werden als andere.

Dieses angesprochene Problem sozialer Orientierung verhandelte Michel Foucault bekanntlich unter dem Begriff der Macht. Seine Argumentation lautet, dass in der Moderne eine Verschiebung der dominanten Machtformen in der historischen Reihe Norm – Normierung – Normalisierung zu beobachten ist (vgl. Foucault 1991; Foucault 2001). In idealtypischer Verkürzung war es zunächst der Souverän, der die Norm setzte und damit über Verbote orientierte. In der Folge trat die Disziplinargesellschaft an diese Stelle mit ihrem Prinzip der Normierung. Orientierung wurde jetzt durch die Disziplinierung des Körpers, der Seele, der Bewegungen etc. ermöglicht. Diese Orientierung an einem Standard war gerade aufgrund der Kombinationsfähigkeit heterogener Teile äußerst produktiv. In der Folge verschob sich die Orientierung erneut, nunmehr hin zu einer Ausrichtung am empirisch Normalen, wodurch sie flexibilisiert wurde. Über Statistiken und die dadurch sichtbar werdenden Normalverteilungen

---

Konsequenzen billigend in Kauf nehmen. Wichtig ist mir nur, dass mittlerweile zumindest von diesen Personengruppen ziemlich genau gewusst wird, dass die Anordnung von Entscheidungsoptionen auch eine implizite Form der An-Ordnung darstellt, die die Wahl bestimmter Optionen leichter macht als andere.

6 Damit wird freilich nicht behauptet, dass Orientierung am empirisch Normalen prinzipiell für die Entscheidungssituationen beispielsweise beim Konsum keine Rolle spielen. Im Gegenteil: soziale Empfehlungssysteme à la »Kunden, die x kauften, kauften auch« setzen genau auf diese Form sozialer Orientierung.

brauchte kein funktionaler Standard mehr begründet werden, sondern es genügte, sich am gegenwärtig Normalen zu orientieren. Der Riesman'sche Radartypus (Riesman 1964) kann als Folge dieser Orientierung für das Selbstverhältnis der Individuen begriffen werden.[7] Statt wie beim Maulwurf – um ein Bild von Deleuze (1993) zu gebrauchen –, der in seinen Gängen immer wieder dieselben Wege nimmt, vollzieht sich Orientierung nunmehr ähnlich einer sich windenden Schlange, die züngelnd ihre Umgebung abtastet. Selbst der Mensch im flexiblen Normalismus (Link 2006) orientiert sich, wenn auch mit größeren Freiheitsgraden ausgestattet, am Normalen. Auch wenn sich in dieser hier nur grob skizzierten Abfolge die Verschiebung von Zwang zu Freiheit nachvollziehen lässt, so kann der libertäre Paternalismus darin nicht wirklich eingeordnet werden. Denn weder geht es ihm um die Etablierung einer Norm noch um die Normierung von Entscheidungen oder gar eine Orientierung am Durchschnitt getroffener Entscheidungen.

Vielmehr scheint sich die Orientierung im angesprochenen Modell am *Funktionieren* auszurichten: Funktionieren jedoch nicht im Sinne einer Funktionalität, verstanden als die Kombination von Passungsmöglichkeit und Effizienzsteigerung, wie sie im Disziplinarmodell oder im klassischen Technikverständnis zum Vorschein kommt, sondern im Sinne eines Austestens verschiedener Möglichkeiten und der Beibehaltung dessen, was gegenwärtig, in einem spezifischen Kontext temporär funktioniert. Es geht damit konkret um reflexive Sozialtechniken. Denn diese gestalten den Kontext, in dem die konkreten Entscheidungen getroffen werden können. Daher zielt dieser Orientierungsmodus auf einen Kontext, der etwas als leicht, bequem und einfach zu nutzen gestaltet, es ergonomisch formt oder einfach benutzerfreundlich und *ease to use* ist.[8] Der libertäre Paternalismus strebt daher eine Etablierung eines »benutzerfreundlichen Umfelds« (Thaler/Sunstein 2009, S. 23) als Orientierungsinstanz an. Entscheidungsarchitekturen, von der Gestaltung eines Formulars über das Design von Supermärkten bis hin zur Anordnung von Speisen in Schulkantinen, sollen so konzipiert werden, dass der Antragsteller, der Kunde oder das Schulkind einfach und bequem Entscheidungen treffen kann, die am Ende jedoch immer schon in eine bestimmte Richtung »genudged« wurden.

---

7   Bei Riesman (1964) ist die Form des other-directed characters etwas unbestimmt. Einerseits kann diese Form der Orientierung als Radartypus aufgefasst oder wie in der deutschen Übersetzung als außengeleitet beschrieben werden, dann würde die Orientierung an einer stets neu zu erfassenden und zu interpretierenden Umwelt unterstrichen, andererseits kann diese Form auch als Orientierung an konkreten anderen, den Peers oder den Nachbarn begriffen werden, dann würde die Orientierung an relativ konstant bleibenden äußeren Faktoren, sprich konkreten anderen Personen, markiert. Im ersten Fall passt dann die Verknüpfung mit Deleuze' Bild der Schlange und mit Links flexiblen Normalismus, im zweiten Fall eher nicht.

8   Das neueste Buch von Cass R. Sunstein (2013) heißt dann auch mit ebendieser Zielrichtung *Simpler. The Future of Government*.

Der entscheidende strukturelle Vorteil einer so angelegten Orientierungs-funktion besteht darin, dass damit Orientierung trotz extrem gesteigerter Artifizialität und beschleunigter Veränderbarkeit weiterhin möglich bleibt.[9] Die Flexibilität der Orientierung wird somit weiter erhöht und könnte als nächster Schritt in der Reihung Norm – Normierung – Normalisierung gedeutet werden. Diese neue Form hat nichts mit einer Optimierung im klassischen Sinne zu tun, da es keine zu lösende Extremwertaufgabe ist. Das war der Fall im Modell der Disziplinierung, in dem Körper, Bewegungen, Dinge und Anordnungen auf Produktivität hin normiert und neu zusammengesetzt wurden. Vielmehr geht es um ein Vertrauen in und um ein Sich-Verlassen auf etablierte Kontexte, Routinen, Artefakte und Praktiken, die als funktionierend erfahren wurden.[10] Die These besteht jedoch darin, dass diese Routinen und dieses Vertrauen, die für das Funktionieren notwendig sind, auch gezielt hergestellt werden; dass sie als reflexive Sozialtechniken zu verstehen sind.

---

9   Hier könnte eine alltägliche Beobachtung zur Plausibilisierung beitragen. Hinsichtlich der Computer- oder Handynutzung kann oft beobachtet werden, dass insbesondere ältere Nutzer dazu neigen, einmal gelernte Wege und Nutzungsweisen spezifischer Funktionen beizubehalten, während jüngere Nutzer durch testendes Einüben verschiedene Möglichkeiten zunächst entdecken und sich erst danach auf eine gewohnte Nutzungsweise (bspw. Shortcuts etc.) verlegen. Jedes Betriebssystem- oder Software-Update bietet nun für jüngere Nutzer den willkommenen Anlass für einen neuen Test, um das System noch besser an die eigenen Nutzungsbedürfnisse anzupassen bzw. gänzlich neue Bedürfnisse überhaupt erst zu entdecken, die dann mithilfe des Systems erfüllt werden können, während ältere Nutzer, ob der fortwährenden Infragestellung ihrer gelernten Nutzungsweise, oft genervt reagieren. Während jüngere Nutzer das (potenziell bessere) Funktionieren-Können erwarten, wird bei jedem Update die Erwartung älterer Nutzer an die Beibehaltung (und Verbesserung) der konkreten Formen von Funktionen enttäuscht. Die beschriebenen Erwartungen jüngerer Nutzer werden umso erstaunlicher, wenn man sich an die Debatten um den Verlust der Wählscheibe beim stationären Telefon in den 1980er Jahren erinnert. Die Veränderungsakzeptanz scheint zumindest in dieser Hinsicht in den letzten Jahren enorm gestiegen zu sein.

10   Es bedarf keines assoziativen Funkenschlags, um zu verstehen, dass Technologiefirmen und Webunternehmen auf ebendiese Dimension zielen. So war es schon immer die Idee von Apple, dass Hardware und Betriebssystem aus einer Hand kommen müssen, um ein Funktionieren im hier beschriebenen Sinne zu garantieren. Technisches Funktionieren geht auch anders, jedoch benutzerfreundliches, eben Ease-to-use-Funktionieren scheint nur dann besonders gut zu gelingen, wenn alles aus einer Hand kommt und damit auch ein gewisser Paternalismus durchgesetzt werden kann. Ein anderer Fall ist Facebook, welches kürzlich – mal wieder – aufgrund von neuen (gelockerten) Datenschutz- und -verwendungsrichtlinien in die Kritik geraten ist (vgl. Huber 2015). Aller Aufregung zum Trotz sind diese neuen Kombinationsmöglichkeiten von Daten – wie beispielsweise die Verknüpfung von GPS-Daten mit Interessen und Nutzungsgewohnheiten – notwendig, um ein solches Funktionieren zu garantieren. Technisch funktionieren würde Facebook auch ohne diesen Vorstoß, aber ein Funktionieren in dem Sinne, dass für den individuellen Nutzer relevante Daten von für ihn als irrelevant erachteten Daten unterschieden werden können, wäre anders nicht möglich. Das Funktionieren von Facebook liegt im bequemen Erhalten der Informationen, die der Nutzer gerade braucht.

Zwei Aspekte von Funktionieren geraten damit in den Blick, die schon in der Ausarbeitung des Konzepts der *Techniken des Sozialen* beschrieben wurden: zum einen das Konzept der Technisierung von Blumenberg (1999) und zum anderen das einer Einübung in artifizielle, technisch-mediale Wirklichkeiten im Sinne Benjamins (1989). Während Blumenberg darauf aufmerksam machte, dass technische Arrangements keine Fragen nach deren Existenz und Legitimität mehr aufkommen lassen würden, beschrieb Benjamin den Prozess der Einübung in artifizielle Wirklichkeiten als ein experimentell-spielerisches Verhalten; als eine permanent zu verändernde Versuchsanordnung.

Nimmt man diese beiden Aspekte – die Technisierung und die Einübung – zusammen, dann gewinnt das angedeutete orientierungsstiftende Dispositiv an Kontur. Eine Orientierung an dem, was funktioniert, meint dann sowohl eine Latenzakzeptanz im Sinne der fehlenden Einsicht in die Funktionierensbedingungen als auch ein eingeübtes Vertrauen und Verlassen auf das Funktionieren. Das Funktionieren als Orientierungsmodus in gesellschaftlichen Wirklichkeiten bedarf damit zum einen keines Verständnisses, wie es zum Funktionieren kommt. Zum anderen muss das Funktionieren-Können auch nicht notwendigerweise planvoll und intendiert angestrebt werden, da es sich im Modus eines testenden Einübens vollzieht. Dies ist insbesondere bei den reflexiven Sozialtechniken der Fall. Allgemein bleibt bestehen, was funktioniert, weil es funktioniert.[11]

Damit wird einsichtig, dass die Maßstäbe von Funktionieren: Annehmlichkeit, Einfachheit und Nutzerfreundlichkeit, die im englischen *Convenience* unübersetzbar zusammengezogen sind, nichts mit Faulheit oder Bequemlichkeit im pejorativen Sinne zu tun haben. Vielmehr geht es um die Möglichkeit der Orientierung in als schnelllebig, artifiziell und komplex erfahrenen gesellschaftlichen Kontexten und damit um eine Orientierungsmöglichkeit, die we-

---

11 Nur als Bild, weniger als empirischer Beleg, könnte der derzeit verstärkt Anwendung findende Umgang mit Website-Gestaltung angeführt werden, um das testende Einüben zu begreifen. Im sogenannten multivariaten Testing werden mehrere Webpage-Gestaltungen gegeneinander getestet. Wenn genügend Traffic (Nutzeraufkommen) vorhanden ist, werden nicht nur drei bis fünf Varianten einer Gestaltung einer Seite gegeneinander ins Rennen geschickt, sondern tausende Varianten. So werden beispielsweise auf einer Bestellseite verschiedene Größen des Logos, Farbgebungen, Formularfeldbezeichnungen, -anordnungen, Hilfetexte, Buttonfarben, -größen, -designs und -anordnungen, die Existenz von Links etc. gegeneinander hinsichtlich verschiedener Kennzahlen, sogenannter Key Performance Indicators (KPIs), getestet. Die Orientierung, wie eine solche Seite gestaltet wird, kann sich damit weitgehend von etablierten Normen, Designstandards oder auch dem Folgen der Konkurrenz als dem empirisch Normalen loslösen. Bestehen bleibt die Variante, die hinsichtlich der Kennzahlen am besten funktioniert. Warum sie dies tut oder wie lange dies funktioniert, bleibt unerheblich. Hinsichtlich sozialer Praktiken darf selbstverständlich der Zeitaspekt nicht vernachlässigt werden. Soziale Praktiken können prinzipiell gelernt, umgelernt und verlernt werden, aber sicher nicht permanent, ohne die Vorteile der Routinierung und Habitualisierung zu verspielen.

der auf Norm oder auf zeitaufwendiger Normierung noch auf an anderen orientierter Normalisierung beruht.

Konkret ist damit die Gestaltung und Formung einer spezifischen Verknüpfung von Körpern, Dingen und implizitem Wissen gemeint. Sowohl Artefakte als auch kognitiv zu erfassende Problemstellungen werden ergonomisch geformt und so mit dem Körper und dessen Wahrnehmungsorganen in ein Passungsverhältnis gebracht. Die Dinge sollen einfach zu handhaben sein, sollen schnell von der Hand gehen und unproblematisch erfasst werden können. Alles wird einer intuitiven Nutzung entsprechend gestaltet und organisiert. Die Artefakte sollen zum einen selbstverständlich, zum anderen aber auch gern und oft genutzt werden, weil sie dem ästhetischen Empfinden schmeicheln, eine ungeahnte Einfachheit in der Problemlösung offenbaren sowie schnell und umstandslos zu gebrauchen sind. Dies gelingt nur – wie bei den reflexiven Sozialtechniken schon herausgestellt –, indem die Grenze zwischen kontrollierbar und nichtkontrollierbar für das Funktionieren selbst produktiv gemacht wird. Die kontingente Grenzziehung bzw. das Einkapseln und Isolieren von Black Boxes stellt nunmehr nicht die invisibilisierte Außenseite der Technik dar, sondern wird selbst für das Funktionieren-Können genutzt. Denn intuitive Nutzerführung, ergonomische Formung und an Convenience ausgerichtetes Design gelingt nur, wenn die Grenzziehung permanent getestet und so für das Funktionieren-Können produktiv genutzt wird. Erwartbar ist dann nicht mehr die (standardisierte) Black Box, sondern die Verschiebbarkeit der Grenzziehung zwischen kontrollierbar und nichtkontrollierbar innerhalb eines testbaren Designs.

Ebendiese designte Erwartung am Funktionieren-Können im Gegensatz zu konkreten Funktionen stellt die Bedingung der Möglichkeit für diese Form der Orientierung dar. Dieser auf Convenience zielende Orientierungsmodus läuft dabei einerseits nicht über relativ fest sozialisierte Verhaltensnormen und -standards; ist also nicht mit einer Disziplinierung im Sinne Foucaults oder dem *inner-directed character* im Sinne Riesmans gleichzusetzen. Andererseits stützt sich dieser auch nicht auf eine Orientierung an anderen im Sinne von Links flexiblem Normalismus oder im Sinne von Riesmans *other-directed character*. Der neue Orientierungsmodus vermittelt die Selbst- und Fremdorientierung in spezifischer Weise, sodass von einer Ausrichtung an einem konvenienten Funktionieren oder kurz: von einem *Konvenienzdispositiv* gesprochen werden kann.

Diese – versuchte – Übertragung aus dem englischen Convenience will den Bedeutungshorizont des englischen Begriffs mitführen, jedoch zugleich auf die lateinischen Wurzeln des Zusammen-Kommens verweisen. Konvenienz würde sich dann durch das glückliche Zusammentreffen von Umständen und Absichten auszeichnen, wie beispielsweise ein Terminvorschlag, der gut in den eigenen Terminkalender passt. Einerseits fügt es sich gut ein, andererseits lässt es sich gut einpassen. Auf ebendiesen Sachverhalt machte Benjamin mit seinem Konzept der zweiten Technik als Zusammenspiel zwischen Natur und Menschheit aufmerksam. Im Hinblick auf die vorliegende Problematik ließe sich auch von einem zu etablierenden und einzuübenden Zusammenspiel zwischen Umständen und Absichten sprechen. Damit könnte der als Konvenienzdispositiv beschriebene Orientierungsmodus – paradox formuliert – als eine fremdbestimmte Eigenorientierung bzw. als eine fremdorientierte Selbstbestimmung aufgefasst werden. Sichtbar kann dies in vielfältigen Situationen werden, am besten vielleicht jedoch am Fall des sogenannten Feedbacks.

Allgemein lässt sich Feedback als Rückkopplung eigenen Verhaltens und Handelns beschreiben, als eine Beobachtung zweiter Ordnung. Person B beschreibt ihren Eindruck der Handlungsweisen einer Person A und macht damit die beobachtungsleitende Unterscheidung des Handelnden für ebendiesen sichtbar. Die Idee besteht darin, dass Latenzen, unbewusste Tatsachen oder nicht bemerkte Macken sichtbar gemacht werden und als möglicherweise zu berücksichtigende Vorschläge für zukünftiges Handeln zur Sprache gebracht werden. Gegenwärtig scheint jedoch Feedback als soziale Form anderes zu bedeuten. So scheint Feedback nicht mehr als Vorschlag oder Angebot zur Bereicherung von Perspektiven zu gelten, sondern als Vorgabe, die es zu beachten und ernst zu nehmen gilt. Man könnte vielleicht sagen, dass sich der Beweiszwang verkehrt hat. Musste ehedem der Feedbackgeber interessante, neue Perspektiven aufzeigen, um den Sinn des Feedbacks zu untermauern, so muss gegenwärtig derjenige, der »gefeedbackt« wird, gute Gründe formulieren, warum er das Feedback nicht als orientierungsleitenden Vorschlag akzeptiert. Erwartet wird damit in der Form des Feedbacks eine fremdorientierte Selbstbestimmung. Man bedarf, um sich selbst orientieren zu können, des Feedbacks der anderen. Entscheidend ist dabei weniger, dass das eigene Verhalten an den konkreten Vorschlägen der anderen orientiert wird, sondern vielmehr dass die Vorschläge per se als sinnvoll, gut und informativ erachtet werden. Die sachliche Dimension, die in einer argumentativen Auseinandersetzung oder einem Streit um das bessere Argument stets präsent ist, kann dadurch nahezu ausgespart bleiben. Was zählt, ist, dass etwas gesagt, geschrieben, gemeint worden ist und nicht, was dort präsentiert wurde. Die Form siegt über den Inhalt.

Die These lautet nun, dass dieser beschriebene Wandel der sozialen Form des Feedbacks mit der Etablierung des Konvenienzdispositivs als einem neuen Orientierungsmodus aufgehellt werden kann. Argumentiert wurde, dass dieser Orientierungsmodus das nutzt, was funktioniert und passt, ohne eine normative oder eine auf Normalität beruhende Vorgabe vorauszusetzen. Damit werden die sachlichen Kriterien von möglicher Orientierung prinzipiell entgrenzt bzw. potenziell außer Kraft gesetzt. Orientiert werden kann sich nun an allem und jedem, was als individuell passend und funktionierend empfunden wird. Ersetzt werden diese begrenzenden, sachlichen Kriterien nun durch die soziale Form. Das eigene Verhalten und Handeln kann mithin durch das Urteil der anderen orientiert werden, wenngleich es als selbstbestimmt erfahren wird. Während sich der inner-directed character an eigenen Kriterien und sich der other-directed character an den Kriterien selbstgewählter anderer (Peers) orientieren konnte, muss sich der gegenwärtige Typus, um sich selbst überhaupt bestimmen zu können, an den anderen zu orientieren.

Damit das überhaupt plausibel werden kann, bedarf es einer etablierten Erwartung an Konvenienz. Es bedarf also der Vorstellung, dass sich Umstände und Absichten gut fügen können, wenn man nur lang genug testet. Waren für den other-directed character die Umstände – und damit die sich ändern könnenden Meinungen oder erfolgreichen Handlungsmodi der anderen – der konstante Orientierungspunkt und waren für den inner-directed character die eigenen Absichten und Wertvorstellungen die orientierende Konstante, so werden nun weder Umstände noch Absichten als Konstanten behandelt, sondern die Konstante ist das Testdesign, das Umstände und Absichten in ein funktionierendes Passungsverhältnis zu bringen gedenkt. Diese reflexive Sozialtechnik bzw. dieses Testdesign, das im Management der kontingenten Grenzziehung zwischen kontrollierbar und nichtkontrollierbar besteht, wie es auch am Beispiel der sozialen Form des Feedbacks beschrieben wurde, wird zu einer neuen Orientierungsmöglichkeit. Der entscheidende Vorteil besteht darin, dass nun sämtliche potenziell handlungsleitenden Faktoren von neuen Meinungen über andere Empfindungen, körperliche oder kognitive Merkmale bis hin zu ungeahnten Begehrensstrukturen als Testmaterial für eine mögliche Orientierung in Anschlag gebracht werden können. Nicht nur kann nun alles als temporär orientierende Instanz getestet werden, es muss auch immerzu getestet werden, sodass sich Erwartungen am Testdesign ausbilden. Denn nichts bleibt konstant, weder die Umstände noch die Absichten – einzig der experimentelle Modus, mit dem diese beiden Aspekte in ein immer nur temporäres Passungsverhältnis gebracht werden können.

Eine ähnliche Argumentation entfaltet Uwe Vormbusch (2007, 2010, 2012) mit seinem Konzept der Soziokalkulation, wenn er sich damit auch auf einen anderen Phänomenbereich bezieht. »Der Begriff der Soziokalkulation bezeichnet eine Form der Kalkulation des bislang Unkalkulierbaren, die das Soziale in spezifischer Weise mess- und kalkulierbar macht sowie das Gemessene sozial validiert und mit sozialem Sinn versieht.« (Vormbusch 2012, S. 29) Die von ihm in den Blick genommenen sozialkalkulatorische Praktiken (ver)messen zunächst soziale Phänomene, um dann damit rechnen und so zuletzt soziale Aushandlungsprozesse stimulieren zu können (vgl. ebd., S. 223 f.). Vormbusch greift auf die Ergebnisse der Accountingforschung zurück, die auf die Wirkmächtigkeit zahlenbasierter Wirklichkeitsbeschreibungen aufmerksam gemacht hat, und beschäftigt sich in einer Fallstudie mit dem sogenannten Portfoliomanagement im Human-Resources-Bereich. Dabei wird das gegenwärtige und zukünftig zu erwartende Arbeitsvermögen der Mitarbeiter zunächst gemessen, um dann damit rechnen zu können und so eine Grundlage für Personalentscheidungen oder Entscheidungen für Personalentwicklung (Weiterbildung) anzuregen (vgl. Vormbusch 2010, S. 16).[12]

Dabei kann er deutlich herausarbeiten, dass die soziokalkulatorischen Praktiken weder die Komplexität der sozialen Wirklichkeit repräsentieren noch nur kontingente Konstruktionen derselben sind. Vielmehr werden mit ihrer Hilfe ganz neue Beziehungen zwischen sozialen Elementen geknüpft und diese verschieden relationiert (vgl. Vormbusch 2007, S. 54). Etabliert wird auf diese Weise »ein neues Netz sozialer Beziehungen und Wertigkeiten« (ebd., S. 60) und so »eine zuvor nicht existente Repräsentations- und Handlungsebene [...], auf der die Steuerung und Kontrolle ›immaterieller‹ Vermögen [...] in neuer Weise organisiert werden kann« (Vormbusch 2012, S. 20). Die soziokalkulatorischen Praktiken stellen demnach Tools dar, die erfolgreich handeln lassen (vgl. ebd.), weil sie helfen, »unsichere Arbeitszukünfte« (ebd., S. 18) zu organisieren, indem sie »stabile[.] Erwartungserwartungen unter Bedingungen ökonomischer und gesellschaftlicher Flexibilisierung« (ebd.) erzeugen können.

Das zentrale Problem, worauf soziokalkulatorische Praktiken reagieren, kann in dem Dilemma gesehen werden, dass die Angestellten in Organisationen einerseits zu unternehmerischen, aktiven Mitarbeitern entwickelt werden sollen, dass deren Potenzial jedoch andererseits in für die Organisation funktionale Bahnen gelenkt werden muss. Soziokalkulatorische Praktiken sind also eine Antwort auf die Frage: »Wie können die unternehmerischen Qualitäten der Subjekte entfaltet und gleichzeitig der ›rücksichtslose Erwerb‹, der den Unternehmer ebenso auszeichnet wie sein ›Siegerwille‹ beziehungsweise für die Gegenwart etwas weniger pathetisch formuliert: die ›Erfolgsorientierung‹ [...] des unternehmerischen Handelns, begrenzt und auf betriebliche Funktionsanfordernisse ausgerichtet werden?« (Vormbusch 2012, S. 237)

Soziokalkulative Praktiken ermöglichen ebendies, da sie »sowohl die Erwartungen an das unternehmerische Handeln definieren als auch eine spezifische Form der Rechenschaft zu etablieren« (ebd.) vermögen. Die Produktivität der Soziokalkulation besteht demnach in der »Verschränkung einer kalkulativen ›Rahmung‹ mit den innerhalb derselben stattfindenden diskursiven Aushandlungen« (Vormbusch 2007, S. 55). Dies entspricht der vorhin aufgezeigten Logik im Falle der sozialen Form des Feedbacks. Die soziale Form rahmt in spezifischer Weise, sodass nun nicht nur potenziell sämtliche Inhalte zum Tragen

---

12 Nun könnte eingewandt werden, dass der Taylorismus auch schon die soziale Wirklichkeit in Form von Zeitstudien vermessen habe, um dann damit rechnen zu können. Der entscheidende Unterschied besteht jedoch darin, dass die soziokalkulativen Praktiken durch Messen und Rechnen ein neues Feld von sozialen Aushandlungsmöglichkeiten etablieren und eben nicht in einer vermeintlich objektiven Repräsentation von sozialer Wirklichkeit aufgehen.

kommen können, sondern dass auch alle – auch noch so unkonventionelle – inhaltlichen Register angereizt und stimuliert werden. Die Orientierung bleibt dennoch aufgrund der Rahmung erhalten.

Vormbusch beschreibt diesen Modus als »Verschränkung objektivierender Fremdbeschreibung und subjektivierender Selbstbeschreibungen« (Vormbusch 2012, S. 25). Etabliert werde damit »eine qua Kalkulation formatierte Interaktion« (ebd., S. 26), in der die Akteure zueinander in Beziehung gesetzt werden. Ebenso könnte hinsichtlich der sozialen Form des Feedbacks von einer qua Feedbackform formatierten Interaktion gesprochen werden. Die Formatierung erlaubt damit nicht nur den Einbezug von sehr vielfältigen, heterogenen Wissensformen, sondern forciert die Vielfältigkeit geradezu, da die (formatierte) soziale Form eine ausreichende Orientierungsmöglichkeit für Anschlusskommunikationen bereitstellt.

Vormbusch sieht in den qua Soziokalkulation hergestellten formatierten Interaktionen ein neues »partizipatives Steuerungsinstrument« (Vormbusch 2007, S. 56), das jedoch weniger einer »hierarchischen Kontrolle« dient, sondern vielmehr zur »unabschließbaren Selbstoptimierung« (ebd., S. 57) anregt (vgl. auch Vormbusch 2012, S. 19). Der entscheidende Vorteil dieser Form der Steuerung besteht darin, dass sie eines »Glaubens an eine objektive Repräsentationspraxis nicht mehr« (ebd., S. 21) bedarf. »Das Ziel von Soziokalkulation besteht« also nicht mehr in einer »möglichst objektiven und unverzerrten Abbildung« der sozialen Wirklichkeit, »sondern in der strukturierten Stimulierung von Deutungs-, Aushandlungs- und Selbstformungsprozessen, die im Medium kalkulierenden Messens und Bewertens gerahmt werden« (ebd., S. 29). Die Funktionalität der Steuerung ist also nicht mehr daran gebunden, dass die Zahlen in irgendeiner Weise die soziale Wirklichkeit objektiv abbilden (vgl. ebd., S. 225), sondern einzig die Tatsache, dass soziale Wirklichkeit in Zahlen überführt wird, führt zu neuen Möglichkeiten des Inbeziehungsetzens von verschiedenen sozialen Phänomenen. Damit löse sich jedoch »der Gegensatz von Selbst- und Fremdsteuerung, Autonomie und Kontrolle« (ebd., S. 243) auf.

Orientierung wird demnach über soziale Formen ermöglicht, die weder in einer autonomen Selbststeuerung (inner-directed character) noch in einer fremdbestimmten Kontrolle (other-directed character) aufgehen, da sie beides in der sozialen Form – verstanden als fremdorientierte Selbstbestimmtheit – miteinander verschränken. Die Folge dieser sozialen Form ist eine Unentscheidbarkeit hinsichtlich der Attributionsmöglichkeiten individuellen Agierens: Es ist weder nur der Situation oder Umwelt zuzurechnen – also systemtheoretisch formuliert: ein Erleben –, noch ist es einzig dem Akteur zuzuschreiben – also ein Handeln. Es ist vielmehr ein permanent tentatives Agieren, das Handlungen antestet und vermittelt über die sozialen Formen wie das Feedback oder die soziokalkulativen Praktiken mit der Umwelt rückkoppelt, um eine – zumindest temporäre – Verhaltensorientierung zu etablieren. Dies kann dann freilich auch zu Routinen gerinnen, aber zu solchen Routinen, die von sich wissen, dass sie potenziell stets umgeändert werden können oder müssen. Es sind Handlungsstabilisierungen bis auf Weiteres, die ihren Fixpunkt weder in einer Selbstbestimmtheit oder gar Autonomie noch in einer Fremdbestimmtheit besitzen. Diese – zunächst eher unwahrscheinliche – soziale Orientierungsoption entspringt dem Konvenienzdispositiv und basiert damit auf der Vorstellung, dass sich Umstände und Absichten prinzipiell in glücklicher Weise fügen können und dass dies konkret durch ein gerahmtes Austesten mithilfe reflexiver Sozialtechniken auch wahrscheinlich wird.

Ein anderes Beispiel für das Konvenienzdispositiv und damit die Vorstellung, dass sich Umstände und Absichten glücklich fügen können, indem durch experimentelle Testdesigns temporäre Passungsverhältnisse designt werden, ist der Ansatz von Ben Waber. Am MIT wurden u. a. von ihm sogenannte *Sociometer Badges*[13] entwickelt, die mit Mikrofon, Beschleunigungssensor und Bluetooth- wie auch Infrarot-Schnittstelle ausgestattet sind, um reale Interaktionen aufzeichnen zu können. Es werden damit sowohl die Interaktionspartner, die Dauer als auch die Redeanteile erfasst. Zudem werden die Interaktivität der Gespräche, die Sprechgeschwindigkeit und -lautstärke erhoben (vgl. Olguín et al. 2009). Damit könne zum ersten Mal überhaupt – wie Waber selbstbewusst behauptet – das menschliche Verhalten außerhalb eines Labors untersucht werden (Waber 2013, S. 14). Mithilfe dieser erhobenen Daten sollen sozialtechnische Optimierungsvorschläge für Unternehmen angeboten werden.

Konkret geht es ihm in seinem Unternehmen *humanyze* und dem Buch *People Analytics* um die Gestaltung von Interaktionswahrscheinlichkeiten in Organisationen. Gerade aufgrund der kürzeren Zugehörigkeitsdauer im Unternehmen und der geringeren Präsenzzeiten vor Ort werde dies zunehmend wichtig (ebd., S. 45). Der Watercooler-Effekt – wie er im angloamerikanischen Raum genannt wird –, der hierzulande als der unverbindliche, gleichwohl sozial hoch wirksame Schwatz in der Kaffeeküche bekannt ist, entstehe deswegen nicht mehr automatisch, sondern müsse vielmehr technisch hergestellt werden.

Ben Waber nutzt für seine Vorschläge die soziale Netzwerkanalyse, er modelliert bzw. operationalisiert damit Sozialität jedoch nur sehr krude (ebd., S. 50 ff.)[14] mithilfe von vor allem drei Kennzahlen: der Degree-Anzahl, der Zu-

---

13   Die Entwicklung stammt aus der MIT-Gruppe. Sie war Anlass für die Ausgründung des Unternehmens *humanyze* (früher *sociometric solutions*) der Gruppenmitglieder Ben Waber, Taemie Kim und Daniel Olguín Olguín. Die folgenden Ausführungen beziehen sich in erster Linie auf Waber und dessen Buch *People Analytics*.

14   Da es an dieser Stelle auch um potenzielle technologische Firmengeheimnisse geht, kann die nur grobe Darstellung der genutzten sozialen Netzwerkanalyse auch daran liegen, jedoch scheint mir typologisch die Differenz von Organisationen und Gruppen prinzipiell

sammengehörigkeit (Kohäsion[15]) und einem Zentralitätswert (Betweenness Centrality[16]). Anhand dieser Kennzahlen versucht er zwischen kohäsiven und divergenten Netzwerken zu differenzieren. Erstere erzeugen zwar gegenseitiges Vertrauen (ebd., S. 63) und korrelieren mit hoher Mitarbeiterzufriedenheit und geringerem Stressbekunden (ebd., S. 64), jedoch fällt es solchen Gruppen schwerer, neue Dinge außerhalb ihrer Gruppe zu entdecken und andere Menschen zu überzeugen und zu beeinflussen. Insgesamt rückt er kohäsive Teams jedoch in ein positives Licht, weil diese u. a. »communication shortcuts« entwickeln können, die für die Erledigung konkreter Aufgaben sinnvoll sind (ebd., S. 66), und weil dadurch insgesamt bessere Erwartungserwartungen ausgebildet werden können (ebd., S. 67).

Der soziologische Leser, dem die Differenzpaare von Gemeinschaft und Gesellschaft, von mechanischer und organischer Solidarität oder von Klassenbewusstsein und Arbeitsteilung nicht gänzlich unbekannt sind, bleibt ob der Trivialität dieser Beschreibungsversuche des Sozialen erstaunt zurück. Auch überraschen die gemachten Änderungsvorschläge[17] soziologisch nur bedingt. So wurde bei der Analyse eines Callcenters der Bank of America herausgefunden, dass insbesondere die kurzen Überlappungsphasen zwischen den Mittagspausen einen entscheidenden Beitrag für das Zusammengehörigkeitsgefühl der Gruppe liefern. Daraufhin wurde eine 15-minütige kollektive Kaffeepause eingeführt und positiv evaluiert (ebd., S. 85 ff.). Auch wenn dieser Vorschlag sicher nicht allein aufgrund der Daten aus den Sociometer Badges hätte entwickelt werden können, wie das Beispiel Bauroh zeigt, wo er aus Erfahrungswissen entwickelt wurde, so wird doch auf jeden Fall der formulierte Anspruch sichtbar: Es geht darum, dass Unternehmen die sozialen Bindungen ihrer Angestellten durch räumliche wie zeitliche Strukturierungen, beispielsweise der Anordnung von Schreibtischen wie auch der Regelung von gemeinsamen Pausen, technisch gestalten können und sollen.

Diese Gestaltung von Interaktionen geschieht auch hier nicht mithilfe eines ausformulierten Befehls oder einer konkreten Arbeitsanweisung, sondern viel-

---

nicht geklärt. Es scheint, dass Gruppen und Organisationen als Synonym behandelt werden, sodass organisationssoziologische Erkenntnisse, die sich aus der Differenz von Formalität und Informalität speisen, nicht eingearbeitet werden können, da nur die informale Seite der Organisation beachtet wird.

15 Kohäsion einer Gruppe ist der Anteil positiver wechselseitiger Wahlen zwischen Gruppenmitgliedern. Zum Beispiel gibt es in einer sechsköpfigen Gruppe 15 mögliche, wechselseitige Wahlen. Bei nur sechs realisierten wechselseitigen Wahlen würde die Kohäsion dann mit 40 Prozent oder 0.4 beschrieben werden.

16 Dies bezeichnet einen zentralen Akteur, der so positioniert ist, dass er einen hohen Anteil von kürzesten Verbindungen des Netzwerks hält. Je höher der Wert, desto mehr Einfluss hat der Akteur. Dieser wird häufig auch als Makler bezeichnet.

17 Für weitere Beispiele (sogenannte Case Studies) sei auch auf die Website verweisen: http://www.humanyze.com/case.html.

mehr durch den Einsatz von kleinen, effizienten Nudges (ebd., S. 193). Es handelt sich also bei *People Analytics* nicht um eine neue technokratische Form der Herrschaft, weder von Menschen noch von Dingen, sondern um eine (sozial)technische Kontextsteuerung – um den Versuch, das Soziale, in diesem Fall die Interaktionen in Organisationen, als kontrollierbaren Bereich von der Welt im Übrigen abzugrenzen. Diese Kontextsteuerung wird zudem nicht als einmaliger Eingriff konzipiert, sondern als ein permanentes Monitoring, um stets anhand des datengestützten Feedbacks die Wirkung der gemachten Änderungen beobachten zu können. Die erhobenen Daten zeigen also besondere Muster, die Eingriffe stimulieren, die wiederum mithilfe später erhobener Daten geprüft werden. Am Ende wird auch hier ein Rahmen ähnlich dem der soziokalkulativen Praktiken etabliert, der verschiedene temporäre Eingriffe nicht nur ermöglicht, sondern permanent anregt. Auch hier kann man also von einer reflexiven Sozialtechnik sprechen, da die getroffenen Maßnahmen nur so lange bestehen, wie sie funktionieren, d.h. die richtigen Netzwerkmuster erzeugen. Andernfalls werden andere Dinge ausprobiert sowie getestet und es wird in den Monitoringdaten nach entsprechenden Mustern gefahndet.

Dass es sich bei *humanyze* nicht nur um ein besonderes, nicht verallgemeinerbares Start-up handelt, das im Bereich der Organisationsberatung mithilfe technischer Gadgets einen Verkaufsvorteil erzielen will, zeigen die Schriften von Wabers Doktorvater Alex Pentland (2008, 2014). Sie zeugen von dem gleichen sozialtechnischen Gestus, der recht untangiert von soziologischem Wissen das Soziale als wichtige Dimension herausarbeitet und dabei technisch modelliert, stets unter dem Imperativ: »Wouldn't it be wonderful if human organization just worked?« (Pentland 2008, S. 95)[18]

Für den Soziologen durchaus überraschend, wird – ähnlich wie in der Denkbewegung des libertären Paternalismus – das Soziale gegenüber dem rational

---

18 In einer seiner Kolumnen auf Spiegel Online anlässlich der ersten Aktionärsversammlung nach dem Dieselskandal bei VW unterscheidet Sascha Lobo (2016) zwischen zwei »Weltkonzepten«: das ingenieursgeprägte technische Funktionieren und die digitale Vernetzung. Seine These meint schlicht, dass das auf Perfektion getrimmte Funktionieren-Können, das Deutschland über Jahrzehnte ausgezeichnet habe, nunmehr ausgedient habe, da die Digitalisierung, die er als unabwendbaren Prozess beschreibt, eher Ausprobieren, Experimentieren und Testen erfordere. Die Hauptversammlung werde damit zum Symbol für den »notwendigen Wandel vom Hardware-Deutschland mit Funktionierfetisch zum vernetzten Software-Deutschland im Ausprobiermodus«. Man könnte nun Pentlands sozialtechnischen Gestus mit dem »Funktionierfetisch« assoziieren, jedoch trifft man dann den entscheidenden Punkt nicht. Die u. a. von Waber und Pentland vertretene sozialtechnische Vorstellung basiert auf einem permanenten Testdesign. Man weiß im Vorfeld nicht, was funktionieren wird, durch soziale Netzwerkanalyse können jedoch Funktionierenstests quasi in Echtzeit durchgeführt werden, um temporäre Lösungen zu erhalten. Es werden nicht in allen Organisationen überlappende Mittagspausen eingeführt, sondern aufgrund der Netzwerkdaten temporäre, spezifische Lösungen (immer wieder) entwickelt.

denkenden und entscheidenden Individuum stark gemacht und als brandneue Erkenntnis propagiert,[19] die einzig aufgrund von Netzwerkanalysen zu erhalten sei. Das Soziale wird so zwar gegenüber dem Rational-Choice-Denken positioniert, jedoch nicht als emergente Sphäre verstanden. Vielmehr wird das Soziale als vorhersehbar konzipiert und es wird in Aussicht gestellt zu verstehen, »how social signaling can be used to control behavior« (ebd., S. xiii). Die Zukunft könnte damit revolutioniert werden: »It can let us screen for depression, x-ray an organization's health, or allow a company to ›tune‹ itself to maximize employee happiness.« (ebd., S. xiv) Und: »Just as we are beginning to be able to engineer our genes, we are also beginning to be able to engineer our society, producing ›designer societies‹ that work dramatically better than today's natural ones.« (ebd., S. 94) Auch bei ihm erfolgt eine Umstellung von einfachen auf reflexive Sozialtechniken. Für Pentland reicht es dafür aus, die weitverbreiteten Smartphones als Sociometer (ebd., S. 97) einzusetzen, um Gesellschaft quasi in Echtzeit analysieren und verändern zu können. Dies sei nicht nur notwendig, um die globalen Probleme zu lösen, sondern hätte auch je individuelle Vorteile: »For the individuals, the attraction is the possibility of a world where everything is arranged for your *convenience* – the bus appears just when you need it, your health checkup is magically scheduled just as you begin to get sick, and the airport security is a thing of the past.« (ebd., S. 98, Hervorhebung S.M.)

Ins Werk gesetzt werden könne dies vor allem, indem »living laboratories« etabliert würden, die neue Ideen für eine datengestützte Gesellschaft erarbeiten und testen (vgl. Pentland 2014, S. 216). Der Schlüssel für das Designen einer »human-centric, data-rich society« liege im »real-time monitoring of conditions, continuous exploration for the best response ideas, and then engagement around these in order to obtain a coordinated, consistent response to changed conditions« (ebd., S. 209). Die kontinuierliche Vermessung der Gesellschaft[20] biete demnach die Grundlage für eine testbasierte, designte Gesellschaft jenseits einer reinen Marktlogik einerseits und geschlossener Gemeinschaften andererseits (vgl. ebd., S. 193 ff.).

---

19 So zum Beispiel: »This social channel profoundly influence major decisions in our lives *even though we are largely unaware of it.*« (Pentland 2008, S. iv, Hervorhebung im Original) Oder: »What the sociometer data demonstrate is that this immersion of self in the surrounding social network ist the *typical* human condition, rather than being isolated examples found in exceptional circumstances.« (ebd., S. xi, Hervorhebung im Original)

20 Dass dies freilich enorme Konsequenzen für die *Privacy* von Daten hat, sieht auch Pentland. Seine Idee besteht jedoch darin, dass persönliche Daten zu einer tauschbaren Ware werden sollen mit dem Vorteil, dass jeder individuell entscheiden könne, wem er die Daten zu welchen Zwecken überlässt. Es geht ihm also um eine neue Form der Regulierung, für die er auch politisch u. a. im Rahmen des World Economic Forums agiert (vgl. u. a. Pentland 2014, S. 225 ff.).

Wie auch immer man zu den MIT-Forschungen im Umfeld von Alex Pentland steht, in ihnen kommt eine spezifische Denkhaltung zum Ausdruck, die einerseits psychologische und biologische Prämissen um soziale Kategorien erweitert, andererseits jedoch das Soziale als zu formendes, zu formatierendes oder zu designendes Phänomen charakterisiert. Diese hier präsentierte Denkhaltung kann mit Evgeny Morozov (2013b) als *Solutionism* beschrieben werden. Er versteht darunter ein Weltverhältnis, in dem insbesondere gesellschaftliche oder soziale Probleme nicht als Probleme behandelt werden, sondern als zu lösende Aufgaben (vgl. Morozov 2013a, S. 25 ff.). Die zu Aufgaben transformierten Probleme sollen dann vornehmlich mithilfe von innovativen und smarten (oft digitalen) Tools auf eine neue, effizientere, bessere und zuweilen auch disruptive Art und Weise gelöst werden. Die Rede von Solutionism wird daher von Morozov als explizite Ideologiekritik verstanden, die weniger auf die (real)technischen Umsetzungen abhebt, die in der gegenwärtigen Feuilleton-Diskussion unter den Stichworten Big Data, Social Media oder Industrie 4.0 im Zentrum stehen. Die Kritik wird vielmehr an eine Denkhaltung angelegt, die globale gesellschaftliche Probleme wie etwa Klimaerwärmung, Hunger, Armut oder soziale Ungleichheit in anscheinend einfach zu lösende Aufgaben zu verwandeln gedenkt.

Um diesen Unterschied zwischen Problem und Aufgabe etwas kenntlicher zu machen, hilft ein kurzer Blick in die Etymologie. Das deutsche Wort Problem stammt vom griechischen »problema« und meinte dort so viel wie ein »Vorgebirge«. Auch wenn diese Herleitung auf dem ersten Blick etwas fragwürdig und abseitig erscheint, so wird sie doch aufschlussreich, wenn man sich vor Augen hält, dass die Griechen des Seefahrens kundig waren. Für Seefahrer stellen Vorgebirge, die sich unter der Wasseroberfläche befinden, allerdings Probleme dar. Und diese gefährliche Untiefen produzierenden Vorgebirge haben die Eigenart, dass sie stets nur geschickt umschifft werden können – eine prinzipielle Lösung ein für alle Mal gibt es nicht. Mithin sind Probleme per se nicht lösbar, es sei denn, man macht daraus eine Aufgabe und sprengt das Gebirge unter dem Wasser weg und flacht es so ab – doch dann ist es eben kein Problem mehr (vgl. Reuß 2012, S. 65 f.).

In einzigartiger Weise scheint das sogenannte Silicon Valley von dieser Ideologie des Solutionism durchzogen zu sein (vgl. auch Morozov 2013a, S. 280). Jedes winzige, erst kürzlich gegründete Start-up beschreibt sein Geschäftsziel nicht mit den althergebrachten Semantiken des besseren Erfüllens von Kundenwünschen aufgrund irgendeiner technologischen, ökonomischen, materialen, ökologischen oder sonstigen Innovation, sondern mithilfe der Semantik der Disruption. Das Muster ist immergleich: Bisher funktionierte Markt x nach folgendem Schema. Dies erzeugt verschiedene Probleme. Wir revolutionieren diesen Markt mit Schema z, verkehren damit die komplette Logik und zerstören ihn dadurch schöpferisch (Schumpeter). Dies machen wir nicht in erster Linie, um Profite zu generieren, sondern um die Welt zumindest ein wenig besser zu machen. Als schon funktionierende Beispiele für diese disruptive Weltverbesserungsideologie wird sodann unisono auf Apples iTunes und die damit verbundene Revolutionierung des Musikmarkts oder auf Airbnb und Uber etc. verwiesen.[21]

Die zentrale These von Morozovs Buch, das im Original den wunderbaren, das gesamte Buch kongenial zusammenfassenden Titel *To save everything. Click here* (2013b) trägt, lautet, dass insbesondere das im Silicon Valley verbreitete ehrgeizige Streben, die Welt offener, transparenter, smarter und damit etwas besser zu machen, die Ideologie des Solutionism präferiert und fortwährend plausibilisiert. Sie hat damit den Status einer sich selbst erfüllenden Prophezeiung. Die basale Erzählung des Silicon Valleys laute, dass wir gegenwärtig mithilfe der digitalen Technologien alte Probleme der Menschheit lösen können. Komplexe Probleme von Nachhaltigkeit und Umweltschutz, allgemeine Partizipationsmöglichkeiten an Bildung und Wissen oder Effizienzprobleme in Verwaltungen und Organisationen erscheinen in ihren Augen nicht nur als prinzipiell lösbare Probleme, sondern vielmehr als aktiv zu lösende Probleme – also: Probleme werden zu Aufgaben transformiert. Das entscheidende Argument von Morozov ist nun, dass dabei das ursprüngliche Problem verschwindet. Denn um eine funktionierende Lösung zu konstruieren, werde unter der Hand das zu lösende Problem eigentümlich verdreht und derart zurechtgestutzt, dass es nach der Lösung gar nicht mehr wiederzuerkennen ist: »Alle feiern freudig den Sieg, aber niemand erinnert sich mehr, wofür man eine Lösung gesucht hat.« (Morozov 2013a, S. 29)

Eines der vielen von Morozov (2103a, S. 169) angeführten Beispiele stammt aus dem Bereich *Open Government*. Dabei handelt es sich um eine Website, die die öffentlich zugänglichen Kriminalitätsstatistiken auf Google Maps darstellt. Damit können – so argumentieren die Befürworter – Konfliktbereiche besser identifiziert werden und Wohnungssuchende bessere Kaufentscheidungen treffen. Ein Effekt dieser gut gemeinten Transparenzsteigerung war jedoch, dass Immobilienbesitzer aus Angst vor einem Wertverlust ihrer eigenen Immobilie Kriminalität nun nicht mehr zur Anzeige brachten. Die vermeintliche Lösung durch mehr Transparenz führte also im Endeffekt zu weniger Transparenz. Die technische Lösung löste also nicht das Problem, sondern verschob es nur.

---

21 Man muss nicht nur nach Kalifornien schauen, auch der gegenwärtig in der EU und Deutschland vorangetriebene Open Access besteht in einer disruptiven Zerstörung lang etablierter (wissenschaftlicher) Verlagskultur. Wenn künftig die Autoren pro geschriebenen Beitrag eine Publikationsgebühr von mehr als 1 000 Euro überweisen müssen, damit der Verlag die Publikation im Netz für jeden frei verfügbar hält, und wenn damit argumentiert wird, dass man so die immensen Bibliothekskosten reduzieren kann, dann wird sichtbar, dass ein komplett neues Spiel mit einer diametral entgegengesetzten Logik etabliert werden soll.

Wie zu erwarten und von Morozov (2013a, S. 490 ff.) selbst auch unterstrichen, lieben Anhänger des Solutionism die Vokabel *Gamification*. Damit ist ganz allgemein eine Übertragung von spielerischen Mitteln in nichtspielerische Kontexte (Deterding et al. 2011) gemeint. Die Freude und der Spaß am Spielen soll dabei als motivationale Ressource eingesetzt werden. Beim Projekt *BinCam* (vgl. Morozov 2013a, S. 20) beispielsweise macht ein im Mülleimer installiertes Smartphone ein Foto von jedem weggeworfenen Abfall und stellt dieses automatisch auf Facebook. Die Abfallfotos sollen dazu anregen, Recycle-Ideen zu kommentieren oder generell Müll zu vermeiden. Denn für jeden Post oder für eingesparten Müll gibt es Punkte und Badges, mit denen man sich mit den anderen Teilnehmern am Projekt messen kann. Damit soll spielerisch – und diese konkurrenzbasierte Form des Spiels als Wettkampf ist die zentrale Vorstellung bei Gamification (vgl. auch Meißner 2012) – nicht nur die Umwelt geschützt werden, sondern zugleich die Welt etwas besser gemacht werden.

Morozovs (2013a, S. 499 ff.) Argument in diesem Zusammenhang ist es, dass bei Gamification Menschen als einzig extrinsisch motivierbar konzipiert werden und dadurch in the long run auch zu nur noch extrinsisch motivierbaren Menschen werden, da ehemals wertrationale Motive durch zweckrationale ersetzt werden würden. Waren es beispielsweise ehemals Werte wie Umweltschutz, die dazu motivierten, wenig Müll zu produzieren, so soll diese Handlung nun durch äußerliche Anreize, wie Punkte, Badges oder auch Gutscheine etc. motiviert werden. Damit erodiere jedoch die Wertbezogenheit von Handlungen, die für eine funktionierende Demokratie notwendig sei. Man behandele den Menschen als homo oeconomicus, und am Ende erhalte man auch verantwortungslose Eigennutzenmaximierer.

Während Morozov bei seiner Kritik am Solutionism im Kern politisch argumentiert und die Eigenlogik des Politischen vor einer Kolonialisierung durch das Ökonomische schützen will, damit jedoch konzeptionell weiter der Differenz von Technik und Leben verhaftet bleibt, kann mit dem Konzept der *Techniken des Sozialen* die sozialtechnische Machbarkeitsvorstellung des Solutionism noch etwas besser herausgestellt werden. Denn wenn Technik – wie herausgearbeitet – in erster Linie in der prinzipiell kontingent bleibenden Grenzziehung zwischen einem kontrollierbaren und einem nichtkontrollierbaren Bereich besteht, führt Technik zur Etablierung neuer Handlungsbereiche. Dabei spielt es keine Rolle, ob es um zu übende Verhaltensweisen geht, wie das gekonnte Werfen eines Basketballs, um die Konstruktion eines Atomkraftwerks oder um die Erstellung einer neuen App. Stets muss die Grenze zwischen kontrollierbaren und nichtkontrollierbaren Dingen gezogen werden. Aufgrund des derart etablierten technischen Schemas kann nun jedoch gelernt werden, da das Schema gegen die Realität gestellt werden kann und versuchsweise nun auch andere (ehemals irrelevante, auf der Außenseite der Technik befindliche) Faktoren als neu zu kontrollierende Faktoren in den Blick kommen können.

So kann nun beispielsweise bemerkt werden, dass zum gekonnten Werfen des Basketballs nicht nur Arm-, Hand- und Finger-Koordination wichtig ist, sondern auch die Fußstellung. Es kann (schmerzhaft) gelernt werden, dass bei der Berechnung der Isolation eines Atomkraftwerks der Ort und die Möglichkeit von Tsunamis mit einbezogen werden sollten. Auch kann festgestellt werden, dass die Nutzerführung der App für Freunde und Altersgenossen klar und intuitiv verständlich ist, für ältere Nutzer dagegen überhaupt nicht.

In der hier verwendeten Begrifflichkeit besteht die Kritik am Solutionism nun darin, dass der technische Umgang mit der Grenzziehung der Technik – also das, was oben als reflexive Sozialtechnik beschrieben wurde – selbst als natürlich dargestellt wird. Das heißt, kritisiert wird nicht die Etablierung eines technischen Schemas, das Lernen ermöglicht bzw. erfordert, sondern dass der Einbezug aller möglichen Dinge und Ressourcen in das Testdesign zur Verschiebung und Anpassung der technischen Grenzziehung als natürlich, als selbstverständlich und als nicht diskutierbar präsentiert wird.[22] Insbesondere im Silicon Valley scheint sich das Konvenienzdispositiv derart durchgesetzt und verallgemeinert zu haben, dass dort anscheinend niemand andere Möglichkeiten einer juristischen, politischen, ethischen oder irgendwie normativen Begrenzung überhaupt in Betracht zu ziehen vermag. Ganz im Gegenteil wird extrem optimistisch der Konvenienz als Orientierungsinstanz und damit verschiedensten reflexiven Sozialtechniken vertraut.

Dirk Baecker (2015, S. 89) beschreibt dieses spezifisch gegenwärtige Vertrauen als ein Vertrauen in Design.[23] Seine These besteht darin, dass jede Gesellschaft einer Möglichkeit der Ungewissheitsabsorption[24] bedarf. Sie braucht eine Grundlage, von der prinzipiell ausgegangen werden kann, also quasi ein vertrauensstiftendes Fundament. Dieses sei jedoch kein blindes Vertrauen, sondern ein »laufend überprüftes Vertrauen« (ebd., S. 90). Für Baecker hat in der modernen Gesellschaft die Technik als funktionierende Simplifikation im Sinne Luhmanns

---

22 Für eine bessere Anschaulichkeit dieser Weltperspektive sei die Dokumentation »Schöne, neue Welt« von Claus Kleber und Angela Andersen empfohlen (vgl. http://www.zdf.de/schoene-neue-welt/schoene-neue-welt-43774604.html).

23 Dirk Baecker unterscheidet in diesem Aufsatz abermals zwischen vier Epochen, die von ihren jeweiligen Leitmedien geprägt werden: Stammeskulturen, antike Hochkulturen, Moderne und die nächste Gesellschaft. Während Stammeskulturen der Magie vertraut hätten, die Hochkulturen ihren Göttern, die Moderne der Technik, so vertraue die nächste Gesellschaft dem Design (vgl. Baecker 2015, S. 89). Dieser gesellschaftstheoretische Zug, mit der These, dass wir nicht mehr in der modernen, funktional differenzierten Gesellschaft leben, sondern in der nächsten Gesellschaft, soll im Folgenden nicht mitgeführt werden. Ich lese seine Ausführungen eher als gegenwartsdiagnostische Analyse, ohne mir die gesellschaftsstrukturellen Postulate zu eigen zu machen.

24 Vergleiche hierzu auch die Fußnote 45 auf S. 49.

ebendiese Funktion. Begrifflich macht er dabei jedoch das isolierte Funktionieren, die eingesperrte Kausalität stark und vernachlässigt die – in meinen Ausführungen so wichtige – Grenzziehungsleistung der Technik. Aufgrund dieser Auffassung kann er nun gut Design gegen Technik stellen, weil dieses zweierlei ermögliche: zum einen »eine Beobachtung im Umgang mit der Welt« und zum anderen »eine Beobachtung der Beobachter im Umgang mit der Welt« (ebd., S. 89). Wenn jedoch – wie oben argumentiert – die Grenzziehung selbst in den Technikbegriff einbezogen wird, wie es bei der Form der reflexiven Sozialtechnik auch empirisch zu beobachten ist, dann erlaubt dieser ebenso beide Beobachtungen, einerseits das technische Funktionieren im isolierten Bereich und andererseits die unterschiedlich mögliche Grenzziehung der Technik. Dies war ja gerade der Impuls des Konzepts der *Techniken des Sozialen,* dass sowohl das technische Funktionieren an sich als auch die Funktionierensbedingung der Grenzziehung beobachtet werden kann. Oder in den Worten Baeckers ausgedrückt: Das hier präsentierte Konzept ermöglicht sowohl die Beobachtung im Umgang mit der Welt (das technische Funktionieren) als auch die Beobachtung der Beobachter (die technische Grenzziehung).

Da Baecker jedoch für diesen Sachverhalt den Designbegriff verwendet, sollen nun mit ihm die gegenwärtigen Mechanismen der Unsicherheitsabsorption und damit seine Argumentation nachgezeichnet werden. Die grundsätzliche Idee besteht darin, dass bei jedem Design ein Verdachtsmoment mitläuft; es werde nämlich durch das Design stets die Vermutung genährt, dass unter der Oberfläche noch ganz andere Aspekte, Interessen oder Funktionslogiken zum Vorschein kommen könnten (vgl. ebd., S. 94). Aber eben aufgrund dieser Verdachtslogik kann das Design als Unsicherheitsabsorptionsmechanismus wirken, da wir nur noch den Mechanismen vertrauen würden, »denen wir gleichzeitig und begründet misstrauen können« (ebd.). Wir würden dem Design misstrauen, aber eben dadurch absorbiere es Unsicherheit, weil es »sich verdächtigen und somit testen« (ebd., S. 95) lasse. So wie symbiotische Mechanismen etwas Wahrnehmbares anbieten würden, damit Menschen sich in Organisationen daran orientieren können (vgl. Luhmann 2000, S. 148), so biete auch das Design generell eine Orientierungsfunktion. Wenn symbiotische Mechanismen – verstanden als »sichtbares, körperliches Handeln« bzw. »als Handlungen, deren Sinn unmittelbar wahrnehmbar und durch Wahrnehmung schon verständlich wird« (ebd., S. 149) –, also beispielsweise Gesten, Kleidung, das Interieur, die Architektur oder auch die Routinen und institutionalisierten Selbstverständlichkeiten in einer Organisation, als designt sichtbar werden, ermöglichen sie eine Orientierung, gerade weil sie verdächtig sind und sich somit testen lassen. Der Vorteil besteht darin, dass sie zumindest temporäre Orientierung stiften, obwohl sie als prinzipiell veränderlich, d.h. auch als anders formbar, erachtet werden. Dies wird von Baecker noch einmal in Differenz zur modernen Technik formuliert: Während es das »Bestreben der Ingenieure [ist; S.M], technische Abläufe schon deswegen dem Blick zu entziehen, um Störungen zu vermeiden« (Baecker 2015, S. 96), sei es die Herausforderung des Designs, »die Unsichtbarkeit dieser Prozesse [der Grenzziehung zwischen kontrollierbar und nichtkontrollierbar; S. M.] sichtbar zu machen und für Eingriffe verfügbar zu halten« (ebd.). Anders formuliert: Versuchen die Ingenieure, Technik zu isolieren und die dafür notwendige Grenzziehung zu invisibilisieren, halten die Designer ebendiese Grenzziehung sichtbar und damit für Modifikationen zugänglich. Dies entspricht genau der Kritik am Solutionism, die darin bestand, dass von dessen Vertretern die Art und Weise der Kontingenznutzung der technischen Grenzziehung als eben nicht diskutierbar erachtet wird, sondern als selbstverständlich und damit auch als nicht veränderlich. So ist es nur folgerichtig, dass Morozov am Ende seiner Studie einen Ausweg aus der Ideologie des Solutionism aufzeigt, der beispielsweise in einem transformationalen Design besteht, das sich gerade durch eine »gezielte ›Nutzerunfreundlichkeit‹ und ›Parafunktionalität‹« (Morozov 2013a, S. 539) auszeichne. Dadurch, dass dieses Design die Grenzziehung der Technik offenlegt und damit verhandelbar macht, sind die Produkte Problemstifter und keine Problemlöser (ebd., S. 541).[25]

Wenn sich auch die hier im Ausblick versammelten gegenwartsdiagnostischen Beispiele auf den ersten Blick weit vom Fokus der Studie auf die Weisen des Zusammenarbeitens entfernt haben, so denke ich doch, dass mithilfe des Konzepts der *Techniken des Sozialen* ebendiese vermeintliche Heterogenität sinnvoll verknüpft werden konnte. Sichtbar wird dann, dass an verschiedenen Stellen der Gesellschaft, in unterschiedlichen Phänomenbereichen und von sehr heterogenen Akteuren eine einfache oder auch reflexive sozialtechnische Gestaltung der Gesellschaft durch Nudging, Sociometer Badges, Portfoliomanagement oder in vielfältigen Projekten des Silicon Valleys angestrebt, vollzogen und plausibilisiert wird. Gleichzeitig werden diese Prozesse kritisch beobachtet, und dabei wird herausgestellt, dass es weniger darum gehen kann, Sozialtechnik gänzlich zu vermeiden, da sie viel zu produktiv, funktional und orientierungsstiftend für unsere gegenwärtige komplexe Gesellschaft ist, sondern vielmehr darum,

---

25 Als eines von vielen Beispielen seien die Ideen von Designern der Folkwang Universität der Künste zu nennen. So haben diese Designer beispielsweise Stromkabel als eine Raupe gestaltet. Das Kabel kann sich bewegen und zusammenziehen, wenn man daran angeschlossene Geräte wie Fernseher etc. im Standby-Modus belässt, um so den Nutzer auf den permanenten Stromverbrauch aufmerksam zu machen. »Die Konstrukteure der Raupe betrachten Reibung – nicht Effizienz oder einfache Handhabung – als produktive Ressource, die, richtig genutzt, komplexe Sachverhalte beleuchten kann, die in einer reibungslosen Welt ansonsten kaum sichtbar bleiben.« (Morozov 2013a, S. 540) Für diese Art von Design, das »selbstreflexiver und offener für Solutionismuskritik« ist, müsste der »Designfetisch für Psychologie [...] durch einen Fetisch für Philosophie« (ebd., S. 558) ersetzt werden.

die für das Etablieren von Sozialtechnik notwendige Grenzziehung zwischen kontrollierbar und nichtkontrollierbar offen, verhandelbar und veränderbar zu halten. Eine sinnvolle Beobachtung der realisierten Sozialtechniken muss also sowohl die prinzipielle Funktionalität und soziale Orientierungsmöglichkeit dieser anerkennen, als auch augenscheinlich und sichtbar machen, dass die hierfür produktiv gemachte kontingente Grenzziehung der Technik dennoch aufgrund ihrer Kontingenz auch stets anders möglich bleibt. Ebendies ist der zentrale Anspruch des Konzepts der *Techniken des Sozialen*.

Das Konzept kann daher drei Dinge zeigen. Erstens macht es darauf aufmerksam, dass Handlungsweisen und soziale Praktiken in einer spezifischen Art und Weise zugerichtet und geformt werden, sodass diese selbstverständlich werden. Sie werden aber nicht nur selbstverständlich, sondern auch gern und oft ausgeführt, da sie intuitiv zu nutzen sind. Dies gelingt nur, indem Praktiken von anderen potenziellen Verknüpfungsmöglichkeiten isoliert und so Black Boxes hergestellt werden. Diese Black Boxes umfassen eben nicht nur technische Apparate und Artefakte, wie zum Beispiel ein iPhone, dessen Batterie nicht zu entnehmen ist, sondern sind prinzipiell kontingente und artifizielle Praktikenverknüpfungen, die jedoch durch die Isolierung von allen anderen erwartbar und damit selbstverständlich werden. Die Wischgeste bei Touch-Interfaces ist beispielsweise hochartifiziell, vollkommen kontingent und wird trotzdem zunehmend erwartbarer in der Benutzung von allen möglichen Geräten. Die konkrete Verknüpfung von oberflächensensiblen Artefakten, Fingern und implizitem Wissen geschieht nicht nur evolutionär und gerinnt nicht einfach historisch durch Wiederholung und Routinierung, sondern wird hergestellt und in verschiedenen Kontexten nutzbar gemacht. Diese als Black Box konzipierten Praktikenverkettungen stellen die Kontingenz der darin befindlichen Elemente still. Genau dies meint die Rede vom Ausgrenzen und Isolieren eines kontrollierbaren Bereichs. Denn nur dadurch können sie wirken und erscheinen als Handlungsmacht der Dinge und Artefakte. Selbstverständlich schreibt – wie Nietzsche wusste – das Schreibzeug am Geschriebenen mit, und selbstverständlich wirkt die Diskussionsstrukturierung auf die vorgebrachten Argumente ein; und selbstverständlich gibt es einen Einfluss der genutzten Software auf die Art und Weise der Problembehandlung. Das hier entfaltete Konzept weiß also um die Funktionalität, Produktivität und vielleicht gar Notwendigkeit von derart gestalteten Sozialtechniken für unsere gegenwärtige komplexe Gesellschaft, da sie Orientierung trotz enormer gesellschaftlicher Dynamik und sozialer Flexibilität erlauben.

Zweitens jedoch macht das Konzept darauf aufmerksam, dass die dafür nötige Grenzziehung – allen Reden der Ingenieure und Techniker zum Trotz – prinzipiell kontingent bleibt. Sie wäre auch in anderer Art und Weise möglich; es gibt keine prinzipielle Vorgabe, nach der sie vorzunehmen ist. Trotz aller Selbstverständlichkeit funktionierender Technik ist diese in entscheidendem

Maße von der Isolationsfähigkeit aufgrund der Grenzziehung abhängig. Dies ist das zentrale Merkmal moderner Technik und allgemeiner Topos der Technikbeobachtung zugleich. Technikkritik setzte demnach stets bei den Invisibilisierungsversuchen der Grenzziehung ein, um diese als kontingent zu markieren.

Drittens erhellt das hier präsentierte Konzept, dass ein neuer, gegenwärtiger Orientierungsmodus, der als Konvenienzdispositiv beschrieben wurde, die Kontingenz der technischen Grenzziehung selbst für das Funktionieren nutzt, indem reflexive Sozialtechniken etabliert werden. Sie basieren auf einer gezielten Kontingenznutzung der technischen Grenzziehung. Die Grenze wird nunmehr nicht invisibilisiert, sondern sie wird sichtbar gehalten, um sie permanent austesten zu können. Das ist der zentrale Unterschied zwischen einem bloßen Funktionieren und einem konvenienten Funktionieren bzw. zwischen einfachen und reflexiven Sozialtechniken. War – beispielsweise hinsichtlich der Mensch-Maschine-Interaktion – die Zielstellung beim erstgenannten Funktionierensmodus immer eine Anpassungsleistung entweder des Menschen an die (fixierte) Technik oder der Technik an den fix gedachten Menschen, so besteht das Ziel im Konvenienzdispositiv im Herstellen eines temporären Passungsverhältnisses von beiden. Diese Zielsetzung ist jedoch nur möglich, wenn die Elemente spezifisch gerahmt werden, wie es Vormbusch in seinem Begriff der Soziokalkulation ausdrückt. Diese Rahmung kann wiederum als neuerliche Grenzziehung zwischen kontrollierbarem und nichtkontrollierbarem Bereich verstanden werden. Angesprochen ist damit eine Art Verschachtelung von Technik in Gestalt von reflexiven Sozialtechniken. Die Kritik am Solutionism setzte an ebendiesem Punkt an, da es ihr nicht um den technischen Umgang an sich ging, sondern um die technisch hergestellte Erwartung an Konvenienz als selbstverständlichen und nicht anders möglichen Umgang mit Technik. Man könnte diese Differenz auch mit der systemtheoretischen Figur des re-entry (vgl. Luhmann 1997, S. 45; S. 179 ff.) beschreiben. Re-entry meint die Wiedereinführung einer Unterscheidung in das durch sie Unterschiedene. Reflexive Sozialtechniken könnten daher so beschrieben werden, dass sie die Unterscheidung von kontrollierbar und nichtkontrollierbar auf der Seite des Kontrollierbaren wieder einführen, sodass sich ein spezifisch Unkontrollierbares von einem allgemein Unkontrollierbaren (unmarked Space) unterscheiden lässt. Die Kritik am Solutionism würde dann nicht an der internen technischen Differenzsetzung ansetzen, sondern daran, dass die Außengrenze zum allgemein Unkontrollierbaren invisibilisiert und als nichtkontingent ausgeflaggt wird.[26]

---

26 Ein weiterer Vorteil einer solchen Beschreibung als re-entry besteht darin, dass es eine Paradoxie entfaltet, da »die Form in der Form die Form ist und zugleich nicht ist« (Luhmann 1997, S. 179). »Ein Beobachter dieses Wiedereintritts hat dann die doppelte Möglichkeit, ein System sowohl von innen (seine Selbstbeschreibung ›verstehend‹) als auch von außen zu beschreiben, also sowohl einen internen als auch einen externen Standpunkt einzunehmen.« (ebd., S. 179 f.) Mit dieser abstrakten Beschreibungssprache kön-

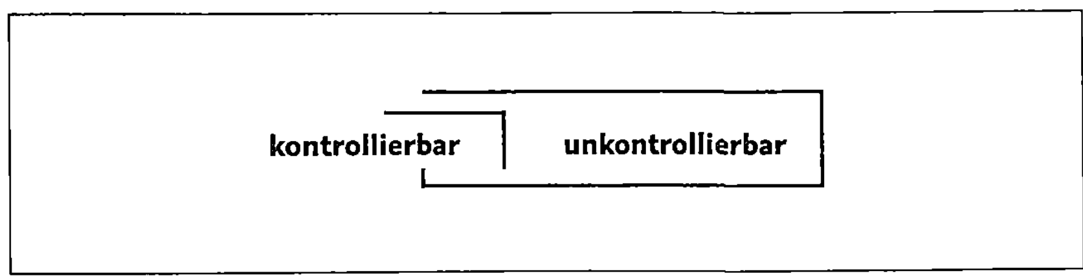

Abbildung 2 Reflexive Sozialtechnik als Re-entry dargestellt

Dem hier präsentierten Konzept ging es damit letztlich auch um die Aufklärung des Konvenienzdispositivs, das durch die Nutzung reflexiver Sozialtechniken für die gegenwärtige komplexe Gesellschaft eine Orientierungsmöglichkeit anbietet. Gleichzeitig sollte herausgestellt werden, dass es sich dabei auch nur um eine Möglichkeit handelt, die keinesfalls notwendig ist. Der – wenn man so will – kritische Einsatzpunkt des Konzepts besteht demnach darin, dass die Möglichkeit gezielter Kontingenznutzung im Konvenienzdispositiv nur eine und nicht *die* zwingende und deshalb indiskutable Möglichkeit darstellt.

Warum diese Kritik sinnvoll erscheint, kann vielleicht besser verständlich werden, wenn man sich vor Augen führt, welche persönliche Haltung durch das Konvenienzdispositiv hergestellt und plausibilisiert wird. Denn diese Haltung lässt sich vielleicht am besten begreifen mit dem Titel eines Usabilitybestsellers: *Don't make me think* (Krug 2003). Im Konvenienzdispositiv soll nicht darüber nachgedacht werden, wie etwas gemacht wird, aber es soll auch nicht das gemacht werden, was schon immer in dieser Art und Weise gemacht wurde, oder das, was andere machen. Es soll vielmehr fortwährend getestet und somit experimentell hergestellt werden, im Vertrauen auf ein sich einstellendes Passungsverhältnis von Absichten und Umständen.

So zeichnet sich eine intuitive Nutzerführung eben nicht durch das standardisierte Verfahren, das Abhaken auf einer Checkliste aus, eine solche legt den Akzent nicht auf das Führen in vorgezeichneten, geplanten und damit erwartbaren Bahnen, sondern vielmehr auf das Einpassen von individuellen Absichten und Zielen und die dafür notwendigen Werkzeuge, Geräte, Interfaces. Dieses Einpassen ist trotz des Insistierens der Psychologie und der Kognitions- und Neurowissenschaften keine simple Anpassung an eine kognitive, psychische oder anthropologische Ausstattung des Menschen: Weder wird der Mensch der Maschine angepasst, noch wird die Maschine dem Menschen angepasst. Viel-

---

nen gleichsam die konkret vorfindlichen Beschreibungsversuche gegenwärtiger (Internet-)Technologie, die stets zwischen verheißungsvoll und abschreckend oszillieren, als Resultat der Paradoxie verstanden werden. Entweder sind sie Selbstbeschreibungen oder solche von außen – Beschreibungen der Form finden sich nur selten.

mehr muss das intuitive Zusammenspiel beider zuallererst hergestellt werden. Wie gezeigt wurde, ist dieses Zusammenspiel nicht auf Mensch-Maschine-Verhältnisse beschränkt, sondern ist zudem sowohl als Zusammenspiel von Körpern, Dingen und implizitem Wissen *in* sozialen Praktiken wie auch als Zusammenspiel *von* verschiedenen sozialen Praktiken und Handlungsweisen zu denken.[27]

In jedem Fall ist dieses Zusammenspiel jedoch eine soziale Tatsache und eben keine auf Kognition und psychische Ausstattung einerseits oder auf (real-) technische Möglichkeiten und physische Eigenschaften andererseits reduzierbares Faktum. Das hier präsentierte Konzept zielt daher gleichermaßen auf die Beobachtung der verschiedenen sozialtechnischen Arrangements als produktive soziale Tatsache wie auch auf die Beobachtung des Herstellens, des Zurichtens und Formens dieser selbst. Denn das durch Sozialtechniken etablierte Zusammenspiel bleibt freilich als soziale Tatsache stets kontingent und damit auch veränderbar. Es muss hergestellt und gestaltet werden, damit es wirken und als funktionierend erfahren, kommuniziert wie auch erwartet werden kann. Im Beobachten und Aufzeigen des Herstellens und Gestaltens dieses als konvenient funktionierend beschreibbaren Zusammenspiels von Umständen und Absichten kann das Konzept letztlich über unsere gegenwärtige Gesellschaft aufklären, in der weniger der Mut des eigenen Gedankens prämiert wird, sondern die als Kennzeichen und Telos eine Form des Nicht-Denken-Machens ausgebildet hat und dies fortwährend weiter plausibilisiert. In der Erkenntnis, dass dies keine Notwendigkeit, sondern selbst Resultat einer qua Sozialtechniken hergestellten Erwartung an ein Konvenienzdispositiv ist, findet sich der kritische und damit denkanregende Stachel des hier vorgestellten Konzepts der *Techniken des Sozialen*.

---

27 Man denke auch an die verschiedenen Meditations-, Achtsamkeits- und Wellnesspraktiken, die letztendlich zum Ziel haben, nicht mehr denken zu müssen und vielmehr auf dem Vertrauen basieren und dieses permanent herstellen, dass sich äußere Umstände und individuelle Absichten fügen können.

Literatur

Abegglen Management Consultants AG (Hg.)(2011): Unternehmensagilität – die neue
Normalität. Wie Sie die Agilität Ihres Unternehmens messen und verbessern
können. http://www.abegglen.com/fileadmin/download/Agility_Studie.pdf, Zugegriffen: 10.12.2014.
Adorno, Theodor W./Dahrendorf, Ralf/Pilot, Harald et al. (1969): Der Positivismusstreit
in der deutschen Soziologie. Neuwied, Berlin: Luchterhand.
Amann, Klaus/Hirschauer, Stefan (1997): Die Befremdung der eigenen Kultur. Ein Programm. In: Klaus Amann/Stefan Hirschauer (Hg.): Die Befremdung der eigene Kultur. Zur ethnographischen Herausforderung soziologischer Empirie, Frankfurt am
Main: Suhrkamp, S. 7–52.
Ambysoft (Hg.)(2008): Agile Adoption Rate Survey Results: February 2008. http://www.
ambysoft.com/surveys/agileFebruary2008.html, Zugegriffen: 20.02.2015.
Arendt, Hannah (1998): Vita activa oder Vom tätigen Leben. München: Piper.
Atteslander, Peter (1959): Konflikt und Kooperation im Industriebetrieb. Probleme der
betrieblichen Sozialforschung in internationaler Sicht. Köln, Opladen: Westdeut-
scher Verlag.
Atteslander, Peter (1989): Methoden der empirischen Sozialforschung. Berlin: de Gruyter.
Aumann, Philipp (2011): Automatisierung des Denkens, Sehens und Hörens. Kyberne-
tik und Bionik als alte Neue Technologien. In: Christian Kehrt/Peter Schüßler/Marc-
Denis Weitze (Hg.): Neue Technologien in der Gesellschaft. Akteure, Erwartungen,
Kontroversen und Konjunkturen., Bielefeld: transcript, S. 207–222.
Axelrod, Robert (1997): Die Evolution der Kooperation. München, Wien: Oldenbourg.
Bachmann, Götz (2009): Teilnehmende Beobachtung. In: Stefan Kühl/Petra Strodtholz/
Andreas Taffertshofer (Hg.): Handbuch Methoden der Organisationsforschung, Wies-
baden: VS Verlag für Sozialwissenschaften, S. 248–271.
Bachmann, Götz/Wittel, Andreas (2006): Medienethnografie. In: Ruth Ayaß/Jörg Berg-
mann (Hg.): Qualitative Methoden der Medienforschung, Reinbek bei Hamburg:
Rowohlt, S. 183–219.
Baecker, Dirk (2011): Technik und Entscheidung. In: Erich Hörl (Hg.): Die technologische
Bedingung. Beiträge zur Beschreibung der technischen Welt, Frankfurt am Main:
Suhrkamp, S. 179–192.
Baethge, Martin (1991): Arbeit, Vergesellschaftung, Identität – Zur zunehmenden norma-
tiven Subjektivierung der Arbeit. In: Soziale Welt, Jg. 42, H. 1, S. 6–19.
Bahrdt, Hans Paul (1958): Industriebürokratie. Versuch einer Soziologie des industriali-
sierten Bürobetriebes und seiner Angestellten. Stuttgart: Enke.

Bahrdt, Hans Paul (1974): Die Krise der Hierarchie im Wandel der Kooperationsformen (1959). In: Friedrich Fürstenberg (Hg.): Industriesoziologie II. Die Entwicklung der Arbeits- und Industriesoziologie seit dem Zweiten Weltkrieg, Darmstadt und Neuwied: Luchterhand, S. 133–141.

Bahrdt, Hans Paul (1982): Die Industriesoziologie – eine ›spezielle Soziologie‹? In: Gert Schmidt/Hans-Joachim Braczyk/Jost von dem Knesebeck (Hg.): Materialien zur Industriesoziologie, Opladen: Westdeutscher Verlag, S. 11–15.

Bahrdt, Hans Paul (1983): Arbeit als Inhalt des Lebens. In: Joachim Matthes (Hg.): Krise der Arbeitsgesellschaft? Verhandlungen des 21. Deutschen Soziologentages in Bamberg, Frankfurt am Main, New York: Campus, S. 120–137.

Bahrdt, Hans Paul (1996): Entmythologisierung der Arbeit. In: Ulfert Herlyn (Hg.): Himmlische Planungsfehler. Essays zu Kultur und Gesellschaft, München: C.H. Beck, S. 232–246.

Barheier, Klaus (1994): Arnold Gehlens Theorie des technischen Zeitalters im Kontext der ›Leipziger Schule‹. In: Helmut Klages/Helmut Quaritsch (Hg.): Zur geisteswissenschaftlichen Bedeutung Arnold Gehlens. Vorträge und Diskussionsbeiträge des Sonderseminars 1989 der Hochschule für Verwaltungswissenschaften Speyer, Berlin: Duncker & Humblot, S. 89–111.

Barley, Stephen R./Kunda, Gideon (2001): Bringing Work Back in. In: Organization Science, Vol. 12, No. 1, S. 76–95.

Barrasch, Elias/Bathel, Jan/Kretschmer, Winfried (2013): Berliner Manifest. Zukunft der Arbeit – Organisationen für das 21. Jahrhundert. Unveröffentlichtes Diskussionspapier für die Ohu Neue Arbeit im Internet & Gesellschaft Collaboratory.

Bartmann, Christoph (2012): Leben im Büro. Die schöne neue Welt der Angestellten. Bonn: Bundeszentrale für politische Bildung.

Bartmann, Theodor M./Dollhausen, Karin/Kleinwellfonder, Birgit (1992): Technik als Parasit sozialer Kommunikation. Zu einem konstruktivistischen Ansatz sozialwissenschaftlicher Technikforschung. In: Soziale Welt, Jg. 43, H. 2, S. 201–216.

Beck, Kent/Beedle, Mike et al. (2001): Agile Manifesto. www.agilemanifesto.org. Zugegriffen: 20.02.2015.

Beck, Stefan (2012): Anmerkungen zu materiell-diskursiven Umwelten der Wissensarbeit. In: Gertraud Koch/Bernd Jürgen Warneken (Hg.): Wissensarbeit und Arbeitswissen. Zur Ethnografie des kognitiven Kapitalismus, Frankfurt am Main, New York: Campus, S. 27–39.

Beck, Stefan/Wittel, Andreas (2000): Forschung ohne Feld und doppelten Boden. Zur Ethnographie von Handlungsnetzen. In: Irene Götz/Andreas Wittel (Hg.): Arbeitskulturen im Umbruch. Zur Ethnographie von Arbeit und Organisation, Münster u. a.: Waxmann, S. 213–225.

Beck, Ulrich (1986): Risikogesellschaft. Auf dem Weg in eine andere Moderne. Frankfurt am Main: Suhrkamp.

Beck, Ulrich/Giddens, Anthony/Lash, Scott (1996): Reflexive Modernisierung. Eine Kontroverse. Frankfurt am Main: Suhrkamp.

Behrens, Gerold (1998): Sozialtechniken der Beeinflussung. In: Werner Kroeber-Riehl/Gerold Behrens/Ines Dombrowski (Hg.): Kommunikative Beeinflussung in der Gesellschaft. Kontrollierte und unbewußte Anwendung von Sozialtechniken, Wiesbaden: Gabler/Deutscher Universitätsverlag, S. 1–32.

Belliger, Andréa/Krieger, David J. (Hg.) (2006): ANThology. Ein einführendes Handbuch zur Akteur-Netzwerk-Theorie. Bielefeld: transcript.

Benjamin, Walter (1989): Das Kunstwerk im Zeitalter seiner technischen Reproduzierbarkeit (Zweite Fassung). In: Ders.: Gesammelte Schriften, Bd. VII/1, hg. v. Rolf Tiedemann/Hermann Schweppenhäuser, Frankfurt am Main: Suhrkamp, S. 350–384.

Benjamin, Walter (1990a): Das Kunstwerk im Zeitalter seiner technischen Reproduzierbarkeit (Erste Fassung). In: Ders.: Gesammelte Schriften, Bd. I/2, hg. v. Rolf Tiedemann/Hermann Schweppenhäuser, Frankfurt am Main: Suhrkamp, S. 431–469.

Benjamin, Walter (1990b): Das Kunstwerk im Zeitalter seiner technischen Reproduzierbarkeit (Zweite Fassung). In: Ders.: Gesammelte Schriften, Bd. I/2, hg. v. Rolf Tiedemann/Hermann Schweppenhäuser, Frankfurt am Main: Suhrkamp, S. 471–508.

Benjamin, Walter (1990c): L'oeuvre d'art à l'époque de sa reproduction mécanisée. In: Ders.: Gesammelte Schriften, Bd. I/2, hg. v. Rolf Tiedemann/Hermann Schweppenhäuser, Frankfurt am Main: Suhrkamp, S. 709–739.

Berger, Peter L./Luckmann, Thomas (2000): Die gesellschaftliche Konstruktion der Wirklichkeit. Frankfurt am Main: Fischer.

Berghoff, Hartmut (2007): Marketing im 20. Jahrhundert. Absatzinstrument – Managementphilosophie – universelle Sozialtechnik. In: Hartmut Berghoff (Hg.): Marketing-Geschichte. Die Genese einer modernen Sozialtechnik, Frankfurt am Main, New York: Campus, S. 11–60.

Bergmann, Frithjof (2005): Neue Arbeit, neue Kultur. Freiamt im Schwarzwald: Arbor-Verlag.

Bergmann, Jörg (2000): Ethnomethodologie. In: Uwe Flick/Ernst von Kardorff/Ines Steinke (Hg.): Qualitative Forschung. Ein Handbuch, Reinbek bei Hamburg: Rowohlt, S. 118–135.

Bergmann, Jörg (2006): Studies of Work. In: Felix Rauner (Hg.): Handbuch Berufsbildungsforschung, Bielefeld: Bertelsmann Verlag, S. 639–647.

Blau, Peter M. (1954): Co-operation and competition in a Bureaucracy. In: American Journal of Sociology, Jg. 59, H. 6, S. 530–535.

Blumenberg, Hans (1953): Technik und Wahrheit. In: Proceedings of the XIth International Congress of Philosophy, Brussels, August 20–26, 1953, S. 113–120.

Blumenberg, Hans (1986): Lebensweltmißverständnis. In: Ders.: Lebenswelt und Weltzeit, Frankfurt am Main: Suhrkamp, S. 7–68.

Blumenberg, Hans (1999): Lebenswelt und Technisierung unter Aspekten der Phänomenologie. In: Ders.: Wirklichkeiten in denen wir leben. Aufsätze und eine Rede, Stuttgart: Reclam, S. 7–54.

Blumenberg, Hans (2013): Dogmatische und rationale Analyse von Motivationen des technischen Fortschritts. In: Zeitschrift für Kulturphilosophie, Jg. 7, H. 2, S. 407–422.

Blumer, Herbert (1954): What is wrong with social theory? In: American Sociological Review, Vol. 19, No. 1, S. 3–10.

BMWi (2014): Monitoring zu ausgewählten wirtschaftllichen Eckdaten der Kultur- und Kreativwirtschaft 2012. http://www.kultur-kreativ-wirtschaft.de/KuK/Redaktion/PDF/monitoring-wirtschaftliche-eckdaten-kuk-2012-langfassung,property=pdf,bereich=kuk,sprache=de,rwb=true.pdf. Zugegriffen: 8.1.2015.

Böhle, Fritz (2015): Von der formellen Organisation zum informellen Organisieren. Zum Wandel des Informellen aus einer arbeitssoziologischen Perspektive. In: Victoria von Groddeck/Silvia Marlene Wilz (Hg.): Formalität und Informalität in Organisationen, Wiesbaden: Springer VS, S. 93–121.

Böhle, Fritz/Busch, Sigrid (Hg.) (2012): Management von Ungewissheit. Neue Ansätze jenseits von Kontrolle und Ohnmacht. Bielefeld: transcript.

Böhle, Fritz/Glaser, Jürgen (Hg.) (2006): Arbeit in der Interaktion – Interaktion als Arbeit. Arbeitsorganisation und Interaktionsarbeit in der Dienstleistung. Wiesbaden: VS Verlag für Sozialwissenschaften.

Böhle, Fritz/Voß, G. Günter/Wachtler, Günther (Hg.) (2010): Handbuch Arbeitssoziologie. Wiesbaden: VS Verlag für Sozialwissenschaften.

Bohnsack, Ralf (2000a): Gruppendiskussion. In: Uwe Flick/Ernst von Kardorff/Ines Steinke (Hg.): Qualitative Forschung. Ein Handbuch, Reinbek bei Hamburg: Rowohlt, S. 369–384.
Bohnsack, Ralf (2000b): Rekonstruktive Sozialforschung. Einführung in die Methodologie und Praxis qualitativer Forschung. 4. Auflage, Opladen: Leske+Budrich.
Bohnsack, Ralf (2010): Dokumentarische Methode und Typenbildung – Bezüge zur Systemtheorie. In: René John/Anna Henkel/Jana Rückert-John (Hg.): Die Methodologien des Systems, Wiesbaden: VS Verlag für Sozialwissenschaften, S. 291–320.
Boltanski, Luc/Chiapello, Ève (2003): Der neue Geist des Kapitalismus. Konstanz: UVK Verlagsgesellschaft mbH.
Bolte, Annegret/Porschen, Stephanie (2006): Die Organisation des Informellen. Modelle zur Organisation von Kooperation im Arbeitsalltag. Wiesbaden: VS Verlag für Sozialwissenschaften.
Bolz, Norbert (2012): Das Gestell. München: Fink.
Bommes, Michael/Tacke, Veronika (2001): Arbeit als Inklusionsmedium moderner Organisationen. Eine differenzierungstheoretische Perspektive. In: Veronika Tacke (Hg.): Organisation und gesellschaftliche Differenzierung, Opladen: Westdeutscher Verlag, S. 61–83.
Bongaerts, Gregor (2003): Eingefleischte Sozialität – Zur Phänomenologie sozialer Praxis. In: Sociologia Internationalis, Jg. 41, H. 1, S. 25–53.
Bongaerts, Gregor (2007): Soziale Praxis und Verhalten – Überlegungen zum Practice Turn in Social Theory. In: Zeitschrift für Soziologie, Jg. 36, H. 4, S. 246–260.
Bongaerts, Gregor (2008): Verhalten, Handeln, Handlung und soziale Praxis. In: Jürgen Raab/Michaela Pfadenhauer/Peter Stegmeier et al. (Hg.): Phänomenologie und Soziologie. Positionen, Problemfelder, Analysen, Wiesbaden: VS-Verlag, S. 223–232.
Bornemann, Stefan (2012): Kooperation und Kollaboration. Das Kreative Feld als Weg zu innovativer Teamarbeit. Wiesbaden: Springer VS.
Bourdieu, Pierre (1976): Entwurf einer Theorie der Praxis auf der ethnologischen Grundlage der kabylischen Gesellschaft. Frankfurt am Main: Suhrkamp.
Bourdieu, Pierre (1993): Die feinen Unterschiede. Kritik der gesellschaftlichen Urteilskraft. Frankfurt am Main: Suhrkamp.
Bourdieu, Pierre (1987): Sozialer Sinn. Kritik der theoretischen Vernunft. Frankfurt am Main: Suhrkamp.
Breidenstein, Georg/Hirschauer, Stefan (2002): Endlich fokussiert? Weder ›Ethno‹ noch ›Graphie‹. Anmerkungen zu Hubert Knoblauchs Beitrag »Fokussierte Ethnographie«. In: Sozialer Sinn, Jg. 3, H. 1, S. 125–128.
Breidenstein, Georg/Hirschauer, Stefan/Kalthoff, Herbert et al. (2013): Ethnografie. Die Praxis der Feldforschung. Konstanz und München: UVK.
Breisig, Thomas (1990): Betriebliche Sozialtechniken. Handbuch für Betriebsrat und Personalwesen. Neuwied und Frankfurt am Main: Luchterhand.
Bröckling, Ulrich (2003): You are not responsible for being down, but you are responsible for getting up. Über Empowerment. In: Leviathan. Zeitschrift für Sozialwissenschaft, Jg. 31, H. 3, S. 323–344.
Bröckling, Ulrich (2007): Das unternehmerische Selbst. Soziologie einer Subjektivierungsform. Frankfurt am Main: Suhrkamp.
Bröckling, Ulrich (2008): Über Feedback. Anatomie einer kommunikativen Schlüsseltechnologie. In: Michael Hagner/Erich Hörl (Hg.): Die Transformation des Humanen. Beiträge zur Kulturgeschichte der Kybernetik, Frankfurt am Main: Suhrkamp, S. 326–347.

Bröckling, Ulrich/Krasmann, Susanne (2010): Ni méthode, ni approche. Zur Forschungs-perspektive der Gouvernementalitätsstudien – mit einem Seitenblick auf Konver-genzen und Divergenzen zur Diskursforschung. In: Johannes Angermüller/ Silke van Dyk (Hg.): Diskursanalyse meets Gouvernementalitätsforschung: Perspektiven auf das Verhältnis von Subjekt, Sprache, Macht und Wissen, Frankfurt am Main u. a.: Campus, S. 23–42.
Bröckling, Ulrich/Krasmann, Susanne/Lemke, Thomas (Hg.) (2000): Gouvernementali-tät der Gegenwart. Studien zur Ökonomisierung des Sozialen. Frankfurt am Main: Suhrkamp.
Brunkhorst, Hauke (2012): Die Aktualität des Marxismus in der Krise – Revisionen eines Theorieprogramms. In: Soziale Welt, Jg. 63, H. 3, S. 273–281.
Brunsson, Nils (1993): The Organiziation of Hypocrisy. Talk, decisions and actions in or-ganizations. Chichester u. a.: John Wiley & Sons.
Bruttel, Lisa V./Stolley, Florian/Güth, Werner et al. (2014): Nudging als politisches In-strument — gute Absicht oder staatlicher Übergriff? In: Wirtschaftsdienst, Jg. 94, Nr. 11, S. 767–791.
Bücking, Jens (2015): Agile Softwareentwicklung und »Scrum«: Vertragsrechtliche Beson-derheiten. https://www.kanzlei.de/rechtsgebiete/it-recht/agile-softwareentwick-lung-und-scrum-vertragsrechtliche-besonderheiten. Zugegriffen: 20.11.2014.
Callon, Michel (Hg.) (1986): Mapping the Dynamics of Science and Technology. Sociology of Science in the Real World. Houndsmill u. a.: The Macmillan Press.
Callon, Michel (1994): Einige Elemente einer Soziologie der Übersetzung. Die Domestika-tion der Kammmuscheln und der Fischer der St. Brieuc-Bucht. In: Andréa Belliger/ David J. Krieger (Hg.): ANThology. Ein einführendes Handbuch zur Akteur-Netz-werk-Theorie, Bielefeld: transcript, S. 135–174.
Charmaz, Kathy C. (2006): Constructing grounded theory. A practical guide through qualitative analyses. Thousand Oaks: Sage.
Charmaz, Kathy C. (2011): Den Standpunkt verändern: Methoden der konstruktivis-tischen Grounded Theory. In: Günter Mey/Katja Mruck (Hg.): Grounded Theory Reader, Wiesbaden: VS Verlag für Sozialwissenschaften, S. 181–205.
Conze, Werner (1997): Arbeit. In: Otto Brunner/Werner Conze/Reinhart Koselleck (Hg.): Geschichtliche Grundbegriffe. Historisches Lexikon zur politisch-sozialen Sprache in Deutschland, Band 1 (A–D), Stuttgart: Klett-Cotta, S. 154–215.
Degele, Nina/Dries, Christian (2005): Modernisierungstheorie. Eine Einführung. Mün-chen: Fink.
Deleuze, Gilles (1993): Postskriptum über die Kontrollgesellschaften. In: Ders.: Unter-handlungen 1972–1990, Frankfurt am Main: Suhrkamp, S. 254–262.
Delitz, Heike (2014): Eines Tages wird das Jahrhundert vielleicht bergsonianisch sein. In: Joachim Fischer/Stephan Moebius (Hg.): Kultursoziologie im 21. Jahrhundert, Wies-baden: Springer VS, S. 43–52.
Dellwing, Michael/Prus, Robert (2012): Einführung in die interaktionistische Ethnografie. Soziologie im Außendienst. Wiesbaden: Springer VS.
Deterding, Sebastian/Khaled, Rilla/Nacke, Lennart et al. (2011): »Gamification: Toward a Definition«. Vortrag, CHI 2011, Vancouver.
Deuber-Mankowski, Astrid (2013): Mediale Anthropologie, Spiel und Anthropozentris-muskritik. In: Zeitschrift für Medien- und Kulturforschung, Jg. 4, H. 1, S. 133–148.
Deutsches Forschungsinstitut für öffentliche Verwaltung. Wissenschaftliche Doku-mentations- und Transferstelle für Verwaltungsmodernisierung in den Ländern (WiDuT) (Hg.)(2015): inForm special. Nudging. http://foev.dhv-speyer.de/widut/Do-kumente/inform_Nudging.pdf, Zugegriffen: 23.02.2015.

Dickel, Sascha (2014): Post-Technokratie. Prekäre Verantwortung in digitalen Kontexten. In: Soziale Systeme, Jg. 19, H. 2, S. 282–303.
Diekmann, Andreas (1999): Empirische Sozialforschung. Grundlagen, Methoden, Anwendungen. 5. Auflage, Reinbek bei Hamburg: Rowohlt.
Dienstag, Marcel (2014): Begleitung und Analyse der Scrum-Einführung bei der Web-icona. Master-Arbeit, Friedrich-Schiller Universität Jena, *Titel anonymisiert*.
DiMaggio, Paul J./Powell, Walter W. (1983): The Iron Cage Revisited. Institutional Isomorphism and Collective Rationality in Organizational Fields. In: American Sociological Review, Vol. 48, No. 2, S. 147–160.
Dunkel, Wolfgang/Weihrich, Margit (2010): Kapitel II Arbeit als menschliche Tätigkeit: Arbeit als Interaktion. In: Fritz Böhle/G. Günter Voß/Günther Wachtler (Hg.): Handbuch Arbeitssoziologie, Wiesbaden: VS Verlag für Sozialwissenschaften, S. 177–200.
Durkheim, Émile (1984): Die Regeln der soziologischen Methode. Frankfurt am Main: Suhrkamp.
Durkheim, Émile (1992): Über soziale Arbeitsteilung. Studie über die Organisation höherer Gesellschaften. Frankfurt am Main: Suhrkamp.
Ehrenberg, Alain (2011): Das Unbehagen in der Gesellschaft. Frankfurt am Main: Suhrkamp.
Ehrenstein, Claudia/Gaugele, Jochen (2014): Das »Nudging« soll die Deutschen umerziehen. http://www.welt.de/politik/deutschland/article134388508/Das-Nudging-soll-die-Deutschen-umerziehen.html. Zugegriffen: 20.1.2015.
Elias, Norbert (2001): Über den Prozess der Zivilisation. Soziogenetische und psychogenetische Untersuchungen. Frankfurt am Main: Suhrkamp.
Ellul, Jacques (1964): The technological society. A penetrating analysis of our technical civilization and of the effect of an increasingly standardized culture on the future of man. New York: Vintage Books.
Emery, Fred E. (1997): The Next Thirty Years: Concepts, Methods and Anticipations. In: Human Relations, Vol. 50, No. 8, S. 885–935.
Enzensberger, Hans Magnus (1978): Mausoleum. Siebenunddreißig Balladen aus der Geschichte des Fortschritts. Frankfurt am Main: Suhrkamp.
Esch, Franz-Rudolf/Honal, Andrea (2016): Sozialtechniken zur Beeinflussung durch Kommunikation. In: Tobias Langner/Franz-Rudolf Esch/Manfred Bruhn (Hg.): Handbuch Sozialtechniken der Kommunikation. Grundlagen – Innovative Ansätze – Praktische Umsetzungen, Wiesbaden: Springer Fachmedien Wiesbaden, S. 1–18.
Etzemüller, Thomas (Hg.) (2009): Die Ordnung der Moderne. Social Engineering im 20. Jahrhundert. Bielefeld: transcript.
Etzemüller, Thomas (2012): Strukturierter Raum – integrierte Gemeinschaft. Auf den Spuren des social engineering im Europa des 20. Jahrhunderts. In: Lutz Raphael (Hg.): Theorien und Experimente der Moderne. Europas Gesellschaften im 20. Jahrhundert, Köln, Weimar, Wien: Böhlau, S. 129–154.
Evers, Adalbert/Nowotny, Helga (1987): Über den Umgang mit Unsicherheit. Die Entdeckung der Gestaltbarkeit von Gesellschaft. Frankfurt am Main: Suhrkamp.
Fahrenthold, David A./Wilson, Scott (2012): Cass Sunstein, top Obama adviser on regulations, to leave administration. https://www.washingtonpost.com/politics/cass-sunstein-top-obama-adviser-on-regulations-to-leave-administration/2012/08/03/5652b6fc-dd6a-11e1-8e43-4a3c4375504a_story.html. Zugegriffen: 14.06.2016.
Fine, Gary Alan (1993): Ten lies of Ethnography. Moral Dilemmas of Field Research. In: Journal of Contemporary Ethnography, Vol. 22, No. 3, S. 267–294.
Fleck, Ludwik (1994): Entstehung und Entwicklung einer wissenschaftlichen Tatsache. Einführung in die Lehre vom Denkstil und Denkkollektiv. Frankfurt am Main: Suhrkamp.

Flick, Uwe (2007): Qualitative Sozialforschung. Eine Einführung. Reinbek bei Hamburg: Rowohlt.

Flick, Uwe/von Kardorff, Ernst/Steinke, Ines (Hg.) (2000): Qualitative Forschung. Ein Handbuch. Reinbek bei Hamburg: Rowohlt.

Flusser, Vilém (1994): Vom Subjekt zum Projekt. Menschwerdung. Bensheim und Düsseldorf: Bollmann Verlag.

Foerster, Heinz von (2002a): Ethik und Kybernetik zweiter Ordnung. In: Ders.: Shortcuts, Hamburg: Zweitausendeins, S. 40–66.

Foerster, Heinz von (2002b): Wissenschaft des Unwissbaren. In: Ders.: Short Cuts, Hamburg: Zweitausendeins, S. 139–181.

Foucault, Michel (1990): Was ist Aufklärung? In: Eva Erdmann/Rainer Forst/Axel Honneth (Hg.): Ethos der Moderne. Foucaults Kritik der Aufklärung, Frankfurt am Main: Campus, S. 35–54.

Foucault, Michel (1991): Überwachen und Strafen. Die Geburt des Gefängnisses. Frankfurt am Main: Suhrkamp.

Foucault, Michel (1993): Technologien des Selbst. In: Luther H. Martin (Hg.): Technologien des Selbst, Frankfurt am Main: Fischer, S. 24–62.

Foucault, Michel (1994): Le sujet et le pouvoir. In: Ders.: Dits et Écrits 1954–1988. Vol. IV 1980–1988, hg. v. Daniel Defert/Francois Ewald, Paris: Gallimard, S. 222–243.

Foucault, Michel (1996): Der Mensch ist ein Erfahrungstier. Gespräch mit Ducio Trombadori. Frankfurt am Main: Suhrkamp.

Foucault, Michel (2001): In Verteidigung der Gesellschaft. Vorlesungen am Collège de France (1975–76). Frankfurt am Main: Suhrkamp.

Foucault, Michel (2003): Macht und Wissen. In: Ders.: Schriften in vier Bänden. Dits et Ecrits. Band 3: 1976–1979, hg. v. Daniel Defert/Francois Ewald, Frankfurt am Main: Suhrkamp, S. 515–534.

Foucault, Michel (2005): Subjekt und Macht. In: Ders.: Analytik der Macht, hg. v. Daniel Defert/Francois Ewald, Frankfurt am Main: Suhrkamp, S. 240–263.

Foucault, Michel (2010): Polemik, Politik und Problematisierungen. In: Ders.: Kritik des Regierens. Schriften zur Politik, hg. v. Ulrich Bröckling, Frankfurt am Main: Suhrkamp, S. 258–267.

Freyer, Hans (1970): Die Technik als Lebensmacht, Denkform und Wissenschaft. In: Ders.: Gedanken zur Industriegesellschaft, Mainz: v. Hase & Koehler Verlag, S. 145–161.

Freyer, Hans (1987): Über das Dominantwerden technischer Kategorien in der Lebenswelt der industriellen Gesellschaft (1960). In: Elfriede Üner (Hg.): Herrschaft, Planung und Technik, Weinheim: VCH, Acta Humaniora, S. 117–129.

Freyer, Hans/Papalekas, Johannes Chr./Weippert, Georg (Hg.) (1965): Technik im technischen Zeitalter. Stellungnahmen zur geschichtlichen Situation. Düsseldorf: Verlag Joachim Schilling.

Friebe, Holm/Lobo, Sascha (2006): Wir nennen es Arbeit. Die digitale Bohème oder Intelligentes Leben jenseits der Festanstellung. München: Heyne.

Friedman, Georges (1952): Der Mensch in der mechanisierten Produktion. Köln: Bund-Verlag.

Garfinkel, Harold (2012): Studies in Ethnomethodology. Cambridge: Polity Press.

Gebhard, Gunther/Meißner, Stefan/Schröter, Steffen (2006): Kritik der Gesellschaft? Anschlüsse bei Luhmann und Foucault. In: Zeitschrift für Soziologie, Jg. 35, H. 4, S. 269–285.

Gebhard, Gunther/Schröter, Steffen (2007): Zwischen Methode und Methodenkritik. Überlegungen zum Irritationspotential der foucaultschen Diskursanalyse. In: Sociologia Internationalis, Jg. 45, H. 1/2, S. 37–69.

Geertz, Clifford (1987): Dichte Beschreibung. Beiträge zum Verstehen kultureller Systeme. Frankfurt am Main: Suhrkamp.

Gehlen, Arnold (1978): Arbeiten – Ausruhen – Ausnützen. Wesensmerkmale des Menschen. In: Ders.: Arnold Gehlen Gesamtausgabe, Band 7: Einblicke, hg. v. Karl-Siegbert Rehberg, Frankfurt am Main: Klostermann, S. 20–33.

Gehlen, Arnold (1993): Der Mensch. Seine Natur und seine Stellung in der Welt. In: Ders.: Arnold Gehlen Gesamtausgabe, Band 3, hg. v. Karl-Siegbert Rehberg, Frankfurt am Main: Klostermann.

Gehlen, Arnold (2004a): Anthropologische Ansichten der Technik (1965). In: Ders.: Arnold Gehlen Gesamtausgabe, Band 6, Die Seele im technischen Zeitalter und andere sozialpsychologische, soziologische und kulturanalytische Schriften, hg. v. Karl-Siegbert Rehberg, Frankfurt am Main: Klostermann, S. 189–203.

Gehlen, Arnold (2004b): Das Vorurteil gegen die Technik (1954). In: Ders.: Arnold Gehlen Gesamtausgabe, Band 6, Die Seele im technischen Zeitalter und andere sozialpsychologische, soziologische und kulturanalytische Schriften, hg. v. Karl-Siegbert Rehberg, Frankfurt am Main: Klostermann, S. 164–169.

Gehlen, Arnold (2004c): Der Begriff der Technik in entwicklungsgeschichtlicher Sicht (1962). In: Ders.: Arnold Gehlen Gesamtausgabe, Band 6, Die Seele im technischen Zeitalter und andere sozialpsychologische, soziologische und kulturanalytische Schriften, hg. v. Karl-Siegbert Rehberg, Frankfurt am Main: Klostermann, S. 170–179.

Gehlen, Arnold (2004d): Die beschleunigte Welt. Leitmotive der Industriegesellschaft (1963). In: Ders.: Arnold Gehlen Gesamtausgabe, Band 6, Die Seele im technischen Zeitalter und andere sozialpsychologische, soziologische und kulturanalytische Schriften, hg. v. Karl-Siegbert Rehberg, Frankfurt am Main: Klostermann, S. 180–188.

Gehlen, Arnold (2004e): Die Technik in der Sichtweise der Anthropologie (1953). In: Ders.: Arnold Gehlen Gesamtausgabe, Band 6, Die Seele im technischen Zeitalter und andere sozialpsychologische, soziologische und kulturanalytische Schriften, hg. v. Karl-Siegbert Rehberg, Frankfurt am Main: Klostermann, S. 151–163.

Gehlen, Arnold (2004f): Erfahrung zweiter Hand (1974). In: Ders.: Arnold Gehlen Gesamtausgabe, Band 6, Die Seele im technischen Zeitalter und andere sozialpsychologische, soziologische und kulturanalytische Schriften, hg. v. Karl-Siegbert Rehberg, Frankfurt am Main: Klostermann, S. 204–213.

Gehlen, Arnold (2004g): Mensch und Technik (1953). In: Ders.: Arnold Gehlen Gesamtausgabe, Band 6, Die Seele im technischen Zeitalter und andere sozialpsychologische, soziologische und kulturanalytische Schriften, hg. v. Karl-Siegbert Rehberg, Frankfurt am Main: Klostermann, S. 141–150.

Gehring, Petra (2009): Nachwort: Foucaults Verfahren. In: Foucault, Michel: Geometrie des Verfahrens. Schriften zur Methode, Frankfurt am Main: Suhrkamp, S. 373–393.

Gerst, Detlef (2006): Von der direkten Kontrolle zur indirekten Steuerung. Eine empirische Untersuchung der Arbeitsfolgen teilautonomer Gruppenarbeit. München und Mering: Rainer Hampp Verlag.

Gertenbach, Lars (2012): Governmentality Studies. Die Regierung der Gesellschaft im Spannungsfeld zwischen Ökonomie, Staat und Subjekt. In: Stephan Moebius (Hg.): Kultur. Von den Cultural Studies bis zu den Visual Studies. Eine Einführung, Bielefeld: transcript, S. 108–127.

Gertenbach, Lars/Mönkeberg, Sarah (2016): Lifelogging und vitaler Normalismus. Kultursoziologische Betrachtungen zur Neukonfiguration von Körper und Selbst. In: Stefan Selke (Hg.): Lifelogging. Digitale Selbstvermessung und Lebensprotokollierung zwischen disruptiver Technologie und kulturellem Wandel, Wiesbaden: Springer VS, S. 25–44.

Giddens, Anthony (1995): Konsequenzen der Moderne. Frankfurt am Main: Suhrkamp.

Giddens, Anthony (1997): Die Konstitution der Gesellschaft. Grundzüge einer Theorie der Strukturierung. Frankfurt am Main, New York: Campus.

Gläser, Jochen/Laudel, Grit (2010): Experteninterviews und qualitative Inhaltsanalyse als Instrumente rekonstruierender Untersuchungen. 4. Auflage, Wiesbaden: VS Verlag für Sozialwissenschaften.

Göbel, Andreas (2010): Die Kultur und ihre Soziologie – wissenschaftssoziologische Überlegungen. In: Monika Wohlrab-Sahr (Hg.): Kultursoziologie. Paradigmen – Methoden – Fragestellungen, Wiesbaden: VS Verlag für Sozialwissenschaften, S. 397–414.

Gottl-Ottlilienfeld, Friedrich von (1923): Grundriss der Sozialökonomik. II. Abtl: Die natürlichen und technischen Beziehungen der Wirtschaft, II. Teil: Wirtschaft und Technik. 2. neubearb. Auflage, Tübingen: J.C.B. Mohr (Paul Siebeck).

Gottschall, Karin/Voß, Günter (Hg.) (2003): Entgrenzung von Arbeit und Leben. Zum Wandel der Beziehung von Erwerbstätigkeit und Privatsphäre im Alltag. München, Mering: Hampp.

Graach, Hartmut (1964): Labour and Work. In: Sprachwissenschaftliches Colloquium (Bonn) (Hg.): Europäische Schlüsselwörter. Wortvergleichende und wortgeschichtliche Studien, München: Max Hueber Verlag, S. 287–316.

Gracian, Balthasar (2013): Handorakel und Kunst der Weltklugheit. Stuttgart: Kröner.

Graebner, William (1986): The Small Group an Democratic Social Engineering, 1900–1950. In: Journal of Social Issues, Vol. 42, No. 1, S. 137–154.

Groddeck, Victoria von/Wilz, Silvia Marlene (Hg.) (2015a): Formalität und Informalität in Organisationen. Wiesbaden: Springer VS.

Groddeck, Victoria von/Wilz, Silvia Marlene (2015b): Auf dem Papier und zwischen den Zeilen. Formalität und Informalität in Organisationen. In: Victoria von Groddeck/ Silvia Marlene Wilz (Hg.): Formalität und Informalität in Organisationen, Wiesbaden: Springer VS, S. 7–33.

Grössle, Heinz K. (1957): Der Mensch in der industriellen Fertigung. Ergebnisse der betrieblichen Sozialforschung in den USA. Wiesbaden: Gabler.

Gugutzer, Robert (2004): Soziologie des Körpers. Bielefeld: transcript.

Günzel, Stephan (2008): Kurt Lewin und die Topologie des Sozialraums. In: Fabian Kessl/ Christian Reutlinger (Hg.): Schlüsselwerke der Sozialraumforschung. Traditionslinien in Text und Kontexten, Wiesbaden: VS Verlag für Sozialwissenschaften, S. 94–114.

Habermas, Jürgen (1968): Arbeit und Interaktion. Bemerkungen zu Hegels Jenenser ›Philosophie des Geistes‹. In: Ders. (Hg.): Technik und Wissenschaft als ›Ideologie‹, Frankfurt am Main: Suhrkamp, S. 9–47.

Habermas, Jürgen/Luhmann, Niklas (1971): Theorie der Gesellschaft oder Sozialtechnologie – Was leistet die Systemforschung? Frankfurt am Main: Suhrkamp.

Häder, Michael (2013): Delphi-Befragungen. Ein Arbeitsbuch. Wiesbaden: Springer VS.

Halfmann, Jost (1996): Die gesellschaftliche »Natur« der Technik. Eine Einführung in die soziologische Theorie der Technik. Opladen: Leske + Budrich.

Hasse, Raimund/Krücken, Georg (2005): Neo-Institutionalismus. 2. vollständig überarbeitete Auflage, Bielefeld: transcript.

Häußling, Roger (1998): Die Technologisierung der Gesellschaft. Eine sozialtheoretische Studie zum Paradigmenwechsel von Technik und Lebenswelt. Würzburg: Königshausen & Neumann.

Heath, Christian/Luff, Paul (1992): Collaboration and Control. Crisis Management and Multimedia Technology in London Underground Line Control Rooms. In: Computer Supported Cooperative Work, Vol. 1-2, No. 1, S. 69–99.

Hegner, Victoria (2013): Vom Feld verführt. Methodische Gratwanderungen in der Ethnografie. In: FQS: Forum Qualitative Sozialforschung, Vol. 14, No. 3, Art. 19.

Herbst, Philip G. (1976): Alternatives to Hierarchies. http://moderntimesworkplace.com/archives/ericsess/sessvol2/16HERBAL.pdf. Zugegriffen: 22.4.2016.

Heidegger, Martin (1978): Die Frage nach der Technik. In: Ders.: Vorträge und Aufsätze, Pfullingen: Neske, S. 9–40.

Hellmann, Kai-Uwe/Blättel-Mink, Birgit (Hg.) (2010): Prosumer Revisited. Zur Aktualität einer Debatte. Wiesbaden: VS Verlag für Sozialwissenschaft.

Hennion, Antoine/Latour, Bruno (2013): Die Kunst, die Aura und die Technik gemäß Benjamin – oder wie man so viele Irrtümer auf einmal begehen kann und dafür auch noch berühmt wird. In: Tristan Thielmann/Erhard Schüttpelz (Hg.): Akteur-Medien-Theorie, Bielefeld: transcript, S. 71–80.

Henrich, Natalie/Henrich, Joseph (2007): Why Humans Cooperate. A Cultural and Evolutionary Explanation. New York: Oxford University Press.

Herbst, Philip G. (1976): Alternatives to Hierarchies. http://moderntimesworkplace.com/archives/ericsess/sessvol2/16HERBAL.pdf. Zugegriffen: 22.4.2016.

Hermanns, Fritz (1993): Arbeit. Zur historischen Semantik eines kulturellen Schlüsselwortes. In: Jahrbuch Deutsch als Fremdsprache, Jg. 19, S. 43–62.

Herrmann, Hans-Christian von (2002): Pensum – Spur – Code. Register der Arbeitswissenschaft bei Taylor, Gilbreth und Bernstein. In: Ulrich Bröckling/Eva Horn (Hg.): Anthropologie der Arbeit, Tübingen: Narr, S. 193–208.

Hildenbrand, Bruno/Jahn, Walter (1988): »Gemeinsames Erzählen« und Prozesse der Wirklichkeitskonstruktion in familiengeschichtlichen Gesprächen. In: Zeitschrift für Soziologie, Jg. 17, H. 3, S. 203–217.

Hillebrandt, Frank (2006): Praxisfelder ohne System oder Funktionssysteme ohne Praxis? Überlegungen zur (unmöglichen) Vermittlung der Gesellschaftstheorien Bourdieus und Luhmanns. In: Karl-Siegbert Rehberg (Hg.): Soziale Ungleichheit, kulturelle Unterschiede: Verhandlungen des 32. Kongresses der Deutschen Gesellschaft für Soziologie in München, Frankfurt am Main, New York: Campus, S. 2825–2838.

Hillebrandt, Frank (2010): Sozialität als Praxis. Konturen eines Theorieprogramms. In: Gert Albert/Rainer Greshoff/Rainer Schützeichel (Hg.): Dimensionen und Konzeptionen von Sozialität, Wiesbaden: Springer VS, S. 293–307.

Hillebrandt, Frank (2013): Rezension zu: Robert Schmidt, Soziologie der Praktiken. Konzeptionelle Studien und empirische Analysen. In: Soziologische Revue, Jg. 36, H. 3, S. 300–303.

Hillebrandt, Frank (2014): Soziologische Praxistheorien. Eine Einführung. Wiesbaden: Springer VS.

Hillmann, Günter (1970): Die Befreiung der Arbeit. Die Entwicklung kooperativer Selbstorganisation und die Auflösung bürokratisch-hierarchischer Herrschaft. Reinbek bei Hamburg: Rowohlt.

Hillmann, Günther (1966): Kooperation contra Herrschaft. In: Heidelberger Blätter. Zeitschrift für Probleme der Arbeit und der Gesellschaft, H. 8, S. 5–11.

Hirschauer, Stefan (2001): Ethnografisches Schreiben und die Schweigsamkeit des Sozialen. Zu einer Methodologie der Beschreibung. In: Zeitschrift für Soziologie, Jg. 30, H. 6, S. 429–451.

Hirschauer, Stefan (2004): Praktiken und ihre Körper. Über materielle Partizipanden des Tuns. In: Karl H. Hörning/Julia Reuter (Hg.): Doing Culture. Neue Positionen zum Verhältnis von Kultur und sozialer Praxis, Bielefeld: transcript, S. 73–91.

Hirschauer, Stefan (2008): Die Empiriegeladenheit von Theorien und der Erfindungs-
    reichtum der Praxis. In: Herbert Kalthoff/Stefan Hirschauer/Gesa Lindemann (Hg.):
    Theoretische Empirie. Zur Relevanz qualitativer Forschung, Frankfurt am Main:
    Suhrkamp, S. 165–187.
Hopf, Christel (1978): Pseudo-Exploration – Überlegungen zur Technik qualitativer Inter-
    views in der Sozialforschung. In: Zeitschrift für Soziologie, Jg. 7, H. 2, S. 97–115.
Hopf, Christel (2000): Qualitative Interviews – ein Überblick. In: Uwe Flick/Ernst von
    Kardorff/Ines Steinke (Hg.): Qualitative Forschung. Ein Handbuch, Reinbek bei Ham-
    burg: Rowohlt, S. 349–360.
Horkheimer, Max (1991): Traditionelle und kritische Theorie (1937). In: Ders.: Gesammel-
    te Schriften, Bd.4: Schriften 1936–1941, hg. v. Alfred Schmidt, Frankfurt am Main:
    Fischer, S. 162–225.
Hornecker, Eva (2004): Tangible User Interfaces als kooperationsunterstützendes Me-
    dium. http://elib.suub.uni-bremen.de/publications/dissertations/E-Diss907_E.pdf.
    Zugegriffen: 20. 01. 2015.
Hörning, Karl H. (2001): Experten des Alltags. Die Wiederentdeckung des praktischen
    Wissens. Weilerswist: Velbrück.
Hörning, Karl H. (2012a): Praktische Verknüpfungen. Das Zusammenspiel von Ding und
    Ästhetik. In: Paul Eisewicht/Tilo Grenz/Michaela Pfadenhauer (Hg.): Techniken der
    Zugehörigkeit, Karlsruhe: KIT Scientific Publishing, S. 9–27.
Hörning, Karl H. (2012b): Praxis und Ästhetik. Das Ding im Fadenkreuz sozialer und
    kultureller Praktiken. In: Stephan Moebius/Sophia Prinz (Hg.): Das Design der Ge-
    sellschaft. Zur Kultursoziologie des Designs, Bielefeld: transcript, S. 29–48.
Huber, Matthias (2015): Was Facebook-Nutzer jetzt wissen müssen. http://www.
    sueddeutsche.de/digital/neue-nutzungsbedingungen-was-facebook-nutzer-jetzt-
    wissen-muessen-1.2324575. Zugegriffen: 15. 02. 2015.
Hughes, John/Randall, Dave/Shapiro, Dan (1992): From Ethnographic Record to System
    Design. Some experiences from the field. In: Computer Supported Cooperative Work,
    Vol. 1, No. 1-2, S. 123–141.
Hume, David (2011): Eine Untersuchung über den menschlichen Verstand. Stuttgart:
    Reclam.
Hurrelmann, Klaus/Albrecht, Erik (2014): Die heimlichen Revolutionäre. Wie die Genera-
    tion Y unsere Welt verändert. Weinheim, Basel: Beltz.
Husserl, Edmund (1996): Die Krisis der europäischen Wissenschaften und die tran-
    szendentale Phänomenologie. Eine Einleitung in die phänomenologische Philoso-
    phie. Hamburg: Meiner Verlag.
IBM (2008): Zusammenarbeit neu konzipiert: Innovationen vorantreiben, einen ganz
    neuen Arbeitsplatz schaffen. http://www-935.ibm.com/services/de/cio/pdf/wp-cio-
    empower-future-of-collaboration.pdf. Zugegriffen: 10. 12. 2011.
it agile (Hg.)(2012): Stop starting, start finishing! o. O.
Jäger, Wieland/Coffin, Arthur R. (2014): Jenseits der Kontrollillusion. Auf dem Weg zu
    einer Medientheorie der Führung und des Vertrauens in Organisationen. Weinheim,
    Basel: Beltz/Juventa.
James, William (1914): Habit. New York: Henry Holt and Company.
Joerges, Bernward (1989): Soziologie und Maschinerie. Vorschläge zu einer ›realistischen‹
    Techniksoziologie. In: Peter Weingart (Hg.): Technik als sozialer Prozeß, Frankfurt
    am Main: Suhrkamp, S. 44–89.
Johns, Tammy/Gratton, Lynda (2013): Die Zukunft der Arbeit. In: Harvard Business
    Manager, März 2013, S. 22–31.
Jünger, Ernst (1981): Der Arbeiter. Herrschaft und Gestalt. In: Ders.: Sämtliche Werke,
    Bd. 8: Essays II, Stuttgart: Klett-Cotta,

Kaminski, Andreas (2010): Technik als Erwartung. Grundzüge einer allgemeinen Technikphilosophie. Bielefeld: transcript.

Kapp, Ernst (1877): Grundlinien einer Philosophie der Technik. Braunschweig: Westermann.

Kelle, Udo (1996): Die Bedeutung theoretischen Vorwissens in der Methodologie der Grounded Theory. In: Rainer Strobl/Andreas Böttger (Hg.): Wahre Geschichten? Zur Theorie und Praxis qualitativer Interviews, Baden-Baden: Nomos, S. 23–47.

Kelle, Udo (2005): »Emergence« vs. »Forcing« of Empirical Data? A Crucial Problem of »Grounded Theory« Reconsidered. In: FQS: Forum Qualitative Sozialforschung, Vol. 6, No. 2, Art. 27.

Keller, Reiner (2005): Wissenssoziologische Diskursanalyse. Grundlegung eines Forschungsprogramms. 3. Auflage, Wiesbaden: VS Verlag für Sozialwissenschaften.

Keller, Reiner (2010): Nach der Gouvernementalitätsforschung und jenseits des Poststrukturalismus. Anmerkungen aus Sicht der Wissenssoziologischen Diskursanalyse. In: Johannes Angermüller/Silke van Dyk (Hg.): Diskursanalyse meets Gouvernementalitätsforschung: Perspektiven auf das Verhältnis von Subjekt, Sprache, Macht und Wissen, Frankfurt am Main u.a.: Campus, S. 43–70.

Kette, Sven (2012): Das Unternehmen als Organisation. In: Veronika Tacke/Maja Apelt (Hg.): Handbuch Organisationstypen, Wiesbaden: Springer VS, S. 21–42.

Kieserling, André (1994): Interaktion in Organisationen. In: Klaus Damman/Dieter Grunow/Klaus P. Japp (Hg.): Die Verwaltung des Politischen Systems. Neuere systemtheoretische Zugriffe auf ein altes Thema, Opladen: Westdeutscher Verlag, S. 168–182.

Kieserling, André (1999): Kommunikation unter Anwesenden. Studien über Interaktionssysteme. Frankfurt am Main: Suhrkamp.

Klages, Helmut (1981): »Soziotechnik« im sozialtechnologischen Zeitalter. In: Werner Schulte (Hg.): Soziologie in der Gesellschaft: Referate aus den Veranstaltungen der Sektionen der Deutschen Gesellschaft für Soziologie, der Ad-hoc-Gruppen und des Berufsverbandes Deutscher Soziologen beim 20. Deutschen Soziologentag in Bremen 1980, S. 839–843.

Kleemann, Frank (2012): Subjektivierung von Arbeit – Eine Reflexion zum Stand des Diskurses. In: Arbeits- und Industriesoziologische Studien, Jg. 5, H. 2, S. 6–20.

Kleining, Gerhard (1982): Umriss zu einer Methodologie qualitativer Sozialforschung. In: Kölner Zeitschrift für Soziologie und Sozialpsychologie, Jg. 34, H. 2, S. 224–253.

Knoblauch, Hubert (1996): Arbeit als Interaktion. Informationsgesellschaft, Post-Fordismus und Kommunikationsarbeit. In: Soziale Welt, Jg. 47, H. 3, S. 344–362.

Knoblauch, Hubert (2000): Workplace Studies und Video. Zur Entwicklung der visuellen Ethnographie von Technologie und Arbeit. In: Irene Götz/Andreas Wittel (Hg.): Arbeitskulturen im Umbruch. Zur Ethnographie von Arbeit und Organisation, Münster u.a.: Waxmann, S. 159–173.

Knoblauch, Hubert (2001): Fokussierte Ethnographie. Soziologie, Ethnologie und die neue Welle der Ethnographie. In: Sozialer Sinn, Jg. 2, H. 1, S. 123–141.

Knoblauch, Hubert (2004): Informationsgesellschaft, Workplace Studies und die Kommunikationskultur. In: Gunther Hirschfelder/Birgit Huber (Hg.): Die Virtualisierung der Arbeit. Zur Ethnographie neuer Arbeits- und Organisationsformen, Frankfurt am Main, New York: Campus, S. 357–380.

Knoblauch, Hubert (2005): Focused Ethnography. In: FQS: Forum Qualitative Sozialforschung, Vol. 6, No. 3, Art. 44.

Knoblauch, Hubert/Heath, Christian (1999): Technologie, Interaktion und Organisation. Die Workplace Studies. In: Schweizerische Zeitschrift für Soziologie, Jg. 25, H. 2, S. 163–181.

Knorr-Cetina, Karin (1991): Die Fabrikation der Erkenntnis. Zur Anthropologie der Naturwissenschaft. Frankfurt am Main: Suhrkamp.

Knorr-Cetina, Karin (2007): Postsoziale Beziehungen: Theorie der Gesellschaft in einem postsozialen Kontext. In: Thorsten Bonacker/Andreas Reckwitz (Hg.): Kulturen der Moderne. Soziologische Perspektiven der Gegenwart, Frankfurt am Main, New York: Campus, S. 267–300.

Koch, Claus/Senghaas, Dieter (Hg.) (1970): Texte zur Technokratiediskussion. Frankfurt am Main: Europäische Verlags Anstalt.

Koch, Gertraud/Warneken, Bernd Jürgen (Hg.) (2012): Wissensarbeit und Arbeitswissen. Zur Ethnografie des kognitiven Kapitalismus. Frankfurt am Main, New York: Campus.

Kocyba, Hermann (2006): Die Disziplinierung Foucaults. Diskursanalyse als Wissenssoziologie. In: Dirk Tänzler/Hubert Knoblauch/Hans-Georg Soeffner (Hg.): Neue Perspektiven der Wissenssoziologie, Konstanz: UVK, S. 137–155.

Kocyba, Hermann/Vormbusch, Uwe (2000): Partizipation als Managementstrategie. Gruppenarbeit und flexible Steuerung in Automobilbau und Maschinenbau. Frankfurt am Main, New York: Campus.

Koselleck, Reinhart (1979): Vergangene Zukunft. Frankfurt am Main: Suhrkamp.

Kracauer, Siegfried (1993): Die Angestellten. Frankfurt am Main: Fischer.

Krämer, Hannes (2012): Wie stabilisieren Organisationen Wissen? In: Gertraud Koch/Bernd Jürgen Warneken (Hg.): Wissensarbeit und Arbeitswissen. Zur Ethnografie des kognitiven Kapitalismus, Frankfurt am Main, New York: Campus, S. 81–99.

Krämer, Hannes (2014): Die Praxis der Kreativität. Eine Ethnografie kreativer Arbeit. Bielefeld: transcript.

Krug, Steve (2003): Don't make me think! Web-Usability: Das intuitive Web, Frechen: mitp.

Krupp, Meta (1964): Wortfeld »Arbeit«. In: Sprachwissenschaftliches Colloquium (Bonn) (Hg.): Europäische Schlüsselwörter. Wortvergleichende und wortgeschichtliche Studien, München: Max Hueber Verlag, S. 258–286.

Kuchenbuch, David (2010): Geordnete Gemeinschaft. Architekten als Sozialingenieure – Deutschland und Schweden im 20. Jahrhundert. Bielefeld: transcript.

Kucklick, Christoph (2016): Die granulare Gesellschaft. Wie das Digitale unsere Wirklichkeit auflöst. Berlin: Ullstein.

Kühl, Stefan (1998): Wenn die Affen den Zoo regieren. Die Tücken der flachen Hierarchien. 5. erweiterte Ausgabe, Frankfurt am Main, New York: Campus.

Kühl, Stefan (2002): Sisyphos im Management. Die vergebliche Suche nach der optimalen Organisationsstruktur. Weinheim: Wiley.

Kühl, Stefan (2004): Arbeits- und Industriesoziologie. Bielefeld: transcript.

Kühl, Stefan/Strodtholz, Petra/Taffertshofer, Andreas (2009): Qualitative und quantitative Methoden der Organisationsforschung – ein Überblick. In: Stefan Kühl/Petra Strodtholz/Andreas Taffertshofer (Hg.): Handbuch Methoden der Organisationsforschung, Wiesbaden: VS Verlag für Sozialwissenschaften, S. 13–27.

Kumbruck, Christel (1998): Tele-Kooperation und Hintergrund-Kooperation. In: Erika Spieß (Hg.): Formen der Kooperation. Bedingungen und Perspektiven, Göttingen: Verlag für Angewandte Psychologie, S. 231–246.

Küpper, Willi/Ortmann, Günther (Hg.) (1992): Mikropolitik. Rationalität, Macht und Spiel in Organisationen. Opladen: Westdeutscher Verlag.

Laclau, Ernesto/Mouffe, Chantal (1991): Hegemonie und radikale Demokratie. Zur Dekonstruktion des Marxismus. Wien: Passagen Verlag.

Latour, Bruno (1995): Wir sind nie modern gewesen. Versuch einer symmetrischen Anthropologie. Berlin: Akademie-Verlag.

Latour, Bruno (2001): Eine Soziologie ohne Objekt? Anmerkungen zur Interobjektivität. In: Berliner Journal für Soziologie, Jg. 11, H. 2, S. 237–252.

Latour, Bruno (2002): Die Hoffnung der Pandora. Untersuchungen zur Wirklichkeit der Wissenschaft. Frankfurt am Main: Suhrkamp.

Latour, Bruno (2006a): Über technische Vermittlung. Philosophie, Soziologie, Genealogie. In: Andréa Belliger/David J. Krieger (Hg.): ANThology. Ein einführendes Handbuch zur Akteur-Netzwerk-Theorie, Bielefeld: transcript, S. 483–528.

Latour, Bruno (2006b): Technik ist stabilisierte Gesellschaft. In: Andréa Belliger/David J. Krieger (Hg.): ANThology. Ein einführendes Handbuch zur Akteur-Netzwerk-Theorie, Bielefeld: transcript, S. 369–398.

Latour, Bruno/Woolgar, Steve (1986): Laboratory Life. The Construction of Scientific Facts. Princeton: Princeton University Press.

Leavitt, Harold J. (1951): Some Effects of Certain Communication Patterns on Group Performance. In: Journal of abnormal and social Psychology, Vol. 46, No. 1, S. 38–50.

Lemke, Thomas (2000): Neoliberalismus, Staat und Selbstechnologien. Ein kritischer Überblick über die governmentality studies. In: Politische Vierteljahresschrift, Jg. 41, H. 1, S. 31–47.

Lemke, Thomas (2012): Foucault, Governmentality, and Critique. London: Paradigm Publishers.

Lengersdorf, Diana (2011): Arbeitsalltag ordnen. Soziale Praktiken in einer Internetagentur. Wiesbaden: VS Verlag für Sozialwissenschaften.

Leroi-Gourhan, André (1988): Hand und Wort. Die Evolution von Technik, Sprache und Kunst. Frankfurt am Main: Suhrkamp.

Levy, Steven (2011): In The Plex: How Google Thinks, Works, and Shapes Our Lives. New York: Simon & Schuster.

Lewin, Kurt (1920): Die Sozialisierung des Taylorsystems. Eine grundsätzliche Untersuchung zur Arbeits- und Berufspsychologie. Berlin: Verlag Gesellschaft und Erziehung.

Lewin, Kurt (1953): Die Lösung sozialer Konflikte. Ausgewählte Abhandlungen über Gruppendynamik. Bad Nauheim: Christian-Verlag.

Lewin, Kurt (1963): Feldtheorie in den Sozialwissenschaften. Ausgewählte theoretische Schriften. Bern: Huber.

Liebig, Brigitte/Nentwig-Gesemann, Iris (2009): Gruppendiskussion. In: Stefan Kühl/Petra Strodtholz/Andreas Taffertshofer (Hg.): Handbuch Methoden der Organisationsforschung, Wiesbaden: VS Verlag für Sozialwissenschaften, S. 102–123.

Liebold, Renate/Trinczek, Rainer (2009): Experteninterview. In: Stefan Kühl/Petra Strodtholz/Andreas Taffertshofer (Hg.): Handbuch Methoden der Organisationsforschung, Wiesbaden: VS Verlag für Sozialwissenschaften, S. 32–56.

Liegl, Michael (2014): Nomadicity and the Care of Place. On the Aesthetic and Affective Organization of Space in Freelance Creative Work. In: Computer Supported Cooperative Work (CSCW), Vol. 23, No. 2, S. 163–183.

Linde, Hans (1972): Sachdominanz in Sozialstrukturen. Tübingen: J.C.B. Mohr (Paul Siebeck).

Linde, Hans (1982): Soziale Implikationen technischer Geräte, ihrer Entstehung und Verwendung. In: Rodrigo Jokisch (Hg.): Techniksoziologie, Frankfurt am Main: Suhrkamp, S. 1–31.

Link, Jürgen (2006): Versuch über den Normalismus. Wie Normalität produziert wird. Göttingen: Vandenhoek & Ruprecht.

Lobo, Sascha (2016): VW als Menetekel: Der deutsche Perfektionismus ist Gift. http://www.spiegel.de/netzwelt/netzpolitik/digitaler-wandel-das-deutsche-digitaldilemma-kolumne-a-1099078.html. Zugegriffen: 23.6.2016.

Locke, John (1980): Bürgerliche Gesellschaft und Staatsgewalt. Leipzig: Reclam.

Loenhoff, Jens (2012): Einleitung. In: Ders. (Hg.): Implizites Wissen. Epistemologische und handlungstheoretische Perspektiven, Weilerswist: Velbrück, S. 7–30.

Lösch, Andreas/Schrage, Dominik/Spreen, Dirk et al. (Hg.) (2001): Technologien als Diskurse. Konstruktionen von Wissen, Medien und Körper. Heidelberg: Synchron.

Lüders, Christian (2000): Beobachten im Feld und Ethnographie. In: Uwe Flick/Ernst von Kardorff/Ines Steinke (Hg.): Qualitative Forschung. Ein Handbuch, Reinbek bei Hamburg: Rowohlt, S. 384–401.

Lüdtke, Hartmut (1988): Sozialtechnologie. In: Werner Fuchs/Rolf Klima/Rüdiger Lautmann et al. (Hg.): Lexikon zur Soziologie, Opladen: Westdeutscher Verlag, S. 716.

Luhmann, Niklas (1969): Unterwachung. Oder die Kunst, Vorgesetzte zu lenken. Unpubliziertes Manuskript.

Luhmann, Niklas (1970): Soziologische Aufklärung. In: Ders.: Soziologische Aufklärung 1, Opladen: Westdeutscher Verlag, S. 66–91.

Luhmann, Niklas (1971): Lob der Routine. In: Ders.: Politische Planung. Aufsätze zur Soziologie von Politik und Verwaltung, Opladen: Westdeutscher Verlag, S. 113–143.

Luhmann, Niklas (1988): Erkenntnis als Konstruktion. Bern: Benteli.

Luhmann, Niklas (1991a): Soziologie des Risikos. Berlin, New York: de Gruyter.

Luhmann, Niklas (1991b): Am Ende der kritischen Soziologie. In: Zeitschrift für Soziologie, Jg. 20, H. 2, S. 147–152.

Luhmann, Niklas (1992a): Das Moderne der modernen Gesellschaft. In: Ders.: Beobachtungen der Moderne, Opladen: Westdeutscher Verlag, S. 11–50.

Luhmann, Niklas (1992b): Die Wissenschaft der Gesellschaft. Frankfurt am Main: Suhrkamp.

Luhmann, Niklas (1992c): Kontingenz als Eigenwert der modernen Gesellschaft. In: Ders.: Beobachtungen der Moderne, Opladen: Westdeutscher Verlag, S. 93–128.

Luhmann, Niklas (1992d): Organisation. In: Willi Küpper/Günther Ortmann (Hg.): Mikropolitik. Rationalität, Macht und Spiel in Organisationen, Opladen: Westdeutscher Verlag, S. 165–185.

Luhmann, Niklas (1993a): »Was ist der Fall?« und »Was steckt dahinter?« – Die zwei Soziologien und die Gesellschaftstheorie. In: Zeitschrift für Soziologie, Jg. 22, H. 4, S. 245–260.

Luhmann, Niklas (1993b): Gleichzeitigkeit und Synchronisation. In: Ders.: Soziologische Aufklärung 5. Konstruktivistische Perspektiven, Opladen: Westdeutscher Verlag, S. 95–130.

Luhmann, Niklas (1993c): Die Paradoxie des Entscheidens. In: Verwaltungs-Archiv, Jg. 83, H. 1, S. 287–310.

Luhmann, Niklas (1995): Kultur als historischer Begriff. In: Ders.: Gesellschaftsstruktur und Semantik. Studien zur Wissenssoziologie der modernen Gesellschaft, Band 4, Frankfurt am Main: Suhrkamp, S. 31–54.

Luhmann, Niklas (1997): Die Gesellschaft der Gesellschaft. Frankfurt am Main: Suhrkamp.

Luhmann, Niklas (1999): Funktionen und Folgen formaler Organisation. Mit einem Epilog 1994. 5. Auflage, Berlin: Duncker & Humblot.

Luhmann, Niklas (2000): Organisation und Entscheidung. Opladen: Westdeutscher Verlag.

Luhmann, Niklas (2002): Die Kunst der Gesellschaft. Frankfurt am Main: Suhrkamp.

Luhmann, Niklas (2003): Macht. 3. Auflage, Stuttgart: Lucius & Lucius.

Luhmann, Niklas (2008): Die Ausdifferenzierung von Erkenntnisgewinn: Zur Genese von Wissenschaft. In: Ders.: Ideenevolution, hg. v. André Kieserling, Frankfurt am Main: Suhrkamp, S. 132–185.

Luhmann, Niklas (2013): Kontingenz und Recht. Rechtstheorie im interdisziplinären Zusammenhang. Frankfurt am Main: Suhrkamp.

Luhmann, Niklas/Schorr, Karl Eberhard (1982): Das Technologiedefizit der Erziehung und die Pädagogik. In: Niklas Luhmann/Karl Eberhard Schorr (Hg.): Zwischen Technologiedefizit und Selbstreferenz: Fragen an die Pädagogik, Frankfurt am Main: Suhrkamp, S. 11–40.

Luhmann, Niklas/Schorr, Karl Eberhard (1999): Reflexionsprobleme im Erziehungssystem. 2. Auflage, Frankfurt am Main: Suhrkamp.

Luks, Timo (2010): Der Betrieb als Ort der Moderne. Zur Geschichte von Industriearbeit, Ordnungsdenken und Social Engineering im 20. Jahrhundert. Bielefeld: transcript.

Maasen, Sabine/Merz, Martina (2006): TA-SWISS erweitert seinen Blick. Sozial- und kulturwissenschaftlich ausgerichtete Technologiefolgen-Abschätzung. http://www.ta-swiss.ch/incms_files/filebrowser/2006_TADT36_AD_SoKuTA_d.pdf. Zugegriffen: 20.01.2015.

Maier, Charles (1980): Zwischen Taylorismus und Technokratie. Gesellschaftspolitik im Zeichen industrieller Rationalität in den zwanziger Jahren in Europa. In: Michael Stürmer (Hg.): Die Weimarer Republik. Belagerte Civitas, Königstein/Ts., S. 188–213.

Makropoulos, Michael (1994): Moderne, Modernisierung und Modernität. In: Philosophische Rundschau, 41, S. 235–244.

Makropoulos, Michael (1997): Modernität und Kontingenz. München: Fink.

Makropoulos, Michael (2010): Das Ende der Arbeit und ihre Zukunft im digitalen Handwerk. (Rezensionsessay). In: Philosophische Rundschau, Jg. 57, H. 3, S. 207–227.

Mandeville, Bernard de (1980): Die Bienenfabel oder private Laster, öffentliche Vorteile. Frankfurt am Main: Suhrkamp.

Mannheim, Karl (1931): Wissenssoziologie. In: Alfred Vierkandt (Hg.): Handwörterbuch der Soziologie, Stuttgart: Enke, S. 659–680.

March, James G./Simon, Herbert J. (1958): Organizations. New York, London, Sydney: John Wiley & Sons.

Marcus, George/Fischer, Michael M. (1986): Anthropology as cultural critique. An experimental moment in the human sciences. Chicago: University of Chicago Press.

Marcuse, Herbert (1967): Der eindimensionale Mensch. Studien zur Ideologie der fortgeschrittenen Industriegesellschaft. Neuwied: Luchterhand.

Marx, Karl (2005): Philosophisch-ökonomische Manuskripte. Hamburg: Meiner.

Mauss, Marcel (1989): Die Techniken des Körpers. In: Ders.: Soziologie und Anthropologie 2, Frankfurt am Main: Fischer, S. 199–220.

Mead, George Herbert (1973): Geist, Identität und Gesellschaft aus der Perspektive des Sozialbehaviorismus. Frankfurt am Main: Suhrkamp.

Meißner, Stefan (2012): Arbeit und Spiel. Von der Opposition zur Verschränkung in der gegenwärtigen Kontrollgesellschaft. http://trajectoires.revues.org/915. Zugegriffen: 20.11.2014.

Meißner, Stefan (2013): Immer wieder Neues. Neuheit als kognitiver Erwartungsstil in Arbeitssituationen. In: Andreas Ziemann (Hg.): Offene Ordnung? Philosophie und Soziologie der Situation, Wiesbaden: Springer VS, S. 209–228.

Meißner, Stefan (2014): Kulturtechnik und Techniken des Sozialen. In: Joachim Fischer/Stephan Moebius (Hg.): Kultursoziologie im 21. Jahrhundert, Wiesbaden: Springer VS, S. 241–250.

Meißner, Stefan (2015): Die Medialität und Technizität internetbasierter Daten. Plädoyer für mehr Offenheit der Qualitativen Sozialforschung. In: Michael Corsten/Nadine Sander/Dominique Schirmer et al. (Hg.): Die qualitative Analyse internetbasierter Daten, Wiesbaden: Springer VS, S. 33–50.

Merkel, Janet/Oppen, Maria (2013): Coworking Spaces: Die (Re-)Organisation kreativer Arbeit. In: WZBrief Arbeit, Nr. 16, Juni 2013.

Merton, Robert K. (1995): Soziologische Theorie und soziale Struktur. Berlin, New York: de Gruyter.

Meuser, Michael/Nagel, Ulrike (2009): Das Experteninterview — konzeptionelle Grundlagen und methodische Anlage. In: Susanne Pickel/Gert Pickel/Hans-Joachim Lauth et al. (Hg.): Methoden der vergleichenden Politik- und Sozialwissenschaft, Wiesbaden: VS Verlag für Sozialwissenschaften, S. 465–479.

Mey, Günter/Mruck, Katja (2011): Grounded-Theory-Methodologie: Entwicklung, Stand, Perspektiven. In: Günter Mey/Katja Mruck (Hg.): Grounded Theory Reader, Wiesbaden: VS Verlag für Sozialwissenschaften, S. 11–48.

Meyer, John/Rowan, Brian (1977): Institutionalized Organizations. Formal Structure as Myth and Ceremony. In: American Journal of Sociology, Vol. 83, No. 2, S. 340–363.

Mills, Charles Wright (1955): Menschen im Büro. Ein Beitrag zur Soziologie der Angestellten. Köln-Deutz: Bund-Verlag.

Mills, Charles Wright (1963): Kritik der soziologischen Denkweise. Neuwied: Luchterhand.

Minssen, Heiner (2007): Entgrenzte Arbeit – Subjektivierte Arbeit. In: Soziologische Revue, Jg. 30, H. 2, S. 131–141.

Minssen, Heiner (2012): Arbeit in der modernen Gesellschaft. Eine Einführung. Wiesbaden: VS-Verlag.

Moebius, Stephan/Albrecht, Clemens (Hg.) (2014): Kultur-Soziologie. Klassische Texte der neueren deutschen Kultursoziologie. Wiesbaden: Springer VS.

Moldaschl, Manfred/Voß, G. Günter (Hg.) (2003): Subjektivierung von Arbeit. München, Mering: Reiner Hampp Verlag.

Morozov, Evgeny (2013a): Smarte neue Welt. Digitale Technik und die Freiheit des Menschen. München: Karl Blessing Verlag.

Morozov, Evgeny (2013b): To Save Everything, Click Here: Technology, Solutionism, and the Urge to Fix Problems That Don't Exist. London: Allen Lane.

Nicolini, Davide (2011): Practice as the Site of Knowing: Insights from the Field of Telemedicine. In: Organization Science, Jg. 22, H. 3, S. 602–620.

Nicolini, Davide (2012): Practice Theory, Work, and Organization. An Introduction. Oxford: Oxford University Press.

Novak, Andreas (1993): Ein Ethnologe in einem deutschen mittelständischen Unternehmen – Anmerkungen zur Feldforschungs-Ideologie. In: Sabine Helmers (Hg.): Ethnologie der Arbeitswelt. Beispiele aus europäischen und außereuropäischen Feldern, Bonn: Holos Verlag, S. 165–193.

OECD-Report (Hg.) (1981): Die Zukunftschancen der Industrienationen. Wissenschaft und Technik im neuen wirtschaftlichen und gesellschaftlichen Umfeld. Frankfurt am Main, New York: Campus.

Olguín, Daniel Olguín/Waber, Benjamin/Kim, Taemie et al. (2009): Sensible Organizations: Technology and Methodology for Automatically Measuring Organizational Behavior. In: IEEE Transactions on Systems, Man, and Cybernetics – Part B: Cybernetics, Vol. 39, No. 1, S. 43–55.

Opitz, Sven (2004): Gouvernementalität im Postfordismus. Macht, Wissen und Techniken des Selbst im Feld unternehmerischer Rationalität. Hamburg: Argument Sonderband.

Parment, Anders (2013): Die Generation Y. Mitarbeiter der Zukunft motivieren, integrieren, führen. Wiesbaden: Springer VS.

Passoth, Jan-Hendrik (2008): Technik und Gesellschaft. Sozialwissenschaftliche Technik-
    theorien und die Transformationen der Moderne. Wiesbaden: Verlag für Sozialwis-
    senschaft.
Pentland, Alex (2008): Honest Signals. How They Shape Our World. Cambridge, Mass:
    The MIT Press.
Pentland, Alex (2014): Social Physics. How Social Networks Can Make Us Smarter. New
    York: Penguin.
Perrow, Charles (1992): Normale Katastrophen die unvermeidbaren Risiken der Groß-
    technik. Frankfurt, New York: Campus.
Pflüger, Jessica/Pongratz, Hans/Trinczek, Rainer (2010a): Fallstudien in der deutschen
    Arbeits- und Industriesoziologie. In: Hans J. Pongratz/Rainer Trinczek (Hg.): In-
    dustriesoziologische Fallstudien. Entwicklungspotenziale einer Forschungsstrategie,
    Berlin: edition sigma, S. 23–70.
Pflüger, Jessica/Pongratz, Hans/Trinczek, Rainer (2010b): Methodische Herausforderun-
    gen arbeits- und industriesoziologischer Fallstudienforschung. In: Arbeits- und In-
    dustriesoziologische Studien, Jg. 3, H. 1, S. 5–13.
Pias, Claus (Hg.) (2004): Cybernetics – Kybernetik. The Macy-Conferences 1946–1953.
    Essays und Dokumente. Zürich, Berlin: Diaphanes.
Pink, Sarah/Morgan, Jennie (2013): Short-Term Ethnography: Intense Routes to Knowing.
    In: Symbolic Interaction, Vol. 36, No. 3, S. 351–361.
Pircher, Wolfgang (2004): Markt oder Plan? Zum Verhältnis von Kybernetik und Ökono-
    mie. In: Claus Pias (Hg.): Cybernetics – Kybernetik. The Macy-Conferences 1946–1953.
    Essays und Dokumente, Zürich, Berlin: Diaphanes, S. 81–96.
Pirker, Theo (1962): Büro und Maschine. Zur Geschichte und Soziologie der Mechanisie-
    rung der Büroarbeit, der Maschinisierung des Büros und der Büroautomation. Tü-
    bingen: J. C. B. Mohr (Paul Siebeck).
Pirker, Theo (1963): Bürotechnik. Zur Soziologie der maschinellen Informationsbearbei-
    tung. Stuttgart: Enke.
Pirker, Theo (1964): Von der Herrschaft über Menschen zur Verwaltung der Dinge. In:
    European Journal of Sociology, Jg. 5, H.1, S. 65–82.
Pirker, Theo (1987): Technik und Industrialisierung als Herausforderung für die Sozial-
    wissenschaften. In: Theo Pirker/Hans-Peter Müller/Rainer Winkelmann (Hg.): Tech-
    nik und Industrielle Revolution. Vom Ende eines sozialwissenschaftlichen Paradig-
    mas, Opladen: Westdeutscher Verlag, S. 30–35.
Plessner, Helmuth (1975): Die Stufen des Organischen und der Mensch. Berlin, New York:
    de Gruyter.
Plessner, Helmuth (1985a): Die Utopie der Maschine. In: Ders.: Gesammelte Schriften.
    Band X. Schriften zur Soziologie und Sozialphilosophie, hg. v. Günter Dux/Odo
    Marquard/Elisabeth Ströker, Frankfurt am Main: Suhrkamp, S. 31–40.
Plessner, Helmuth (1985b): Soziale Rolle und menschliche Natur. In: Ders.: Gesammelte
    Schriften. Band X. Schriften zur Soziologie und Sozialphilosophie, hg. v. Günter Dux/
    Odo Marquard/Elisabeth Ströker, Frankfurt am Main: Suhrkamp, S. 227–240.
Plessner, Helmuth (1985c): Technik und Gesellschaft in Gegenwart und Zukunft. In:
    Ders.: Gesammelte Schriften. Band X. Schriften zur Soziologie und Sozialphilo-
    sophie, hg. v. Günter Dux/Odo Marquard/Elisabeth Ströker, Frankfurt am Main:
    Suhrkamp, S. 294–301.
Plessner, Helmuth (2002a): Grenzen der Gemeinschaft. Frankfurt am Main: Suhrkamp.
Plessner, Helmuth (2002b): Wiedergeburt der Form im technischen Zeitalter. Rede zum
    25. Jubiläum des Deutschen Werkbundes 1932. In: archplus, Nr. 161, S. 52–57.
Podgorecki, Adam (Hg.) (1996): Social engineering. Ottawa: Carleton University Press.

Pöhler, Willi (1969): Information und Verwaltung. Versuch einer soziologischen Theorie der Unternehmensverwaltung. Stuttgart: Enke.

Polanyi, Michael (1985): Implizites Wissen. Frankfurt am Main: Suhrkamp.

Pongratz, Hans J./Trinczek, Rainer (Hg.) (2010): Industriesoziologische Fallstudien. Entwicklungspotenziale einer Forschungsstrategie. Berlin: edition sigma.

Popitz, Heinrich/Bahrdt, Hans Paul/Jüres, Ernst August et al. (1957a): Das Gesellschaftsbild des Arbeiters. Soziologische Untersuchungen in der Hüttenindustrie. Tübingen: Mohr.

Popitz, Heinrich/Bahrdt, Hans Paul/Jüres, Ernst August et al. (1957b): Technik und Industriearbeit. Soziologische Untersuchungen in der Hüttenindustrie. Tübingen: Mohr.

Porschen, Stephanie/Bolte, Annegret (Hg.) (2005): Zugänge zu kooperativer Arbeit. Analysen zum Kooperationshandeln in Arbeitssituationen. München: ISF München.

Potthast, Jörg (2007): Die Bodenhaftung der Netzwerkgesellschaft. Eine Ethnografie von Pannen an Großflughäfen. Bielefeld: transcript.

Raehlmann, Irene (2015): Entwicklung von Arbeitsorganisationen. Voraussetzungen, Möglichkeiten, Widerstände. 2. Auflage, Wiesbaden: Springer VS.

Rammert, Werner (1989): Technisierung und Medien in Sozialsystemen. Annäherungen an eine soziologische Theorie der Technik. In: Peter Weingart (Hg.): Technik als sozialer Prozeß, Frankfurt am Main: Suhrkamp, S. 128–173.

Rammert, Werner (Hg.) (1998): Technik und Sozialtheorie. Frankfurt am Main, New York: Campus.

Rammert, Werner (2000): Nicht-explizites Wissen in Soziologie und Sozionik. Ein kursorischer Überblick. https://www.ts.tu-berlin.de/fileadmin/fg226/TUTS/TUTS_WP_8_2000.pdf. Zugegriffen: 20.04.2016.

Rammert, Werner (2008): Technographie trifft Theorie. Forschungsperspektiven einer Soziologie der Technik. In: Herbert Kalthoff/Stefan Hirschauer/Gesa Lindemann (Hg.): Theoretische Empirie. Zur Relevanz qualitativer Forschung, Frankfurt am Main: Suhrkamp, S. 341–367.

Rammert, Werner/Schubert, Cornelius (Hg.) (2006): Technografie. Zur Mikrosoziologie der Technik. Frankfurt am Main: Campus.

Rammert, Werner/Schulz-Schaeffer, Ingo (2002): Technik und Handeln. Wenn soziales Handeln sich auf menschliches Verhalten und technische Artefakte verteilt (TUTS-WP-4-2002). http://nbn-resolving.de/urn:nbn:de:0168-ssoar-11076. Zugegriffen: 20.01.2015.

Randall, Dave/Harper, Richard/Rouncefield, Mark (2007): Fieldwork for Design. Theory and Practice. London: Springer.

Rau, Alexandra (2010): Psychopolitik. Macht, Subjekt und Arbeit in der neoliberalen Gesellschaft. Frankfurt am Main u.a.: Campus.

Reckwitz, Andreas (2000): Die Transformation der Kulturtheorien. Zur Entwicklung eines Theorieprogramms. Weilerswist: Velbrück.

Reckwitz, Andreas (2003): Grundelemente einer Theorie sozialer Praktiken. In: Zeitschrift für Soziologie, Jg. 32, H. 4, S. 282–301.

Reckwitz, Andreas (2004): Die Reproduktion und die Subversion sozialer Praktiken. Zugleich ein Kommentar zu Pierre Bourdieu und Judith Butler. In: Karl H. Hörning (Hg.): Doing Culture. Zum Begriff der Praxis in der gegenwärtigen soziologischen Theorie, Bielefeld: transcript, S. 40–54.

Reckwitz, Andreas (2006): Das hybride Subjekt. Eine Theorie der Subjektkulturen von der bürgerlichen Moderne zur Postmoderne. Weilerswist: Velbrück.

Reckwitz, Andreas (2008a): Der Ort des Materiellen in den Kulturtheorien. Von sozialen Strukturen zu Artefakten. In: Ders.: Unscharfe Grenzen. Perspektiven der Kultursoziologie, Bielefeld: transcript, S. 131–156.

Reckwitz, Andreas (2008b): Praktiken und Diskurse. Eine sozialtheoretische und methodologische Relation. In: Herbert Kalthoff/Stefan Hirschauer/Gesa Lindemann (Hg.): Theoretische Empirie. Zur Relevanz qualitativer Forschung, Frankfurt am Main: Suhrkamp, S. 188–209.

Reckwitz, Andreas (2010a): Auf dem Weg zu einer kultursoziologischen Analytik zwischen Praxeologie und Poststrukturalismus. In: Monika Wohlrab-Sahr (Hg.): Kultursoziologie. Paradigmen – Methoden – Fragestellungen, Wiesbaden: VS Verlag für Sozialwissenschaften, S. 179–206.

Reckwitz, Andreas (2010b): Gouvernementalität (Sammelbesprechung). In: Soziologische Revue, Jg. 33, H. 3, S. 287–298.

Rehberg, Karl-Siegbert (2007): Hans Freyer (1887–1969), Arnold Gehlen (1904–1976), Helmut Schelsky (1912–1984). In: Dirk Käsler (Hg.): Klassiker der Soziologie. Von Talcott Parsons bis Anthony Giddens, München: Beck, S. 72–104.

Rehberg, Karl-Siegbert (2014): Kultur versus Gesellschaft? Anmerkungen zu einer Streitfrage in der deutschen Soziologie. In: Stephan Moebius/Clemens Albrecht (Hg.): Kultur-Soziologie. Klassische Texte der neueren deutschen Kultursoziologie, Wiesbaden: Springer VS, S. 367–396.

Reichertz, Jo (2003): Die Abduktion in der qualitativen Sozialforschung. Opladen: Leske + Budrich.

Reichertz, Jo (2011): Abduktion: Die Logik der Entdeckung der Grounded Theory. In: Günter Mey/Katja Mruck (Hg.): Grounded Theory Reader, Wiesbaden: VS Verlag für Sozialwissenschaften, S. 279–297.

Reuß, Roland (2012): Ende der Hypnose. Vom Netz und zum Buch. Frankfurt am Main: Stroemfeld.

Rheinberger, Hans-Jörg (2007): Wie werden aus Spuren Daten, wie verhalten sich Daten zu Fakten? In: Nach Feierabend. Zürcher Jahrbuch für Wissensgeschichte, Jg. 3, S. 117–125.

Riesman, David (1964): Die einsame Masse. Eine Untersuchung der Wandlungen des amerikanischen Charakters. Reinbek bei Hamburg: Rowohlt.

Roethlisberger, Fritz J./Dickson, William J. (1939): Management and the worker. An account of a research program conducted by the Western Electric Company, Hawthorne Works, Chicago. Cambridge, Mass.: Harvard University Press.

Ropohl, Günter (2009): Allgemeine Technologie. Eine Systemtheorie der Technik. 3., überarbeitete Auflage, Karlsruhe: Universitätsverlag Karlsruhe.

Rosenthal, Gabriele (2011): Interpretative Sozialforschung. Eine Einführung. Weinheim und München: Juventa.

Saldern, Adelheid von (2009): Das »Harzburger Modell«. Ein Ordnungssystem für bundesrepublikanische Unternehmen, 1960–1975. In: Thomas Etzemüller (Hg.): Die Ordnung der Moderne. Social Engineering im 20. Jahrhundert, Bielefeld: transcript, S. 303–329.

Sarasin, Philipp (2007): Unternehmer seiner selbst (Buchkritik). In: Deutsche Zeitschrift für Philosophie, Jg. 55, H. 3, S. 473–479.

Sauer, Stefan/Pfeiffer, Sabine (2012): (Erfahrungs-)Wissen als Planungsressource: Neue Formen der Wissens(ver?-)nutzung im Unternehmen am Beispiel agiler Entwicklungsmethoden. In: Gertraud Koch/Bernd Jürgen Warneken (Hg.): Wissensarbeit und Arbeitswissen. Zur Ethnografie des kognitiven Kapitalismus, Frankfurt am Main, New York: Campus, S. 195–209.

Schäfer, Hilmar (2013): Die Instabilität der Praxis. Reproduktion und Transformation des Sozialen in der Praxistheorie. Weilerswist: Velbrück.

Schäfer, Hilmar (Hg.) (2016): Praxistheorie. Ein soziologisches Forschungsprogramm. Bielefeld: transcript.

Schatzki, Theodore R. (1996): Social practices. A Wittgensteinian approach to human activity and the social. Cambridge: Cambridge University Press.

Schatzki, Theodore R./Knorr-Cetina, Karin/von Savigny, Eike (Hg.) (2001): The Practice Turn in Contemporary Theory. London und New York: Routledge.

Schelsky, Helmut (1954): Aufgaben und Grenzen der Betriebssooziologie. In: Helmut Schelsky/Hermann Böhrs (Hg.): Die Aufgaben der Betriebssoziologie und der Arbeitswissenschaften, Stuttgart, Düsseldorf: Ring-Verlag, S. 7–40.

Schelsky, Helmut (1955): Industrie- und Betriebssoziologie. In: Arnold Gehlen/Helmut Schelsky (Hg.): Soziologie. Ein Lehr- und Handbuch zur modernen Gesellschaftskunde, Düsseldorf, Köln: Eugen Diederichs Verlag, S. 157–197.

Schelsky, Helmut (1961): Der Mensch in der wissenschaftlichen Zivilisation. Köln und Opladen: Westdeutscher Verlag.

Schelsky, Helmut (1974): Wie bewältigen wir den technischen Fortschritt? Technischer Fortschritt und sozialer Strukturwandel. In: Oskar Schatz (Hg.): Was wird aus dem Menschen? Analysen und Warnungen prominenter Denker, Graz, Wien, Köln: Styria, S. 33–46.

Schindler, Larissa (2012): Visuelle Kommunikation und die Ethnomethoden der Ethnographie. In: Österreichische Zeitschrift für Soziologie, Jg. 37, H. 2, S. 165–183.

Schindler, Larissa/Boll, Tobias (2011): Visuelle Medien und die (Wieder-)Herstellung von Unmittelbarkeit. In: Ulrich Hägele/Irene Ziehe (Hg.): Visuelle Medien und Forschung. Über den wissenschaftlich-methodischen Umgang mit Fotografie und Film, Münster u. a.: Waxmann, S. 219–231.

Schindler, Larissa/Liegl, Michael (2013): Praxisgeschulte Sehfertigkeit. Zur Fundierung audiovisueller Verfahren in der visuellen Soziologie. In: Soziale Welt, Jg. 64, H. 1-2, S. 51–67.

Schlimm, Anette (2011): Ordnungen des Verkehrs. Arbeit an der Moderne – deutsche und britische Verkehrsexpertise im 20. Jahrhundert. Bielefeld: transcript.

Schmalz, Jan Sebastian (2007): Zwischen Kooperation und Kollaboration, zwischen Hierarchie und Heterarchie. Organisationsprinzipien und -strukturen von Wikis. In: Christian Stegbauer/Jan Schmidt/Klaus Schönberger (Hg.): Wikis: Diskurse, Theorien und Anwendungen. Sonderausgabe von kommunikationgesellschaft, Jg. 8, http://www.soz.uni-frankfurt.de/K.G/B5_2007_Schmalz.pdf. Zugegriffen: 20.2.2015.

Schmidt, Gert (2011): Soziologie der Arbeit. In: Soziologische Revue, Jg. 34, H.4, S. 411–432.

Schmidt, Joachim K.H.W. (1981): Soziotechnik – eine Einführung. In: Werner Schulte (Hg.): Soziologie in der Gesellschaft: Referate aus den Veranstaltungen der Sektionen der Deutschen Gesellschaft für Soziologie, der Ad-hoc-Gruppen und des Berufsverbandes Deutscher Soziologen beim 20. Deutschen Soziologentag in Bremen 1980, Bremen, S. 834–838.

Schmidt, Joachim K.H.W. (Hg.) (1975): Planvolle Steuerung gesellschaftlichen Handelns. Grundlegende Beiträge zur Gesellschaftstechnik und Gesellschaftsarchitektur. Opladen: Westdeutscher Verlag.

Schmidt, Kjeld (1991): Riding a Tiger, or Computer Supported Cooperative Work. In: Liam Bannon/Mike Robinson/Kjeld Schmidt (Hg.): ECSCW 91. Proceedings of the Second European Conference on Computer-Supported Cooperative Work, Amsterdam: Kluwer Academic Publishers, S. 1–16.

Schmidt, Kjeld (1994a): Cooperative Work and its Articulation. Requirements for Computer Support. http://cscw.dk/schmidt/papers/cw_articulation.pdf. Zugegriffen: 20.1.2015.

Schmidt, Kjeld (1994b): The Organization of Cooperative Work. Beyond the ›Leviathan‹ Conception of the Organization of Cooperative Work. In: CSCW'94. Proceedings of the 1994 ACM conference on Computer supported cooperative work, S. 101–112.

Schmidt, Kjeld (2011): The Concept of ›Work‹ in CSCW. In: Computer Supported Cooperative Work, Vol. 20, No. 4-5, S. 341–401.

Schmidt, Kjeld (2014): The Concept of ›Practice‹: What's the Point? In: Chiara Rossitto/ Lugiana Ciolfi/David Martin et al. (Hg.): COOP 2014 – Proceedings of the 11th International Conference on the Design of Cooperative Systems, 27–30 May 2014, Nice (France), Cham u. a.: Springer International Publishing, S. 427–444.

Schmidt, Kjeld/Bannon, Liam (1992): Taking CSCW Seriously: Supporting Articulation Work. In: Computer Supported Cooperative Work, Vol. 1, No. 1-2, S. 7–40.

Schmidt, Kjeld/Bannon, Liam (2013): Constructing CSCW: The First Quarter Century. In: Computer Supported Cooperative Work, Vol. 22, No. 4-6, S. 345–372.

Schmidt, Robert (2008): Praktiken des Programmierens. Zur Morphologie von Wissensarbeit in der Software-Entwicklung. In: Zeitschrift für Soziologie, Jg. 37, H. 4, S. 282–300.

Schmidt, Robert (2012): Die Soziologie der Praktiken. Konzeptionelle Studien und empirische Analysen. Frankfurt am Main: Suhrkamp.

Schmidt, Robert/Volbers, Jörg (2011): Öffentlichkeit als methodologisches Prinzip. Zur Tragweite einer praxistheoretischen Grundannahme. In: Zeitschrift für Soziologie, Jg. 40, H. 1, S. 24–41.

Schmiede, Rudi/Schilcher, Christian (2010): Arbeits- und Industriesoziologie. In: Georg Kneer/Markus Schroer (Hg.): Handbuch Spezielle Soziologien, Wiesbaden: VS Verlag für Sozialwissenschaften, S. 11–35.

Schmieder, Arnold (1984): Wege der Sozialtechnologie: Skizzen zu einer Kritik. In: Psychologie und Gesellschaftskritik, Jg. 8, H. 3, S. 108–122.

Schöning, Matthias (2006): Zwischen Technokratie und Biopolitik. Zur Rekonstruktion des Begriffs Sozialtechnologie. In: ETHICA, Jg. 14, H. 3, S. 303–323.

Schrage, Dominik (1999): Was ist ein Diskurs? Zu Michel Foucaults Versprechen, ›mehr‹ ans Licht zu bringen. In: Hannelore Bublitz/ Andrea D. Bührmann/Christine Hanke/ Andrea Seier (Hg.): Das Wuchern der Diskurse. Perspektiven der Diskursanalyse Foucaults, Frankfurt am Main, New York: Campus, S. 63–74.

Schrage, Dominik (2001): Psychotechnik und Radiophonie. Subjektkonstruktionen in artifiziellen Wirklichkeiten 1918–1932. München: Fink.

Schrage, Dominik (2009): Die Verfügbarkeit der Dinge. Eine historische Soziologie des Konsums. Frankfurt am Main, New York: Campus.

Schrage, Dominik (2012): Flüssige Technokratie. In: Merkur. Deutsche Zeitschrift für europäisches Denken, Jg. 66, H. 760/761, S. 817–825.

Schrage, Dominik (2013): Die Einheiten der Diskursforschung und der Streit um den Methodenausweis: Ein Kartierungsversuch. In: Zeitschrift für Diskursforschung, Jg. 1, H. 3, S. 246–263.

Schubert, Cornelius (2011): Die Technik operiert mit. Zur Mikroanalyse medizinischer Arbeit. In: Zeitschrift für Soziologie, Jg. 40, H. 4, S. 174–190.

Schulz-Schaeffer, Ingo (2000): Sozialtheorie der Technik. Frankfurt am Main, New York: Campus.

Schulz-Schaeffer, Ingo (2007): Zugeschriebene Handlungen. Ein Beitrag zur Theorie sozialen Handelns. Weilerswist: Velbrück.

Schulz-Schaeffer, Ingo (2008a): Technik in heterogener Assoziation. Vier Konzeptionen
der gesellschaftlichen Wirksamkeit von Technik im Werk Latours. In: Georg Kneer/
Markus Schroer/Erhard Schüttpelz (Hg.): Bruno Latours Kollektive. Kontroversen zur
Entgrenzung des Sozialen, Frankfurt am Main: Suhrkamp, S. 108–152.
Schulz-Schaeffer, Ingo (2008b): Technik als sozialer Akteur und als soziale Institution.
Sozialität von Technik statt Postsozialität. In: Karl-Siegbert Rehberg (Hg.): Die Natur
der Gesellschaft: Verhandlungen des 33. Kongresses der Deutschen Gesellschaft für
Soziologie in Kassel 2006, Frankfurt am Main: Campus, S. 705–719.
Schütz, Alfred (1974): Der sinnhafte Aufbau der sozialen Welt. Eine Einleitung in die ver-
stehende Soziologie. Frankfurt am Main: Suhrkamp.
Senge, Konstanze (2011): Das Neue am Neo-Institutionalismus. Der Neo-Institutionalis-
mus im Kontext der Organisationswissenschaft. Wiesbaden: VS Verlag für Sozial-
wissenschaften.
Sennett, Richard (2012): Zusammenarbeit. Was unsere Gesellschaft zusammenhält.
München: Hanser Berlin im Carl Hanser Verlag.
Serres, Michel (1987): Der Parasit. Frankfurt am Main: Suhrkamp.
Simmel, Georg (1989): Philosophie des Geldes. In: Ders.: Gesamtausgabe, Bd. 6, hg. v.
Otthein Rammstedt, Frankfurt am Main: Suhrkamp.
Simmel, Georg (1992): Soziologie. Untersuchungen über die Formen der Vergesellschaf-
tung. Frankfurt am Main: Suhrkamp.
Simmel, Georg (1995): Die Großstädte und das Geistesleben. In: Ders.: Gesamtausgabe,
Bd. 7. Aufsätze und Abhandlungen 1901–1908, Frankfurt am Main: Suhrkamp,
S. 116–131.
Smith, Adam (1990): Der Wohlstand der Nationen. Eine Untersuchung seiner Natur und
seiner Ursachen. 5. Auflage, München: DTV.
Spencer-Brown, George (2006): Laws of Form – Gesetze der Form. 2. Auflage, Leipzig:
Bohmeier.
Sproull, Lee/Kiesler, Sara (1991): Connections. New ways of working in the networked or-
ganization. Cambridge, MA: MIT Press.
Star, Susan Leigh/Griesemer, James R. (1989): Institutional Ecology, ›Translations‹ and
Boundary Objects: Amateurs and Professionals in Berkeley's Museum of Vertebrate
Zoology, 1907–39. In: Social Studies of Science, Vol. 19, No. 3, S. 387–420.
Star, Susan Leigh/Strauss, Anselm L. (1999): Layers of Silence, Arenas of Voice: The Ecol-
ogy of Visible and Invisible Work. In: Computer Supported Cooperative Work, Vol. 8,
No. 1/2, S. 9–30.
Statistisches Bundesamt (Hg.)(2008): Klassifikation der Wirtschaftszweige. Mit Erläute-
rungen. https://www.destatis.de/DE/Methoden/Klassifikationen/GueterWirtschaft-
klassifikationen/klassifikationwz2008_erl.pdf?__blob=publicationFile, Zugegriffen:
20.10.2014.
Strauss, Anselm L. (1985): Work and the Division of Labour. In: The Sociological Quarter-
ly, Vol. 26, No. 1, S. 1–19.
Strauss, Anselm L./Corbin, Juliet M. (1992): Basics of qualitative research grounded
theory procedures and techniques. 8. Auflage, Newbury Park u. a.: Sage
Suchman, Lucy A. (1985): Plans and Situated Actions. The problem of human-machine
communication. Palo Alto: XEROX.
Suchman, Lucy A. (2003): Writing and Reading. A Response to Comments on Plans and
Situated Actions. In: The Journal of the Learning Sciences, Vol. 12, No. 2, S. 299–306.
Suchman, Lucy A. (2007): Human-Machine Reconfigurations. Plans and Situated Actions,
2nd Edition. Cambridge: Cambridge University Press.
Sunstein, Cass R. (2013): Simpler. The Future of Government. New York: Simon &
Schuster.

Tacke, Veronika (2015): Formalität und Informalität. Zu einer klassischen Unterscheidung der Organisationssoziologie. In: Victoria von Groddeck/Silvia Marlene Wilz (Hg.): Formalität und Informalität in Organisationen, Wiesbaden: Springer VS, S. 37–92.

Taylor, Frederick Winslow (1995): Die Grundsätze wissenschaftlicher Betriebsführung. Reprint der Fassung von 1913. Weinheim: Beltz PsychologieVerlagsUnion.

Thaler, Richard H./Sunstein, Cass R. (2009): Nudge. Wie man kluge Entscheidungen anstößt. Berlin: Econ.

Tiedemann, Rolf/Schweppenhäuser, Hermann (1989): Anmerkungen der Herausgeber. In: Walter Benjamin. Gesammelte Schriften, Bd. VII/2, hg. v. Rolf Tiedemann/Hermann Schweppenhäuser, Frankfurt am Main: Suhrkamp, S. 523–726.

Tiedemann, Rolf/Schweppenhäuser, Hermann (1990): Anmerkungen der Herausgeber. In: Walter Benjamin. Gesammelte Schriften, Bd. I/3, hg. v. Rolf Tiedemann/Hermann Schweppenhäuser, Frankfurt am Main: Suhrkamp, S. 797–1272.

Tomasello, Michael (2009): Die Ursprünge der menschlichen Kommunikation. Frankfurt am Main: Suhrkamp.

Tomasello, Michael (2010): Warum wir kooperieren. Berlin: Suhrkamp.

Truschkat, Inga/Kaiser-Belz, Manuela/Volkmann, Vera (2011): Theoretisches Sampling in Qualifikationsarbeiten: Die Grounded-Theory-Methodologie zwischen Programmatik und Forschungspraxis. In: Günter Mey/Katja Mruck (Hg.): Grounded Theory Reader, Wiesbaden: VS Verlag für Sozialwissenschaften, S. 353–379.

Valve (Hg.)(2012): Handbook for new Employees. http://www.valvesoftware.com/company/Valve_Handbook_LowRes.pdf, Zugegriffen: 20.01.2015.

van Laak, Dirk (2012): Technokratie in Europa des 20. Jahrhunderts – eine einflussreiche »Hintergrundideologie«. In: Lutz Raphael (Hg.): Theorien und Experimente der Moderne. Europas Gesellschaften im 20. Jahrhundert, Köln, Weimar, Wien: Böhlau, S. 101–128.

van der Loo, Hans/van Reijen, Willem (1992): Modernisierung. Projekt und Paradox. München: dtv.

verdi (Hg.)(2012): Crowdsourcing und Cloudworking: Gefahren für Gesellschaft und Arbeitnehmerinnen und Arbeitnehmer. https://tk-it.verdi.de/archiv/2012_1/12-10-31-cloudworking/++co++f5c482ac-24ea-11e2-7555-001ec9b05a14, Zugegriffen: 22.01.2015.

Vereinigung der Deutschen Arbeitgeberverbände (1970): Führungsauftrag und Führungsstil. In: Günter Hillmann (Hg.): Die Befreiung der Arbeit. Die Entwicklung kooperativer Selbstorganisation und die Auflösung bürokratisch-hierarchischer Herrschaft, Reinbek bei Hamburg: Rowohlt, S. 213–221.

Vogl, Joseph (1999): Poetologien des Wissens. Um 1800. München: Fink.

Vogl, Joseph (2002): Fausts Arbeit. In: Ulrich Bröckling/Eva Horn (Hg.): Anthropologie der Arbeit, Tübingen: Narr, S. 17–34.

Vogl, Joseph (2004): Regierung und Regelkreis. Historisches Vorspiel. In: Claus Pias (Hg.): Cybernetics – Kybernetik. The Macy-Conferences 1946–1953. Essays und Dokumente, Berlin, Zürich: Diaphanes, S. 67–79.

Vogl, Joseph (2011): Poetologien des Wissens. In: Leander Scholz/Harun Maye (Hg.): Einführung in die Kulturwissenschaft, München: Fink, S. 49–71.

Vollmer, Hendrik (2003): Grundthesen und Forschungsperspektiven einer Soziologie des Rechnens. In: Sociologia Internationalis, Jg. 41, H. 1/2, S. 1–23.

Vollmer, Hendrik (2004): Folgen und Funktionen organisierten Rechnens. In: Zeitschrift für Soziologie, Jg. 33, H. 6, S. 450–470.

Vormbusch, Uwe (1999): Betriebliche Leistungsgruppen in der ›schlanken‹ Fabrik. In: Zeitschrift für Soziologie, Jg. 28, H. 4, S. 263–280.

Vormbusch, Uwe (2002): Diskussion und Disziplin. Gruppenarbeit als kommunikative und kalkulative Praxis. Frankfurt am Main: Campus.

Vormbusch, Uwe (2007): Die Kalkulation der Gesellschaft. In: Andrea Mennicken/ Hendrik Vollmer (Hg.): Zahlenwerk. Kalkulation, Organisation und Gesellschaft, Wiesbaden: Verlag für Sozialwissenschaften, S. 43–64.

Vormbusch, Uwe (2010): »Kalkulation des Sozialen. Zur Ausdehnung und Formveränderung kalkulativer Praktiken im gegenwärtigen Kapitalismus«. Vortrag, Diskussionspapier für die Sektionsveranstaltung I der Sektion Wirtschaftssoziologie, 35. DGS-Kongress in Frankfurt am Main, 12. Oktober 2010.

Vormbusch, Uwe (2012): Die Herrschaft der Zahlen. Zur Kalkulation des Sozialen in der kapitalistischen Moderne. Frankfurt am Main, New York: Campus.

Voß, G. Günter (2010): Kapitel I. Arbeit als Grundlage menschlicher Existenz: Was ist Arbeit? Zum Problem eines allgemeinen Arbeitsbegriffs. In: Fritz Böhle/G. Günter Voß/ Günther Wachtler (Hg.): Handbuch Arbeitssoziologie, Wiesbaden: VS Verlag für Sozialwissenschaften, S. 23–80.

Voß, G. Günter/Pongratz, Hans J. (1998): Der Arbeitskraftunternehmer. Eine neue Grundform der Ware Arbeitskraft? In: Kölner Zeitschrift für Soziologie und Sozialpsychologie, Jg. 50, H. 1, S. 131–158.

Waber, Ben (2013): People Analytics. How Social Sensing Technology Will Transform Business and What It Tells Us about the Future of Work. New Jersey: FT press.

Wagner, Ina (Hg.) (1993): Kooperative Medien. Informationstechniche Gestaltung moderner Organisationen. Frankfurt am Main, New York: Campus.

Wagner, Peter (1995): Soziologie der Moderne. Frankfurt am Main, New York: Campus-Verlag.

Walter-Busch, Emil (1989): Das Auge der Firma. Mayos Hawthorne-Experimente und die Harvard Business School, 1900–1960. Stuttgart: Enke.

Watzlawick, Paul/Beavin, Janet H./Jackson, Don D. (2007): Menschliche Kommunikation. Formen, Störungen, Paradoxien. 11. Auflage, Bern: Huber.

Weber, Anja (2011): Was ist »Postdisziplin«? Eine kritische Auseinandersetzung mit den Gouvernementalitätsstudien. In: Ästhetik und Kommunikation, Jg. 42, H. 152/153, S. 189–195.

Weber, Max (1922): Wirtschaft und Gesellschaft. Tübingen: Mohr.

Weber, Max (1963): Die protestantische Ethik und der Geist des Kapitalismus, Band 1. In: Ders.: Gesammelte Aufsätze zur Religionssoziologie, Tübingen: Mohr, S. 17–206.

Weick, Karl E. (2007): Der Prozeß des Organisierens. Frankfurt am Main: Suhrkamp.

Weick, Karl E./Sutcliffe, Kathleen M. (2007): Das Unerwartete managen. Wie Unternehmen aus Extremsituationen lernen. Stuttgart: Klett-Cotta.

Weiskopf, Richard (2005): Gouvernementabilität: Die Produktion des regierbaren Menschen in post-disziplinären Regimen. In: Zeitschrift für Personalforschung, Jg. 19, H. 3, S. 289–311.

Welsch, Wolfgang (Hg.) (1988): Wege aus der Moderne. Schlüsseltexte der Postmoderne-Diskussion. Weinheim: VCH.

Weltz, Friedrich (1988): Die doppelte Wirklichkeit der Unternehmen und ihre Konsequenzen für die Industriesoziologie. In: Soziale Welt, Jg. 39, H. 1, S. 97–103.

Whyte, William H. (1958): Herr und Opfer der Organisation. Düsseldorf: Econ-Verlag.

Wiek, Ulrich (2015): Zusammenarbeit fördern. Kooperation im Team – ein praxisorientierter Überblick für Führungskräfte. Berlin, Heidelberg: Springer Gabler.

Wilkesmann, Uwe (2005): Die Organisation von Wissensarbeit. In: Berliner Journal für Soziologie, Jg. 15, H. 1, S. 55–72.

Willis, Paul (1991): Jugend-Stile. Zur Ästhetik der gemeinsamen Kultur. Hamburg: Argument-Verlag.

Wittel, Andreas (1998): Gruppenarbeit und Habitus. In: Zeitschrift für Soziologie, Jg. 27,
    H. 3, S. 178–192.
Wittel, Andreas (2012): Arbeit und Ethnografie im Zeitalter des digitalen Kapitalismus.
    In: Karin Schittenhelm (Hg.): Qualitative Bildungs- und Arbeitsmarktforschung,
    Wiesbaden: Springer VS, S. 59–80.
Wittel, Andreas/Warneken, Bernd Jürgen (1997): Die neue Angst vor dem Feld. Ethno-
    graphisches research up am Beispiel der Unternehmensforschung. In: Zeitschrift für
    Volkskunde, Jg. 93, H. 1, S. 1–16.
Wittgenstein, Ludwig (1995): Philosophische Untersuchungen. In: Ders.: Werkausgabe,
    Bd.1, Frankfurt am Main: Suhrkamp, S. 225–580.
Woermann, Niklas (2012): Wittgenstein, Switch Misty 7er und die Beredsamkeit von
    Praktiken. Zum Verhältnis von Techniken, Technologie und Konversation in der
    Theorie sozialer Praktiken. In: Paul Eisewicht/Tilo Grenz/Michaela Pfadenhauer
    (Hg.): Techniken der Zugehörigkeit, Karlsruhe: KIT Scientific Publishing, S. 29–56.
Wolff, Stephan (2000): Wege ins Feld und ihre Varianten. In: Uwe Flick/Ernst von
    Kardorff/Ines Steinke (Hg.): Qualitative Forschung. Ein Handbuch, Reinbek bei
    Hamburg: Rowohlt, S. 334–349.
Ziemann, Andreas (2011a): Latours Neubegründung des Sozialen? In: Friedrich Balke/
    Maria Muhle/Antonia von Schöning (Hg.): Die Wiederkehr der Dinge, Berlin:
    Kadmos, S. 103–114.
Ziemann, Andreas (2011b): Medienkultur und Gesellschaftsstruktur. Soziologische Ana-
    lysen. Wiesbaden: VS Verlag für Sozialwissenschaft.
Ziemann, Andreas (Hg.) (2013): Offene Ordnung? Philosophie und Soziologie der Situa-
    tion. Wiesbaden: Springer VS.
Zuboff, Shoshana (1988): In the Age of the Smart Machine. The Future of Work an Power.
    New York: Basic Books.

Danksagung

Diese Studie hätte nicht geschrieben werden können, wenn nicht auch hier ein funktionierendes Zusammenspiel von Intentionen und Umständen hätte etabliert werden können. Umstände umkreisen und flankieren zumeist nicht nur die eigenen Interessen und Vorstellungen, sondern wirken auch in einem nicht unerheblichen Maße auf diese ein, zum Teil bedingen sie diese oder ermöglichen sie zuallererst.

So wäre diese Arbeit ohne den institutionellen Hintergrund der Bauhaus-Universität in Weimar, der Fakultät Medien und den Lehrstuhl für Mediensoziologie eine andere geworden. Die Möglichkeit, als wissenschaftlicher Mitarbeiter weitestgehend handlungsentlastet forschen, denken, diskutieren und schreiben zu können, verdanke ich in erster Linie Andreas Ziemann. Ohne ihn wäre die Rückkehr in die Universität unwahrscheinlich gewesen, ohne ihn wären jedoch auch die hiesigen Bedingungen, wie ich sie in den letzten vier Jahren vorfand, nicht möglich gewesen – dafür sorgte er als Dekan, Vorgesetzter, Betreuer und Freund.

Neben den vielen Begleitern, Zuhörern, Fragestellern und Diskutanten aus der Scientific Community, in den verschiedenen Kolloquien in Weimar, Dresden, Jena und Frankfurt/Oder, in denen ich Teilaspekte der Arbeit präsentiert und diskutiert habe, will ich insbesondere Andreas Reckwitz danken, für seine Betreuung und für seine auf den Kern des Konzepts zielenden Fragen und Problemzuschnitte. Dies half mir, einiges überhaupt und anderes anders zu denken.

Der in dieser Arbeit angeschlagene kultursoziologische Ton hat seinen Ursprung in der Auseinandersetzung mit meinen Lehrern und Mentoren Joachim Fischer, Michael Makropoulos, Karl-Siegbert Rehberg sowie Dominik Schrage und konnte nur durch die ungezählten Gespräche, Diskussionen und Debatten vor allem mit Susanne Draheim, Gunther Gebhard, Stephan Hein, Andreas Höntsch, Eric Piltz, Alexandra Schmidt, Steffen Schröter und Patrick Wöhrle über viele Jahre hinweg ausgebildet werden.

Verfasst wurde die Arbeit nicht nur am universitären Schreibtisch, im Büro von text plus form und in verschiedenen Zügen zwischen Weimar und Dresden, sondern vor allem in der Sächsischen Landes- und Universitätsbibliothek, der Weimarer Universitätsbibliothek und der Herzogin Anna Amalia Bibliothek. Den an und in diesen Orten Arbeitenden, die mir in unterschiedlicher Art und Weise geholfen haben, gilt ebenfalls mein Dank.

Zuletzt, dafür an umso exponierterer Stelle, danke ich meiner Familie, meinen Eltern und Verwandten, die mir stets ein unsichtbares, dafür umso spürbareres Netz des Vertrauens gespannt haben. Alexandra hat mir Zuspruch geleistet, wo kein anderer diesen leisten wollte oder konnte, und mich stets zu einem klaren und verstehbaren Denken herausgefordert.